"十四五"职业教育国家规划教材

职业教育"岗课赛证"一体化教材

中式面点工艺与实训

（第四版）

ZHONGSHI MIANDIAN GONGYI YU SHIXUN

主　编　钟志惠　陈　迤　胡金祥

新形态教材

资源导航

本书另配教学课件、模拟试卷、习题答案、成品样图

中国教育出版传媒集团

高等教育出版社·北京

内容提要

本书是"十四五"职业教育国家规划教材。

本书是在第三版的基础上,贯彻"立德树人"根本任务,根据"岗课赛证"四位一体思路修订而成的。在内容编排上,本书以循序渐进掌握中式面点知识与技能的学习规律为线索进行编写,共分为四个模块:模块一面点认知;模块二面点基础;模块三面点工艺;模块四面点实训。本书对接实际岗位需求,融合大赛内容,融通国家职业资格标准。为利教便学,部分学习资源(如操作视频)以二维码的形式提供在相关内容旁,读者可扫码获取。此外,本书另配有教学课件、模拟试卷、习题答案、成品样图等教学资源,供教师教学使用。

本书可作为职业本科院校、高等职业院校餐旅管理与服务类相关课程教材,也可作为面点从业人员和面点爱好者的参考用书。

图书在版编目(CIP)数据

中式面点工艺与实训 / 钟志惠,陈迤,胡金祥主编.
4 版. -- 北京 : 高等教育出版社,2024.7(2025.1重印).
ISBN 978-7-04-062381-9

Ⅰ. TS972.132

中国国家版本馆 CIP 数据核字第 20248FV202 号

| 策划编辑 | 毕颖娟 刘智豪 | 责任编辑 | 刘智豪 毕颖娟 | 封面设计 | 张文豪 | 责任印制 | 高忠富 |

出版发行	高等教育出版社	网　　址	http://www.hep.edu.cn
社　　址	北京市西城区德外大街 4 号		http://www.hep.com.cn
邮政编码	100120	网上订购	http://www.hepmall.com.cn
印　　刷	上海新艺印刷有限公司		http://www.hepmall.com
开　　本	787mm×1092mm 1/16		http://www.hepmall.cn
印　　张	23	版　　次	2015 年 2 月第 1 版
字　　数	574 千字		2024 年 7 月第 4 版
购书热线	010-58581118	印　　次	2025 年 1 月第 3 次印刷
咨询电话	400-810-0598	定　　价	49.80 元

本书如有缺页、倒页、脱页等质量问题,请到所购图书销售部门联系调换

版权所有　侵权必究
物 料 号　62381-00

编写委员会

主　编： 钟志惠　陈　迤　胡金祥
副主编： 程万兴　张　松　唐　凯　李加双　周占富
参　编： 罗　文　冯明会　乔　兴　周　航　胡学才
　　　　　陶斌鑫　薛　颖　孙德昌

前　言

本书是"十四五"职业教育国家规划教材,历届版本分别是"十三五"职业教育国家规划教材、"十二五"职业教育国家规划教材。

四川旅游学院(前身为四川烹饪高等专科学校)有四十余年的烹饪职业教育历史,积累了丰富的教学与实践经验。本书是在总结"面点工艺学""面点制作技术"校级精品课程以及"西点制作技术"国家级精品课程相关教学资源及经验的基础上,融合"烹饪原料学"关于面点的核心知识,结合当今高等职业教育烹饪工艺与营养专业教学标准对学生职业能力和职业素养培养的新要求修订而成的,旨在充分对接行业需求,培养高素质面点人才。

在编写过程中,我们力求帮助相关专业学生树立良好的面点专业课程学习方法,突出中式面点操作技能和职业素养的培养目标,以"理论讲透、技能练够、理实一体、训练同步、素养培养"为原则,以"项目导向、任务驱动"为切入点,努力编写一本具有鲜明特色且实用的教材。本书以掌握中式面点知识与技能为主旨,内容循序渐进,共分为四个模块。模块一主要介绍面点基本知识,包括面点的主要类别、风味流派、历史演变和工艺流程等;模块二主要介绍面点常用原料、常用设备和基本操作;模块三主要介绍面点的制馅工艺、成形工艺、熟制工艺和面团的调制工艺等;模块四以面点实操训练为抓手,结合职业资格证书等级考核内容与标准讲述常见中式面点制品的制作方法,以学促训,以训促学。步入新时代以来,党和国家对职业教育事业提出了新的展望和希冀,本次修订,我们贯彻落实之。具体而言,本次修订的思路如下:

1. 落实立德树人根本任务,提升教材高度

本次修订,我们全面贯彻党的二十大精神,着重强调职业素养的优先地位,坚持正确导向,贯彻积极引领。引导学生树立正确的从业意识,培育职业的自豪感。着重强调食品安全,引导未来面点师养成正确的职业操守。

2. 融入优秀传统文化,强化教材深度

民以食为天,面点工艺是中华民族优秀传统文化的重要组成部分,是劳动人民智慧的结晶,在培养面点工艺技术的同时,我们将中国传统文化中关于面点的诗句、文献融入其中。我国幅员辽阔,各地文化各有特色,我们在实训部分突出了各地特色面点,培养学生对历史传统、中华文化的认同感。

3. 落实"岗课赛证"四位一体,拓宽教材广度

(1) 岗。本书内容体系与中式面点实际岗位工作紧密结合。从岗位需求与中式面点实际工作中的工作任务入手,进行课程内容设计和教学方案设计,按照职业能力、岗位需求,引入中式面点岗位操作规范、行业标准,围绕工作过程各环节,力求"技能逐级推进,能力渐次提升"。

(2) 课。本书重构课程内容体系,依据工作任务确定课程内容和教学项目,整合优化,从"知识""能力"和"素质"的角度培养学生的综合素质,训练学生分析问题和解决问题的能力,培养技术创新的思维方式。各学习任务完成后都配有针对性的任务测试,帮助学生完成理论与实操的初次融合,力求"理论够用、操作熟练"。同时,本书注重工艺与实训的有机结合,对每一个实训品种,都详细阐述其操作要求、注意事项、可能出现的问题及其解决方案。

(3)赛。本书主编参与国家职业技能竞赛裁判工作,书中实训任务对接各级大赛内容和评价标准,配套视频资源融汇大赛考核要点,将大赛项目进行课程化改造,推进"学、训、赛"一体化,以赛促学,以赛促教。

(4)证。本书以中式面点工艺基本原理为基础,对接中式面点师国家职业技能标准,结合岗位工作实际编写,内容涉及初级、中级、高级中式面点师应掌握的知识和技能,充足的实训内容保证学生获得必备且独具特色的中式面点实务工作能力。

4. 采用双色设计,体例新颖,形式活泼,重点突出

本书前三个模块,每个项目设有【职业素养目标】【职业能力目标】【典型工作任务】栏目,每个任务设有【问题思考】【知识准备】(或【实践操作】,或【知识准备】【实践操作】兼具)【思维导图】【任务测试】栏目;第四个模块,每个实训设有【职业素养目标】【职业能力目标】【典型工作任务】【思维导图】栏目,每个任务设有【问题思考】【实践操作】【实训测试】栏目。全书双色设计,体例新颖,形式活泼,重点突出,学做合一,有利于吸引学生学习兴趣,更好地学习相关知识。

5. 配有丰富教学资源,方便教与学

为利教便学,部分学习资源(如实操视频)以二维码形式提供在相关内容旁,读者可随扫随学。在重点、难点知识旁配有相关面点的制作视频及其相关知识讲解,做到"以实操理解理论,以成品理解技术",让学生在制作特色产品的同时掌握相应的技术。此外,本书另配有教学课件、模拟试卷、习题答案、成品样图等教学资源,供教师教学使用。

本书由四川旅游学院钟志惠、陈迤、胡金祥任主编;四川旅游学院程万兴、张松,四川商务职业学院唐凯,中央军委装备发展部李加双,重庆商务职业学院周占富任副主编。四川旅游学院罗文、冯明会、乔兴、周航,泸州职业技术学院胡学才,眉山职业技术学院陶斌鑫,贵州文化旅游职业学院薛颖,成都锦江宾馆孙德昌参与编写。全书由陈迤前期统稿,钟志惠后期总纂修改定稿。

由于编写团队水平有限,书中疏漏在所难免,敬请广大读者不吝赐教,以便我们进一步完善。教材的进步离不开读者的支持与反馈,期待我们一起努力,让本书越来越好。

编 者
2024 年 7 月

目　录

001　　　　　　　**模块一　面点认知**

003　**项目一　认识中式面点**
003　　任务一　认识面点的概念、特点与类别
007　　任务二　认识面点的发展历史与发展趋势
012　　任务三　认识面点的风味流派

017　**项目二　认识面点生产流程**
017　　任务一　认识面点制作的工艺流程
020　　任务二　认识面点生产作业流程与要求

025　　　　　　　**模块二　面点基础**

027　**项目三　认识常用面点原料**
027　　任务一　认识面点常用坯团原料
036　　任务二　认识面点常用辅助原料
046　　任务三　认识面点常用制馅、调味原料

052　**项目四　认识常用面点设备与器具**
052　　任务一　认识面点常用辅助设备与器具
058　　任务二　认识面团常用调制设备与器具
061　　任务三　认识面点常用成形设备与器具
066　　任务四　认识面点常用熟制设备与器具

072　**项目五　掌握面点基本功**
072　　任务一　和面、揉面、饧面

| 079 | 任务二 搓条、下剂、制皮 |
| 086 | 任务三 上馅 |

模块三　面　点　工　艺

089

项目六　面点制馅

091	任务一 认识馅心的分类与作用
095	任务二 甜馅制作
103	任务三 咸馅制作
114	任务四 面臊制作

项目七　面点成形

120	任务一 认识面点造型的特点与要求
127	任务二 徒手成形
134	任务三 借助简单工具成形
140	任务四 模具成形
144	任务五 装饰成形
149	任务六 盛装与盘饰

项目八　面点熟制

155	任务一 认识熟制面点的质量标准与热能应用原则
159	任务二 蒸制
163	任务三 煮制
166	任务四 炸制
170	任务五 煎制
174	任务六 烙制
177	任务七 烤制与微波加热

项目九　面团调制

181	任务一 认识面团调制的基本原理
189	任务二 调制水调面团
198	任务三 调制膨松面团
213	任务四 调制层酥面团

224	任务五	调制混酥面团与浆皮面团
228	任务六	调制米团与米粉面团
238	任务七	调制杂粮面团及其他面团

247　项目十　认识面点的运用与创新

247	任务一	配备筵席面点
251	任务二	认识面点的创新与开发

261　　　　　　　模块四　面　点　实　训

263　实训一　水调面团制品实训

264	任务一	制作冷水面团制品
274	任务二	制作温水与热水面团制品
279	任务三	制作沸水面团制品

284　实训二　膨松面团制品实训

285	任务一	制作发酵面团制品
293	任务二	制作物理膨松面团制品
295	任务三	制作化学膨松面团制品

299　实训三　层酥面团制品实训

300	任务一	制作水油酥皮面团制品
306	任务二	制作酵面酥皮面团制品
309	任务三	制作擘酥皮（水面酥皮）面团制品

313　实训四　混酥与浆皮面团制品实训

314	任务一	制作混酥面团制品
316	任务二	制作浆皮面团制品

320　实训五　米团与米粉面团制品实训

321	任务一	制作米团类制品
323	任务二	制作团类粉团制品
327	任务三	制作糕类粉团制品

| 329 | 任务四　制作发酵米粉团制品 |

实训六　杂粮面团及其他面团制品实训

334	任务一　制作谷类杂粮面团制品
336	任务二　制作薯类杂粮面团制品
338	任务三　制作豆类杂粮面团制品
340	任务四　制作淀粉类面团制品
343	任务五　制作果蔬类面团制品
345	任务六　制作鱼虾蓉面团制品
347	任务七　制作羹汤制品
349	任务八　制作胶冻制品

353　主要参考文献

资源导航

页码	类型	标题
005	文本	节日习俗
007	文本	中国餐饮业发展的历史沿革
008	文本	烹饪典籍介绍
009	文本	馒头的历史与发展趋势
012	文本	中国著名的八大菜系
013	视频	芸豆卷
013	视频	三丁包子
013	视频	碧玉干蒸卖
014	视频	大刀金丝面
066	文本	传统炊具的历史演变
106	视频	叶形素包
116	视频	三鲜打卤面
122	视频	象形蘑菇包
147	视频	面塑艺术
171	视频	韭菜盒子
189	视频	水调面团
198	视频	膨松面团
213	视频	层酥面团
217	视频	兰花酥
224	视频	混酥面团
228	视频	米及米粉团
232	视频	雨花石汤圆
238	视频	杂粮面团
242	视频	莲蓉水晶饼
250	文本	四川满汉全席菜单

251	视频：像生胡萝卜
255	视频：养生芝麻包
264	视频：韭菜水饺
274	视频：花式蒸饺
289	视频：造型花卷
296	视频：无矾油条
300	视频：龙眼酥
309	视频：千层榴莲酥
314	视频：桃酥
341	视频：薄皮鲜虾饺
343	视频：南瓜饼

模块一

面点认知

模块导航

本模块主要介绍中式面点及面点生产流程。

中式面点是中华民族传统饮食文化的一部分，发展历史悠久，品类丰富多彩，制作技艺精湛，风味流派众多，且与食疗、风俗、节气结合紧密。

近年来随着人们生活水平的提高，社会生产的高度发展，生活节奏的加快，人们的传统饮食思维发生了极大的变化，对传统的、优秀的面点品种我们应该加以继承，保留其原有的风格特色。同时要跟上时代的发展，社会的需要，推陈出新，改善制作工艺，改善品质，不拘一格创造出更能适应消费者的需求的新品种。从"讲究营养、重视保健、力求方便、安全卫生"等方面入手，使面点制作朝着快速、经济、方便的方向发展。

中式面点制作经过漫长的历史发展，已成为一门独立的技艺，已形成一套完整的制作工艺流程，面点生产作业流程则是在此基础上进行的面点从准备、制作到出品的生产全过程。只有掌握面点制作程序，熟悉面点师上岗前必须做好的准备工作，才能成为一名合格的面点师。

项目一　认识中式面点

◇ **职业素养目标**
- 传承和发扬中国面点饮食文化，增强文化自信。

◇ **职业能力目标**
- 了解面点的概念及面点在餐饮业中的地位和作用。
- 熟悉面点的特点，掌握面点分类方法，能够对面点品种进行准确界定。
- 了解面点的发展历史。
- 熟悉面点主要风味流派及基本特色和代表品种。

◇ **典型工作任务**
- 面点的概念、特点与类别。
- 面点的发展历史与发展趋势。
- 面点主要风味流派。

任务一　认识面点的概念、特点与类别

问题思考

1. 什么是面点？在不同的地域，面点有哪些不同的称谓？
2. 面点的特点体现在哪些方面？
3. 面点可以分为哪几类？

知识准备

一、面点的概念

面点是指以各种粮食（米、麦、杂粮及其粉料）、蔬菜、果品、鱼、肉为主要原料，配以油、糖、蛋、乳等辅料和调味料，经过面团调制、馅心及面膜制作、成形、成熟工艺而制成的，具有一定营养价值且色、香、味、形、质俱佳的米面食、小吃和点心。

面点是中国饮食的重要组成部分。在广博的中国土地上，因地域、物产、生活习俗的差异，面点有着多种称谓。面点在北方被称为"面食"，在南方则被称为"点心"，在西南地区文化中，面点则更多地被称为"小吃"。

面点在中国饮食中占有相当重要的地位,具体体现在以下几个方面:
(1) 面点制作与菜肴烹调是密切关联,互相配合,不可分割的。
(2) 面点制作具有相对独立性。
(3) 面点制品是人民生活所必需的。
(4) 面点制品具有食用方便、节省时间、方法灵活的特点。
(5) 面点制品具有方便携带、经济实惠的特点。
(6) 面点可以美化和丰富人们的生活,满足人民群众对于美好生活的向往。

二、面点的特点

中国面点历史悠久,品种丰富多彩,制作技艺精湛,风味流派众多。中国面点与食疗、风俗、节气结合紧密,是中华民族优秀传统饮食文化的表征。

中国面点特色分明,主要包括以下几方面。

(一) 取料广泛,选料精细

我国幅员辽阔,多样的地理环境和气候条件为动植物的生长提供了不同的自然物候,丰富的物产为面点制作提供了丰富的原料来源。各地区、民族的饮食交流以及历代面点师的反复实践,使人们能够更合理、更科学、更巧妙地运用各种原料。凡是可以入馔的食物原料都加以采用,面点师通过合理选择、搭配,制作出各地区、民族独具风味特色的面点。根据面点品种品质、工艺、营养卫生要求以及原料生长季节、产地特征、风情民俗等特性,选择适当的原料,人们可以做出精美绝伦的面点,达到物尽其用的目的。

(二) 品种繁多,风格各异

中国面点素以品种花样繁多著称,各地区、民族都有风格独特的品种,形成了浓郁的风味特色。面点品种丰富,与多样化的面点用料和制作技法是分不开的。饮食文化交流、制作技术交流,为面点工艺的取长补短、推陈出新、技术发展作出了卓越的贡献。

(三) 讲究馅心,注重口味

中国面点历来重视馅心的调制,并把它看作决定面点风味的关键。一般人在评价面点好吃与否时,大都是以馅心为重。除了能决定面点的口味外,馅心对制品的色、形、质也都有很大影响。

(四) 技法多样,造型逼真

中国面点具有艺术性强,技艺精湛,色、味、形俱佳的特点。我国的面点工艺非常注意形象的塑造,强调给人视觉、味觉、嗅觉、触觉以美的享受,而不单纯追求果腹。西安的"饺子宴",通过饺形、饺馅、成熟方法的变化,让人感受到食之乐趣、美之享受。苏州船点,应用多种造型技法,塑造出各种形态逼真的象形花鸟鱼虫、蔬果菽粟、飞禽走兽,可谓色彩鲜明、神形兼备、玲珑剔透,堪称面点中的艺术珍品。四川小吃波丝油糕,色泽金黄,形如蘑菇,顶部呈丝网状,面点师通过特别的面团调制技术控制坯团的性能,通过独特的油炸方法造就其质感和形状。

(五) 应时应典,寓情于食

自古以来,中国面点与中华民族的时令、风俗有着千丝万缕的联系。在年节或人生礼仪喜庆活动中,节日面点、人生礼仪喜庆面点等习俗面点应运而生。正月初一吃饺子,新春佳节食年糕,正月十五品元宵,立春食春饼,端午食粽子,夏至吃冷淘面,八月十五吃月饼,重阳节食糕,冬至吃馄饨,这是众所周知的习俗。习俗面点与人民群众的生活是息息相关的。习俗面点寄托了人们的强烈愿望:祈求生产丰收、康泰平安、多福多寿、人丁兴旺、欢乐祥和。丰富多彩的习俗面点,是人们对饮食文化的创造,代表了人民群众对美好生活的向往。

节日习俗

面点具有季节性,季节不同,人们对食物口味的要求也不同:春季做春卷、春饼、艾窝窝、青团;夏季做凉面、凉糕、八宝莲子羹;秋季做蟹黄包子、桂花藕粉;冬季做羊肉汤面、牛肉面……这些习俗表征着人们因地制宜,与大自然相协调的习性。

三、面点的分类

(一) 单一分类法

面点品种繁多,各具特色,我们可根据制作原料、面团性质、熟制方法、制品口味、制品形态、干湿度对其进行分类,进而从不同角度刻画制品的特点。单一分类法下的分类标准主要包括以下几项。

1. 原料

面点按原料可分为麦类制品、米类制品、杂粮制品、淀粉制品、果蔬制品以及其他制品。

2. 面团性质

面点按面团性质可分为水调面团制品、膨松面团制品、油酥面团制品、浆皮面团制品以及其他面团制品。

3. 熟制方法

面点按熟制方法可分为蒸制品、煮制品、炸制品、煎制品、烙制品、烤制品和复合成熟制品。

4. 制品口味

面点按口味可分为甜味制品、咸味制品、甜咸味制品和无味制品。

5. 制品形态

面点按形态可分为饼类、饺类、糕类、团类、包类、卷类、条类、羹类、冻类、饭粥类制品。

6. 干湿度

面点按干湿度可分为干点、湿点和水点。

(二) 综合分类法

为利于教学和研究工作的开展,帮助学生学习并掌握面点制作工艺,本书将依据原料和面团性质对面点进行综合分类。面点的综合分类如图1-1所示。

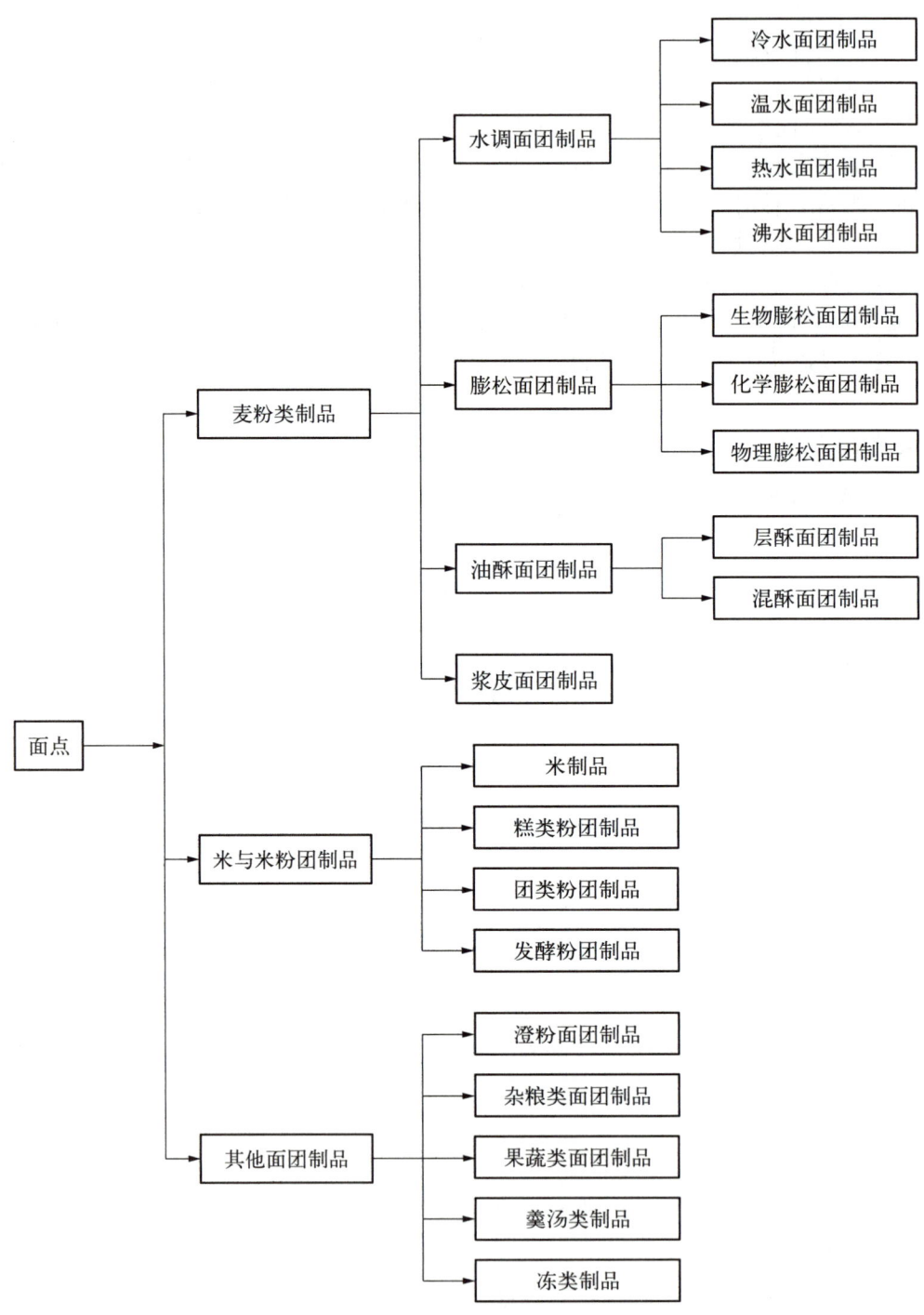

图 1-1 面点的综合分类

思维导图

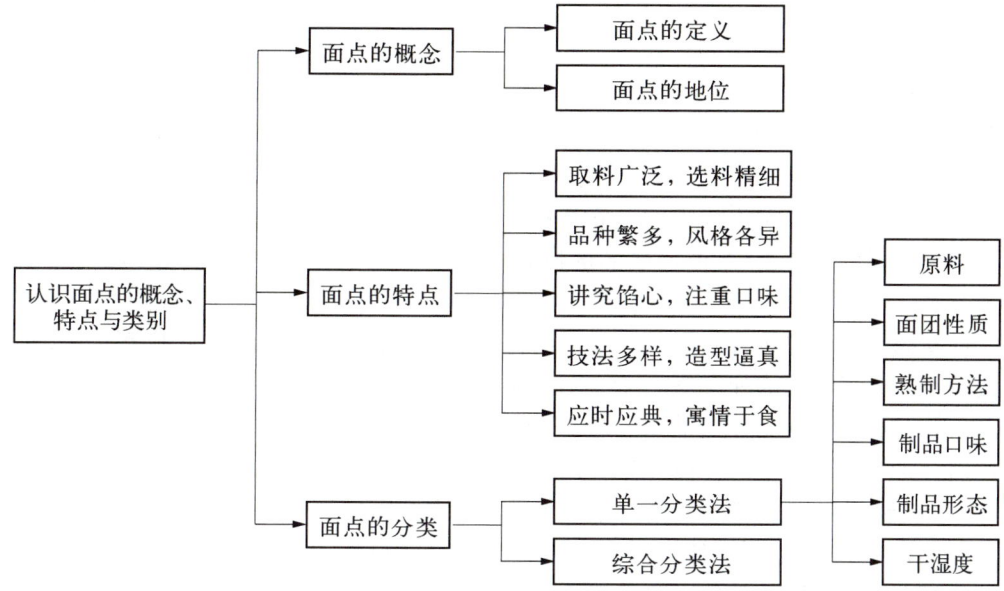

任务测试

一、多项选择题

1. 中国面点特色分明,主要体现在(　　　)等方面。
   A. 取材广泛　　B. 造型逼真　　C. 讲究口味　　D. 品种繁多　　E. 应时应典

2. 下列品种中,属于节日面点的有(　　　)。
   A. 元宵　　　　B. 饺子　　　　C. 粽子　　　　D. 包子　　　　E. 春饼

二、简答题

1. 面点的特点有哪些?
2. 对面点单一分类的标准和内容有哪些?

任务二　认识面点的发展历史与发展趋势

问题思考

1. 面点起源于何时?
2. 面点的发展经历了哪几个重要时期?
3. 现代面点在古时有哪些称谓?
4. 现代面点的发展呈现怎样的趋势?

中国餐饮业发展的历史沿革

1 知识准备

一、面点的发展历史

（一）先秦时期

烹饪典籍介绍

远古时期，人类以浆果、植物的嫩芽和捕捉到的飞禽走兽为食，活剥生吞、茹毛饮血，过着简陋的原始生活。燧人氏发明人工取火技术，人类便脱离了茹毛饮血的生活，饮食习惯从生食到熟食发生了质的飞跃。火的掌握和使用，不仅扩大了食物的来源，使食物柔软、可口、有香味，也对面点制作技术的发展具有特殊的意义。火的掌握和使用是面点制作技术得以形成和发展的首要条件，而调味品的制作技术与炊具的创制则为面点制作提供了物质条件。

考古发掘的资料显示，距今四千至七千年以前，在没有文字记载的新石器时代，我国黄河流域已经产生了原始农业和畜牧业，当时粮食作物有黍、稷、稻、大豆和小麦，驯养的动物有猪、牛、羊、鸡，栽种的果蔬有甜果、葫芦、芥菜、藕。农业和畜牧业的初步发展为面点提供了原料。原始的粮食加工用具，如杵臼和石磨盘使谷物可以脱壳，人们甚至可以破粒取粉，这为面点制作奠定了基础。面点熟化用具（炊具）起源很早，在陶器时代，人们就已经发明了陶制的蒸、煮、烤烙设备。由此可见，在新石器时代，中国已经具备了制作面点所需的原料和用具了。邱庞同在《中国面点史》一书中指出："中国面点的萌芽时期定在六千年前左右。"

商、周、春秋战国时期，农业和畜牧业有了很大发展，这为面点的制作和发展提供了物质基础。谷物加工技术得到了进一步提高，双扇石磨开启了人类粉食的新阶段，对面点的制作和发展具有重大意义；调味品（盐、饴、蜜、梅子等）、动物油逐步得以在面点中使用；青铜炊具的出现和推广，使面点的熟化技术得到改善。春秋战国时期，"饼"就出现了，当时出现的面点品种，主要有以下几类。

（1）糗。谷物炒成的干粮，也叫糇粮，通常在行军或旅游时食用。《尚书·费誓》孔颖达疏引郑玄注曰："糗，捣熬谷也。谓熬米麦使熟，又捣之以为粉也。"这种糗如同后世的炒面，是古代最为常见的"方便食品"。

（2）饵。一种蒸制的糕饼，根据《周礼·天官·笾人》郑玄注解，这是"粉稻米、黍米所为也。合蒸为饵。"扬雄在《方言》中认为："饵谓之糕"。许慎在《说文解字》中认为："饵，粉饼也。"虽然古代学者在对饵的解释上略有分歧，但我们可以确认，周代就有此食品了。

（3）酏（yí）食。一种饼，据《周礼·天官·醢人》郑司农注："酏食，以酒酏为饼。"贾公彦进一步解释："以酒酏为饼，若今起胶饼。""胶"通酵之意。酒酏是一种发面引子，酏食可能是中国最早的发酵饼。

（4）糁食。简称糁，周代宫廷食品。《礼记·内则》记载："糁，取牛、羊、豕之肉，三如一，小切之，与稻米，稻米二、肉一，合以为饵，煎之。"可见，这是一种肉丁米粉油煎饼。在周代，宫廷饮食包括名曰"八珍"的名菜点，古代学者也将"糁"列在八珍之内，足见"糁"的重要影响。

（5）粔籹。类似后世馓子的油炸食品。屈原在《楚辞·招魂》中有云："粔籹蜜饵，有帐餭些。"朱熹在《楚辞集注》中指出："粔籹，环饼也。吴谓之膏环，亦谓之寒具，以蜜和米面煎熬之。"

(二)两汉时期

汉代是中国面点发展的重要时期,具有承前启后的作用。这一时期,随着生产的发展,农作物得以普遍种植,人们开始以稻米、麦类、高粱作为主食。制粉设备——石磨得以逐步改进并在民间广泛使用,面粉、米粉加工逐渐精细。发酵等面点制作技术的提高,使汉代面点品种增加,并在民间普及。西汉史游编撰的儿童识字课本《急救篇》中就有"饼饵麦饭甘豆羹"之记载,这说明饼饵类食品已在民间流传。

据《西京杂记》《方言》《释名》《急救篇》《四民时令》等书的记载,汉代的主要面点品种达十余种。需特别指出的是,在汉代,饼是一切面制品的通称,汉末刘熙在《释名·释饮食》中记载:"饼,并也。溲面使合并也。胡饼、蒸饼、汤饼……"。炉烤的芝麻饼叫"胡饼";上笼蒸制类似馒头的称"蒸饼";水煮的面片称"汤饼",是面条的前身。这些名称自汉代沿用至清代。崔寔《四民月令》中记载的农家面食有蒸饼、煮饼、水溲饼、酒溲饼等。水溲饼为一种水调面粉制成的呆面饼,食后不易消化。相反,酒溲饼入水即烂,是一种用酒酵和面制成的发面饼。

汉代具有地域特征的面点称谓大量产生。扬雄《方言》有云:"饼谓之饦,或谓之饳,或谓之馄。""饵谓之糕,或谓之粢,或谓之铃,或谓之俺,或谓之饥。"

汉代已出现在节日食用面点的习俗。《西京杂记》记载:"九月九日,佩茱萸,食蓬饵,饮菊花酒,令人长寿。""蓬饵"即莲子糕,重阳节食糕的传统在汉代已经初步形成。

(三)魏晋南北朝时期

魏晋南北朝时期是中国面点的重要发展阶段。石磨的普及为面点的发展提供了物质保证,面点发酵法得以付梓并广泛传播,面点制作技术迅速发展,品种日益增多,有关面点的著作得以大范围传播。在这一时期,面点在继承汉代技术的基础上迅速发展,劳动人民不断推陈出新,新品种不断涌现。晋人束皙所著的《饼赋》是最早的、保存最完整的面点文献。《饼赋》描绘了饼的起源、品名、食法以及厨师的制作过程,具有重要的史料价值。《饼赋》中记载的品种有安乾、粗汝、豚耳、狗舌、剑带、案成、曼头、薄壮、起溲、汤饼、牢丸等十多个品种。北魏农学家贾思勰所撰《齐民要术》中有两篇专门讲述面点的文献,包括白饼、烧饼、髓饼、膏环、细环饼、水引、馎饦、粉饼、豚皮饼、糉(粽)、米壹等近二十个品种的成形、调味、熟制方法。在这一时期,馄饨、春饼、煎饼也已经出现。

馒头的历史与发展趋势

魏晋南北朝时期面点的重要特点是文化色彩浓厚,与民俗紧密结合,元旦吃"五辛盘",立春吃"春饼",端午吃"粽子",伏日吃"汤饼"等习俗已经形成。

(四)隋唐五代时期

隋唐五代是中国面点得以进一步发展的时期。蓬勃发展的磨面业为面点制作提供了充足的原料,商业的发展促进饮食业的繁荣,也促进面点店的出现。在这一时期,前期已有的各类面点也派生出若干新品种,制作技术进一步提高。出现的新品种主要有包子、饺子、油馎等。旧有的面点在品种和花色上都取得了新的发展。胡麻饼、古楼子、五福饼、石鳌饼、同阿饼、红绫饼餤、莲花饼餤等饼类面点纷纷出现。糕在这一时期发展很快,很多新品种产生了,如花折鹅糕、水晶龙凤糕、软枣糕、满天星等。

随着传统医学与饮食文化的结合,食疗面点应运而生,这在《食疗本草》《食臣心鉴》中均有记载。食疗面点的出现是面点与中医药结合的产物,在中国面点史上具有重要的意义。

随着对外经济、文化交流的不断加强,中外面点的交流开创了新的局面,众多"胡食"从西域传入,我国部分面点也开始东传。

(五)宋元时期

宋元时期中国面点得以全面发展,面点业兴盛发达,竞争激烈,有力地促进了面点品种的增加和面点制作技术的进步。市肆面点、食疗面点的发展尤为突出,早期面点流派已产生,有关面点的著作也更加丰富。

面点制作技术的提高主要表现在五个方面:❶ 面团制作多样化。发酵技术已普遍应用,对碱酵子发面法广为流传。油酥面团的制法也趋成熟。❷ 馅心制作多样化。这一时期的包子、馒头、馄饨等面点的馅心异常丰富,动植物原料均被使用,口味甜、咸、酸均有。《东京梦华录》所记包子,就包括细馅大包子、水晶包儿、笋肉包儿、虾鱼包儿、蟹肉包儿、鹅鸭包儿等。《居家必用事类全集》还记有馅心的制法,涉及猪肉馅、羊肉馅、鱼肉馅、鹅肉馅、蟹黄馅、菜馅、杂馅、澄沙糖馅、绿豆馅、拌打馅、熟细馅等。❸ 浇头多样化。面条、馎饦的浇头荤素并用,多达数十种。人们将原料掺入面粉中制成有味面食品,如红丝馎饦(用鲜虾肉泥汁和面制成)、梅花汤饼(用白梅、檀香末浸泡液和面制成)、甘菊冷淘等。❹ 成形方法多样化。面可以擀成条,也可以拉拽成宽条,面糊用匙或筷子拨入沸汤锅中煮成"鱼"形(拨鱼面),荞麦面团用"河漏床"压成细丝(河漏);油酥点可以用模子压成形,然后油炸;馒头可以捏成形,也可以用剪刀剪出花样;花色点心的成形方法更是多种多样。❺ 成熟方法多样化。这一时期的成熟方法已有蒸、煮、煎、炸、烤、烙、炒等。

新出现的面点品种较多。麦面制品主要有角子、棋子、经卷儿、秃秃麻失、卷煎饼、拨鱼、河漏、烧卖等。米粉制品主要有元宵、水团、麻团、米缆、油炸果子等。旧有的面点品种,如馒头、包子、馄饨开始以馅心作为命名依据。面条因粗细、浇头不同而划分为数十个品种。

这一时期饮食业相当繁荣。北宋汴京、南宋临安、元大都均有许多面点店。面条、馎饦、角子、馄饨、馒头、包子、棋子、烧卖、卷煎饼、糕、团、粽、米线等花色点心已成为普通市肆食品。这一时期的饮食业百花齐放,早期的面点流派逐步形成。

随着中外交流的开展,中国的面条在元代传至意大利等国,至今不少外国学者均承认面条起源于中国。在元代,馒头传至日本,包子传至朝鲜。

这一时期有关面点的著作较多,如宋代的《山家清供》《本心斋蔬食谱》,元代的《饮膳正要》《居家必用事类全集》《云林堂饮食制度集》收录了丰富的面点资料。

(六)明清时期

明清是中国面点发展的成熟时期。面点的制作技艺更加精湛,面点的主要类别已奠定基调,每一类面点之下又派生出许多具体品种。面点的风味流派基本形成,与民间风俗结合更加紧密,在饮食中的地位更加突出,有关著作愈加丰富。中外面点交流继续深入,西式面点传入中国,中式面点也大量传到国外。

这一时期的面点制作技艺已经达到了相当高的水准,原料更加丰富,无论是作为主料的谷物还是作为配料的荤素食材均相当丰富;面粉加工更加精细,米粉、山药粉、百合粉、荸荠粉等的加工技术也有发展;面团的制作方法多样化,发酵面团、油酥面团、冷水面团、温水面团、水油面团、蛋和面团等运用灵活;面点成形方法更加多样,如擀、切、搓、抻、包、捏、卷、迭、压、削、拨等,模具成形各显其妙;馅心、浇头用料丰富,制作精致,风味多样。风味有咸、甜、酸、辣之分；馅心出现花卉，肉汁冷凝方法得以推广；面点成熟方法较前代也有所发展，蒸、煮、烙、烤、油煎、水煎、油炸、炒、煨均可使用，视品种而定，有些品种还综合使用多种方法进行成熟。

这一时期的面点品种数以千计，主要的种类有面条、馄饨、饺子、包子、合子、面卷、烧卖、煎饼、炉饼、麻花、馓子、油条、团子、粽子、糕等，每一类都包含相当数量的品种，面条就包括五香面、八珍面、伊府面、素面、抻面、刀削面、瓢儿漏、炒面条、冷面等。

各地涌现许多名品，如北京的豌豆黄、驴打滚、萨其马、龙须面、小窝头、火烧、酥饼等等，苏州的糕团，山西的刀削面，山东的煎饼，扬州的包子、浇头面，广州的粉点，四川的担担面、赖汤圆均驰誉四方。经过漫长的历史发展，中国面点的主要风味流派大体形成。

这一时期，面点在筵席中的地位较以前有所提升，较高档的筵席往往包括1~2道面点，多则4~5道。

节日面点习俗也基本定型，如春节吃年糕、饺子，正月十五吃元宵，立春吃春饼，端午食粽子，中秋吃月饼等。

这一时期，有关面点的著作尤为丰富。《易牙遗意》《饮馔复食笺》《食宪鸿秘》《养小录》《随园食单》《醒园录》《调鼎集》等书中都有涉及面点的专门章节，其中，《调鼎集》共收录了200余种面点制法。

随着中外饮食交流的发展，西方的面包、蛋糕、西饼、布丁等传入中国，更加促进了中国面点的创新与发展。

二、面点的发展趋势

进入新时代以来，在党和国家的重视和关怀下，各地面点师不断总结，相互交流，开拓创新，使面点制作技术有了飞速的发展。餐饮业出现了前所未有的变化。人们生活水平提高，社会生产高度发展，生活节奏加快，人们的传统饮食思维发生了极大的变化，正朝着快速、经济、方便的方向发展。

（一）传统面点的继承与开拓创新

中国面点是中华民族传统饮食文化的一部分，历史悠久，品类丰富，制作技艺精湛，风味流派众多，且与食疗、民俗结合紧密。对优秀的传统面点品种，我们应该加以继承，保留其历史风格特色，同时立足社会的需要，推陈出新，改进制作工艺，改善品质，不拘一格地创造出更能适应现代消费需求的新品种。

（二）面点新种类的开发

随着社会的进步和经济的发展，人民生活水平逐渐提高，生活方式不断改善，人们对面点的需求进一步表现在"讲究营养""重视保健""力求方便""安全卫生"等方面。"讲究营养"是指面点不但要色、香、味俱全，口感好，具有一定的享受功能，而且要有营养价值。"重视保健"是指面点应具备保健功能、预防功能和食疗功能，有益于健康。"力求方便"是指为适应市场经济建设，人们工作与生活节奏加快，面点的制售应当更为快捷、简便，生产技术应当标准化。"安全卫生"是指面点产品应当符合国家及国际安全标准，满足人们对食品安全和身体健康的关切。在这样的大潮下，快餐面点、速冻面点、保健面点逐渐成为面点发展的新方向和新趋势。

思维导图

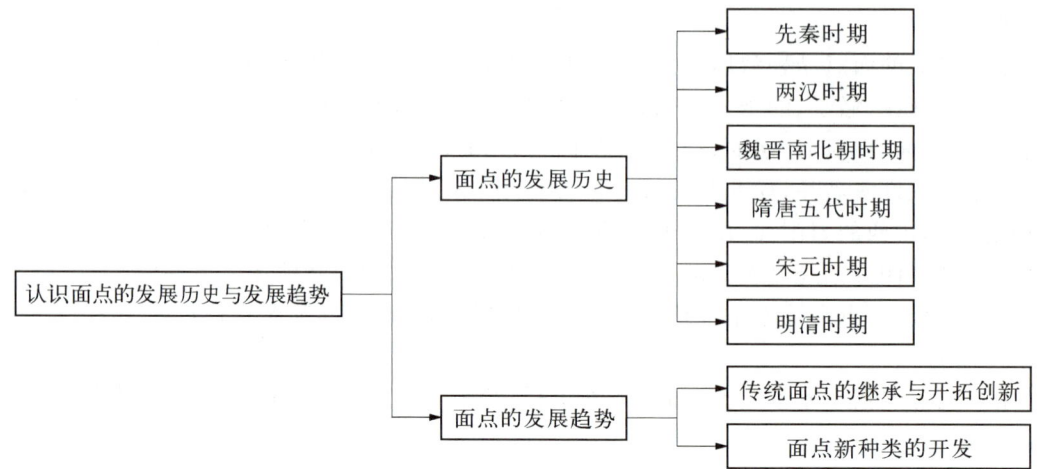

任务测试

一、名词解释
1. 酏食
2. 节日面点

二、多项选择题
1. 由于物质条件的提升,不少面点品种在春秋战国时期出现,具体包括(　　　　)。
   A. 糗　　　B. 饵　　　C. 馒头　　　D. 糁食　　　E. 粔籹
2. 扬雄《方言》有云:"饼谓之(　　　　)"。
   A. 糕　　　B. 粢　　　C. 铃　　　D. 饨　　　E. 饦

三、简答题
1. 在中国历史上,面点经历了哪几个重要的发展时期?
2. 请列举五本与面点有关的古代著作。

任务三　认识面点的风味流派

中国著名的八大菜系

问题思考

1. 为什么面点会产生风味流派之分?
2. 有代表性的中式面点风味流派有哪些?
3. 你能列举中式面点主要风味流派的代表品种吗?

知识准备

我国地域广阔,各地气候、物产、人民生活习惯不同,面点在选料、口味、制法等方面形成了不同风格和浓郁的地方特色,面点风味流派应运而生。其中口味有"南甜、北咸、东辣、西酸"之说;用料有"南米、北面"之说;派系有"广式""苏式""京式""川式""闽式""滇式"之分。

目前,我国面点的代表性风味流派主要有京式面点、苏式面点、广式面点、川式面点等。

一、京式面点的形成与特色

京式面点,泛指黄河以北的大部分地区(包括华北、东北等地)的面点,以北京面点为代表,是我国北方风味面点的重要流派。北京曾是元、明、清的都城,是全国政治、文化中心,故而具备能博采各地区面点之精华的有利条件,形成了独特的风味。

芸豆卷

京式面点的特色在于用料丰富、品种众多、制作精致、风味多样。京式面点用料广泛,主料就有麦、米、豆、黍、粟、蛋、奶、果、蔬、薯等。豆类常用黄豆、绿豆、赤豆、芸豆、豇豆、豌豆等。辅以配料、调料,我们能调制出上百种坯团。由于北方盛产小麦,当地居民擅长使用面粉制作面食品。

京式面点制作精致,用料讲究,面团精良,馅心与浇头多变,成形与成熟方法多样。例如,抻面抻得细如线,茯苓饼摊得薄如纸,馄饨、饺子、烧卖讲究馅鲜香,面条注重汤味鲜浓,烧饼注重面皮和馅心的变化。京式面点馅心注重咸鲜口味,肉馅多用"水打馅",并佐以葱、姜、黄酱、芝麻油等调辅料,风味独特。

京式面点名品众多,有远近闻名的抻面、刀削面、小刀面、拨鱼面,有丰富多彩的名小吃和点心,如都一处的三鲜烧卖,天津狗不理包子,小窝头、豌豆黄、芸豆卷、艾窝窝、银丝卷、千层糕、八宝莲子粥、奶油炸糕、肉末烧饼、一窝丝清油饼等。

二、苏式面点的形成与特色

苏式面点,是指长江中下游江、浙地区的面点。它起源于扬州、苏州,发展于江苏、上海等地,以江苏为代表。江、浙地区乃鱼米之乡,经济繁荣,物产丰富,饮食文化发达,为苏式面点的发展创造了良好条件。因此,苏式面点成为南方风味面点的重要流派。

三丁包子

苏式面点制作精细,造型讲究,馅心多样,善做糕团、面条、饼类等食品,品种繁多,应时迭出。苏式面点制作精细,面条重视汤、浇头,酥点讲究用酥、开酥,馒头、包子注重发酵、用馅,糕追求质感,或松软或黏韧,外形雕琢精巧,制品多姿多态,玲珑剔透,栩栩如生。花卉造型有菊花、荷花、梅花、兰花、月季花、荷叶、秋叶等;动物造型有刺猬、玉兔、螃蟹、蝴蝶、天鹅、金鱼等;水果造型有石榴、桃子、柿子、枇杷、荸荠、葡萄等;蔬菜造型有青椒、茄子、萝卜、大蒜等。

苏式面点馅心多样,口味或咸鲜,或香甜。苏式面点馅心重视调味,讲究掺冻(即用鸡鸭、猪肉和肉皮熬制汤汁凝冻而成),汁多肥嫩,味道鲜美,典型品种包括灌汤包子等。

苏式面点品种繁多,就风味而言,有苏州风味、淮扬风味、宁沪风味、浙江风味等。具有代表性的品种有苏州船点、淮安文楼汤包、富春茶社三丁包子、翡翠烧卖、糯米烧卖、青团、鲜肉汤团、枫镇大面、阳春面、锅盖面、奥灶面、定胜糕、黄松糕、黄桥烧饼、松子枣泥拉糕、苏式月饼等。

三、广式面点的形成与特色

广式面点泛指珠江流域及南部沿海地区的面点。广东地处岭南,坐拥南海,雨量充沛,四季常青,物产丰富,面点制作自成一格,富有南国风味。广式面点以广州面点最具代表性。长期以来,广州一直是我国南方的经济、文化中心,面点制作技术较其他地区发展更快。广州自汉魏以来,就是我国与海外各国的通商口岸,经济贸易繁荣,近百年来吸收了部分西点制作技术。

碧玉干蒸卖

广式面点以米及米粉制品见长。品种除糕、粽外,还有煎堆、米花、白饼、粉果、炒米粉等外地罕见的品种。广式面点坯料变化多样,当地人善用油、糖、蛋改变坯皮的性质,打造良好的质感,善用荸荠、土豆、芋头、山药、薯类及鱼虾等制作坯料。

广式面点馅心用料广泛,口味清淡。馅心用料包括肉类、海鲜、杂粮、蔬菜、菌笋、水果、干果等。成品包含叉烧肉馅、粉果馅等,制作精美,富有广东地方特色。此外,广东地处亚热带,气候炎热,面点口味偏清淡。

广式面点品种丰富多样,讲究形态、花色、色彩,制作精细,用料广泛,口味清淡爽滑。具有代表性的品种有叉烧包、虾饺、莲蓉甘露酥、马蹄糕、伦教糕、娥姐粉果、沙河粉、煎堆、糯米鸡、干蒸烧卖、千层酥、小凤饼、广式月饼等。

四、川式面点的形成与特色

川式面点指四川省内各地的风味面点小吃。四川地处我国西南,周围重峦叠嶂,境内河流纵横,气候温和湿润。因物产丰富,四川素有"天府之国"的美誉,这为四川面点的形成创造了良好的物质条件。四川面点源于民间,历史悠久,在历代民间主妇、官宦家厨、楼堂店馆名师妙手的传承和创新下,逐渐形成自己的风格,地方风味十分浓郁。

川式面点品类众多,从大类上看,有面条、饺子、抄手(馄饨)、饼、馒头、包子、卷、汤圆、糕、粽、粑、酥点等等,而每一类面点又派生出若干品种。清傅崇矩编撰的《成都通览》中就记载了数以百计的面点品种。

川式面点用料广泛,主料以面粉、糯米粉、粳米粉、糯米为主,兼用荞麦面、玉米面、山药粉、绿豆粉、豌豆粉、荸荠粉、藕粉、芡粉等;辅料有家禽、家畜、火腿、金钩、干菜、菠菜、萝卜、鸡蛋以及花卉、水果、干果等。

川式面点制法多样。四川当地居民擅长制作面食,如面条、饺子、抄手、包子、酥点、饼等。

大刀
金丝面

川式面点风味独特,具有浓郁的地方特色,尤其善调麻辣味。在复合味调制方面,四川当地居民讲究一味为主,他味相辅,各味兼备,相得益彰。例如,成都的铜井巷素面、钟水饺、豆花面,南充的川北凉粉,入口辣香浓郁,辣中突出咸鲜,回味中略带甜酸,虽然都是辣味小吃,但分寸不一,各有千秋,令人回味无穷。

最具代表性的川式面点品种包括龙抄手、钟水饺、鲜花饼、牛肉焦饼、赖汤圆、叶儿粑、三合泥、枣糕、珍珠圆子、波丝油糕、蛋烘糕、白蜂糕、甜水面、凉糍粑、萝卜酥饼、过桥抄手、担担面、川北凉粉、金丝面、银丝面等。

五、其他面点风味流派

(一) 山西面点

山西面点又称晋式面点,指山西省内各地的面点。山西位于黄河中游,黄土高原东部,因地处太行山脉之西而得名,又因春秋时为晋国中心而简称晋。

山西面点是北方面点的重要流派,山西出产的富有地方特色的原料是山西面点的基础。山西素有"面食之乡"的称誉,当地人擅长制作各种花样的面食,使用各不相同的面,如麦面、米面、豆面、荞面、莜面、高粱面、玉米面、小米面等。制作时,各种面或单独使用或混合使用,成品各有千秋,风味各异,包括刀削面、押面、剔尖(拨鱼面)、揪片、饸饹、猫耳朵、花馍等。山西面食的成熟方法多样,煮、炒、蒸、炸、煎、焖、烩、煨均较为常见。山西面食的另一个重要特点是运用浇头、卤汁、菜码调味。不同品种的面食,在不同季节,需用相应的浇头、卤汁、菜码调味,形成了咸、酸、鲜、香的风味。吃面加醋也是山西人重要的饮食民俗。

(二) 陕式面点

陕式面点泛指我国黄河中上游西北部广大地区的面点,以陕西为代表,陕西在战国时期曾是秦国的辖地,是西北地区的重要门户,故陕式面点又称秦式面点。

陕西是中华文明的发祥地之一,而西安为十三朝都城,历史悠久。在漫长的历史发展进程中,陕西的饮食文化在全国独领风骚。

陕式面点是西北地区重要的面点流派,在用料、品种、制法、风味上均有独特性。陕西面点最早源于西北乡村,在西安形成制作特色。陕西面点用料丰富,以小麦粉为主,兼及荞麦面、小米面、糯米面、糯米、豆类、枣、栗、柿、蔬菜、禽畜肉、蛋、奶等等,糕、饼、馍、面条和其他点心达三四百种,各具传统风味特色。西北地区的人们喜食牛羊肉,陕西面点在浇头、馅料制作上自成一体,口味咸辣鲜香,地方风味浓郁。陕西面点的著名品种有牛羊肉泡馍、虞姬酥饼、岐山臊子面、油泼辣子面、石子馍、泡泡油糕等。

(三) 东北面点

东北面点泛指我国东北地区辽宁、吉林、黑龙江三省的面点。东北面点是北方面点的重要分支,与京式面点有许多相通之处。

东北早期经济生活以渔猎为主,农业为辅。东北早期种植的粮食以杂粮为主,包括小米、黄米、高粱米、玉米等,人们用其做成饭、粥,或各种面食。东北面点的著名品种有辽宁的老边饺子、马家烧卖、小米面饸饹、枣泥月饼,吉林的李连贵熏肉大饼、三杖饼、黄米面豆包,黑龙江的荞面饸饹、黄米切糕、椒盐饼、炸三角等。

(四) 福建面点

福建面点泛指福建地区的面点。福建地处我国东南,属亚热带气候区,东临大海,内陆多山林,盛产海味、山珍、水果、水稻、蔬菜等。福建饮食文化富有厚重的历史底蕴和地方特色。福建面点名品众多,清人施鸿保所撰《闽杂记》一书中就有"圆子""花饼光饼""扁食(馄饨)""汤饼""油粿""烧卖"的记载。此外,福建面点还包括福州的粿、粽子、糕,泉州的春饼、米丸、肉粽、糕,厦门的甜粿、芋泥、炒米粉、汤圆、粽子,闽南的双润糕、米烧粿,闽西南汀州客家的系列面点,沙县的以米冻、馄饨、木薯粉为皮的烧卖等。在这些面点中,地方风味最为突出的是粿。在主料多样的福建面点中,米粉类面点尤为出众。

思维导图

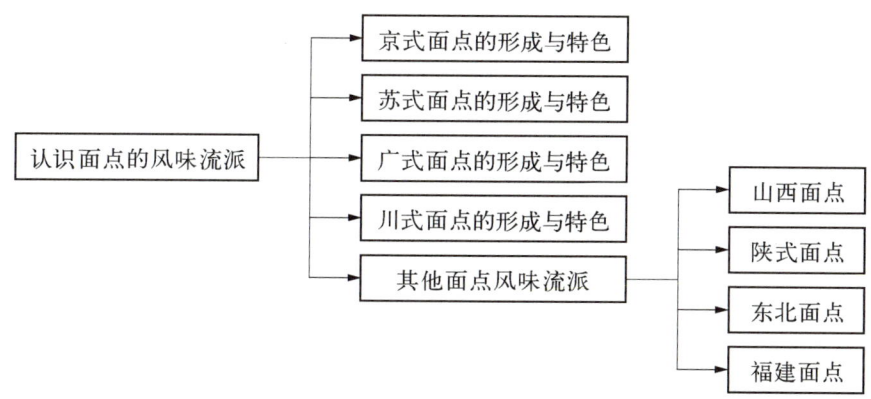

任务测试

一、名词解释

1. 京式面点
2. 苏式面点
3. 广式面点
4. 川式面点

二、多项选择题

1. 下列品种中,属于京式面点代表品种的有(　　)。
   A. 豌豆黄　　B. 窝窝头　　C. 狗不理包子　　D. 黄桂柿子饼　　E. 拨鱼面
2. 下列品种中,属于川式面点代表品种的有(　　)。
   A. 杂酱面　　B. 龙抄手　　C. 波丝油糕　　D. 鲜花饼　　E. 叶儿粑
3. 下列品种中,属于苏式面点代表品种的有(　　)。
   A. 翡翠烧卖　　B. 阳春面　　C. 珍珠圆子　　D. 黄桥烧饼　　E. 船点
4. 下列品种中,属于广式面点代表品种的有(　　)。
   A. 马蹄糕　　B. 玻璃烧卖　　C. 虾饺　　D. 叉烧包　　E. 青团

三、简答题

1. 简述京式面点、苏式面点、广式面点和川式面点的特色。
2. 比较山西面点、陕式面点、东北面点和福建面点的地域特色。

项目二　认识面点生产流程

◇ **职业素养目标**
● 增强职业责任感,培养遵纪守法、爱岗敬业的职业精神和职业规范。

◇ **职业能力目标**
● 了解面点制作工艺流程及主要工序。
● 熟悉面点生产作业流程及要求。

◇ **典型工作任务**
● 面点制作工艺流程。
● 面点生产作业流程与要求。

任务一　认识面点制作的工艺流程

问题思考

1. 制作面点的主要工序有哪些?
2. 面点生产前的准备工作有哪些?

知识准备

一、面点制作的一般工艺流程

经过历代演变,人们至今已形成一套公认的、行之有效的面点工艺流程。面点制作的一般工艺流程,如图1-2所示。

```
                                      制馅──上馅
                                            ↓
配料──和面──揉面──饧面──搓条──下剂──制皮──成形──熟制──制品
         └──面团调制──┘      └──── 面点成形 ────┘
```

图1-2　面点制作的一般工艺流程

从图1-2的工艺流程中可知,制作面点首先配备原料,然后调制面团,再通过搓条、下剂、制皮、上馅等一系列成形工艺,制成面点生坯,然后进行熟制,最后得到成品。面点制作工艺流程具体图解如图1-3所示。

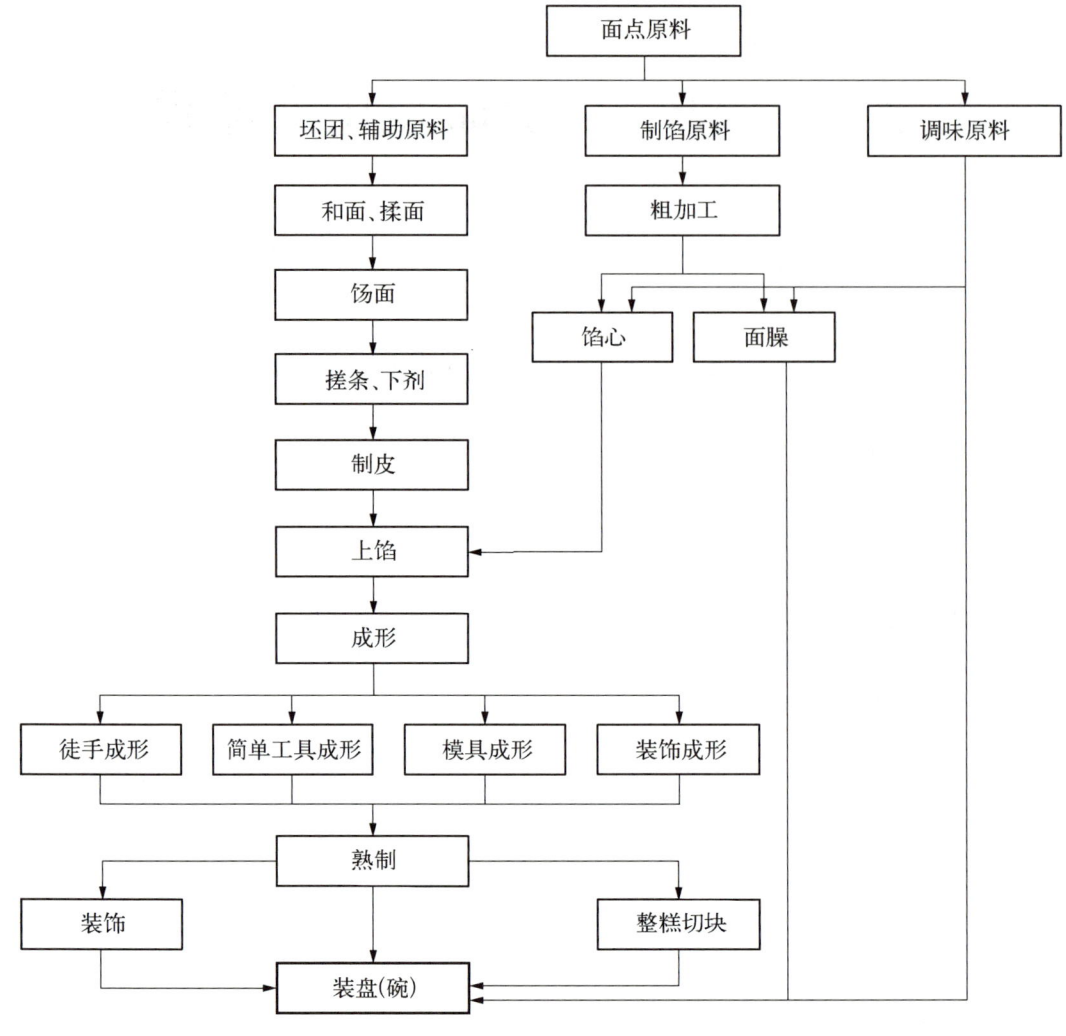

图 1-3 面点制作工艺流程图解

二、面点制作的主要工序

(一)原料配备

原料配备是非常重要的工序,原料是决定成品质量、风味特色的基本物质条件。面点原料的配备要求如下:

(1) 熟悉各种原料的性质、特点、工艺性能及用途,保证原料的选择恰到好处,使原料物尽其用,使成品质量达到最佳效果。

(2) 了解因原料产地、品种、部位不同而形成的性质差异,从而准确选择原料。

(3) 选择的原料要符合食品安全、产品营养卫生方面的要求。

(4) 使用的原料应根据面点配方准确称量,确保成品品质。

(二)面团调制

面团调制是第一道工序。根据不同面点品种对皮坯性质的要求,应采用对应的方式将皮坯原料调制成混合均匀的团或浆，最终形成面团。根据调制介质和面团形成特性，面团分为水调面团、油酥面团、浆皮面团、膨松面团等。不同的面团，工艺性能不同，调制要求也有所不同。

（三）制馅

制馅是极为重要的工序。制馅所包含的内容很多，一般包括馅心、面臊、膏料、果酱等的制作。馅心的制作不仅决定着面点的风味和品种，同时还影响着面点的装饰美化和成形。操作者要充分掌握馅料的用途，采用适当的方法制馅，使制成的馅料满足制品的要求。

（四）面点成形

该步骤一般包含成形前的基本操作和成形两部分。成形前的基本操作包括搓条、下剂、制皮、上馅等工艺过程，这为面点的最后成形打下基础。面点可通过手工成形或依赖模具成形，还可通过装饰成形法对面点进行装饰美化。

（五）面点熟制

面点熟制指将成形后的生坯加热熟制而制成成品的工序。熟制方法有单加热法和复合加热法，一般以单加热法为主，包括蒸、煮、炸、煎、烙、烤等。熟制的关键是对火候和加热时间的把握，保障成品具备良好的色、香、味。

思维导图

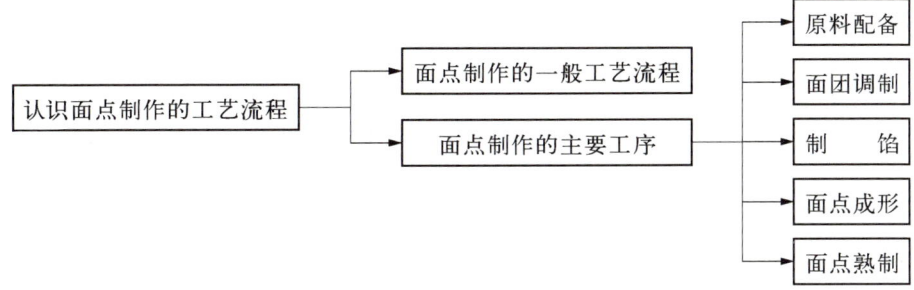

任务测试

一、多项选择题

1. 面点制作过程主要包括（　　）等工序。
   A. 原料配备　　B. 面团调制　　C. 成形　　D. 装盘　　E. 熟制
2. 在制作面点时，应根据（　　）来选择原材料。
   A. 性质　　B. 特点　　C. 工艺性能　　D. 用途　　E. 产地

二、简答题

1. 用流程图列出面点制作的工艺流程。
2. 简要回答面点原料配备的要求。

任务二　认识面点生产作业流程与要求

问题思考

1. 什么是生产作业流程？
2. 面点生产作业流程的内容有哪些？

知识准备

面点作业流程，亦称面点生产流程，是指面点岗位开展生产从起始至结束所要经过的各个环节，常见的面点作业流程如图1-4所示。

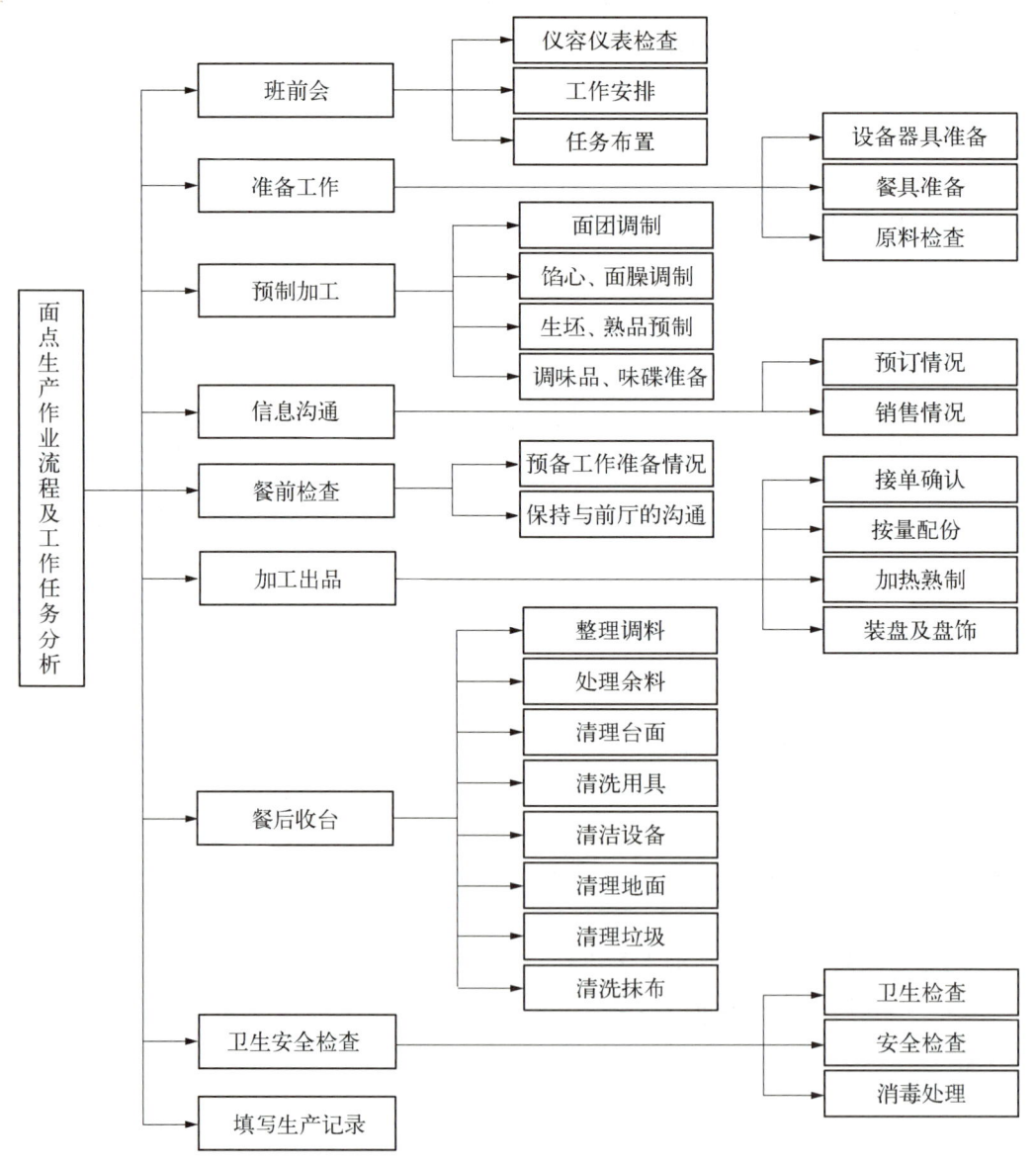

图1-4　常见的面点作业流程

一、班前会

班前会是岗前班组会议,有如下的作用:

(1) 掌握员工出勤情况,便于工作的安排。

(2) 检查员工的仪容仪表。良好的仪容仪表既可维护企业形象,体现从业人员素质,也能确保操作时的卫生。

(3) 听取上餐工作情况总结,了解上餐出现的问题,尽量避免类似问题再度出现。

(4) 进行工作安排,布置当餐具体工作任务。

(5) 对于工作上的问题,管理人员应协助解决,及时反馈。

二、准备工作

(一) 设备器具准备

通电通气,检查设备的运转情况是否正常,对于故障,相关人士应及时排除或报修,检查各种工具、模具是否备齐。

具体卫生标准:❶ 各种工器具干净无油渍,无污物;❷ 各种设备清洁卫生,无异味;❸ 抹布应干爽、洁净,无油渍,无污物,无异味;❹ 将案板清理干净,调和面团的盆、擀面杖、滚筒等用具应放于工作台合适的位置,以便降低操作使用时的污染风险。

(二) 餐具准备

将消毒过的各种餐具与小调味碟放于操作台上或储存柜内,以便取用。

(三) 原料检查

对从原料仓库中领取的各种原料及调味料,应按规定的质量标准进行品质检验,凡不符合质量要求的一律拒绝使用,同时,进行分类处理,将面粉等干料存放到面点间的临时仓库,将水产、肉类等新鲜原料立即放入冷藏冰箱中。对于主要原料,要按预计的业务量在头一天开列申购单,常规性原料应一次性领足,调味原料与辅助原料可根据情况在每天下午补充领取一次。

三、预制加工

(一) 面团调制

备好面团原料,按具体要求调制不同的面团,将调制好的面团用于下一环节的加工制作,或者根据情况及时送入冷藏或冷冻库保存待用。

(二) 馅心调制

备好馅心、面臊原料,拌制或加热熟制后,制成馅料。加工好的馅料可用于下一环节的加工制作,操作者也可根据情况及时将其送入冷藏或冷冻库保存待用。

(三) 生坯、熟品预制

根据品种品质及工艺要求,将调制好的面团、加工好的馅料,按照品种的要求,运用相应的成形技法,制成面点半成品或成品,及时送入冷藏或冷冻库保存待用,也可以根据情况运用蒸、煮、煎、炸、烤、烙等手段进行加热使之成熟,待冷却后,送入冷藏或冷冻库保存待用。

（四）复制调味品的加工

根据面点烹制要求和特色风味要求，进行复制调味品（如红油辣椒、复制酱油、油酥豆瓣、花椒油、葱油、红油味汁、麻辣味汁、蒜泥味汁、复合味汁）的加工。

（五）味碟准备

有些面点在食用时需要配有小调味碟（如蒜泥、酱料等），面点厨师应在开餐前备好并盛装，以便开餐后食客能够随时取用。

四、信息沟通

面点厨房承担整个酒店的面点制作与供应任务，其负责人在开餐前必须主动与其他部门进行沟通，了解当餐及当天筵席的预订情况，以便进行充分准备。

五、餐前检查

开餐前，相关人员应做好以下检查工作：

（1）检查设备，保证水、电、油气管道安全通畅，保证炉灶、油烟机、排风扇、冰箱的正常运行。

（2）开启油烟机，点燃炉灶，使之处于工作状态。

（3）清点烹制时所需工具，整理、归类，确保其干净整洁。

（4）根据需要，备齐所需调味品、装饰材料并归类放置。

（5）检查所有准备盛放面点的装盘器皿，保持其干净整洁。

（6）检查所有已经预制加工好的面团、馅心、面点半成品、复制调味品之品质和数量，做好待用准备。

（7）保持与前厅服务人员的良好沟通，明确当餐宴会预订单或零点单的开餐上餐时间、桌数、人数以及是否有特殊要求。

六、加工出品

（一）接单确认

接到点菜员（机）传递过来的点菜单后，首先要确认菜单上面点的名称、种类、数量、桌号标识是否清楚无误。

（二）按量配份

确认工作结束，应将菜单传给相应品种的加工厨师，对面点按量配份，具体工作包括：❶ 按配份用量取配原料；❷ 对前餐剩余的面点生坯进行质量检验，凡不符合质量要求的生坯一律舍弃。

（三）加热熟制

运用蒸、煮、煎、炸、烙、烤等熟制方法对面点品种进行熟制处理。熟制后的面点制品应当内外受热均匀，外表色泽一致，软硬相同，不破不碎，个体完整，形态美观。

（四）装盘及盘饰处理

根据不同品种的外形特点，取用不同形状的盛器盛装。例如，家常饼应采用消毒的柳编漆篮盛装,篮内垫上压花纸垫。在摆放烤、煎、炸、烙制品前,均要在器皿上垫一张压花纸垫。对于蒸、煮制品,应用瓷盘或碗直接盛装。对于需要配调味碟的制品,要提前把味碟备好。

对于筵席面点,应进行点缀,用菜叶、鲜花、面塑和果蔬雕等装饰物进行盘饰。盘饰不能掩盖或影响面点原有的形态与美感,装饰物不能过多、过乱,操作者不可滥用装饰品,所有装饰物必须符合食品安全要求。

七、餐后收台

(一) 整理调料

将调料盒剩余的液体调味料用保鲜膜封好,放入冰箱(柜)中保存。食油与粉状调料及未使用完的瓶装调料应当加盖后存放在储藏橱柜中。

(二) 处理余料

将剩余的生坯和馅料盛入盒内,包上保鲜膜,放入冰箱(柜)内,留待下餐使用。剩余的面粉、淀粉、大米等干料应装入袋或盒中,密封好后放入面点间的临时仓库内储存,以便下餐使用。

(三) 清理台面,清洗用具

将案板、灶台、料理台上的调料盒、盛料盆、刀具、菜墩、擀面杖、面筛、刮板等各种工具清洗干净,用抹布擦干水分,放回货架固定位置或储存柜内。

(四) 清洁设备

关闭水、电、油、气开关。注意:不可直接用水冲洗设备,操作者应用毛巾蘸上不带腐蚀性的清洁剂进行擦洗,擦洗完后再用干布擦拭。

(五) 清理地面

先用扫帚扫除地面垃圾,用浸渍过碱水或清洁剂溶液的拖把拖一遍,再用干拖把拖干地面,然后把打扫工具清洗干净,放回指定的位置晾干。

(六) 清洗抹布

先用热碱水或清洗溶液浸泡、揉搓抹布,捞出拧干后,用清水冲洗两遍,拧干后放入微波炉用高火加热3分钟或放入蒸箱用旺火加热20分钟,取出。

八、卫生安全检查

(一) 卫生检查

卫生检查标准如下所示:

(1) 油烟机排风罩、墙面应每周彻底擦洗一次,其他工具、设备、用品在每餐结束后应彻底清洁擦拭一次。

(2) 冰箱应每周除霜、清洗,保证冰箱内无异味。

(3) 擦拭过的台面、玻璃、工具应当无油渍,无污迹,无杂物。

(4) 地面应当无杂物,无积水。

(5) 蒸锅、电饼铛、电烤箱等器具内应当无油渍,无水渍。

(6) 抹布应当保持清洁,无油渍,无异味。

（二）安全检查

检查电器设备、机械设备、照明设备等是否正常，检查蒸煮炉灶的气阀或气路总阀是否已经关闭。

（三）室内消毒

在结束操作间卫生清理及安全检查工作后，应打开紫外线消毒灯，照射20～30分钟后，将灯关闭，工作人员离开操作间。

九、填写生产记录

生产记录应由面点主管填写。面点主管在检查当天工作完成状况后，如实填写工作日清表，进行总结。

思维导图

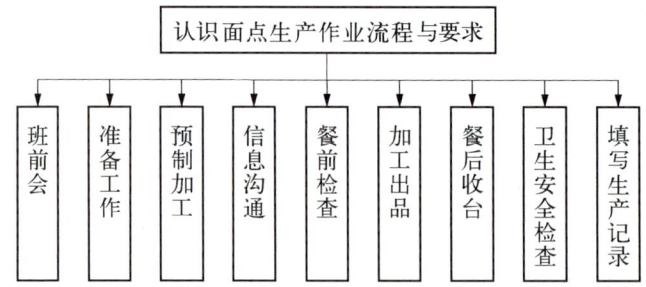

任务测试

一、多项选择题

1. 面点预制加工工作包括的内容有（　　）。
   A. 面团调制　　　　　　　B. 馅心调制
   C. 复制调味品加工　　　　D. 生坯预制
   E. 熟品预制

2. 开餐时的加工出品工作包括的内容有（　　）。
   A. 接单确认　B. 按量配份　C. 加热熟制　D. 装盘　E. 盘饰

3. 餐后收台工作包括的内容有（　　）。
   A. 整理调味品　B. 余料处理　C. 清理台面　D. 清洁设备、工具
   E. 清洗抹布

二、简答题

1. 面点生产作业流程包含的内容有哪些？
2. 开餐前，相关人员应完成哪些检查？
3. 面点工作的卫生安全检查包括哪些内容？

模块二 面点基础

模块导航

本模块主要介绍常用面点原料、常用面点设备与器具、面点基本功。

我国幅员辽阔，物产丰富，用以制作面点的原料非常广泛，几乎所有的主粮、杂粮，以及大部分可食用的动、植物等原料都可以使用。面点原料根据其性质和用途，大致可分为面坯原料、辅助原料、制馅原料、调味原料四类。关于这些原料在《烹饪原料学》中已有阐述，这里重点介绍面点常用原料的理化性质及其在面点制作中的工艺性能及作用。

传统中式面点制作多以手工生产方式为主，近年来，面点制作的炊事机械设备及器具有了长足的发展，降低了面点制作人员的劳动强度，提高了生产效率。本项目将对面点厨房常用的设备器具的种类、特点及用途和使用方法进行介绍。只有掌握了机械设备和工具的使用技术，才能有助于我们提高面点产品的质量，提高生产效率。

面点制作的基本功包括和面、揉面、搓条、下剂、制皮、上馅等方面，这是面点制作的基本操作技能。只有学会了这些基本功，才能进一步掌握各种面点制作技术。基本功掌握熟练与否，会直接影响制品的质量和工作效率。苦学苦练基本功是面点制作人员的重要任务。

项目三　认识常用面点原料

◇ **职业素养目标**
- 培养学生严谨的科学思维方法和探究精神。

◇ **职业能力目标**
- 熟悉面点坯团原料、辅助原料、制馅原料、调味原料的种类、性质、用途。
- 掌握坯团原料与辅助原料在面点中的工艺性能。
- 能够合理选择使用面坯原料、辅助原料、制馅与调味原料。

◇ **典型工作任务**
- 常用面点坯团原料。
- 常用面点辅助原料。
- 常用面点制馅、调味原料。

任务一　认识面点常用坯团原料

问题思考

1. 提到坯皮，除了米、面以外，你还能说出哪些可以用来制作坯团的原料？
2. 作为重要的坯团原料之一，面粉与其他坯团原料最显著的区别是什么？
3. 不同种类的大米在米制品中的运用有区别吗？

知识准备

面点在人们的日常饮食中占据重要位置。在漫长的人类发展史中，人们开发了品种繁多的面点原料，这些原料在面点制作中起着重要的作用。根据用途和性质，面点原料一般可分为坯团原料、辅助原料以及制馅和调味原料三大类。坯团原料通常是指用来调制面点的坯团或直接用来制作面点或点心的原料。常用的面点坯团原料一般可分为面粉、大米、杂粮类、淀粉类和其他类。这些皮坯原料应当无毒、无害，有一定的营养价值，符合面点制作的需要，同时，具备一定的延伸性和可塑性，有一定的韧性，便于成形，在包馅时不会破裂，从而使制作出的面点制品既能符合食品安全要求，也能满足人们的食欲和营养需要。

一、面粉

(一) 面粉的组成

面粉由小麦磨制而成,是主要的坯团原料之一。面粉的化学成分不仅决定其营养价值,而且深刻影响着面点制品的加工工艺。面粉的化学成分主要有:碳水化合物、蛋白质、脂肪、矿物质、水分和少量的维生素、酶类等。小麦籽粒的化学成分因品种、产区、气候和栽培条件的不同而变化。此外,面粉的化学成分还受制粉方法和面粉等级的影响。

碳水化合物是面粉中含量最高的化学成分,占面粉总重的73%～75%,主要包括淀粉、糊精、纤维素和游离糖。淀粉是面粉中最主要的碳水化合物,占面粉总重的67%左右,其中直链淀粉占19%～26%,支链淀粉占74%～81%。小麦籽粒中的淀粉以淀粉粒的形式存在于胚乳细胞中。磨制面粉时,部分淀粉破损,破损的淀粉在酶或酸的作用下可水解为糊精、高糖、麦芽糖、葡萄糖。淀粉的这种性质在面包的发酵、烘焙等方面具有重要意义。面粉中含有少量的可溶性糖,有利于发酵面团中酵母的迅速繁殖和发酵,并且有利于制品色、香、味的形成。面粉中的纤维素主要来自麸皮,加工精度越高,面粉纤维素含量越低。适量的纤维素有利于人体胃肠蠕动,能促进人对其他营养物质的消化吸收。当下,原料加工过于求精求细,导致纤维素含量不足,这并非是件好事,故而以全麦粉、含麸面粉制作的保健食品越来越受到人们欢迎。

面粉中的蛋白质不仅决定成品的营养价值,而且还是构成面粉工艺性能,赋予面团许多独特性质的主要成分。面粉中的蛋白质由麦胶蛋白、麦谷蛋白、麦清蛋白、麦球蛋白构成,占面粉总重的10%～14%。麦胶蛋白和麦谷蛋白主要存在于胚乳中,占面粉中蛋白质总量的80%,它们不溶于水,属不溶性蛋白;麦清蛋白和麦球蛋白主要存在于皮层和糊粉层、胚中,可溶于水,属可溶性蛋白。麦胶蛋白和麦谷蛋白极易吸水,遇水胀润成软胶状物质——面筋,因而称为面筋蛋白质;麦清蛋白和麦球蛋白为非面筋蛋白质。

面粉中的矿物质主要来自小麦麸皮。不同等级的面粉,其矿物质含量不同。矿物质含量越高,意味着面粉中混入的麸皮越多,精度越低。

面粉中所含的酶,主要有淀粉酶、蛋白酶、脂肪酶,这三种酶对于面粉的贮存和面点制品的发酵、烘焙都有很大的影响。淀粉的水解产物麦芽糖、葡萄糖是发酵面团中酵母的主要营养成分,可以改善发酵类制品的色泽和风味,增大制品的体积并改良制品的纹理结构。面粉中还含有少量的蛋白酶。正常的面粉,其蛋白酶活性较低,若蛋白酶被激活则会导致面筋蛋白质水解,使面团性质改变。脂肪酶可以催化脂肪水解,使脂肪酸败,产生游离脂肪酸。小麦籽粒中的脂肪主要存在于胚中,因此,低等级的面粉脂肪含量高,高等级的面粉脂肪含量低。含脂肪酶较多的面粉及其制品在高温下贮存时易酸败变质。

面粉中还含有少量的维生素和水分。面粉中的维生素含量同面粉的等级有关。维生素主要集中在糊粉层和胚芽部分,出粉率高的面粉,其维生素含量高于出粉率低的面粉。

(二) 面粉的分类

面粉的划分标准有很多,主要包括加工精度、湿面筋含量和用途。

1. 加工精度

各国面粉的种类和等级标准一般都是由该国人民根据生活水平和食品工业发展的需要来制定的。我国现行的面粉等级标准主要是按加工精度来划分的。通常将小麦粉分为三级四等：特制粉（其中包括特制一等粉与特制二等粉）、标准粉和普通粉。

特制粉又称富强粉，主要由小麦中心部分的胚乳制成，加工精度高，出粉率低，色泽白，手感细腻、爽滑，面筋含量多；标准粉由胚乳、糊粉层制成，出粉率较高，粉色微黄，粉粒较粗，面筋含量较多；普通粉则由胚乳、糊粉层、部分皮层制成，粉色深，组织粗，面筋含量少。

2. 湿面筋含量

一般情况下，湿面筋含量在35%以上的面粉称为强力粉（高筋面粉），适于制作面包；湿面筋含量在26%～35%的面粉称为中力粉（中筋面粉），适于制作面条、馒头；湿面筋含量在26%以下的面粉是弱力粉（低筋面粉），适于制作糕点、饼干。

3. 用途

随着人们生活水平的提高和食品工业的发展，专用粉的批量生产已逐步得到实现。专用粉的品种可以根据用途和对蛋白质、面筋质的要求划分，如面包专用粉、面条专用粉、馒头专用粉、糕点饼干专用粉、油炸食品专用粉以及家庭用粉、自发粉等。面点中常用的面粉如下：

（1）面包专用粉。面包专用粉又称面包粉、高筋面粉、高筋粉、高粉，由硬麦磨制而成，颜色偏黄，用手搓捏略感粗糙——抓一把面粉用力捏紧再松开，较容易崩散。其蛋白质含量在12.2%以上，吸水率在62%左右，蛋白质含量高，面筋质也较多，因此筋性强，多用于制作面包、比萨等。

（2）糕点专用粉。糕点专用粉又称糕点粉、低筋面粉、低筋粉、低粉，由软麦磨制而成，颜色偏白，用手搓捏质感非常细腻——用力捏一把面粉，然后松开手指，面粉在手心保持团块状。其蛋白质含量低于10%，吸水率在50%左右，蛋白质含量低，面筋质也较少，筋性亦弱，多用于制作蛋糕、桃酥、松酥、塔、派等松软、酥脆的糕点。

（3）通用面粉。通用面粉又称中筋面粉、中筋粉、中粉，是筋力介于高筋粉和低筋粉之间的面粉，其手感亦介于高筋面粉和低筋面粉之间——捏成小块，松手后粉块似散非散。蛋白质含量为9%～11%，吸水率在55%左右。中筋粉在中式面点制作中的应用很广，可用于制作包子、馒头、面条、饺子等，大部分中式面点都是以中筋粉来制作的。

（4）自发面粉。自发面粉又称自发粉，自发粉大都为中筋面粉和小苏打及酸性盐、食盐的混合物。自发粉中已有膨松剂，因此，最好不要用它来取代一般食谱中的其他面粉，否则成品会过度膨胀。

（5）强化面粉。强化面粉是指添加了营养成分（如硫胺素、核黄素、烟酸、铁、钙等维生素和矿物质）的面粉。

（6）全麦面粉。全麦面粉又称全麦粉，是将整个麦粒研磨而成的面粉。全麦面粉含有丰富的维生素 B_1、B_2、B_6 及烟碱酸，具有较高的营养价值。

(三) 面粉的工艺性能

1. 面筋工艺性能

面筋的工艺性能主要取决于面粉中面筋质的数量与质量。将面粉加水经过机械搅拌或手工揉搓后形成的具有黏弹性的面团放入水中搓洗，淀粉、可溶性蛋白质、灰分等成分渐渐离开面团而悬浮于水中，最后剩下一块具有黏性、弹性和延伸性的软胶状物质——湿面筋。面筋质主要由麦胶蛋白和麦谷蛋白组成，这两种蛋白质约占干面筋的80%，干面筋成分的其余20%是淀粉、纤维素、脂肪和其他蛋白质。面筋蛋白质具有很强的吸水能力,虽然它们在面粉中的含量不多,但调粉时其吸收的水量却很大,占面团总吸水量的60%~70%。面筋质含量越高,面粉吸水量越大。在适宜条件下,1份干面筋可吸收大约为自重2倍的水。

通常,面筋质量和工艺性能的评定指标包括弹性、韧性、延伸性、可塑性和比延伸性。

(1) 弹性是指湿面筋被压缩或被拉伸后恢复原来状态的能力。面筋的弹性可分为强、中、弱三等。弹性强的面筋,用手指按压后能迅速恢复原状,且不粘手或留下手指痕迹,用手拉伸时有很大的抵抗力。弹性弱的面筋,我们用手指按压后不能复原,粘手且能留下较深的指纹,用手拉伸时抵抗力很小,下垂时,会自行断裂。弹性中等的面筋,其性能介于两者之间。

(2) 韧性是指面筋对拉伸所表现出的抵抗力。一般来说,弹性强的面筋也具备好的韧性。

(3) 延伸性是指面筋被拉长到某种程度而不断裂的性质。一般而言,延伸性好意味着面粉的品质也较好。

(4) 可塑性是指湿面筋被压缩或拉伸后状态不再恢复的能力,即面筋保持被塑形状的能力。对于一般面筋而言,弹性、韧性越好,可塑性越差。

(5) 比延伸性是以面筋每分钟能自动延伸的长度来表示的。强力粉面筋一般每分钟仅自动延伸几厘米,而弱力粉的面筋每分钟则可自动延伸一米之余。

2. 面粉吸水率

面粉吸水率是检验面粉烘焙品质的重要指标。它是指调制单位重量面团所需的最大加水量。面粉吸水率高,产品的出品率,水分含量和柔软性也相应增加。面团的最适吸水率取决于所制作面团的种类和生产工艺条件。

3. 面粉糖化力和产气能力

面粉糖化力是指面粉所含淀粉转化成糖的能力。面粉糖化是在一系列淀粉酶和糖化酶的作用下进行的,因此,面粉糖化力取决于这些酶的活性。面粉糖化力对于面团的发酵和产气影响很大。酵母发酵所需糖主要依靠面粉糖化所得,此外,发酵完毕剩余的糖与制品的色、香、味关系很大。因此,无糖发酵制品的质量很难与有糖发酵制品相媲美。

面粉产气能力是指面粉在面团发酵过程中产生二氧化碳气体的能力。面粉产气能力取决于面粉糖化力。一般来说,面粉糖化力越强,生成的糖越多,产气能力也越强,所制作的发酵产品质量就越好。在使用酵母相同且发酵条件也相同的情况下,面粉产气能力越强,其制品体积越大。

4. 面粉的熟化

面粉的熟化亦称成熟、后熟、陈化。刚磨制的面粉,特别是使用新小麦磨制的面粉,其面团黏性大,筋力弱,不易操作,成品体积小,弹性、疏松性差,组织粗糙,不均匀,皮色暗,无光泽,扁平易塌陷收缩。但是,经过一段时间贮存后,这种面粉的烘焙性能大大改善,成品面包色泽洁白有光泽,体积大,弹性好,内部组织均匀细腻,饧发、烘焙及出炉后,不会跑气塌陷,亦不会收缩变形。

二、大米

(一)大米的种类、特点及用途

大米是主要皮坯原料之一,是脱壳稻谷碾制而成的加工制品。大米按粒质可分为籼米、粳米、糯米。

籼米是我国出产量最多的大米,四川、长江中下游区域和华南地区,所产的大米主要是籼米。籼米色泽灰白,半透明,呈细长形,长宽比例大约为3∶1,横断面为扁圆形,米质较疏松,硬度适中,黏性小,胀性大。籼米主要用来制作干饭、稀粥以及发酵型面点。

粳米主要产于太湖、淮北、云贵、华南地区。其粒呈透明或半透明状,似白蜡,粒形短圆,长宽比例为1.4∶1或2∶1,横断面接近圆形。其米质较坚实,硬度高,黏性和胀性介于籼米和糯米之间,出饭率比籼米低,成饭柔软香甜,成粥则质稠香黏。

糯米亦称江米,全国各地均有栽培,但以江苏溧阳所产为佳。其色泽乳白不透明,熟制阴干后有透明感,出饭率较粳米低,呈长圆形或短胖圆条形,有籼糯米和粳糯米之分。糯米米质均匀,硬度低、黏性大,胀性小,成品具有软、糯、黏、韧的特点。

(二)大米的组成成分与性质

大米所含的蛋白质、碳水化合物和脂肪等营养成分与小麦基本相同,但是两者所含蛋白质和淀粉的性质却不相同。大米的蛋白质成分主要为谷蛋白,此外还有谷胶蛋白、球蛋白、清蛋白。其粉料不能形成类似面筋的物质,因此,米粉团不具有类似麦粉类面团的工艺性能,不能制成与面制品相类似的成品。

不同种类的大米,其黏性差别较大,这与大米中淀粉的性质密切相关,而大米淀粉的性质由所含直链淀粉和支链淀粉的比例所决定。直链淀粉易溶于热水,形成黏度较小的胶体,不稳定,易凝沉。因此,含直链淀粉高的米及米制品的成品黏性较小,易变硬。支链淀粉在加热、加压的条件下溶于水中,可以形成稳定的,黏性很大的胶体溶液,不具有凝溶性或凝溶性很弱,因此,支链淀粉含量较高的米及米制品黏性大,柔软,静置不易变硬,也不利于发酵。三类大米中,糯米和粳米含支链淀粉较多,而籼米所含直链淀粉较多。

(三)米粉的种类与性质

米粉是由大米磨制而成的。按米质的不同,米粉可分为籼米粉、粳米粉和糯米粉。不同种类大米有较大的性质差异,成粉的性质也不尽相同。籼米粉黏性小,胀性大,制品口感硬实,形态好;糯米粉黏性大,胀性小,制品口感黏糯,成品熟后易坍塌;粳米粉的性质介于籼米粉和糯米粉之间。

米粉按磨制方法可分为干磨粉、湿磨粉和水磨粉三种。干磨粉含水量少,保管方便,不易变质,但粉质较粗,滑爽软糯性差,色泽较次,适宜制作一般性的糕团及象形点心,如松糕、船点。湿磨粉较干磨粉细腻,口感较软糯,但含水量较多,难于保管,适宜制作一般糕团制品,如年糕、蜂糕等。水磨粉的粉质非常细腻,吃口滑糯,但含水量高,很难保管,不宜久藏,只能随磨随用。同时,水磨粉的制作技术较为复杂:浸米时间长,粮食浪费大,水溶性营养成分损失大。水磨粉适宜制作一些特色糕团,如汤圆、麻球、叶儿粑等。随着食品工业的发展,米粉的加工品质有了极大提高,水磨粉已不局限于含水量很高的湿粉。通过将传统的水磨粉加工工艺与现代先进制粉工艺相结合,我们可以得到精制的水磨干粉,如各种汤圆粉、糯米粉,为团类制品的制作提供极大方便。

三、杂粮类

杂粮是指米、麦以外的粮食,一般作为米、面的补充,有的地区也用其制作主食。杂粮的微量元素比米、麦的含量高,如铁、镁、锌、硒等。现代社会,人们对于营养越来越重视,杂粮越来越被人们所接受。常见的杂粮主要包括谷类杂粮、豆类杂粮和薯类杂粮等。

(一) 谷类杂粮

谷类杂粮是指除面粉和大米之外的面点原料,主要包括小米、玉米、高粱、莜麦、荞麦等。在面点制作中,谷类原料可直接用于制作干饭或稀粥,也可磨制成粉,用于制作糕点。

1. 小米

小米又称粟米,是我国古代的主要粮食,由谷子去壳而成。小米中硫胺素和核黄素含量丰富,并含有少量的胡萝卜素。小米有红、黄、白、紫、黑、橙几种颜色,其中黄小米和白小米最常见。小米可用于单独制作小米粥或掺合大米制作干饭和稀粥,也可以磨成粉掺入其他粉料制作饼类、窝头、发糕等。主要产区为山东、河北、西北和东北等地。

2. 玉米

玉米又称棒子、苞谷等,按照颜色可以分为黄玉米、黑玉米、白玉米、杂色玉米等。玉米粉常用于制作面条、窝头和饼干等。玉米粉一般不能直接发酵,可掺合面粉后再用以制成各式发酵类糕点,也可掺合糯米粉以制作黏食。玉米糁一般用来煮粥。我国主要玉米产区为东北、华北和西南地区。

3. 高粱

高粱又称蜀黍、蜀秫、芦粟等,按性质可分为糯高粱和粳高粱。糯高粱米磨成粉后可用于制作糕、团、饼等。粳高粱米一般用于制作干饭、稀粥等。高粱中含有单宁物质,有苦涩味,不利于人体消化吸收,易引起便秘。因此,在加工时,应尽量去除含有单宁的皮层部分。高粱主要产于我国东北地区。

4. 莜麦

莜麦俗称裸燕麦,是高蛋白低糖的粮食品种,也是较好的糖尿病患食品,含有较多氨基酸和亚油酸。加工莜麦面要求"三熟":先淘洗,后炒熟,再磨面;炒时要掌握火候,不宜过生或过熟;食用时要用沸水和面,称为冲熟,做成的食品必须蒸熟。此"三熟"缺一不可,否则成品不易消化。莜麦通常磨制成粉后以制作独具风味的面点制品,如莜面面条、莜面搓鱼鱼、莜面栲栳栳等,主要产区为我国西北、东北、西南、内蒙古等地。

5. 荞麦

荞麦又称三角麦、乌麦,分为甜荞和苦荞。荞麦含有丰富的赖氨酸成分,铁、锰、锌等微量元素比一般谷物丰富。荞麦所含有的膳食纤维是一般精制大米的10倍。荞麦含有丰富的维生素E和可溶性膳食纤维,同时还含有烟酸和芦丁(芸香甙)。其所含有的芦丁可用于降低人体血脂和胆固醇、软化血管、保护视力并预防脑出血。烟酸成分能促进机体的新陈代谢,增强解毒能力,还具有扩张小血管和降低胆固醇的作用。甜荞色白,口感好。但是在保健功效方面,苦荞更胜一筹,降血脂,降血糖,软化血管等功效更为明显。荞麦通常被磨制成粉后用于制作面点,如荞面面条、即食苦荞粉、荞面凉粉等。

(二) 豆类杂粮

豆类杂粮的品种很多,主要有大豆、赤豆、蚕豆、绿豆、豌豆等。根据营养素种类和数量,可将它们分为两大类：一类是以黄豆为代表的高蛋白质、高脂肪豆类；另一类则是以碳水化合物含量高为特征的豆类，如绿豆、赤豆。

1. 大豆

大豆有黄豆、青豆、黑豆、杂色豆等品种，鲜嫩的大豆可以直接煮食，也可待其老熟之后用以制作豆浆、豆花等小吃，或者掺入米粉、面粉中以制作主食（如豆面面条、豆渣馒头等）。大豆炒熟磨粉香味浓郁，可增加制品风味，如制作"三大炮"等。大豆在我国各地均有栽培，其中东北大豆质量最佳。

2. 赤小豆

赤小豆又称赤豆、红豆、小豆，是甜馅红豆沙的主要原料之一。赤小豆可与米、面等掺和制作主食或羹汤，也可磨制成粉后掺入其他粉料以制作糕点，如红豆冻、桂花赤豆糕等。赤小豆在我国各地均有栽培。

3. 绿豆

绿豆又称青小豆，磨制成粉的绿豆可用于制成豆沙馅、绿豆糕、绿豆凉粉等，也可将其与其他豆类混合，熬粥。绿豆在我国各地均有栽培。

4. 蚕豆、豌豆

蚕豆、豌豆具有质地软糯、口味清香等特点，通常在煮熟或磨制成粉后加工为小吃和糕点，如豌豆黄、蚕豆糕等。

（三）薯类杂粮

薯类杂粮主要包括马铃薯、甘薯、芋艿（又称芋头）、山药等。

1. 马铃薯

马铃薯又称土豆、洋芋、山药蛋等，是薯类杂粮皮坯的常用原料，熟后可制泥加工成土豆泥，蒸熟制泥后还可掺入其他粉料以制作各类面点，如象形雪梨、土豆饼等。马铃薯以块大形匀、皮薄光滑、芽眼浅、肉质细密者为佳。若储存不当，马铃薯会出现发芽或表皮发绿等情况，这时马铃薯中的毒素——龙葵素则成倍增加，人类食用会发生中毒、恶心、腹泻等反应。在食用时一定要把芽和芽根挖掉，并放入清水中浸泡，炖煮时宜大火烹调，以防中毒。

2. 甘薯

甘薯又称红苕、红薯、地瓜、番薯等，有红心、白心、紫心等多种品类。红心薯糖含量高，白心薯淀粉含量高，紫色薯微量元素含量高。甘薯可为主食，也可蒸熟制泥掺入其他粉料以制作各类面点，如红薯饼、黄金红薯玉米饼等。

3. 芋艿

芋艿俗称芋头，可在蒸、煮、烧、烤后直接食用，还可将其掺入其他原料以制作各类糕点、小吃等，如吐司香芋卷、香甜芋头糕等。

4. 山药

山药又称淮山药、怀山药，人们常将其蒸熟制泥，掺入其他粉料以制成各类糕点，或将其晒干打粉，加入其他粉料以制作主食，如山药茯苓馒头、山药寿桃包等。

四、淀粉类

常用的淀粉类坯团原料主要包括澄粉、粟粉、西米等。

(一) 澄粉

澄粉即小麦淀粉,是将面粉和成面团用水漂洗过后,把面粉里的面筋与其他物质分离出来,然后沉淀、烘干碾制而成的粉料。澄粉色白,质地细滑,吸水性强,无筋力,主要成分为淀粉,因此,我们常用沸水调制成团。澄粉面团可塑性好,常用于制作象形面点或特色面点,如虾饺、水晶饼等,其制品成熟后呈半透明状。

(二) 粟粉

粟粉即玉米淀粉,粟粉洁白细滑,吸水性强,常被掺入澄粉面团中,增加澄粉面团的吸水性,从而提升皮坯的爽滑度和弹性。粟粉还可用于勾芡或制作凉糕。

(三) 西米

西米又称西谷米,是由淀粉经冲浆、轧丸、烘焙干制而成的圆珠形粉粒。最为传统的做法是从西谷椰树的木髓部提取淀粉,然后进行手工加工。市场上的西米主要有大西米和小西米两种,大西米如豌豆大小,小西米如高粱米大小。优质西米色白,耐煮,成熟后透明,质糯爽滑。我们常将西米加入开水锅中煮至透明,然后入冷水浸漂,捞出备用。西米可与椰汁、牛奶等混合,用于制作羹汤,如椰汁西米露。我们也可将西米沾在小吃表面,还可将其与凝胶类原料搭配以制作冻类制品。

五、其他类

(一) 糕粉

糕粉又称潮州粉、加工粉,是由熟制糯米磨成的细粉。粉粒松散,一般呈洁白色,吸水力大,遇水即粘连。在制品中呈现软滑带黏状,多应用于制作广式点心(如老婆饼馅心、月饼馅和枣泥马蹄饼等)。

(二) 鱼虾

鱼虾原料在广式面点中较为常用。鱼虾肉富含蛋白质,有很强的黏性,鱼虾肉打蓉加盐和水搅拌后,可形成黏稠的糊,能够用来制作皮坯或直接用来制作点心,如虾饺、鱼皮饺等。

(三) 果蔬

用于制作坯团的果类原料主要有马蹄(又称荸荠)、莲子、栗子、山楂等,大多用于制作各种糕、饼,如马蹄糕、马蹄豆沙饼、栗蓉糕、山楂糕等。马蹄糕的制作工艺因地而异,人们大多利用鲜马蹄或马蹄粉,加糖、油等辅料制成糕。马蹄还可用于制坯,包馅后制成马蹄饼。将莲蓉加入熟澄粉团揉搓成莲蓉面团,包入各种馅心,可以制成各种莲蓉点心。栗子磨成粉掺入其他粉料中也可用于制成各种特色点心。

用于制作坯团的蔬菜主要有芋艿、藕、百合、南瓜、萝卜等,常用于制作各种特色面点,如芋泥蟠桃、芋泥金瓜、藕丝糕、百合糕、南瓜饼、萝卜糕等。

思维导图

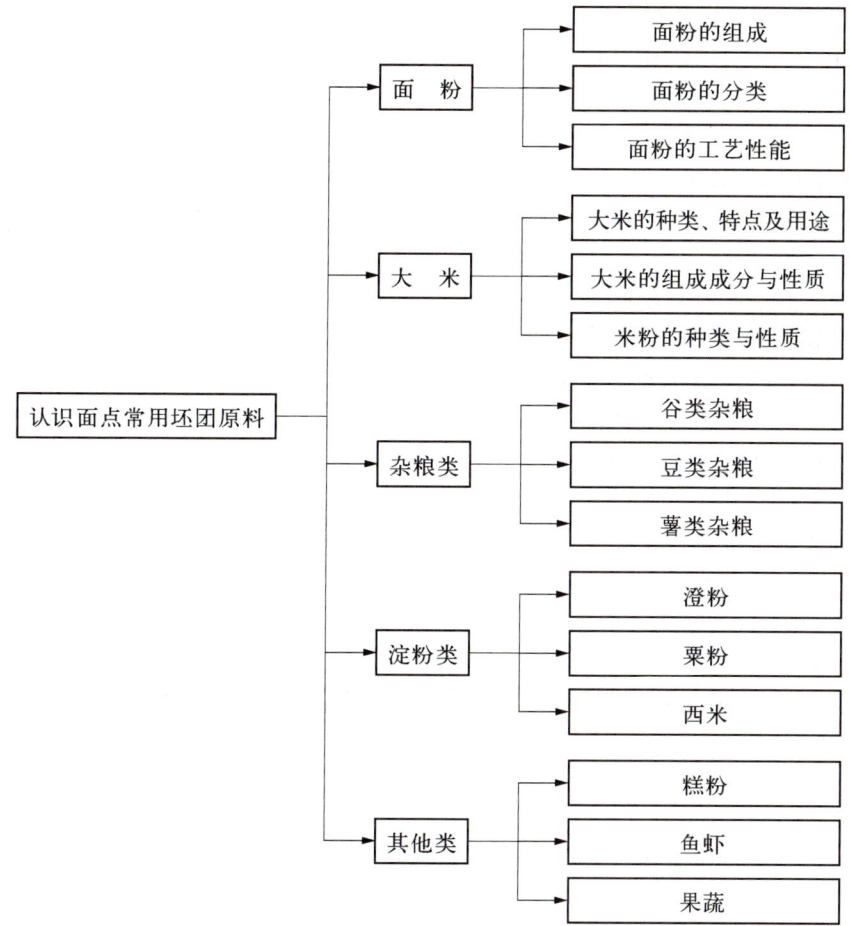

任务测试

一、名词解释
1. 面筋
2. 澄粉

二、单项选择题
1. 湿面筋含量在26%以下的面粉被称为（　　）。
   A. 高筋粉　　　B. 中筋粉　　　C. 低筋粉　　　D. 饺子粉
2. 1份干面筋可吸收自身重量（　　）的水分。
   A. 30%　　　　B. 50%　　　　C. 100%　　　　D. 200%
3. 粒形短圆，粒色透明或半透明，似白蜡状的大米被称为（　　）。
   A. 籼米　　　　B. 粳米　　　　C. 糯米　　　　D. 香米
4. 食用前应"三熟"，即加工时要炒熟，和面时要烫熟，制坯后要蒸熟，否则不易消化的杂粮是（　　）。
   A. 荞麦　　　　B. 玉米　　　　C. 莜麦　　　　D. 高粱
5. 按照筋度，面包专用面粉属于（　　）。

A. 高筋面粉　　B. 中筋面粉　　C. 低筋面粉　　D. 强筋面粉

三、多项选择题

1. 衡量面筋工艺性能的指标有（　　　）。

A. 延伸性　　B. 比延伸性　　C. 弹性　　D. 韧性　　E. 可塑性

2. 按照米质不同，大米可以分为（　　　）。

A. 籼米　　B. 粳米　　C. 糯米　　D. 珍珠米　　E. 糙米

3. 面粉根据用途，可分为（　　　）等。

A. 面包粉　　B. 饺子粉　　C. 糕点粉　　D. 蛋糕粉　　E. 自发粉

四、判断题

1. 糕粉是指小麦熟制后磨成的细粉。（　　）
2. 大米中，糯米黏性最强，粳米胀性最强。（　　）
3. 低筋面粉适宜制作各类面条、饺子、包子。（　　）
4. 澄粉是从大米中提取的淀粉。（　　）
5. 苦荞的保健功能比甜荞强。（　　）

五、简答题

1. 面粉蛋白质含量对面团工艺性能的影响有哪些？
2. 不同种类的大米与大米粉，其性质有何差异？

任务二　认识面点常用辅助原料

问题思考

1. 在制作层酥或混酥面点时，坯团中添加的猪油或植物油会对面团性质和成品品质产生什么影响？
2. 在面团中加入糖、油会对面团筋力产生什么样的影响？
3. 糖是如何影响制品色泽的？
4. 鲜蛋为何能使蛋糕类制品变得膨松？
5. 乳品除了可以提高面点营养价值外，还具有什么作用？

知识准备

辅助原料是不可或缺的，一般起到改善面团性质，提升成品色、香、味、形的重要作用。辅助原料的掺入比例不同，制品的效果也不同。常用的面点辅助原料有油脂、糖、蛋品、乳品、水、盐、食品添加剂等。

一、油脂

（一）面点中常用油脂的种类

面点中常用的油脂包括植物油、动物油和动植物油脂再加工品三类。

1. 植物油

食用植物油根据精制程度和规格可分为普通（精制）植物油、高级烹调油和色拉油。面点中使用的植物油以精制后的烹调油、色拉油为主。

面点中常用的植物油有菜籽油、花生油、大豆油、芝麻油、橄榄油。

菜籽油是制作色拉油的主要原料，精制后的菜籽油澄清透明，色泽浅黄，有特殊香味。菜籽油常用于制馅、调制坯料，还是油炸制品的良好传热介质。

花生油具有特有的香味以及良好的抗氧化性，常作为烘焙用油脂。花生油饱和脂肪酸含量较高，在我国北方，春、夏、秋季花生油为液态，冬季则为白色半固体。

大豆油是从大豆中提取的油，亚油酸含量高，不含胆固醇，营养价值高，是人们食用的主要油脂之一。大豆油所含磷脂丰富，一般不用于榨油。

芝麻油又称香油，具有特殊香气，常用于面点馅心和汤的增香。芝麻油中的芝麻酚使其带有特殊的香气，具有抗氧化作用，因此，与其他植物油相比，芝麻油不易酸败。

橄榄油是从成熟的洋橄榄果实中提取的油，呈透明的黄色或淡绿色，它的主要生产国集中在地中海沿岸。橄榄油是食用油中的上品，有"液体黄金"之称。

2. 动物油

动物油主要来源于动物乳汁以及动物的脂肪组织，主要包括猪油、黄油、牛油、羊油等，大多动物油都具有熔点较高，可塑性、融合性和起酥性好的特点。

猪油根据提取部位可分为板油、内脏油、肥膘油。猪油色白味香，硬度适中，可塑性强，起酥性好，应用广泛，制品品质细腻，口味肥美。猪油融合性稍差，稳定性也欠佳，因此常需要氢化处理或交酯反应来提高品质。不同类别的猪油品质差异较大，用途也不相同。猪板油熔点较高，色泽洁白，起酥性好，利于加工操作，多用于面点酥皮的制作；内脏油和肥膘油熔点较低，可塑性较差，多用于调制馅料。

黄油又称奶油、白脱油，是从鲜牛乳中分离加工出来的乳脂肪。黄油的乳脂含量约为80%，水分含量16%。黄油因有特殊的芳香和营养价值而受到人们欢迎。黄油中丰富的饱和脂肪酸甘油酯和磷脂是天然乳化剂，可用于增强黄油的可塑性与稳定性。黄油常用于酥点制作和面点装饰。

牛、羊油都有特殊的气味，经熔炼、脱臭后才能使用。这两种油脂熔点高，前者为40℃～46℃，后者为43℃～55℃，可塑性强，起酥性较好。在欧洲国家，牛、羊油大量用于酥类糕点的制作。但是，牛、羊油的熔点高于人的体温，故不易消化。

3. 动植物油脂再加工品

动植物油脂再加工品，是指以动植物油脂为主要原料，经进一步加工而成的油脂产品。常用的动植物油脂再加工品有氢化油、人造黄油、起酥油等。

氢化油又称硬化油，是经过氢化的油脂，呈固态，不饱和脂肪酸在这一过程中变为饱和脂肪酸，可塑性、起酥性、稳定性、熔点得到了提高。氢化油很少直接食用，一般用来制作人造黄油和起酥油。

人造黄油又称人造奶油，是在氢化油的基础上添加适量牛乳或乳制品、添加剂制成的，具有天然奶油特色的油脂制品，可用来代替天然奶油。

起酥油是指精炼的动植物油脂、氢化油或上述油脂的混合物经急冷、捏合而成的固态油脂。不经急冷、捏合而成的固态或流动态的油脂也可称为起酥油。起酥油被广泛应用于各类酥点、油脂蛋糕、面包和饼干的制作中。

（二）油脂在面点中的工艺性能

1. 油脂改善面团的物理性质

调制面团时加入油脂，油脂会分布在蛋白质、淀粉颗粒周围形成油膜，限制面筋蛋白质吸水,使面筋微粒相互隔离。油脂含量越高,这种限制作用就越明显,从而使已形成的微粒面筋不易黏结成大块面筋,降低面团的弹性、黏度、韧性,增强了可塑性。

2. 油脂的可塑性

固态油脂在适当的温度范围内具有可塑性。可塑性,是指油脂在很小的外力作用下就可以变形,并保持形状的性质。可塑性是奶油、人造黄油、起酥油、猪油的基本特性。固态油在面团中能呈片状、条状或薄膜状分布,这就是由油脂可塑性决定的。而在相同条件下液体油可能分布成点、球状,因而固态油能够比液态油润滑更大面积的面团。可塑性好的油脂能使面团具有良好的延伸性,增大发酵制品的体积,改善制品质地和口感。

3. 油脂的起酥性

油脂的起酥性,是指油脂使油炸、烘焙制品具备酥脆性质的能力。对面粉颗粒表面积覆盖能力最大的油脂,具有最佳的起酥性。固态油脂比液态油的起酥性好,猪油、起酥油、人造黄油都有良好的起酥性,植物油具有较差的起酥性。稠度适度的油脂具有较好的起酥性;如果过硬,面团中会残留一些块状组织,起不到松散组织的作用;如果过软或为液态,那么油脂会在面团中形成油滴,使成品组织多孔、粗糙。面团中油脂的用量越多,起酥性越好,鸡蛋、乳化剂、奶粉等原料对油脂起酥性有辅助作用,温度也会影响油脂起酥性。操作过程中油脂和面团搅拌混合的方法应正确,程度要适当。

4. 油脂的融合性(充气性)

油脂的融合性,是指油脂在经搅拌处理后包含空气气泡的能力,也被称为拌入空气的能力,即充气性。油脂的融合性与其成分有关,油脂的饱和程度越高,搅拌时吸入的空气就越多。起酥油的融合性比奶油和人造黄油好,猪油的融合性较差。

5. 油脂的乳化性

油和水是互不相溶的。在制作一些面点的过程中,人们经常会碰到油和水混合的问题。在油脂中添加一定的乳化剂,有利于油滴均匀稳定地分散在水中,使成品组织酥松、体积大、风味好。因此,添加了乳化剂的起酥油、人造黄油最适宜制作重油、重糖的蛋糕、混酥类制品,能起到极佳的效果。

6. 油脂的热学性质

油脂的热学性质主要在油炸、煎炸食品中有所体现。将油脂作为炸油时,油脂能将热能迅速均匀地传递至食品表面,使食品很快成熟。同时,油脂既不会使食品表面过分干燥,也不会使食品中的水溶性物质流失。油脂的这些特点主要是由其热学性质所决定的。

油脂的热学性质包括油脂的比热容、发烟点、闪点和燃点。油脂的比热容为 0.49 焦耳每千克摄氏度,水的比热容量为 1 焦耳每千克摄氏度,油的比热容约为水的一半,换言之,在供给相同热量的情况下,油的升温效率为水的两倍。因此,油炸食品会比水煮食品更快成熟。油脂的发烟点、闪点和燃点均较高,发烟点通常为 233℃,闪点为 329℃,燃点约为 363℃。油脂中游离脂肪酸含量越高,发烟点、闪点和燃点就越低,因此,我们应选择游离脂肪酸含量少的油脂作为炸油。

二、糖

(一) 面点中常用糖的种类

常用的糖类主要有蔗糖和糖浆。

1. 蔗糖

蔗糖是由甘蔗、甜菜榨取而来的。根据精制程度、形态和色泽,蔗糖大致可分为白砂糖、绵白糖、糖粉、赤砂糖、红糖、冰糖等。

白砂糖简称白糖、砂糖,蔗糖纯度很高,含量在99%以上。白砂糖为粒状晶体,根据晶粒体积可分为粗砂、中砂、细砂三种。细砂糖又称"食用糖",溶解较快,运用较为普遍。粗砂糖较为经济,常用于含水量较高的产品和各种需要烹煮的产品的制备。

绵白糖晶粒细小、均匀,颜色洁白,在制糖过程中加入了2.3%左右的转化糖浆,质地绵软、细腻。绵白糖纯度低于白砂糖,含糖量达98%,还原糖和水分含量高于白砂糖,甜味较白砂糖高。因成本高,绵白糖通常只用于高档产品的制作。

糖粉是经过粉碎机磨制成粉末状的粗砂糖。糖粉中混入少量的淀粉,防止结块。糖粉颜色洁白、体轻、吸水快、溶解快速,适用于含水量少、搅拌时间短的产品(如混酥类、油脂蛋糕类产品)的制作。糖粉还是常用的装饰材料。

赤砂糖又称赤糖,是用于制造白砂糖的初级产物,是未脱色或未经洗蜜精制的蔗糖制品,蔗糖含量为85%~92%,含有一定量的糖蜜、还原糖及其他杂质,颜色呈棕黄色、红褐色或黄褐色,晶粒连在一起,有糖蜜味。红糖属土制糖,是以甘蔗为原料,用土法生产的蔗糖,按外观可分为红糖粉、片糖、碗糖、糖砖等。土制红糖纯度较低,糖蜜、水分、还原糖、非糖杂质含量较高,颜色深,结晶颗粒细小,容易吸潮溶化,滋味浓,兼有甘蔗的清香味和糖蜜的焦甜味。赤砂糖与红糖使制品易于着色,但需化成糖水,滤去杂质后使用。赤砂糖具有特殊风味,常用于调制甜馅。

冰糖是一种高纯度、大晶体的蔗糖制品,由白砂糖溶化后再结晶而制成,形似冰块,故称冰糖。冰糖有单晶冰糖和多晶冰糖之分。

2. 糖浆

面点中常用的糖浆有饴糖、葡萄糖浆、蜂蜜、转化糖浆等。

饴糖俗称麦芽糖、糖稀、米稀,是以淀粉为原料,经过淀粉酶水解制成的食品。其色泽淡黄而透明,呈黏稠状,甜味较淡。其主要成分为麦芽糖和糊精。饴糖可代替部分食糖使用。饴糖还原性强,能改善制品的润滑性和抗结晶性,可使制品质地均匀、滋润绵软,并易与蛋白质类含氮物质反应以产生棕黄色焦糖,具有特有的风味。

葡萄糖浆又称淀粉糖浆,是淀粉经酸或酶水解而成的含较多葡萄糖的糖浆,是无色或淡黄色透明的黏稠状液体。其主要成分是葡萄糖、麦芽糖、高糖和糊精。淀粉糖浆的黏度和甜度与淀粉水解糖化程度有关,糖化率越高,味道越甜,黏度越低。淀粉糖浆的作用与饴糖相似,品质优于饴糖。

蜂蜜是一种天然糖浆,为黏稠、透明或半透明的胶体状液体,味道很甜,风味独特,含有多种蛋白质、维生素、有机酸、矿物质及生理活性物质,营养价值较高。不同蜂蜜在味道和颜色上存在较大差异,常用于特色面点的制作。

转化糖浆是蔗糖在酸的作用下加热水解生成的含有等量葡萄糖和果糖的糖溶液。转化糖浆在高甜度食品中(如豆沙馅、羊羹等)可代替蔗糖使用,能够防止蔗糖结晶返砂。在缺乏饴糖或葡萄糖浆的情况下,可用转化糖浆代替。

(二) 糖在面点中的工艺性能

1. 改善制品的着色

糖的焦糖化作用及其引发的麦拉德反应可使烤制品在烘焙时形成金黄色或棕黄色表皮和良好的烘焙香味。

2. 改善制品的风味

糖使制品具有一定甜味和特有的风味。在烘焙成熟过程中,焦糖化作用和麦拉德反应的产物可使制品产生良好的烘焙香味。

3. 改善制品的形态和口感

糖在糕点中起到骨架作用,能改善组织状态,挺拔外形。糖在含水较多的制品内有助于产品保持湿润柔软,在含糖量高、水分少的制品中能促进产品形成硬脆口感。

4. 促进制品的发酵

糖作为酵母发酵的主要能量来源,有助于酵母的繁殖和发酵。在面包生产中加入一定量的糖,可促进面团的发酵。但糖不宜过多,甜面包的加糖量应保持在20%～25%,过量的糖会抑制酵母的生长,延长发酵时间。

5. 改善面团的物理性质

糖在面团搅拌过程中起反水化作用,可调节面筋的胀润度,增加面团的可塑性,使制品外形美观、花纹清晰,还能防止制品收缩变形。在糖对面粉的反水化过程中,双糖比单糖发挥更大的作用,因此等量的砂糖糖浆比葡萄糖浆之作用更强烈。砂糖糖浆比糖粉的作用大——糖粉虽然在搅拌时易于溶化,但此过程较缓慢。因此,调制混酥面团时,糖粉比砂糖具有更好的效果。

6. 提高产品的货架寿命

糖的高渗透压作用能抑制微生物的生长和繁殖,从而增进产品的防腐能力,延长产品的货架寿命。

7. 装饰美化产品

砂糖粒质感晶莹闪亮,糖粉洁白如霜,撒在或覆盖在制品表面时可以起到装饰美化的效果。事实上,利用以糖为原料制成的膏料、半成品(如白马糖、白帽糖膏等)装饰产品、美化产品的技术在西点中的运用更为广泛。

三、乳品

(一) 乳及乳制品的种类

乳品包含鲜乳及乳制品。乳品具有很高的营养价值,在改善工艺性能方面也发挥着重要作用。常用的乳品包括鲜乳、乳粉、炼乳、淡奶、鲜奶油、奶酪、酸奶、酸奶油等。

鲜乳又称鲜奶,是呈不透明乳白色的液体,有特殊的乳香味。最常用的鲜奶是牛奶。牛奶营养丰富,使用方便,但含水量高,容易受微生物污染而变质,不能长时间保存。

乳粉又称奶粉,是以鲜乳为原料,经浓缩后喷雾干燥制成的。乳粉可分为全脂乳粉和脱脂乳粉。乳粉的性质与原料乳的化学成分有密切关系,加工良好的乳粉不仅保持着鲜乳的原有风味,按一定比例加水溶解后,其乳状液的性质也和鲜乳极为接近。奶粉具有较强的吸湿性,应密封保存。

炼乳包括甜炼乳和淡炼乳两种。甜炼乳的销售量更大,使用较多,常用于增香调味,也可作为甜点(如金银馒头)的蘸料。甜炼乳,即在原料牛乳中加入15%～16%的蔗糖,然后将牛乳的水分加热蒸发,浓缩至原体积40%的成品。淡炼乳则是浓缩至原体积的50%时不加糖所得到的成品。

淡奶又称奶水或蒸发奶,是将鲜牛乳经蒸馏去除一些水分后得到的乳制品。雀巢公司的三花淡奶即是此类产品。淡奶的浓稠度差于炼乳,但比牛奶稍浓,其乳糖含量较一般牛奶高,奶香味较浓,可以给予面点特殊的风味。50%的淡奶和50%的水混合即可制成全脂鲜奶。

乳酪又称奶酪、干酪、芝士、起司等,是用皱胃酶或胃蛋白酶将原料乳凝聚,再将凝块加工、成型、发酵、成熟而制成的乳制品。乳酪的营养价值很高,含有丰富的蛋白质、脂肪和钙、磷、硫等矿物质及丰富的维生素。

鲜奶油是从牛乳中提取的乳脂肪与水的混合物。鲜奶油中不可添加其他油脂,乳脂肪呈球状颗粒,还包含水分和少量蛋白质。它是水包油型乳化状态混合物,是呈白色牛奶状的液体。鲜奶油和奶油的区别在于乳化状态。人造鲜奶油的主要成分是棕榈油、玉米糖浆及其氢化物。植物性鲜奶油通常是含糖的,而动物性鲜奶油一般是不含糖的。

酸奶是在牛奶中添加乳酸菌,经发酵、凝固而得到的产品。酸奶油是将添加了乳酸菌的鲜奶油置于约22℃的环境发酵而制成的,其乳酸含量达0.5%。酸奶与酸奶油可用于特色面点的制作。

(二)乳及乳制品在面点中的工艺性能

1. 提高面团的吸水率

乳粉的吸水能力为自重的100%~125%,因此,每增加1%的乳粉,面团吸水率就要相应增加1%~1.25%。

2. 提高面团筋力和搅拌能力

乳制品中含有大量乳蛋白,利于提高面团筋力和强度,防止因搅拌时间过长而导致搅拌过度。

3. 提高面团的发酵耐力

乳制品可以提高面团发酵耐力,防止面团因发酵时间过长而成为老面。乳制品含有大量蛋白质,对面团酸碱度的变化具有一定缓冲作用,保证面团的正常发酵。

4. 延缓制品的老化

乳中蛋白质及乳糖、矿物质等物质具有抗老化作用,有助于减慢制品老化速度,延长其保鲜期。

5. 改善制品的着色

乳制品中含有具有还原性的乳糖,不能被酵母所利用,发酵后仍全部留在面团中。在烘焙期间,乳糖与蛋白质中的氨基酸发生褐变反应,形成诱人的色泽。乳制品用量越多,制品表皮的颜色就越深。乳糖的熔点较低,在烘焙期间着色快。

6. 赋予制品浓郁的奶香风味

乳制品所含有的乳脂肪具有特殊的奶香风味,在熟制过程中,乳中低分子脂肪酸会挥发,奶香更加浓郁,食用时风味清雅,能够促进食欲,提高制品食用价值。

7. 提高制品的营养价值

乳粉中含有丰富的蛋白质和人体所需的氨基酸,维生素和矿物质也很丰富。因此,在面点中添加乳制品,可以提高成品的营养价值。

四、蛋品

(一)蛋品的种类

1. 鲜蛋

常用的鲜蛋是鲜鸡蛋。鸡蛋产量大,成本较低,味道温和,性质柔软,在面点中的功用也较优越,是面点用蛋的最佳选择。鹌鹑蛋、鸭蛋、鹅蛋等的蛋腥味较重,运用较少。

2．蛋制品

蛋制品是鲜蛋去壳后经一定加工而得到的制品,其种类大致有液蛋、冰蛋、蛋粉等。蛋制品因成本较高,主要用在鲜蛋缺乏的地方。

3．再制蛋

再制蛋包括咸蛋、皮蛋等,多用于馅心的制作和装饰等。

(二) 蛋在面点中的工艺性能

1．蛋白的起泡性

蛋白是一种亲水胶体,具有良好的起泡性,经高速搅打,蛋白可以裹吸空气,形成泡沫。由于表面张力的作用,泡沫会呈球形。蛋白胶体的黏度使蛋白泡沫层变得浓厚而稳定。蛋白的起泡性在面点制作中起到膨松制品结构、增大制品体积的作用。

2．蛋黄的乳化性

蛋黄中含有的磷脂具有亲油和亲水的双重性质,是一种天然的乳化剂。经搅拌,它能使油、水和其他原料均匀地融合在一起,促进制品组织细腻,质地均匀,疏松可口,具有良好的色泽,同时能够保持水分,延长成品贮存期。

3．蛋的热凝固性

蛋液中的蛋白对温度较敏感,在58℃时就开始凝固变性,超过70℃时,速度加快,蛋黄变稠,达到80℃时,蛋白就完全凝固变性,蛋黄表面凝固,100℃时,蛋黄也完全凝固。在蛋液变性的过程中,变性蛋白质的黏度增大,起泡性能降低,但容易被蛋白酶水解。蛋液的热凝固物经高温脱水后具有脆性,呈现一定的光泽,在制作面点时,在一些烘焙制品表面涂刷蛋液,可以增加制品表面光亮感。

4．改善面点的色、香、味、形

在面点表面涂上一层蛋液,烘烤后的成品呈现漂亮的红褐色。加蛋的制品成熟后具有特殊的蛋香味。以蛋为膨松介质制作的蛋糕类制品体积膨大,疏松柔软。

5．提高制品的营养价值

禽蛋的营养成分极其丰富,包括人体所必需的优质蛋白质、脂肪、类脂质、矿物质及维生素等营养物质,消化吸收率非常高,是优质的营养食品。将蛋品加入面点中,可提高产品的营养价值。

五、食品添加剂

最常用的食品添加剂有膨松剂、凝胶剂、色素和香精香料等。

(一) 膨松剂

膨松剂是中式面点工艺常用的添加剂,膨松剂又称疏松剂、膨胀剂,是指能使食品体积膨大、组织疏松的添加剂,主要包括生物膨松剂和化学膨松剂两类。

1．生物膨松剂

生物膨松剂,是指具有活性的一类微生物,其在生长繁殖过程中产生的大量气体可以使面团膨胀,从而使制品质地膨松柔软。面点中使用的生物膨松剂主要是酵母。

(1) 酵母的种类。面点中使用的酵母主要包括压榨酵母(又称鲜酵母)、即发活性干酵母(又称速溶干酵母、速效干酵母)。

压榨鲜酵母,是一种没有经过干燥、造粒工艺的酵母,它是酵母菌在培养基中繁殖、分离、压榨而成的,呈淡黄色或乳白色,具有紧密的结构且易粉碎,有很强的饧发能力。鲜酵母具有活细胞多、发酵速度快、发酵风味足、成本低等优点。鲜酵母最适合的存放条件是0℃～4℃冷藏。在这一条件下该酵母可存放45天。在0℃～4℃的环境下,酵母处于休眠状态,只通过缓慢的代谢来维持生命。鲜酵母在高温下容易自溶和变质。发面时,其用量为面粉量的1％～2％,发面温度应维持在28℃～30℃的范围内。

即发活性干酵母通常称为干酵母,是将鲜酵母挤压成细条状或小球状,利用低湿度的循环空气,经流化床连续干燥挤压成型和低温干燥而制成的,含水量在8％左右,具有饧发能力的干酵母产品,颗粒较小,发酵能力强,保质期可达2年。与鲜酵母相比,干酵母不需低温保存,运输和使用都较为方便。干酵母在使用时不需水化而可直接与面粉混合制成面团,在短时间内完成发酵,在餐饮企业、食品工业和家庭制作中运用广泛。

(2) 酵母的使用量。酵母的使用量与酵母的种类、活性、发酵力有关,还与发酵方法、配方、温度、面团硬度有重要关系。鲜酵母与即发活性干酵母的用量换算关系一般为:鲜酵母∶速溶干酵母=3∶1。

(3) 影响酵母生长繁殖的因素。影响酵母生长繁殖状况的主要因素有温度、酸碱度、渗透压、水。酵母生长繁殖的适宜温度为27℃～32℃,最佳温度为27℃～28℃。在这一温度附近,酵母菌可旺盛繁殖。酵母的活性随温度升高而增强,面团内的产气量也大量增加,当面团温度达到38℃时,产气量最大。酵母适宜在酸性条件下生长,在碱性条件下,其活性大大减小。渗透压会影响酵母细胞的活性。过高的渗透压会造成细胞质壁分离,使酵母无法维持正常生长直至死亡。在面点制作中能产生渗透压作用的原料主要有糖和盐。水是酵母生长繁殖的必需物质,许多营养物都需借助水的介质作用而被酵母吸收。因此,在调制面团时,加水量多的,较软的面团,其发酵速度较快。

2. 化学膨松剂

化学膨松剂,是指在一定条件下受热分解或经化学反应,能够产生二氧化碳气体,使制品疏松多孔,从而使制品具有膨松、酥脆或柔软特点的膨松剂。化学膨松剂,根据其膨松的原理,有单质膨松剂和复合膨松剂之分。

(1) 单质膨松剂。常用的单质膨松剂包括碳酸氢钠、碳酸氢铵。

碳酸氢钠俗称小苏打,为白色结晶性粉末,无臭味、咸味,在干燥空气中性质稳定,在潮湿空气中易分解产生二氧化碳。碳酸氢钠的膨松原理是受热分解产生二氧化碳气体,分解温度为60℃～150℃。碳酸氢钠分解后残留有碱性物质碳酸钠,易使制品内部颜色加深。如果面团或面糊内酸度高,碳酸氢钠还会与部分酸发生中和反应产生二氧化碳气体。

碳酸氢铵俗称臭粉,为白色结晶粉末,有氨臭味,不稳定,其作用机理与小苏打相同。碳酸氢铵的分解温度低,约为35℃,在约60℃的环境中即分解完毕,分解后产生的气体量大,上冲力强,极易使制品膨松。碳酸氢铵的膨胀速度快,易使制品组织不均匀、粗糙,碳酸氢铵在加热中会产生强烈刺激的氨气味,从而影响食品品质和风味。故常与小苏打混合使用,一般不单独使用,用量需严格控制。

(2) 复合膨松剂。复合膨松剂又称发酵粉、泡打粉、发粉、焙粉,主要由碳酸氢钠、酸式盐和填充剂组成。酸式盐不仅可与碳酸氢钠反应生成二氧化碳,而且还能降低成品的碱性。常用的酸式盐有磷酸氢钙、磷酸二氢钙、酒石酸等。填充剂包括淀粉、脂肪酸等,有利于膨松剂保存,并防止其结块、吸潮或失效,也能调节气体产生速度。

复合膨松剂是根据酸碱中和反应的原理而配制的,其生成物呈中性,消除了碳酸氢钠和碳酸氢铵的缺点,运用复合膨松剂制作的产品组织均匀,质地细腻,无大孔洞,颜色正常,风味纯正。

(二) 凝胶剂

凝胶剂是面点品种——冻的主要原料,常见的冻有琼脂、鱼胶、明胶等,是指使食品中胶体(果胶、蛋白质等)和水分凝固为不溶性凝胶状态的食品添加剂。常见的冻类制品包括豌豆黄、水果冻、杏仁豆腐等。可根据质感需求调整用量,量多则质绵,量少则质软。

1. 琼脂

琼脂又称洋菜、琼胶、燕菜等,是从石花菜、江蓠等红藻植物中提制的多糖,呈粉状、片状或条状,以细条为佳。琼脂不溶于冷水,溶于沸水,常用于制作水果冻等,也可作增稠剂用于制作糕点和冰激凌。

2. 明胶

明胶又称鱼胶、吉利丁,呈无色或微黄透明的脆片或粗粉状,常见明胶为明胶片或明胶粉。明胶的用途广泛,是制作冻类面点的常用原料。明胶主要由蛋白质构成,不含淀粉,不含脂肪,不仅是低热量的健康食品,更是用于补充肌肤胶原蛋白的良好物品,通常用来制作果冻和其他甜点。

(三) 食用色素

食用色素是用于食品着色和改善食品色泽的食品添加剂,一般用于面团、馅心的调色和制品表面的装饰,起到美化装饰、促进食欲的作用。食用色素可分为天然食用色素和人工合成色素。

1. 天然食用色素

天然食用色素是直接从动植物组织中提取的色素。天然色素的特点有:❶ 对人体无害,有的还具有一定营养;❷ 能更好地模仿天然物的颜色,色调较自然;❸ 成本较高;❹ 不易调色,不易均匀着色;❺ 保质期短,如糖色、叶绿素、姜黄素、胡萝卜素、红曲米,其保质期都很短。此外,在制作面点时,也常用咖啡、可可粉来进行调色。

2. 人工合成色素

人工合成色素主要是通过化学合成制得的有机色素。人工色素的特点:❶ 无营养价值,带有一定毒性,对人体有害;❷ 着色力强;❸ 色泽鲜艳;❹ 色调多,性能稳定;❺ 坚牢度大;❻ 成本低廉,使用方便,应用广泛。国家对合成色素的使用品种、用量和使用范围都有严格的规定,违反规定,造成危害的人工色素使用者会被追究刑事责任。

(四) 香精香料

香料香精,是以改善、增加和模仿食品香气和香味为目的的食品添加剂。在面点中添加适量的香料或香精,可增加香味,从而刺激人的食欲,同时,香料香精可以起到矫味作用。

香料按来源可分为天然香料和合成香料,天然香料包括动物性和植物性香料,食品生产中的主要香料为植物性香料。植物性香料多从植物的花、叶、茎、果皮和果仁等取得。我们常直接利用桂花、玫瑰、椰子、巧克力、可可粉、蜂蜜、蔬菜汁作为天然调香物质。

合成香料,是以石油化工产品、煤焦油产品等为原料经合成反应而制得的,一般不单独用于食品加香,多在配制香精时使用。常见的可直接使用的合成香料为香兰素。香兰素为白色或微黄色结晶,溶点范围为81℃~83℃,在冷水中不易溶解,可溶于热水、乙醇和热挥发油。香兰素应在面团调制过程中加入。

食品香精主要有水溶性与油溶性两大类。水溶性香精是由蒸馏水、乙醇、丙二醇或甘油为稀释剂加入香料调和而成的,大部分是透明液体。水溶性香精易挥发,不适于高温食品。油溶性香精是由精炼植物油、甘油或丙二醇等作稀释剂加入香料调和而成的,大部分为透明的油状液体。油溶性香精含有较多的植物油或甘油等高沸点稀释剂,其耐热性较水溶性香精高。

香料应具有耐热性,面点在熟制时要经受高温,因此,除拌制糕点外,一般不使用水剂香料,而使用油质香料,添加量一般为0.05%~0.15%。

六、食盐

食盐是常用的调味料之一,作为咸味调料常用于制作馅心、面臊。此外,食盐也是重要的辅助原料。食盐在面点中的作用主要有以下几点:

(1)增进制品风味。食盐是一种咸味剂,能刺激人的味觉神经,引出原料的风味,使制品风味更加突出。

(2)调节和控制面团发酵速度。食盐用量超过1%(以面粉计)时,能产生明显的渗透压,抑制酵母发酵,从而降低发酵速度。人们可以通过增加或减少食盐用量来调节和控制面团的发酵速度。

(3)增强面团筋力。盐可使面筋质地变细密,增强面筋的立体网状结构,使面团易于扩展延伸,同时能使面筋产生吸附作用,增加面筋弹性。

思维导图

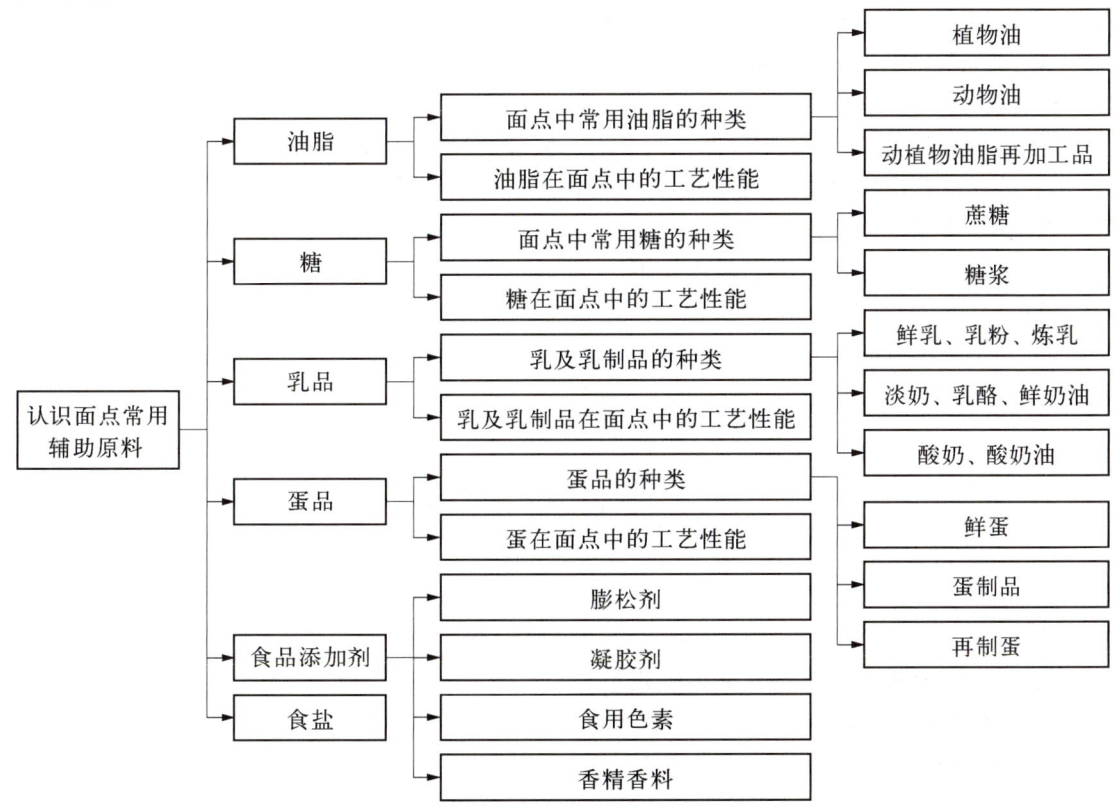

任务测试

一、名词解释
1. 油脂的起酥性
2. 糖的反水化作用
3. 蛋液的起泡性

二、单项选择题
1. 下列油脂中,成分中含有水分的是(　　)。
   A. 猪油　　　B. 牛油　　　C. 黄油　　　D. 橄榄油
2. 下列糖中,着色能力最差的是(　　)。
   A. 饴糖　　　B. 白砂糖　　C. 麦芽糖　　D. 乳糖
3. 下列油脂中,属于天然油脂的是(　　)。
   A. 麦激凌　　B. 白脱油　　C. 植物鲜奶油　D. 起酥油
4. 海绵蛋糕的制作工艺主要依赖于蛋的(　　)。
   A. 乳化性　　B. 凝固性　　C. 起泡性　　D. 着色性
5. 鲜酵母与即发活性干酵母用量的换算关系一般是(　　)。
   A. 1∶1　　　B. 2∶1　　　C. 3∶1　　　D. 4∶1

三、多项选择题
1. 面点制作中常用的蔗糖有(　　)。
   A. 白砂糖　　B. 赤糖　　C. 绵白糖　　D. 冰糖　　E. 糖粉
2. 下列原料中,可使面团吸水性能降低的原料有(　　)。
   A. 油脂　　　B. 砂糖　　C. 奶粉　　　D. 食盐　　E. 泡打粉
3. 可促进制品上色的原料有(　　)。
   A. 油脂　　　B. 砂糖　　C. 蜂蜜　　　D. 奶粉　　E. 鸡蛋

四、判断题
1. 以酵母制作的发酵面团,含有大量的产酸菌,我们需要加入食碱来中和。(　　)
2. 小苏打是由碱性物质、酸性物质和淀粉等填充剂制成的复合膨松剂。(　　)
3. 香兰素是一种天然香料。(　　)
4. 植物油脂的起酥性优于动物油脂。(　　)

五、简答题
1. 常用的糖有哪些？糖在面点制作过程中的作用有哪些？
2. 食盐的作用有哪些？

任务三　认识面点常用制馅、调味原料

问题思考
1. 制馅用的植物性原料可分为哪几类？
2. 猪肉是常用的制馅原料,不同部位的猪肉肉质有何差异？
3. 调味品按呈味感可分为哪几类？

知识准备

一、制馅原料

制馅原料就是调制面点馅心和面臊所用的原料。馅心是面点的重要部分,大多数面点制品都有馅心。制馅原料的质量会影响面点制品的质量。对于制馅原料,必须根据原料的特点和面点品种的要求进行合理选择。制馅原料品种繁多,一般来说,凡是可以烹制菜肴的原料,均可用来作为制馅原料。制馅原料根据性质可以分为植物性原料和动物性原料两大类。

(一)植物性原料

1. 蔬菜

蔬菜是重要的制馅原料。蔬菜品种众多,质地、营养成分都不尽相同,制成的馅心也具有各不相同的特点。蔬菜常用于制作素馅和荤素馅,将蔬菜榨汁或制泥掺入粉料内调制面团,既可丰富面团的色泽,也可增加制品的风味及特色。部分蔬菜,如姜、葱、蒜、辣椒等,还能直接起到重要的调味作用。根据食用部位,可将蔬菜分为根菜、茎菜、叶菜、果菜、花菜、芽菜等。

(1)根菜是指以变态的肥大根部为食用对象的蔬菜。根菜类蔬菜富含糖,比较适于贮藏。面点中常用的根菜有萝卜、胡萝卜等,具有代表性的制品是腊味萝卜糕、芝麻萝卜饼等。

(2)茎菜是指以肥大的变态茎为食用对象的蔬菜,大多富含糖类和蛋白质。这类蔬菜含水分较少,适于贮藏。多数茎菜具有繁殖能力,保管不当时,常有出芽状况,须加以防止。茎菜按其生长状态可分为地上茎(如青笋、蒜薹等)和地下茎(如马蹄、土豆等)。在面点中,可以根据各品种的特点制成多种风味的馅心及别具风味的小吃,例如马蹄枣泥饼、火腿土豆饼等。

(3)叶菜是指以肥嫩菜叶及叶柄为食用对象的蔬菜。叶菜类蔬菜富含维生素和无机盐,生长期短,适应性强。常用的叶菜有菠菜、韭菜、芹菜、大白菜、小白菜、芫荽等。

(4)果菜是以果实和种子为食用对象的蔬菜。果菜可分为瓜类(如黄瓜、南瓜、冬瓜等)、茄果(茄子、番茄等)和荚果(如四季豆、豇豆等)。果菜类蔬菜常用于调制馅心。

(5)花菜是指以植物的花蕾器官为食用对象的蔬菜。其种类不多,常见的花菜有黄花菜、花椰菜、韭菜花等。花菜类蔬菜特别鲜嫩,其中黄花菜常被制为干制品。

(6)芽菜是各种谷类、豆类、树类的种子培育出的可以食用的芽、芽苗、芽球、幼梢或幼茎,又称芽苗类蔬菜,如豆芽、香椿苗等。芽菜风味独特,清香脆嫩适口,具有特殊的医疗保健功能。其营养成分主要有糖类、脂肪和蛋白质,还有矿物质和维生素等。

调制馅心时,必须考虑蔬菜的上市季节、特点、存放时间,选择质嫩、新鲜的原料作为制馅原料。

2. 食用菌

食用菌,是指以大型无毒真菌的子实体作为食用对象的植物性原料。菌类一般有鲜料、干料和罐装等三类。干料需用水涨发后才能使用。常见的食用菌有蘑菇、香菇、金针菇、平菇、黑木耳、银耳、猴头蘑、鸡枞菌等。菌类味道极鲜,清香爽口,在面点制作中运用广泛。

3. 果品

果品常用于甜味馅心和面点制品的点缀装饰。通常可将果品分为鲜果、干果和果品制品三类：

（1）鲜果。鲜果通常指新鲜的、可食部分肉质鲜嫩多汁或爽脆可口的植物果实。鲜果含有大量的水分和丰富的单双糖、多糖，维生素和矿物质，还含有有机酸和挥发性的芳香物质，蛋白质和脂肪含量一般较低。鲜果可用于制馅，还可用于单独制作水果冻。

（2）干果。干果又称果仁，是各类可食干果种子的总称。干果含有丰富的蛋白质和脂肪，还含有糖、维生素和矿物质，具有较高的营养价值。对于桃仁、芝麻仁、花生仁等含蛋白质和油脂较高的干果，往往采用烤、炸等方法加工，以突出其香气浓郁、口感酥脆的特点，制品包括芝麻馅、五仁馅等。对于板栗、莲子等含蛋白质和淀粉较多的干果，往往采用煮、烤、炒等方法加工，突出其口感沙、糯、软、细的特点，制品包括莲蓉馅、栗蓉馅等。

（3）果品制品。果品制品是指以鲜果为原料，经干制、糖煮或腌渍等方法加工而成的制品。根据加工方法的不同，果品制品可分为果干、果脯蜜饯、果酱、果汁和水果罐头等五类。果品制品常用来制作馅心和配料，起点缀、配色的作用。

（二）动物性原料

动物性原料在馅心、面膜中应用广泛，这类原料可提供人体所必需的多种营养素，是蛋白质、脂肪等营养素的重要来源，也是对面点制品营养价值的重要补充。动物性原料主要包括畜肉类、禽肉类、水产品类及加工制品。动物性原料是荤馅、荤素馅的重要组成部分，也是某些特色面团（鱼虾蓉面团、肉蓉面团等）的组成部分之一。

1. 畜肉

畜肉主要是指哺乳类动物的胴体及其副产品。面点中常用的畜肉主要有猪、牛、羊肉，其中，猪肉运用最广。猪的肌肉一般呈淡红色，煮熟后呈灰白色，其肌肉纤维细而柔软，结缔组织较少，肌间脂肪含量较其他肉类为多，烹调后滋味细嫩鲜美。猪肉分为颈肉、腿肉及腹肉三大部位，不同的部位，肉质差异很大。颈肉肥瘦不分，肉质较老，但黏性较大，吸水性强，适于制作馅心，制成的馅心质地鲜嫩，卤汁多，且成本较低，常用于制作大众化面点的馅心，如鲜肉包子等。腿肉皮薄质嫩，有肥有瘦，且不混杂，适宜制作档次较高的制品馅心，如钟水饺、龙抄手等。腹肉肥多瘦少，肉质黏性及吸水性较差，较少用于面点制作。

我国牛的种类较多，包括黄牛、牦牛、水牛等。黄牛是我国数量最多，分布最广的牛种，其肉质肥嫩鲜美，肉色鲜红，味美适口，脂肪层次均匀，是理想的肉食品。牦牛肌肉发达，富含蛋白质，脂肪较少，肉味嫩香可口，肉质优于一般黄牛。水牛普遍从事水田耕作，躯体粗壮，肉纤维精而松，呈暗红色，切面光泽强并带有紫色光泽，脂肪色白，干燥而黏性小，肉质风味较黄牛差。牛肉的含水量比猪肉多，但其纤维粗糙而紧密，经初步加热后，所含的蛋白质凝固而浓缩，肉质变得老韧。较大的面点制品成熟时间较短，因此，进行面点制馅时，我们必须选用纤维斜而短、筋膜少、鲜嫩无异味的牛肉，如牛的背腰部及臀部的部分肌肉。

羊肉分为绵羊肉和山羊肉。绵羊腹大紧凑，肌肉丰满，肉质细嫩肥美，产肉量多；山羊肉皮较厚，膻味较浓。羊肉纤维较细嫩，具有特殊的风味，但膻味令人不快。要适当选用调味品来解除部分膻味，使馅心更加味美可口。

2. 禽肉

面点中常用的禽肉是鸡肉和鸭肉，其次是鹅肉。鸡肉蛋白质含量高，肌纤维间脂肪较多,质地细嫩柔软。肌肉中较多的谷氨酸使得鸡肉在烹调后有特别的鲜香。主要选用肉质洁白肥嫩的鸡脯肉制作馅心。除单独制馅外,鸡肉还经常与其他原料一起制成三鲜馅。鸭肉质地较鸡肉差,并略带腥膻气味,但鸭肉脂肪含量多,口感较鸡肉更滋润肥美,人们常用鸭脯肉制作馅心。鹅肉质地较粗,带有腥膻味,且不易消化,制成的馅心品质不如其他两者。

3. 水产品

水产品主要有鱼、虾、蟹、贝等,鱼类应用较多,我们应选体大、肉厚、刺少的鱼;虾、蟹、贝类原料,则应确保新鲜有弹性。

4. 动物性加工制品

常用的动物性加工制品有海参、鱼翅、干贝、燕窝、金钩、火腿。

海参根据外形特征可分为刺参和光参,不同的品种,质量差异很大。海参经水发后可用于馅料的调制。鱼翅是以鳐鱼的鳍加工而成的干制品。鱼翅颜色金黄、明亮、糯软,富于韧性,含有胶质,清淡爽口,略带鲜味,经水煮泡焖加工后可用于馅料的调制。干贝是用软体动物斧足纲扇贝科和栉扇贝科、江珧科贝类动物的闭壳肌干制作而成的。干贝一般应隔水蒸发,摘去柱筋即可使用。燕窝又名燕菜,是海岛上的金丝燕吃食后经消化腺分泌出来的黏状物质垒筑而成的巢。燕窝是海味中的珍品,价格昂贵,营养丰富,有滋阴补肾、生精益血的功效。水发膨胀后的燕窝一般用于清蒸,口味清鲜爽脆。金钩亦称海米,是各种鲜虾经干制加工而成的制品。前端粗圆,后端类似弯钩,体表光滑洁净,颜色有淡黄、浅红、粉白之分。金钩能给馅料助味,提高显味成分,一般用水涨发后使用。火腿具有色红似火、香气浓郁、味道鲜美的特点,主要用于馅心、面臊的制作。

二、调味原料

调味原料又称调味品、调料,一般用于馅心、面臊的调制和半成品的直接调味,直接用于面坯中可以除异增香、丰富滋味、改善色泽,使成品味美可口。调味原料大致可分为五类:咸味调料、甜味调料、酸味调料、鲜味调料、香辛调料。除了以上单一味道的调味品外,大量的复合味调味品,如油咖喱、海鲜酱、柱侯酱、腐乳汁、花椒盐也在面点制作中大放异彩。

(一) 咸味调味品

咸味是烹饪中的主味,被称为百味之主,是一种能独立存在的味道,也是绝大多数复合味形成的基础,对其他味道具有增味的作用,常用的咸味调料包括盐、酱油、甜面酱。

食盐是最主要的咸味调料,除了使食物具有咸味而形成风味外,盐在馅料调制时还能提高动物性原料中蛋白质的水化能力,增强黏稠力。其渗透压作用还能使蔬菜失水而变得爽脆。酱油能给食品以咸味、鲜味和香味,同时能使馅心上色,其用途广泛,仅次于盐。甜面酱是以面粉为主要原料酿制而成的酱类调味品,色泽金红,滋润光亮,咸味适口,鲜甜醇厚,可以起到提味、增色、增香的作用,多用于馅心的炒制。

(二) 甜味调味品

甜味是以蔗糖等糖类为呈味物质的调味料,其用途仅次于咸味,是一种能独立存在的味道,它能提鲜,去腥,解腻,消除酸度,抵消苦味,中和咸味。常用的调味品有蔗糖和饴糖浆。

蔗糖是应用最广泛的甜味调料,包括白砂糖、绵白糖、冰糖、红糖等。蔗糖甜度高,一般作为坯料或甜味馅心中的调味品。饴糖浆呈稠浆状,黏稠性较高,可以改进色泽,充当黏合剂,一般在稀释后使用。

(三)酸味调味品

酸味是由氢离子刺激味觉神经所引起的感觉。凡是在溶液中能水解出氢离子的化合物都具有酸味。酸味具有较强的去腥解腻作用。实务工作中,常用的酸味调味品有食醋、番茄酱、柠檬汁等。

(四)鲜味调味品

鲜味不能独立存在,需在咸味的基础上才能得以发挥。鲜味调味品可以增加馅料的鲜美口感,使一些本来淡而无味的原料具有鲜味,激发食欲,缓和咸、酸、苦等味的作用。常用的鲜味调料有味精、鸡精等。

含较多鲜味物质的鲜汤也常被用于增鲜。鲜汤是用猪肘、母鸡、肥鸭等原料熬煮,清除杂质而制成的,是各类肉馅调料所需的重要辅料。

(五)香辛调味品

香辛调味品是通过刺激来给食客带来强烈感受的原料,在烹饪中不能独立成味,需要在其他味的基础上才能得以发挥。香辛类调料不但可除腥解腻,给制品上色、增色,压制异味,同时还能刺激食欲,帮助消化,促进血液循环。常用的香辛调料有辣椒、胡椒、花椒、咖喱粉、酒、八角茴香、小茴香、葱、姜、蒜等。

思维导图

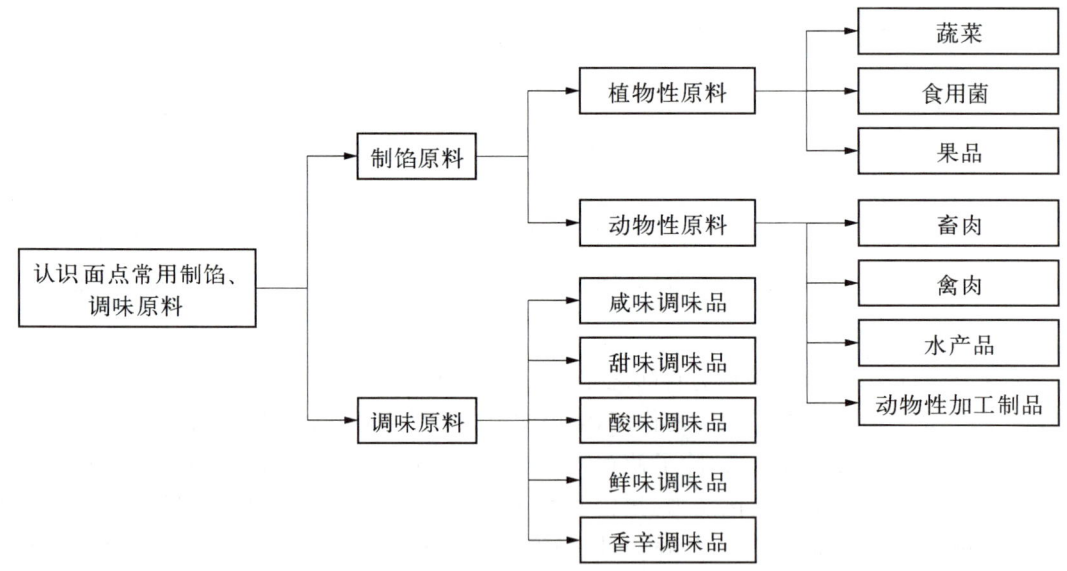

任务测试

一、名词解释
1. 制馅原料
2. 调味原料

二、单项选择题
1. 黏性大,吸水性强,适宜制作大众面点馅心的猪肉部位是(　　)。
   A. 腿肉　　　　B. 颈肉　　　　C. 五花肉　　　　D. 里脊肉
2. 下列各项中,不能独立存在的味道是(　　)。

A. 咸味　　　　B. 甜味　　　　C. 鲜味　　　　D. 酸味

三、多项选择题

1. 面点中常用的果品制品包括（　　　）等。
   A. 果酱　　　B. 水果罐头　　C. 果脯蜜饯　　D. 果汁　　　　E. 果干
2. 下列原料中,属于动物性加工制品的有（　　　）。
   A. 火腿　　　B. 金钩　　　　C. 海参　　　　D. 干贝　　　　E. 鱼翅
3. 面点中常用的酸味调料有（　　　）。
   A. 白醋　　　B. 柠檬汁　　　C. 柠檬酸　　　D. 番茄酱　　　E. 果汁

四、判断题

1. 制馅时,我们应选择个大、肉厚、刺多的鱼类为原料。（　　）
2. 土豆属于根菜类制馅原料。（　　）
3. 一般选择颈肉作为猪肉馅心原料。（　　）
4. 在制作高档点心时,海鲜一般单独用于制作馅心。（　　）
5. 柱侯酱属于复合味调味品。（　　）

五、简答题

1. 植物性原料在制馅中是如何具体运用的？
2. 常用调味品的种类和作用是什么？

项目四　认识常用面点设备与器具

◇ **职业素养目标**
- 培养学生严谨的科学态度和精益求精的工作作风。

◇ **职业能力目标**
- 掌握常用设施设备与器具的操作方法。
- 能根据具体成品选择正确的设施设备。
- 能安全使用各种设备。

◇ **典型工作任务**
- 面点常用辅助设备与器具。
- 面点调制设备与器具。
- 面点成形设备与器具。
- 面点熟制设备与器具。

任务一　认识面点常用辅助设备与器具

问题思考

1. 面点制作所必需的设备有哪些？
2. 常见的面点设备有哪几种？

知识准备

每个面点品种的制作都离不开相应的设备与器具，而每一种设备与器具的使用方法和技巧都是不同的。只有掌握各种设备、工具的使用技术，才能使面点制作更加规范化，从而打造更高的产品质量和生产效率。

一、面点常用辅助设备

（一）操作台

面点用操作台亦称案板，是面点制作中必备的设备，绝大部分操作步骤都是在操作台上完成的。操作台的材质、使用规范以及保养程度直接影响面点制作的过程是否顺利。面点操作台多由木头、大理石或不锈钢制成，在生产过程中，木质操作台最为常见。操作台使用后,一定要进行清洗。一般情况下,要先将操作台上的粉料清扫干净,再用水刷洗或用湿布将台面擦净。若操作台上有较难清除的黏着物,最好用水将其泡软,再用面刮板将其铲掉,切忌用刀硬铲。操作台面出现裂缝或坑洼时,应及时修补,避免污垢积存。常见的操作台如图2-1所示。

图2-1 常见的操作台

1. 木质操作台

木质操作台的台面以由6厘米以上的厚木板制成的枣木操作台为佳,柳木操作台亦可。底架以不锈钢或木质为主。操作台应当结实牢固,表面平整,光滑无缝。木质操作台适用于和面、揉面、制皮等操作。在使用时,应尽量避免其与其他工具碰撞,切忌将操作台当砧板使用,不能在操作台上剁原料。

2. 大理石操作台

大理石操作台的台面一般以厚4厘米左右的大理石材料制成。大理石台面较重,因此其底架应当特别结实、稳固、承重能力强。大理石操作台比木质操作台更平整、光滑,散热性能好,抗腐蚀力强,是制作糖制品的理想设备。一些油性较大的面坯适宜在此类操作台上进行处理。

3. 不锈钢操作台

不锈钢操作台一般是用不锈钢材料制成的,表面不锈钢板材的厚度为0.8 mm~1.2 mm,应当平整,光滑,无凹陷。不锈钢操作台美观大方,清洁便捷,台面平滑光亮,传热性质好,是目前各级饭店、宾馆采用较多的操作台。不锈钢操作台形式多样,有单层、双层、带抽柜等等,可以满足生产操作过程中的不同需要。冷藏(冻)不锈钢操作台也是其中的一种。其台面为不锈钢面板,台面下设冷藏(冻)柜,既方便需要冷藏(冻)的半成品或成品的制作,又大大节约了厨房的空间,在现代餐饮企业中大受欢迎。

4. 塑料操作台

塑料操作台质地柔软,抗腐蚀性强,不易损坏,适宜加工制作各种制品,其质量优于木质操作台。

(二) 冷藏冷冻设备

冷藏冷冻设备按构造可分为直冷式(冷气自然对流)冷冻设备和风冷式(冷气强制循环)冷冻设备两种,按用途可分为保鲜冷冻设备和低温冷冻设备两种。所有冷藏冷冻设备均具有隔热保温的外壳和制冷系统,其冷藏的温度范围为-40℃~10℃,具有自动恒温控制、自动除霜等功能,使用方便,可用以对面点原料、半成品或成品进行冷藏保鲜或冷冻加工,典型的冷库、冰箱如图2-2所示。

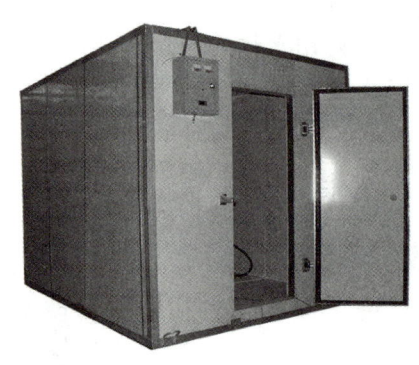

图 2-2 典型的冻库、冰箱

1. 冰箱(柜)

冰箱(柜)是保持恒定低温的制冷设备,一般兼有冷藏和冷冻功能。餐饮厨房用冰箱按外形和容量可分为单门、双门、多门,往往为不锈钢材质,便于清洁,有助于提高产品的耐用性。冷藏室温度在 0 ℃以上,常用于保鲜原料或半成品,如面腺、调味汁的保存。冷冻室主要用于存放需冷冻时间较长的面点半成品。

2. 冻库

冻库又称冷库。大型餐饮企业和食品加工企业常常运用冷库,餐饮中央厨房、面点半成品生产商亦使用冻库以贮存原料。它能承担大量食物和物料的冷藏或冷冻工作。冻库的技术性较强,体积可根据实际需要而定。

(三) 清洗设备

清洗设备主要包括常用的不锈钢洗涤槽。洗涤槽有单槽、双槽、多槽之分,高度一般为 80 cm,深度一般为 30 cm,宽度和长度根据用途而定,多用于洗涤各种原材料和器皿,常见的不锈钢洗涤槽如图 2-3 所示。

图 2-3 常见的不锈钢洗涤槽

(四) 原料辅助加工设备

原料辅助加工设备包括多功能粉碎机、磨浆机及绞肉机。

1. 多功能粉碎机

多功能粉碎机主要用于加工粳米、糯米,可以分为人工和电动两种。这种机器利用传动装置带动石磨或以钢铁制成的磨盘转动,将大米或糯米等磨成粉料。多功能粉碎机的效率高,出粉细。

使用方法:启动开关,将水与米同时倒入孔内,将磨出的粉浆倒入专用的布袋内,使用后将机器的各个部件及周围环境清理干净。

2. 磨浆机

磨浆机是专为豆类、谷类设置的湿粉碎机,主要用于磨制米浆、豆浆。磨浆机可分为铁磨盘和砂轮盘两种,其原理是通过磨盘的高速旋转,将原料磨制呈糊状,以供进一步加工,具有省力、维修简单等特点。

3. 绞肉机

绞肉机又称绞馅机,主要用于绞制肉馅、豆沙馅等,可分为电动绞肉机和手动绞肉机两种。电动绞肉机由机架、传动部件、绞轴、绞刀和孔格栅组成。其原理是利用中轴推进原料至十字花刀处,依靠十字花刀的高速旋转,将原料绞制成蓉泥状,以供进一步加工之用。

常见的原料辅助加工设备如图 2-4 所示。

图 2-4 常见的原料辅助加工设备

二、面点常用辅助器具

(一) 量具

量具主要用于面点固、液体原材料及成品重量的量取,还可用于测量原料、面团的温度、糖度以及整形产品的体积。随着现代面点技术的规范化和标准化,称量工具在面点中的应用越来越普遍。常用的量具如图 2-5 所示。

图 2-5 常用的量具

1. 磅秤

磅秤又称盘秤、台秤,属于弹簧秤,有托盘或金属板被固定在底座上,主要用于面点原辅料的称量。

2. 电子秤

电子秤是目前应用最为普遍的称量器具,具有快速、准确、连续、自动化的特点。电子秤主要由承重系统(如秤盘、秤体)、传力转换系统(如杠杆传力系统、传感器)和示值系统(如刻度盘、电子显示仪表)三部分组成。电子秤的称量标准为 500 g～300 kg。在实际生产过程中,应根据生产能力的大小选择合适的电子秤。

3. 量杯

量杯主要用于量制液体,如水、油等,量取方便、快速、准确。其材质有玻璃、不锈钢、塑料等。

4. 量匙

量匙是以金属、塑料制成的,呈椭圆形或圆形的带柄小浅勺,专用于少量干性原料的称取。量匙通常可分为大量匙、茶匙(小量匙)、1/2 茶匙、1/4 茶匙,1 大量匙=3 茶匙。

5. 温度计

这里的温度计是指厨房专用温度计,一般分为水银温度计和电子温度计,用于面团温度和油炸温度的测量。

6. 糖度计

糖度计又称手持或便携式糖度计,广泛用于饮料、食品、制糖、酒类行业。糖度计可用于快速测定含糖溶液以及其他非糖溶液的浓度。手持糖度计一般是圆柱形的,我们将待测的糖液放入后面可打开的槽中抹匀,关上盖子,然后将糖度计对着光,从前方孔中观察,即可读值。

7. 直尺

直尺可用来衡量产品的长度,还可用于进行直线切割。

(二) 辅助工具

辅助工具是指用于原料处理、拌馅、上馅、辅助成形、涂油等操作的用具。常用的辅助用具有面筛、砧板、拌料盆、馅挑、剪刀、刷子、毛笔与排刷、喷壶、铲刀、抹刀、菜刀、汤勺等,主要辅助工具如图2-6所示。

图2-6 主要辅助工具

1. 面筛

面筛又称粉筛、筛子、筛网,主要用于干性原料的过滤,有助于去除粉料中的杂质,使粉料蓬松。过筛可使原料粗细均匀。根据材质,面筛可分为尼龙筛、不锈钢筛、铜筛等。网眼较大的粉筛还可以用来擦制泥蓉,去除豆皮等。

2. 砧板

砧板属于切割枕器,是一种垫托工具。砧板的种类繁多,材质有木质、塑料和木质与塑料复合型三类,木质砧板运用最多。砧板还可分为生食砧板与熟食砧板。砧板应保持表面平整,砧板上的食品也应清洁卫生。使用后要及时将砧板刮洗擦净,晾干水分,放置于通风处。

3. 拌料盆

拌料盆一般为圆口圆底,底部无棱角,可用于和面、发面、调馅、盛物,有大、中、小等规格,可配套使用,材质以不锈钢为佳。

4. 馅挑

馅挑又叫刮挑、刮匙,为长条形圆头不锈钢片或竹片,是用于上馅的工具。

5. 剪刀

剪刀主要用于制作花式面点,根据需要,应准备多把不同型号的剪刀。

6. 刷子

刷子按材质可分为羊毛刷、棕刷、尼龙刷和塑料刷等;按用途可分为油刷、蛋刷、色刷等。

色刷常用于特色面点的上色、弹色操作。目前市场上此类工具较少,多用新牙刷代替。

7. 毛笔与排刷

毛笔与排刷主要用于某些特色面点品种的上色和勾线。

8. 喷壶

喷壶常用于面点的喷色和半成品的保湿等操作。

9. 铲刀

铲刀可分为清洁铲和成品铲。清洁铲主要用于清洁桌面、烤盘,去除残渣;成品铲主要用于加工一些花式面点,也用于拿取成熟制品。

10. 抹刀

抹刀由不锈钢制成,为无刃长条形,主要用于夹馅、表面装饰,还可用于抹制膏料、酱料。

11. 菜刀

菜刀是专门用于切割食物的工具,也可用于制馅或切割面剂。

12. 汤勺

汤勺材质包括塑料、不锈钢等,汤勺主要用于挖舀浆料或调味、调馅。

思维导图

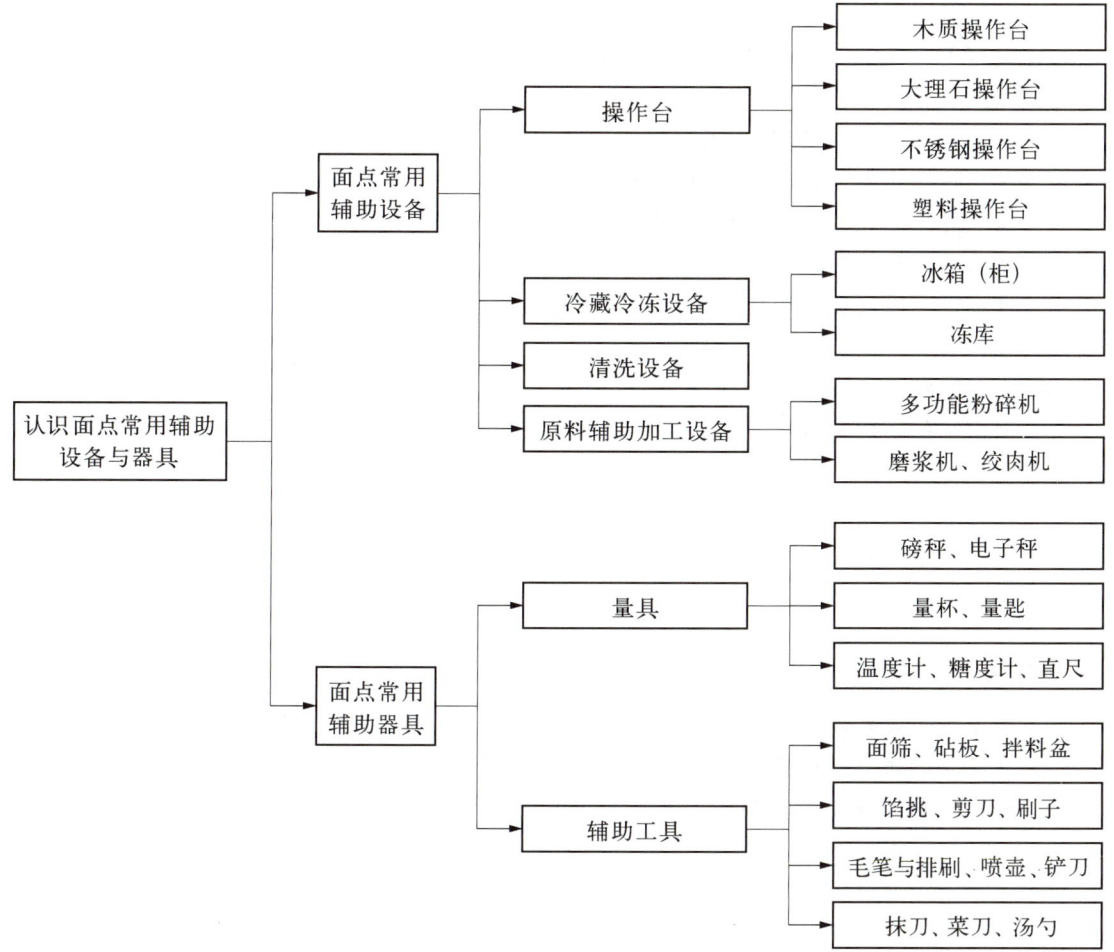

任务测试

一、名词解释
1. 案板
2. 馅挑

二、单项选择题
1. 下列各项中,不属于常用辅助设备的是(　　)。
   A. 和面机　　B. 木质案板　　C. 洗涤槽　　D. 四门冰箱
2. 1大量匙相当于(　　)茶匙。
   A. 2　　B. 3　　C. 4　　D. 5
3. 下列各项中,不属于糖度计优点的是(　　)。
   A. 使用方便　　B. 重量轻　　C. 体积大　　D. 测量准确

三、多项选择题
1. 常用的面点操作台有(　　)。
   A. 木质操作台　　B. 不锈钢操作台　　C. 砖砌操作台
   D. 大理石操作台　　E. 塑料操作台
2. 在制作面点的过程中,常用量具有(　　)。
   A. 电子秤　　B. 磅秤　　C. 温度计　　D. 量杯　　E. 直尺

四、判断题
1. 案板使用后,一定要对其进行清洗。（　　）
2. 在实际操作中,电子秤均可以通用。（　　）
3. 操作完成后,如案板上留有较难清除的黏着物,要用刀用力铲,打扫干净。（　　）
4. 量匙和量杯的用途一致,都可用于量取液体。（　　）
5. 糖度计可以快速测定含糖溶液以及其他非糖溶液的浓度。（　　）

五、简答题
1. 冷冻冷藏设备的用途是什么?
2. 面粉筛的作用有哪些?

任务二　认识面团常用调制设备与器具

问题思考
1. 面团调制过程涉及哪些设备?
2. 在使用面团调制设备时,应当注意哪些事项?
3. 面团调制过程会涉及哪些工具?

知识准备

一、面团调制设备

面团调制设备是面点制作重要的设备,不仅能降低生产者的劳动强度,稳定产品质量,还有利于提高劳动生产率,为大规模生产打下基础。常见的面团调制设备如图 2-7 所示。

图 2-7　常见的面团调制设备

(一) 和面机

和面机又称调粉机,主要由电动机、传动装置、面箱搅拌器、控制开关等部件组成,利用机械运动将粉料和水以及其他配料拌和成面团,常用于面团的批量调制。和面机的形式有铁斗式、滚筒式、缸盆式等。其工作效率为手工操作的 5~10 倍。

和面机的使用方法是:清洗料缸,把所需拌和的面粉投入缸内,启动电动机,在机器运转中把适量的水徐徐加入缸内,4~8 分钟后即可成团。注意:在机器停止运转后方可取出面团。和面后应将面缸、搅拌器等部件清洗干净。

(二) 多功能搅拌机

多功能搅拌机,是综合打蛋、和面、拌馅等功能为一体的食品加工机械。多功能搅拌机主要用于搅拌面团,还可打发奶油膏和蛋白膏乃至混合各种馅料,是常用的机械。它由电动机、传动装置、搅拌器和搅拌桶等部件组成,利用搅拌器的机械运动进行转动,可以达到目的,工作效率较高,用途较为广泛。

搅拌机一般带有圆底搅拌桶和三种不同形状的搅拌头,常见的搅拌头如图 2-8 所示。网状搅拌机用于低黏度物料如蛋液的搅打,桨状搅拌机用于中黏度物料如油脂的打发以及馅心的调制,钩状搅拌机用于高黏度物料如筋性面团的搅拌,搅拌速度可根据需要进行调控。

图 2-8　常见的搅拌头

台式小型搅拌器可放于桌面,功率和搅拌能力稍差,可用于搅打鲜奶油和馅料的混合及教学演习,方便实用。

多功能搅拌机的使用方法是:将面粉倒入搅拌桶内,加入其他辅料,将搅拌桶固定在打蛋机上,启动开关,根据要求调节搅拌器的转速,达到要求后关闭开关,取下搅拌桶,将打好的面团取出。使用后,将搅拌桶、搅拌器等部件清洗干净,并存放于固定处。

二、面团调制器具

面团调制器具指用于面团(面糊)调制的用具,主要有刮板、刮刀、打蛋器等,主要面团调制器具如图2-9所示。此外,擀面棍也属于常用的面团调制工具。

图2-9 主要面团调制器具

(一) 刮板

刮板又称面刀,按材质可分为塑料刮板和金属刮板,无刃,有长方形、梯形、圆弧形等形状。刮板主要用于分割面坯,协助面团调制,抹平膏浆表面以及案板清理等工作。特殊的齿状刮板还可以用于在蛋糕表面进行划纹。

(二) 刮刀

刮刀可用于刮净黏附在搅拌缸或打蛋盆中的物料,也可用于物料的搅拌。

(三) 打蛋器

打蛋器又称蛋抽、手持搅拌器,常见的材质为不锈钢,主要用来搅拌液体(例如蛋、鲜奶油)或面糊等材料。我们可按需求选择打蛋器的规格。依形状不同,打蛋器又可分为螺旋形打蛋器及直形打蛋器两种。

思维导图

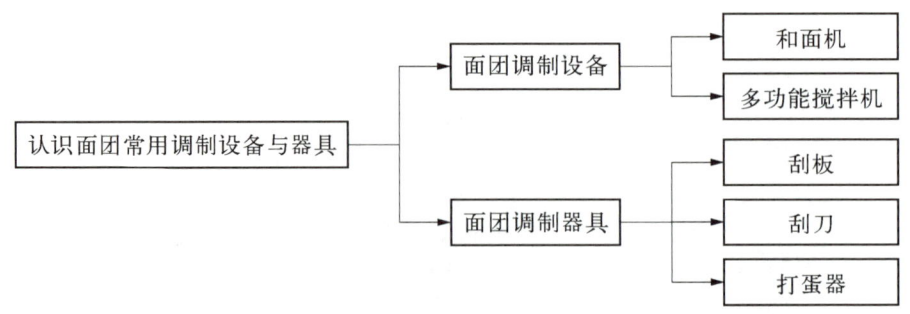

任务测试

一、名词解释
1. 刮板
2. 和面机

二、单项选择题
1. 下列各项中,不属于面团调制设备的是(　　)。
   A. 和面机　　　B. 台式搅拌机　　C. 压面机　　　D. 四门冰箱
2. 下列各项中,不属于多功能搅拌机功能的是(　　)。
   A. 和制面团　　B. 打发奶油　　　C. 压制面皮　　D. 拌馅
3. 搅拌机的网状搅拌头主要用于(　　)。
   A. 拌馅　　　　B. 压制面皮　　　C. 打发奶油　　D. 和制面团

三、多项选择题
1. 常见的面团调制设备有(　　)。
   A. 和面机　　　B. 台式搅拌机　　C. 起酥机　　　D. 压面机
   E. 多功能搅拌机
2. 常用刮板的形状有(　　)。
   A. 长方形　　　B. 梯形　　　　　C. 三角形　　　D. 圆弧形　　　E. 齿形

四、判断题
1. 使用和面机和面后,应将面缸、搅拌器等部件清洗干净。　　　　　　　　　　(　　)
2. 搅拌机的桨状(扁平花叶片)搅拌头可用于打发油脂和糖,还可用于调制点心面团。
   　　　　　　　　　　　　　　　　　　　　　　　　　　　　　　　　　　(　　)

五、简答题
1. 台式搅拌机的用途有哪些?
2. 和面机的使用方法是什么?

任务三　认识面点常用成形设备与器具

问题思考

1. 面点成形过程涉及哪些设备?
2. 哪些面点品种可以使用机器成形?
3. 大型面点加工厂和小型加工作坊所使用的面点成形设备有何差别?

知识准备

一、面点成形设备

面点成形设备,是指面点成形过程所涉及的机械设备。机器设备操作较人工操作更加快捷,效率高,有人力消耗轻、产量大等优点。常用的面点成形设备有压面机、起酥机、馒头机、饺子成形机、包子成形机、饧发箱等,主要成形设备如图2-10所示。

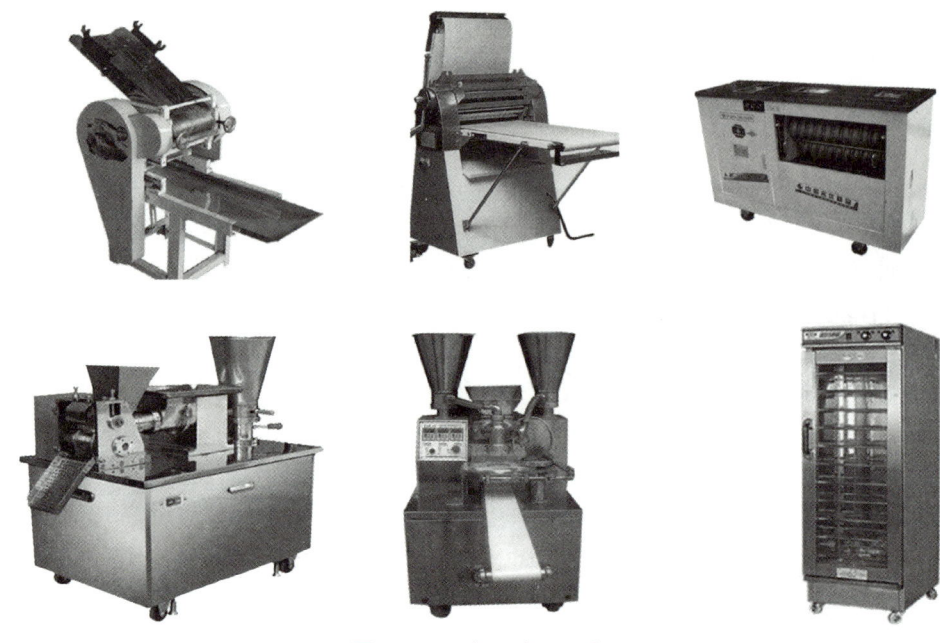

图 2-10 主要成形设备

(一) 压面机

压面机又称切面机,用以压面以制作片状面制品的面食机具,一般由滚筒、切面刀的传动机及滚筒间隙的调整机组成。根据圆柱滚压成型的原理,在使用时先启动电动机,待机器运转正常后,将和好的面放入进面料斗,经压面滚筒反复挤压即成面皮,可用于压制面片等。若加装切面刀后,压面机可加工各种粗细、宽窄不同的面条。压面机一般与和面机配套使用。近年来,使用压面机操作时的安全事故频频发生,故在使用压面机时,一定要注意安全。

(二) 起酥机

起酥机又称开酥机,主要用于各类酥皮的制作和面团的压片,操作简单、方便,有碾压和拉伸双重作用。起酥机的压轮经过特殊处理,不粘面,不易刮伤;压轮与刮刀经专业设计,使面皮最薄可压至 1 mm,且厚薄均匀;起酥机呈折叠式结构,可节省空间,易于搬运。

(三) 馒头机

馒头机是依赖电力制作馒头的机器,主要用于生产各种馒头面坯,成品体积均匀、标准。馒头机是实现面点大批量制作的理想设备,符合国家食品机械、食品卫生规定及要求,具有自动压皮—自动折叠—自动切割等成形功能,计量准确,操作简单,清理方便,清洁卫生,被广泛使用于企业、旅馆、饭店、招待所及学校的食堂。使用方法为:将和好的面坯自加料斗降落在螺旋输送器上,由螺旋输送器将面坯向前推进,出料口装有钢丝切割器,能够将面坯切下,落在传送带上。馒头坯体积可通过调节手柄进行控制。

(四) 饺子机

饺子机是借机械运动完成饺子包制操作的设备,制作技术主要有挤压成形和合模成形两种。

(五)包子机

包子机是按照面点工艺要求科学设计的,可以保证制品密度,保证制品气孔的均匀细腻,成品弹韧性、持水性绝佳,制品表面光亮细腻、花纹整齐。包子机具有操作方便、计量准确、制品大小一致、皮馅比例可调的优点,是大型餐厅、面点加工企业必备的成形设备。

(六)饧发箱

饧发箱也称发酵箱,是主要用于面包、馒头、包子类发酵面团发酵与饧发的电热设备,能够调节和控制发酵箱的温度和湿度,操作简便。饧发箱可以分为普通电热饧发箱、全自动控温控湿饧发箱、冷冻饧发箱等。饧发箱现多为微电脑控制,可自动设定温度、时间与湿度。

二、面点成形器具

(一)擀面工具

擀面工具是制作皮坯时不可或缺的工具,包括各种类型的擀面杖、通心槌等,常见的擀面工具如图 2-11 所示。

1. 擀面杖

擀面杖又称擀面棍,结实耐用,表面光滑,质地以檀木或枣木为佳。擀面杖主要用以擀制面皮、面条、面饼等。

2. 单手杖

单手杖又称小面杖,长 25~35 厘米,光滑笔直、粗细均匀,常用檀木、枣木或不易变形的细韧材料制成,是饺子皮的擀制工具之一。

3. 双手杖

双手杖也是制皮的专用工具。双手杖的大小不一,两头稍细,中间稍粗。双手杖比单手杖略细。

图 2-11 常见的擀面工具

4. 橄榄杖

橄榄杖又叫枣核杖、橄榄棍,中间粗,两头细,形如橄榄,长度为 15~20 厘米,是用于擀制烧卖皮的专用工具,也可用于擀制饺子皮。

5. 通心槌

通心槌又称走槌、滚筒,多呈圆柱形,中空,内插活动轴心,使用时来回滚动,可用于擀制面团。材质有木制、塑料和金属等三种。通心槌自身重量较大,压延面积大,有助于省力,是制作大块面团的必备工具。

(二)成形模具

1. 套模

套模又称卡模、刻模、切模、花戳、花极、面团切割器,是用金属材料制成的一种两面镂空,有立体图形的模具,常见的套模、印模如图 2-12 所示。套模主要用于面片以及花色点心、饼干的成形加工。套模的规格、形状、图案繁多,常见的有圆形、椭圆形、三角形、心形、五角星形、梅花形、菱形等。套模材料以不锈钢为佳。

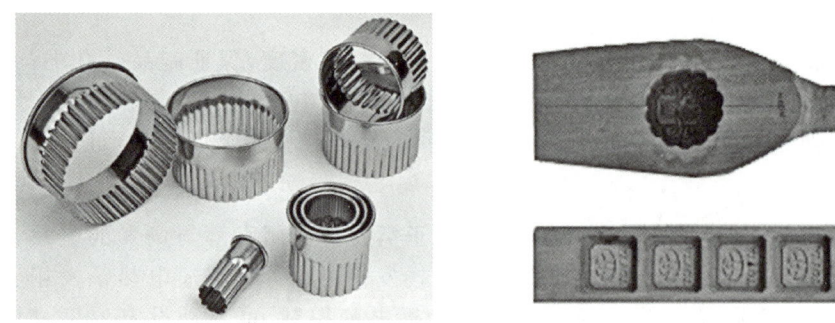

图 2-12 常见的套模、印模

2. 印模

印模是利用雕刻、浇注、冲压等方式在木头、金属、塑料上将面点制品的形态制成模孔的工具。在使用印模时,我们将制品坯团填充进印模,经挤压、刮平后磕出,即得到一面有浮雕式图纹的饼坯。

印模的模眼大小不一,形状各异,图案多样。单眼模大多用于包馅品种(如广式月饼、晶饼等)的成形;多眼模大多用于松散面团品种(如桃酥、绿豆糕、松糕等)的成形。

3. 胎模

胎膜也称盒模,是指装入半成品经加热熟制使制品成熟后具有一定形状的模具,如图 2-13 所示。胎膜按材料可分为金属模、纸模、锡箔纸模等。纸模、锡箔纸模是近年来较受欢迎的新型盒模,具有使用方便、卫生、免回收清洗等优点。纸模一般为杯形,主要用于蛋糕、发酵类制品的成形操作。锡箔纸模的形状较普通纸模更多样化,用途更广泛,可用于膨松制品、混酥制品的成形操作。金属模的形状变化多样,适用范围广,一般是根据制品造型要求制作的,常见的形状有梅花形、菊花形、盘形、方形、圆形等。使用胎膜前,要先刷一层油或垫上油纸,以免制品粘模。

图 2-13 胎膜

(三) 裱花袋、裱花嘴

裱花袋又称挤花袋,用于盛装各种装饰材料或面糊。裱花嘴用于面糊、装饰材料的挤注成形操作。裱花嘴形状改变,挤出的形状也会发生变化。裱花袋应质地细密,具有良好的防水、油渗透的能力,故其材质常见种类有帆布、塑胶、尼龙和纸制等。裱花袋通常呈三角状,故又称三角袋,口袋的三角尖留一小口,用来放置裱花嘴。裱花嘴多为不锈钢制或铜制、塑料制,通体呈圆锥形,锥顶留有大小不一的圆形、扁形或齿状小嘴,裱花袋和裱花嘴如图2-14所示。

(四) 花钳与花车

花钳又称花夹子,是由铜或不锈钢制成的带有齿纹的夹子;花车是指带有齿纹的轮刀。花钳多用于各种花式面点(如象形核桃、钳花包子等)的造型操作。花车常用于切割面皮、制作花边或在制品表面划出波浪花纹。常见的花钳与花车如图2-15所示。

图 2-14 裱花袋和裱花嘴

图 2-15 常见的花钳与花车

思维导图

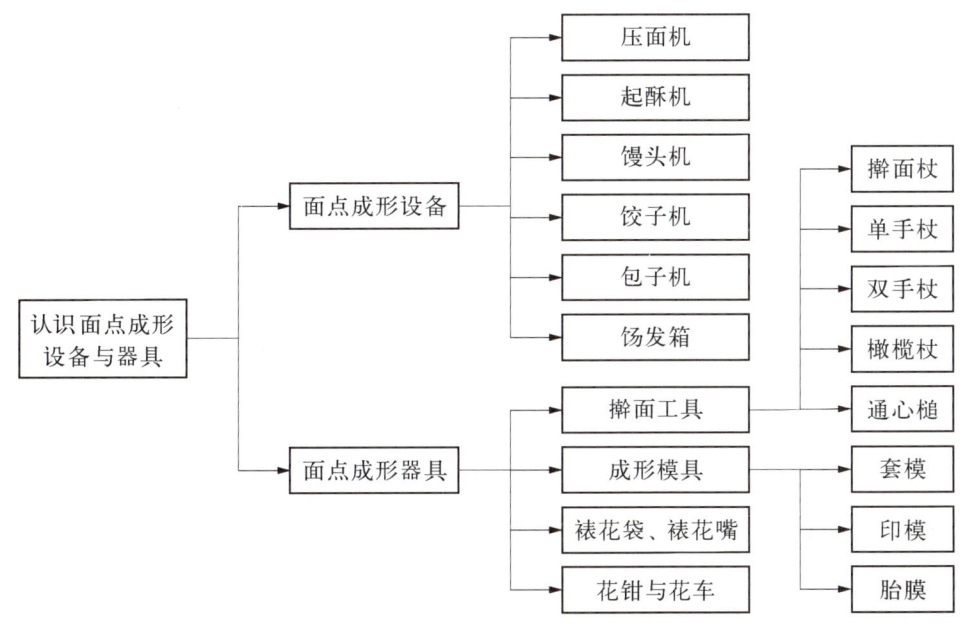

任务测试

一、名词解释
1. 印模
2. 起酥机

二、单项选择题
1. 下列各项中,不属于面点成形设备的是(　　)。
   A. 开酥机　　　B. 台式搅拌机　　　C. 馒头机　　　D. 醒发箱
2. 下列各项中,不属于印模制作的面点制品的是(　　)。
   A. 月饼　　　B. 定胜糕　　　C. 馒头　　　D. 绿豆糕
3. 下列各项中,不属于馒头机优点的是(　　)。
   A. 产量高　　　B. 产品重量标准　　　C. 醒发效果好　　　D. 清洗方便

三、多项选择题
1. 常见的擀面工具有(　　)。
   A. 擀面棍　　B. 通心槌　　C. 单手杖　　D. 双手杖　　E. 橄榄杖
2. 常见的成形模具有(　　)。
   A. 印模　　B. 卡模　　C. 胎膜　　D. 裱花嘴　　E. 花钳

四、判断题
1. 经专业设计,开酥机压轮与刮刀可使面皮保持2 mm的厚度。(　　)
2. 在使用馒头机制作馒头的过程中,馒头坯的体积可通过调节手柄进行控制。(　　)
3. 裱花袋又称挤注袋,与不同形状的裱花嘴配合使用,可用于进行挤注成形、灌注馅料和装饰裱花。(　　)
4. 擀皮时用面棍可以省力,它是大块面团的必备工具。(　　)
5. 枣核杖常用于擀制烧卖皮、饺子皮。(　　)

五、简答题
1. 起酥机的优点有哪些?
2. 饧发箱的特点与用途分别是什么?

任务四　认识面点常用熟制设备与器具

问题思考
1. 在进行面点制作时,需要用到哪些设备?
2. 你能根据具体的面点制品选择合适的熟制工具吗?
3. 常见的蒸制设备有哪些?

传统炊具的历史演变

知识准备

一、面点熟制设备

(一) 燃烧型炉灶

燃烧型炉灶即传统明火炉灶,是燃烧煤、煤气、柴油以提供热源而产生热量,利用锅内的水、油、蒸汽作传热介质,供炸、炒、蒸、煮、烧、炖等非直接加热操作的熟制设备。燃煤灶是过去面点厨房里常见的一种灶,现已被燃气灶、柴油炉取代。燃气灶具有结构合理、安全方便、清洁卫生、火力可控、热效率高等优点。根据用途,燃烧型炉灶可分为炒灶和蒸灶、平炉、矮仔炉等。使用时,先打开炉灶的天然气总阀,点燃长明火,再打开主火阀门点燃主火;关闭时,先关主火,再关长明火,最后关闭总阀。常见的燃烧型炉灶如图2-16所示。

图2-16 常见的燃烧型炉灶

(二) 蒸汽蒸煮灶

蒸汽蒸煮灶是目前在厨房中广泛使用的加热设备,它一般分为蒸箱和蒸汽夹层锅两种。它们的特点是炉口、炉膛和炉底通风口很大,火力较旺,操作便利,既节省燃料又干净卫生。

蒸箱利用蒸汽传导热能,将食品直接蒸熟。与传统煤火蒸笼相比,它具有操作方便、使用安全、劳动强度低、清洁卫生、热效率高等特点。其使用方法是将生坯等原料摆屉后推入箱内,将箱门关闭,拧紧安全阀门,打开蒸汽阀门。根据熟制原料及成品质量要求,我们可以通过蒸汽阀门调节蒸汽的大小,制品成熟后,先关闭蒸汽阀门,待箱内外压强一致时,打开箱门取出笼屉。蒸箱使用后,操作者应将箱内外清洗打扫干净。

蒸汽夹层锅又称蒸汽压力锅,将热蒸汽通入锅的夹层与锅内的水交换热能,使水沸腾,从而达到加热食品的目的。它克服了明火加热易改变食品色泽和风味,甚至引发食材焦化的缺点,常用来熬制糖浆、浓缩果酱及炒制豆沙馅、莲蓉馅和枣蓉馅等。使用方法是在锅内倒入原料或生坯,将蒸汽阀门打开,根据制品需要加水,待水沸腾蒸发,加热结束后,先将热蒸汽阀门关闭,搅动手轮使锅体倾斜,倒出锅内的水和残渣,将锅洗净、复位。

使用蒸汽加热设备时,应注意以下事项:

第一,进汽压力应不超过加热设备的额定压力。

第二,不随意敲打、碰撞蒸汽管道,发现设备或管道有跑、冒、漏、滴等现象时要及时修理。

第三,经常清除设备和输汽管道的污垢和沉淀物,防止管道堵塞,破坏蒸汽传导。常见的蒸箱、蒸汽夹层锅如图2-17所示。

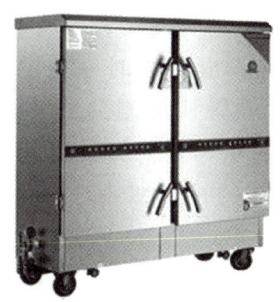 

图2-17 常见的蒸箱、蒸汽夹层锅

(三) 烤箱

根据热源,烤箱可分为电热式烤箱和燃气式烤箱。电热式烤箱亦称红外电烤箱,内、外壁采用硬质铝合金钢板制成,保温层由硅石填充,以红外涂层电热管为加热组件,上下层功率不同,并装有炉内热风强制循环装置,保证炉膛内各处温度基本均匀一致。炉门上装有耐热玻璃观察窗,利于操作者观察炉内烘烤情况。同时,该设置配有手动控温、自动控温、超温报警、定时报时等装置。目前,电烤箱多为隔层式结构,各层烤室彼此独立,分别控制每层烤炉的底火与面火,可同时烘焙多种制品。燃气式烤箱的外形与层式远红外烤箱类似,有单层或多层之分,每层可放两个烤盘。每层上、下火均有燃气装置,具有自动点火、控温、控时的功能。使用时,煤气燃烧发热以升高烤炉温度,使制品成熟。

(四) 电炸炉

电炸炉有单缸和双缸之分,主要由油槽、炸筛、温控器及发热电管组成,操作方便安全。操作者可根据炸制点心的品种和数量自由调节温控器,同时,成品受热均匀、色泽美观。电炸炉是不少餐厅、饭店必备的面点熟制设备。

(五) 电饼铛

电饼铛通过上下两面同时加热,使食物承受高温,达到烹煮食物的目的。电饼铛可在店面或各种流动场所使用,适用于香酱饼、千层饼、掉渣饼、葱油饼、鸡蛋饼、煎饺等的制作。

(六) 平扒炉

平扒炉又称平板炉,是西餐厨房的主要设备之一,现在也广泛用于一些面点制品的制作。热源在炉面的下方,表面是一块方形的厚铁板。烹调时应事先刷油,将原料放在铁板上后,通过铁板和食油的传热机制,将面点烹调成熟。

常见的电烤箱、电炸炉、平扒炉、电饼铛如图 2-18 所示。

图 2-18 常见的电烤箱、电炸炉、平扒炉、电饼铛

(七) 微波炉

微波炉是一种快速、节电、无油烟、能保持食物营养成分同时杀菌消毒的现代炊具。微波加热的原理是基于微波与物质相互作用而产生的热效应使制品成熟。它通过电场变化使物体内部的分子随着电场运动,成熟时间短,加热均匀,不易着色。微波炉适宜烘烤一些对色泽要求不高的无馅制品,也常用于产品出售前的补充加热。

(八) 电磁灶、电磁炉

电磁灶(电磁炉)是利用电磁感应效应加热食物的一种新型炉具。电磁灶表面有可放锅的顶板,顶板内侧设有与锅相应的圆盘状感应线圈。电磁灶可以形成一个不断变化的交变磁场,磁力线穿过锅底产生感应电流,电流在克服锅体的电阻时使金属锅底发热,温度迅速升高,产生烹调所需的热能。使用电磁灶时,相应锅具必须由铁或不锈钢制成,须为平底,增加接触面而吸收更多的热能。常见的电磁灶、电磁炉如图 2-19 所示。

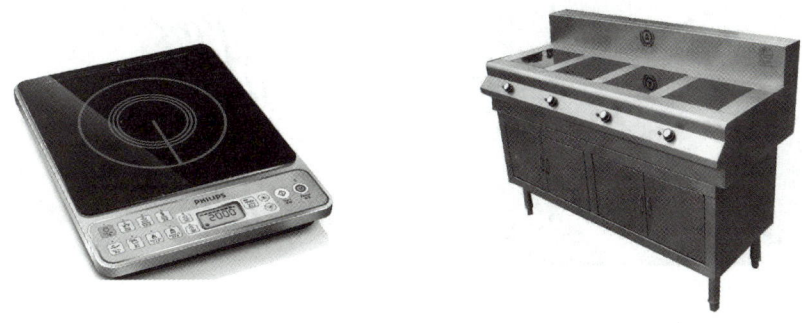

图 2-19 常见的电磁灶、电磁炉

二、面点熟制器具

(一) 锅具

锅具种类较多,按材质可分为铁锅、铜锅、铝锅、不锈钢锅等,按形状可分为圆柱形锅、半球形锅、平底形锅等,按用途可分为炒锅、炸锅、煎锅、汤锅等。

炒锅多为半球形,锅体较小,主要用于炒制馅心。炸锅一般为半球形,锅体体积不一,主要用于炸制面点。煎锅多为平底锅,锅底平坦,分有沿和无沿两种,有沿平底锅主要用于煎、烙体积较小的制品,如锅贴、烧饼;无沿平底锅主要用于煎、烙大饼、煎饼等。汤锅锅体较深,多为圆柱形不锈钢锅,主要用于煮汤、熬粥,熬糖浆、膏料、果酱等。常见锅具如图 2-20 所示。

图 2-20 常见锅具

(二) 蒸笼

蒸笼又称笼屉,是蒸制用成熟工具,按材料可以分为竹笼、木笼、铝笼和不锈钢笼等。其规格大小不一,形状有圆形、长方形、正方形等。蒸笼是中华饮食文化的璀璨结晶,其中,竹笼因其能保留食物的原汁原味,防止蒸汽水倒流而饮誉全球。铝笼及不锈钢笼则有方便使用、便于清洗等优点。铝笼上的通气孔有圆形和长条形之分,后者较前者通气量更大,能将更多的蒸汽供给笼内,宜于蒸制膨松制品、急火制品。常见蒸笼如图 2-21 所示。

(三) 烤盘与不粘烤盘布

烤盘是重要的烘烤工具,通常作为载体盛装制品生坯入炉。烤盘大多为长方形。矽胶烤布、经铁弗龙等处理的不粘烤盘布,使用更为方便,无须涂油即可用于焙烤。

以矽胶或铁弗龙处理的,由玻璃纤维制成的不粘烤盘布具有耐高温、防粘连、可连续使用的特点,使用方便,用途广泛。常见烤盘与不粘烤盘布如图2-22所示。

图 2-21　常见蒸笼

图 2-22　常见烤盘与不粘烤盘布

(四) 炉灶工具

1. 炒勺

炒勺俗称"马勺",系炒菜用的带柄铁锅,形如勺子。炒勺主要用于烹炒菜肴,多为铁皮压制,也有用其他金属制成的。其外形为球冠形,有手柄,便于翻炒。

2. 漏勺、抄瓢

漏勺形如汤勺,铁制,长柄,口较深,勺底有若干小孔。抄瓢又称漏瓢,铁制、圆形、大口、浅底、长把,口径约27厘米,深5厘米,瓢底有许多小孔。漏勺、抄瓢主要用于在煮制、炸制时从油锅、汤锅中取料并沥去水和油。

3. 笊篱

笊篱是一种发源于中国的烹饪器具,用竹篾、柳条等编成。笊篱像漏勺一样带有漏孔,在烹饪时,用来捞取食物,使被捞的食品与汤、油分离,作用为过滤、筛分、沥水,主要用于捞饺子、面条等。

4. 锅铲

锅铲有铁制、不锈钢制、铝制之分,主要用于煎烙制品的翻动、铲取、装盘操作等。

5. 筷子

筷子的主要功能是在炸或煮制面点时翻动或夹取制品。

思维导图

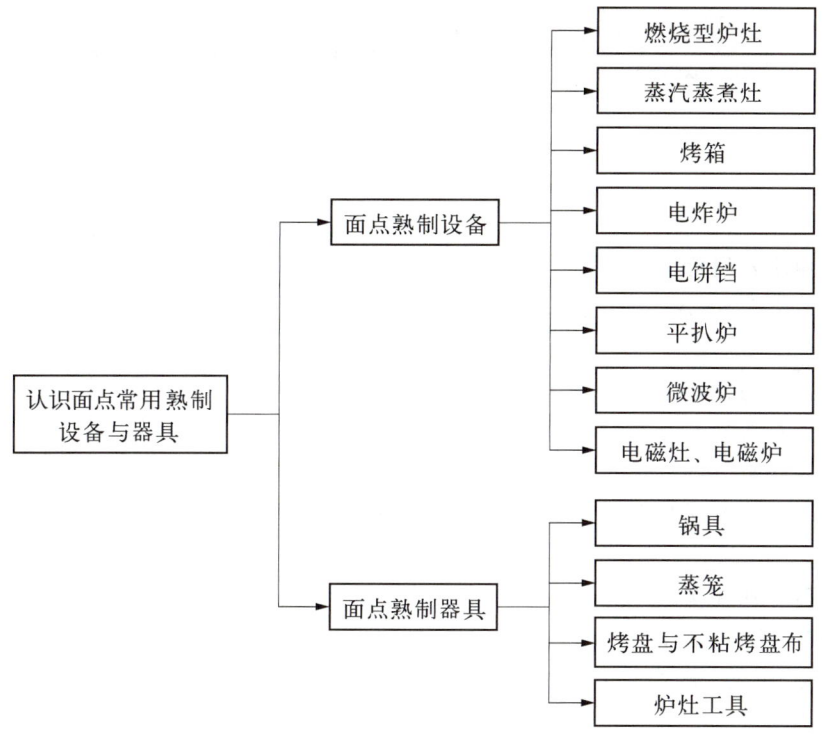

任务测试

一、名词解释

1. 电饼铛
2. 不粘烤盘布

二、判断题

1. 使用燃气灶时,操作者应先打开炉灶的天然气总阀,点着长明火,再打开主火阀门点燃主火;关闭时,先关闭总阀,再熄灭主火和长明火。( )
2. 微波炉无"明火",导致制品在成熟时缺乏糖类的焦糖化作用,色泽较差。( )
3. 平扒炉适用于香酱饼、千层饼、掉渣饼、葱油饼、鸡蛋饼、煎饺、烧卖等各式饼类的制作。( )
4. 在使用烤箱时,不需要提前调温。( )
5. 在制品成熟后,应马上打开蒸箱箱门取出笼屉,防止制品出现问题。( )

三、简答题

1. 使用蒸箱时,应注意哪些问题?
2. 竹蒸笼和铝蒸笼的优点各是什么?制作小笼包时,我们应优先选择哪种蒸笼?

项目五　掌握面点基本功

◇ **职业素养目标**
- 树立认真、专注、精益求精的工匠精神。

◇ **职业能力目标**
- 了解面点基本功对掌握面点制作技艺的意义。
- 熟悉和面、揉面、饧面、搓条、下剂、制皮、上馅等面点基本功的技术要求与要领。
- 熟练掌握面点基本功操作技术，能独立进行面点基本的操作。

◇ **典型工作任务**
- 和面、揉面、饧面。
- 搓条、下剂、制皮。
- 上馅。

任务一　和面、揉面、饧面

问题思考

1. 请同学们回顾一下自己或家人在家里面是怎样和面的，有哪些方法？
2. 普通消费者通常会用"有嚼劲""面软了"来形容面点小吃的口感，作为一个专业制作者，你应如何调制符合要求的面坯？
3. 若想使制品的面性符合要求，应该选择运用哪些操作手法？

面点制作基本功包括和面、揉面、饧面、搓条、下剂、制皮、上馅等内容。面点制品虽然种类繁多，但大多数品种的工艺过程基本相同。学会这些基本功，才能进一步掌握各种面点制作技术。基本功熟练度会直接影响制品的质量和工作效率。和面、揉面、饧面是面团调制操作的基本技能，对保证面团质量具有重要意义。

实践操作

子任务一　和　　面

和面,就是将粉料与水等原辅料掺和调制成团的过程。和面是整个面点制作过程中的第一道工序,也是最重要的环节。

一、和面的方法

和面的方法主要有手工和面和机器和面两种。无论哪种方法,都应保证水等辅料与粉融合,粉料吃水均匀,软硬适当,符合面坯工艺性能要求,达到"三光"要求,即手光、面光、案板(缸、盆和工具)光。

(一) 手工和面

手工和面按技法大体可以分为三种:抄拌法、调和法和搅和法,如图2-23所示。

图 2-23　抄拌法、调和法、搅和法

1. 抄拌法

抄拌法主要适用于在盆内调制大量的冷水面团和发酵面团,也大量用于在案板上调制小量的冷水面团、发酵面团和水油面团等。具体方法是将面粉放入盆(缸)中或放在案板上,中间打塘,加入水等辅料,用一只手或者两只手在塘内由下向上、由外向内推揉,手不沾水,以水推粉,抄拌成雪花状,再分1~2次加入少量的水揉搓成面团。

2. 调和法

调和法主要适用于调制少量的温水面团、热水面团、水油面团等,也适用于调制大量的冷水面团和水油面团。调制少量的面团时,手法要灵活,速度要快,具体方法是将面粉置于案板上,中间打塘,左手掺水或加油,右手和面,左右手相互协调,边掺边和。调制水油面团时直接用手,而调制温水和热水面团时左手浇水,右手需要拿工具(筷子、馅挑或者擀面棍等)辅助。调制大量面团的具体方法是将面粉置于案板上,围成中薄边厚的圆形,将水倒入中间,双手五指张开,从内向外慢慢调和,使得面粉与水结合形成雪片状,再掺入适量的水揉搓成面团。

3. 搅和法

运用搅和法和面的情形有两种,一种是在盆内和面,一种是在锅内和面。盆内和面,适用于热水面团、稀软面团和烫面的调制,如蒸饺面团、春卷皮面团和蛋糕面团等。具体做法是将面粉放入盆中,中间打塘,也可不打,一手浇水一手拿擀面棍搅和,边浇水边搅和成团。

锅内和面主要用于全熟面(沸水面团)的调制。具体做法是:锅置于火上,掺水烧沸,一手拿擀面棍,一手将过筛后的面粉慢慢倒入沸水锅中,在倒水同时快速搅拌,直到水分收干,面粉全部烫熟为止。

(二) 机器和面

机器和面具有节省人力、单次制作量大、可标准化控制面团的配方和品质等特点,在面点行业中的应用也越来越广泛。

机器和面的基本原理是通过和面机搅拌桨的旋转,首先将面粉、水、油脂、糖等物料混合形成团块,再经搅拌桨的挤压、揉捏作用,使团块相互黏结在一起形成面团。在搅拌的作用下,面粉中的蛋白质吸水膨胀,膨胀的蛋白质颗粒相互连接起来形成面筋,经多次搅拌后形成庞大的面筋网络,即蛋白质骨架,面粉中的淀粉和油脂、糖等成分均匀分布在蛋白质骨架中,形成面团。

目前用于面团调制的和面机主要有卧式和面机和立式和面机两种。卧式和面机对面团的拉伸作用较小,适用于酥性面团和一般筋性面团的调制。立式和面机对面团产生较强的挤压、揉捏作用,有助于面筋的形成与扩展,适用于高筋性面团、高韧性面团的调制。

1. 使用卧式和面机和面

使用卧式和面机调制不同面性的面团时,操作工艺参数、原料投放顺序、时间均有所差别。

(1) 调制筋性面团。筋性面团主要包括冷水面团、水油面团、发酵面团等。操作时,首先将面团配方中的油脂、糖和 3/4 的水放入面斗内,以 60 转/分钟的速度搅拌 1 分钟,停机加入 4/5 的面粉,以 60 转/分钟的速度搅拌 2 分钟,再以 30 转/分钟的速度搅拌,同时加入余下的面粉和水,搅拌均匀即成,一般需要 15~25 分钟。

(2) 调制酥性面团。酥性面团包括桃酥面团、松酥面团、甘露酥面团等。操作时,首先将油脂、糖、蛋液、乳、水、碳酸氢钠放入面斗,用 60 转/分钟的速度搅拌 2~3 分钟,呈黏稠糊状,加入 1/5 的面粉搅拌 2~3 分钟,再加入 3/5 的面粉,用 30 转/分钟的速度搅拌 3~4 分钟,再加入其余面粉和果料等辅料。时间不宜过长,否则面团容易上劲。

2. 使用立式和面机和面

立式和面机在调制筋性面团方面具有较大优势,立式和面机调制的面团较卧式和面机调制的面团有更好的筋力、韧性,面团质地均匀、光滑,同时,立式和面机不受重量限制,量多量少均可调制,方便灵活。

和面时,首先将面粉、砂糖、酵母等干性原料放入搅拌缸搅拌混合均匀,然后加入水等液体原料搅拌至面团表面光滑均匀,再根据需要与面团性质要求加入油脂搅拌均匀,机器和面过程如图 2-24 所示。

图 2-24 机器和面过程

二、和面的技术要领

(一) 手工和面的技术要领

1. 正确的操作姿势

操作者与操作台保持合适的距离,操作台高度应以便于用力为宜;操作者的上身向前略倾,两脚分开,呈丁字步。之所以要采用这样的站姿,是因为在调制面团时,特别是在调制大量的面团时,一定强度的腕力、臂力和腰力是必不可少的,这样的站姿最便于用力,也最省力。

2. 良好的操作习惯

操作之前把操作台擦干净，操作过程中随时保持清洁，操作后再次打整干净。

3. 熟练的操作手法

具体的操作手法和各种工具的使用手法，其最核心要求是：动作迅速，干净利落，一气呵成。

4. 恰当的面团软硬度

应根据制品对面团软硬度的要求，考虑粉料本身的湿度、气候的冷暖、空气的湿度等因素准确掌握和面时的掺水量。掺水时要特别注意的是：切勿一次加入过量的水，水应分次掺入。

(二) 机器和面的技术要领

1. 注意不同辅料的投放顺序

和面时各原料必须根据面团性质要求，按顺序加入调制。调制发酵面团时，酵母应用水调和均匀，再加入面粉中，油脂一般应在主料和其他辅料搅匀后加入，过早加入会影响粉粒吸水，进而破坏面筋的充分形成和酵母的发酵。

2. 投料量正确，和面机的转数与时间得当

每台机器和面的数量都有参考指数作为要求，投料太少，面团在面缸里搅拌不足，影响成团，投料太多，超过机器和面的最大值，面团不能充分搅拌，影响面团的品质。

子任务二 揉 面

揉面是将和好的面团反复揉搓，使得粉料和辅料调和均匀，形成柔润、光滑的面团的过程。揉面是面点基本功的重要组成部分，对确保下一道工序顺利进行起着至关重要的作用。揉面可以使得各种原料充分混合，使面坯中的蛋白质均匀吸水，形成面筋网络，增强面坯的筋力。同时，通过各种揉面手法，可以使面坯的物理性质达到所需要的标准。

一、揉面的方法

揉面的基本手法主要有揉、捣、揣、摔、擦、叠等六种。每一种方法都相应地适合不同的面坯，有时同一种面坯需要两种或两种以上的揉法一起使用才能达到面性的要求。

(一) 揉

根据面坯的性质和制品的要求，揉面的方法有单手揉、双手揉、双手交叉揉三种。揉的方法适用的面团很广，水调面团、发酵面团和水油面团等都用此法调制。单手揉，是指用一手压住面坯的一头（后部），另一手掌根将面坯压住向前推，将面坯摊开，再卷拢回来，翻上接口转90°，再继续摊卷，如此反复，直到面坯揉透，一般用于少量面坯的调制。双手揉，是指用双手的掌根压住面坯，用力伸向外推动，把面坯摊开，再从外向内卷起形成面坯，翻上接口转90°，继续再用双手向外推动摊开、卷拢，直到揉匀揉透，面坯表面光滑为止，一般用于较大的面团。双手交叉揉，是指双手交叉用掌跟将面坯向两侧推平摊开，再用双手从前向后卷起，翻上接口转90°，再次双手交叉用掌跟将面坯推开、卷起，如此重复，直到面坯揉匀揉透，一般用于较小较软的面团。三种主要揉法示意图如图2-25所示。

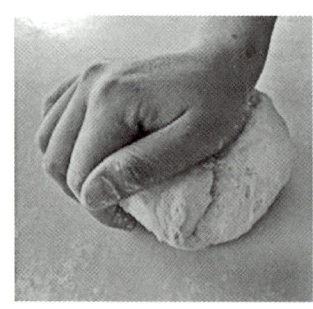 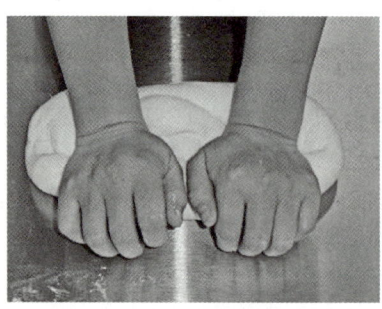 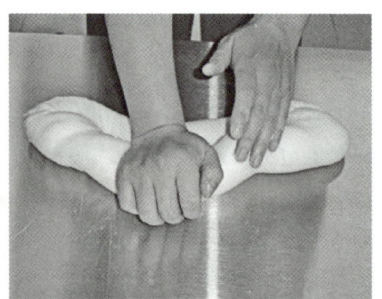

图 2-25 三种主要揉法示意图

(二) 捣

一般适用于筋力要求大的面团,如油条面团、面条面团等。具体方法是在和面后,双手握紧拳头,在面团各处,用力向下捣压,当面团被压开并折叠好后继续捣压,如此反复多次,一直把面团捣透上劲。

(三) 揣

一般适用于一次性揉制大量的软面团、扎碱发酵面团、拉面面团。具体做法是双手握紧拳头,交叉在面团上揣压,揣、压、摊同时进行,把面团从中间向外揣开,然后从外向内叠拢再揣,直到面团柔顺、有劲。

(四) 摔

一般适用于相对较软的面团。具体的方法有两种,一种是将双手拿住面团的两头,举起来,手不离开面团摔在案板上,摔匀为止,此种方法经常和揣法结合在一起使用,使面团更加有劲,成品如拉面。另外一种是用手将稀软的面团抓起,脱手摔在盆中,拿起面团再摔,如此反复摔匀,直至面团不粘手、不粘盆为止,成品如春卷。

捣、揣、摔示意图如图 2-26 所示。

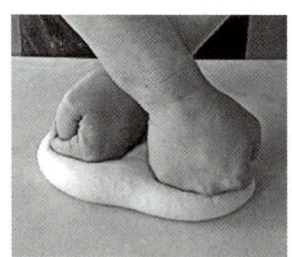 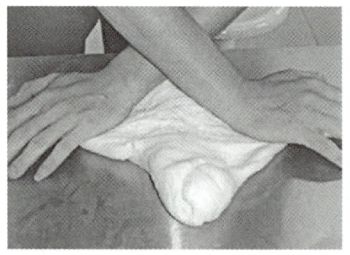 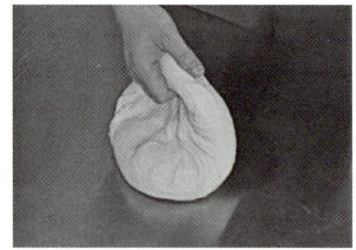

图 2-26 捣、揣、摔示意图

(五) 擦

擦法可以增强物料的彼此黏结,减少松散的状态,一般用于干油酥面团、熟粉米团、部分烫面面团的调制。具体做法是用手掌根部把面团一层一层地向前边推边擦,面团推擦至前面,再回卷成团,重复推擦至面团擦匀擦透。

(六) 叠

一般适用于无筋力或低筋力面团(如混酥面团、浆皮面团、杂粮面团)的调制。具体方法是将配料中的油、糖、蛋、乳、水等原料混合乳化,然后与干性粉料拌和,用双手或刮板配合操作,上下翻转、叠压面团,使粉料与糖、油混合物层层渗透,从而黏结成团。

擦、叠操作示意图如图 2-27 所示。

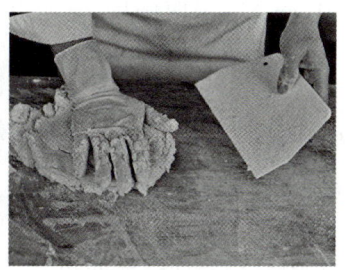

图 2-27　擦、叠操作示意图

二、揉面的技术要领

（一）揉面要善用巧劲

用力，用"巧力"，将面团揉"活"。揉面时手腕必须着力，但仅用腕力还不行，手腕要与上腰部和臂部同时使力，才最省力也最灵活。揉面力度的大小应视面团吸水状况而定。刚和好的面团，水分没有全部吃透，用力要轻一些，待水分被吃进去之后，用力就要加重。

（二）揉面要顺一个方向

方向不能随意改变，否则，面团内形成的面筋网络会被破坏，影响进一步的搓条、下剂、制皮等操作。

（三）揉制时间要视面团的吸水情况、筋力而定

硬面团需较长时间揉制，而软面团的揉制时间较短。筋力大的面团要用力多揉，促进面筋扩展，使面团柔顺，富有弹性与延伸性；相反，不需上劲的面团，适当揉匀或少揉即可。

（四）擦面时，应用掌根一层层地向前推擦

对于油酥面团而言，擦可以扩大油脂与面粉的接触面，使油脂与面粉均匀混合，增强面团的黏着性。对于烫面团而言，擦可以促进面粉与热水的接触，防止烫面生熟不匀，成品质量不佳。

（五）要根据成品需要掌握揉面时间

一般来说，冷水面坯适宜多揉。发酵面坯用力要适中，揉制时间不宜过长。烫面坯、酥性面坯等则不宜多揉，否则面坯上劲，会影响成品的质量。叠制时结合压的方法可使粉料和其他辅料混合均匀，时间不能过长，防止产生筋性，影响成品质量。

子任务三　饧　　面

饧面是面团调制的最后一道工序，面团调制好后，放在案板上，盖上洁净的湿布或塑料布静置一段时间，避免暴露在空气中（暴露会引发面团表面失水变干甚至结皮）。这个过程被称为"饧面"，也有的地方称"醒面"。

一、饧面的作用

饧面这道工序虽然非常简单，但也是保证面团制品和产品品质的关键因素。饧面可以使面团中未吸足水分的粉粒有充分的时间吸收水分，使面团中没有伸展的面筋得到进一步规则

伸展，使面团松弛。经反复揉搓后的面团，其面筋处于紧张状态，韧性强，静置一段时间后，面筋得到松弛缓解，延伸性增大，更便于下一道工序的进行。

二、饧面的方法

将面团置于案板上或盆内，表面覆盖洁净湿布（毛巾）或塑料布（保鲜膜），然后静置一段时间。面团静置时间一般为 10~15 分钟，长的可达 30 分钟或更长。饧面操作示意图如图 2-28 所示。

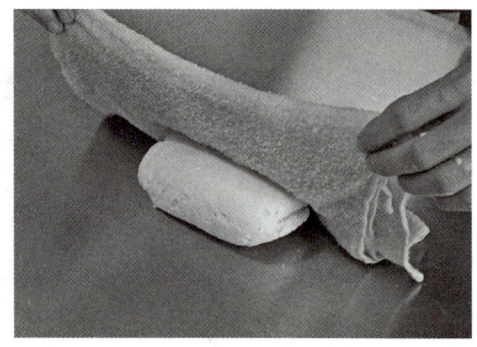

图 2-28 饧面操作示意图

三、饧面的技术要领

（一）要避免面团直接暴露在空气中

避免面团暴露在空气中，目的是防止表面失水变干甚至结皮。一般做法是面团表面加盖洁净湿布。对硬面团而言，盖上湿布可加速达到饧发的效果，但对软面团而言，加盖的湿布经饧发后很容易粘在面团上不易取下，因此，用塑料布或塑料保鲜膜搭盖的软面团饧发效果更好。

（二）要注意面团性质对饧面的要求

饧面主要针对筋性面团（如冷水面团、温水面团、水油面团等），酥性面团不适宜饧发。饧面的目的是使面团松弛，增强其延伸性，便于后一工序的操作，因此，硬面团饧发时间应较软面团长。一些特殊制品要求面团有极好的延伸性，其面团的饧发时间要大大超过常规面团。

（三）气温对饧面时间的影响

环境气温高时，饧面时间可略缩短；气温低时，饧面所需时间应有所延长。不急用或备用的面团可放入冰箱冷藏，减缓面团性态的变化。

思维导图

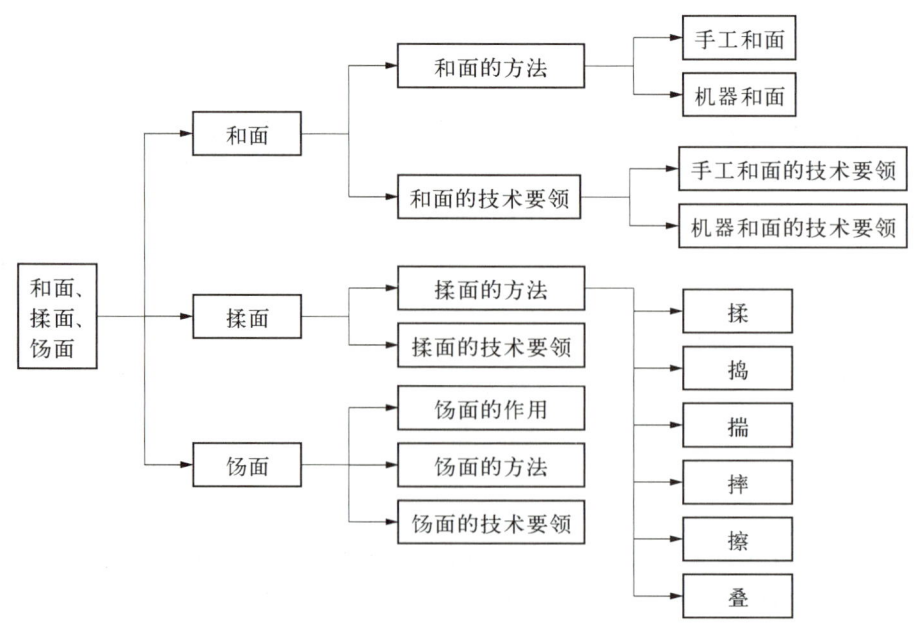

任务测试

一、名词解释

1. 和面
2. 饧面
3. 揉面

二、单项选择题

1. 下列设备中,最适宜调制筋性面团的是（　　）。
   A. 多功能搅拌机　　B. 立式搅拌机　　C. 卧式搅拌机　　D. 台式搅拌机
2. 擦的操作手法适合于（　　）面团的制作。
   A. 水油面团　　B. 干油酥面团　　C. 混酥面团　　D. 澄粉面团

三、多项选择题

1. 手工和面的方法有（　　）。
   A. 抄拌法　　B. 调和法　　C. 拌和法　　D. 混合法　　E. 搅拌法
2. 饧面的目的有（　　）。
   A. 形成面筋　　　　　　B. 使蛋白质充分吸水
   C. 使面团口感更好　　　D. 使面团形态饱满
   E. 使面筋胀润
3. 揉面的方法包括（　　）等。
   A. 揉　　B. 揣　　C. 捣　　D. 擦　　E. 摔

四、判断题

1. 抄拌法包括盆内调制或锅中调制两种。（　　）
2. 揣法主要用于较硬面团或较大面团的揉制。（　　）
3. 面团"三光"指的是面光、手光、案板光。（　　）
4. 擦的目的防止面团生筋,影响制品疏松效果,混酥面团、浆皮面团的调制方法以擦为宜。（　　）
5. 备用水调面团表面必须加盖湿布或塑料布,避免面团暴露在空气中,表面失水变干甚至结皮。（　　）

五、简答题

1. 和面的方法有哪些? 分别适用于哪些面团的制作?
2. 揉面的操作要领是什么?

任务二　搓条、下剂、制皮

问题思考

1. 饧面完成以后,接下来的工序应该是什么?
2. 普通消费者食用的大众面点都是成品或者半成品,如饺子、抄手、汤圆等,作为专业的制作者,你知道如何做好这些成品或者半成品的皮料吗?
3. 你知道饺子皮和烧卖皮的擀制方法吗?

实践操作

子任务一 搓 条

搓条,是将适量饧发好的面团用双手搓揉成符合规格要求的长条的技法。

一、搓条的方法

将面团置操作台上,双手十指分开,掌跟按在面团上,双手呈 W 状运行,来回推搓,使面条由粗到细向两侧延伸,直到面条呈圆柱形,粗细均匀、光洁,符合出条要求。此外,也可以先将面团擀成矩形薄片,然后卷紧成条,该方法适用于北方馒头的制作。无论搓条或卷条,面条的粗细都必须根据成品的分量和下剂的要求而定,搓条操作如图 2-29 所示。

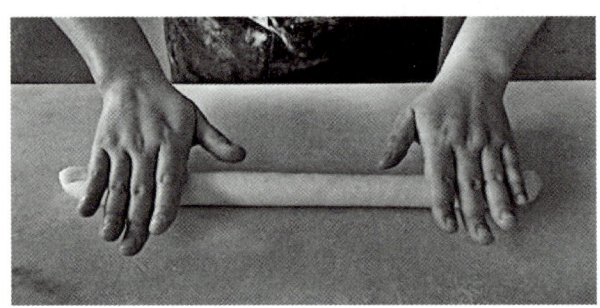

图 2-29 搓条操作示意图

二、搓条的技术要领

(一)综合运用捏、搓、揉方法

将适量的面团在手中先捏制紧实,尤其是较硬的面团,如饺子面,否则不利于面条的推搓。搓条时要搓揉结合,边揉边搓,使面团始终保持光滑、柔润。

(二)搓条时两手着力要均匀

两边用力要平衡,防止一边大、一边小、一边重、一边轻,使条粗细不匀,要用掌根压实来回推搓,不能使用掌心,掌心发空,压不平、压不实,不但搓不光洁,而且条不易搓匀。

(三)掌握好搓条的粗细程度

剂子稍大的条要粗些,如馒头、豆沙包、锅烙等;剂子稍小的条要细些,如水饺、蒸饺等,但无论是粗条还是细条,条的粗细都要均匀一致。

(四)搓条过程中不要撒过多面粉

面粉过多会使面条滑动,不便操作。

(五)搓制动作要快

搓制的时间不宜较长,否则会使面团表面变干,搓出的条上结皮断裂,呈鱼鳞状。

子任务二 下 剂

下剂,是指用各种方法将搓好的长条制成小型面剂(即剂子,或称坯子)的过程。剂子要大小均匀,重量一致,下剂的好坏直接影响制品下一道工序的操作,影响成品的形状。

一、下剂的方法

(一)揪剂

揪剂又叫摘剂,是下剂的主要操作方法,一般适于软硬适中的面坯,广泛应用于中、小型剂条的下剂,成品如烧卖、水饺、蒸饺。具体做法是在剂条搓匀后,左手轻握剂条,从左手虎口处露出要求剂子大小的一段,用右手大拇指、食指和中指轻轻捏住,并顺势往下前方推扯,扯下一个剂子,并顺势置于操作台面排放整齐。注意:防止双手两边的面坯被捏扁,然后重复刚才的动作直至剂条扯完,揪剂流程如图2-30所示。

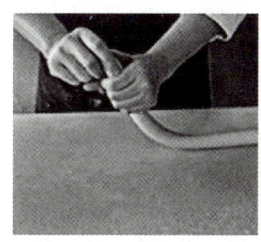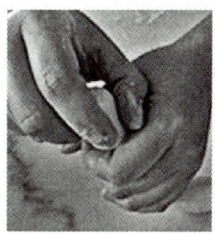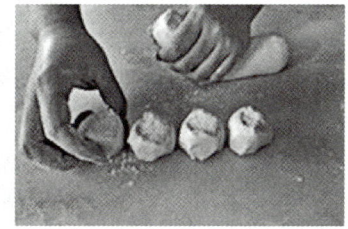

图 2-30 揪剂

(二)挖剂

挖剂又称铲剂,适用于较粗大的各种剂条,如大馒头、包子、家常饼的面剂。操作时,左手持面,手心向下;右手四指弯曲,在面剂大小合适处向下一挖,利用四指指尖和左手手掌将面剂挖断,并顺势将面剂放置于操作台面排放整齐,适当撒上少量面粉,便于下一步的操作。然后左手移动,右手再挖,直至完成,如图2-31(a)所示。

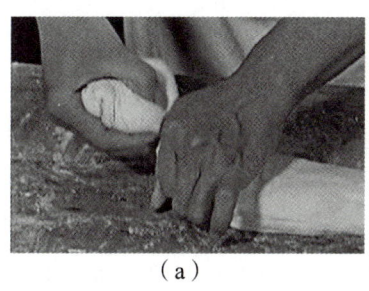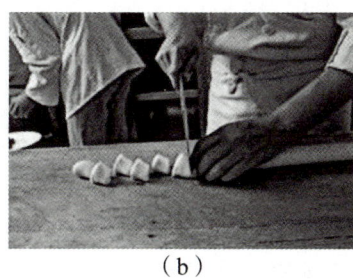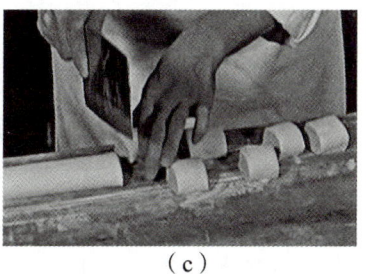

(a) (b) (c)

图 2-31 挖剂、切剂、剁剂

(三)拉剂

拉剂也叫掐剂,常用于比较稀软的面团,这种面团不能揪也不能挖,拉剂时,右手五指抓起适当剂量的坯面,左手抵住面团,拉断即成一个剂子。再抓,再拉,如此重复。馅饼的下剂方法即属于这种方法。如果坯剂规格很小,也可用三个手指拉下。

(四) 切剂

将搓好条的面团用刀或者面点切成剂子的方法称为切剂。有的面团如层酥面团,尤其是明酥非常讲究酥层的层酥,如圆酥、直酥、叠酥、排丝酥等,必须采取用快刀切剂的方法,才能保证截面酥层清晰。有的面团很柔软,无法搓条,一般是将面和好后,将其摊在案板上,按平按匀,再切成方块剂子,擀成圆形,如油饼面,如图2-31(b)所示。

(五) 剁剂

剁剂是指将面团搓成条,放在案板上,用刀根据剂子的大小,一刀一刀剁下,剁剂所得既是剂子又是半成品,如刀切馒头、花卷等剂子等,如图2-31(c)所示。

二、下剂的技术要领

(1) 剂子大小始终保持一致。下剂的方法很多,根据不同的品种,采用不同的方式,无论采用何种方法下剂,剂子都必须大小相等,均匀一致。

(2) 揪剂时,双手要配合协调,一揪一露,把剂条揪完为止。同时要撒些扑面,将剂子搓揉散开,防止粘连。手握剂条不能握得太紧,防止压扁剂条。

(3) 揪剂、挖剂、拉剂时要求根据眼睛估计和手握面坯的感觉,综合判断面剂的分量,下手准确、果断。

(4) 拉剂时,由于面团较稀软,必须铺上扑面,掌握好拉剂的力度。

(5) 切剂、剁剂时应根据制品的需要选择合适的刀具,掌握好动作的节奏,动作灵活连贯,把握好刀间距和分量的准确性。动作要快,下刀要准确,保证剂子均匀一致,大小分量准确。如果下刀不快,在切一些明酥类的剂子时,层次易粘连,造成成品层次不清晰。

子任务三 制　　皮

制皮,就是将下好的剂子制成皮子(又叫坯子),以便包馅成形的操作。面点中许多品种都需要制皮,便于包馅和进一步成形。制皮是面点基本功中非常重要的环节,制皮便于面点的包馅和进一步成形,是很多面点品种制作过程中不可缺少的环节,尤其是带馅的品种,如饺子、包子等。

一、制皮的方法

有些制皮的方法在个别的品种中可以通用,但根据品种的不同,制皮的方法也有所不同,具体归纳有擀皮、捏皮、摊皮、压皮、按皮等方法,其中擀皮法是最为常见的制皮方法。

(一) 擀皮

擀皮是当前最主要、最普遍的制皮法,技术性较强。由于适用品种多,擀皮的工具和方法也是多种多样的。目前,大型的擀皮工作已经基本被压面机、开酥机等机械所承担,如面条、抄手皮等。但是,手工擀皮还是广泛运用于生产实践中,总体归纳为单手握棍擀皮法和双手握棍擀皮法。

1. 单手握棍擀皮法

单手握棍擀皮法常用于擀饺子皮、韭菜盒子皮、包子皮等小型点心皮。操作时,先把面剂用左手掌按扁,并以左手的大拇指、食指、中指三个手指捏住边沿,一面逆时针方向转动,右手按住面棍三分之一处,在按扁剂子的三分之一处来回滚压面剂,不断地往返运动。擀制水饺皮时,要求饺了皮四边薄,中间略厚,擀制时面棍向前推擀,不可超过面剂的中心,用力要由重到轻,前推为擀,后拉为修圆。擀制蒸饺皮、韭菜盒子皮时,要求皮厚薄均匀一致,直径要求大时,擀面棍前推用力要轻,后拉时稍用力,否则边缘容易卷起,单手擀如图 2-32 所示。

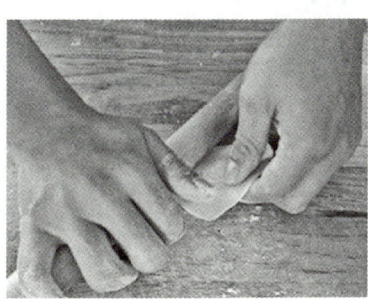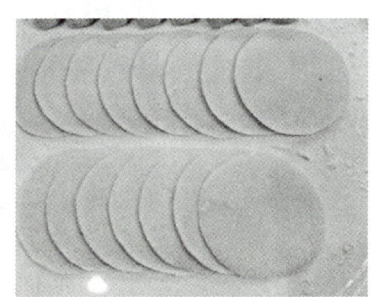

图 2-32 单手擀

2. 双手握棍擀皮法

双手握棍擀皮法根据所用的擀面棍的种类和数量的不同,可分为鼓形通心槌擀皮法、橄榄形单棍擀皮法或双棍擀皮法。

(1)鼓形通心槌擀皮法。鼓形通心槌又称为烧卖通心槌,主要用于擀制烧卖皮。操作时,双手抓住鼓形通心槌的两端,用力压住面剂的边缘,顺着一个方向,向前边擀边转,面剂逐渐变大,直至面皮已擀大擀圆,边缘呈荷叶边状即可。烧卖皮可以用通心槌一个一个地擀制,也可以先将数个面剂擀成圆皮后,每两张皮之间撒上淀粉,再将若干张皮摞在一起重叠,然后用鼓形通心槌压成荷叶边的烧卖皮。

(2)橄榄形单棍擀皮法。这种方法常用于擀制蒸饺皮、烧卖皮等。操作时,先把剂子按扁,擀时,大都用中间粗两头细的橄榄棍。双手擀制,左手按住面棍左端,右手按住面棍右端,擀时,面棍的着力点应放在一边,先左手下压用力向前推动,再右手下压向后拉动,使坯皮顺时针方向转动,最后擀成有百褶纹的荷叶形边。操作时,双手掌心控制住单棍的两端,用单棍的凸出部位压着面剂,双手交替用力并使单棍保持平行滚动,先双手用力均匀擀制略厚的圆形坯皮,后单手用力推动橄榄棍中部凸出部位,碾压坯皮边缘推出荷叶边。

(3)橄榄形双棍擀皮法。橄榄形双棍法因面棍两根合用而得名,常用于擀制饺子皮、包子皮等小型面点皮,成品如烫面饺。操作时,先把剂子按扁,以双手按住面棍两端,在面剂上前后滚动,将面剂擀成适当的圆皮。操作时,双手掌心控制双棍两端,两根面棍要平行靠拢,不能分离,双手交替用力下压,来回推动坯皮旋转,用力要均匀,双手控制双棍,保持平行的前后移动,面棍的着力点要准确,双手配合进退要协调一致。

(二)捏皮

捏皮,是把剂子用手揉匀搓圆,再用双手拇指、食指、中指捏成圆壳形的操作方法,又称为"捏窝",方便成形时包馅收口。操作时,圆壳内壁应厚薄适度,均匀一致,"窝"深适度,手法娴熟,适用于以米粉面团制作汤团类品种的情形。捏皮、摊皮、压皮、按皮操作如图 2-33(a)所示。

(三)摊皮

摊皮,是一种特殊的制皮方法,主要用于制备春卷皮。操作时,将高沿锅或平锅架于火上,火候要适当,一只手持面团不停地抖动(防止往下流),顺势向锅内摊成圆形皮,迅速拿起面团继续抖动,待锅中的皮熟时即取下,再行摊制。如图2-33(b)所示。摊制的皮应当形状圆整,厚薄均匀,没有砂眼,大小一致。

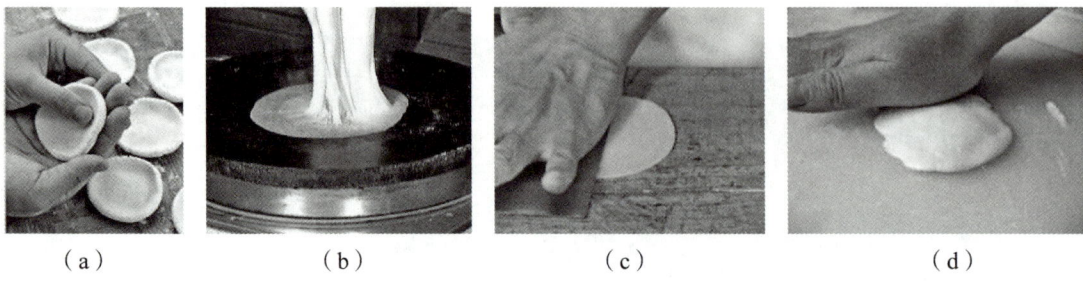

图2-33 捏皮、摊皮、压皮、按皮操作示意图

(四)压皮

压皮又称拍皮,是借用特制工具按压面剂制皮的方法,适用于制作小型而没有韧性的或坯料较软、皮子要求较薄的特色品种皮。拍皮的难度较大,制作要求高,在广式点心制作中常用于制备澄粉坯皮。具体方法是准备一把拍皮刀,将剂子竖立放在案上,右手拿刀,可适当在刀面上抹一点油,将抹油的刀面平放压在剂子上,左手放在刀面上下压,双手配合顺时针方向旋转按压一下,剂子就被按成圆形的薄片。操作时,要求面剂截面向上竖立或搓圆,刀面抹油适当,双手配合要协调、灵活,下压用力要巧,旋转适度。如图2-33(c)所示。

(五)按皮

按皮是将面剂用手掌按成符合要求坯皮的方法。此种方法使用方便、速度快,是一种常用的制皮方法,也可成为其他制皮方法的基础,常用于大包子等面稍软、剂量大、皮略厚的品种。具体做法是把摘好的面剂截面向上竖立起来,用右手手指撅压一下,然后再用右手掌根向下按面剂三分之一处一次,再用手指压着面剂顺时针转动120°后,再重复上述动作按皮,一般两到三次把剂子拍成需要的圆形坯皮。操作时,要求掌根下压用力果断、适当,手指转动面剂角度准确,如图2-33(d)所示。

二、制皮的技术要领

制皮是面点制作的重要环节,必须掌握以下技术要领:

(1)按皮时一定要用掌跟,不能用掌心按,否则按得不平不圆。

(2)摊皮时,平锅架火上,火力不能太旺,防止焦糊。右手持柔软的面团应不停抖动,防止面团流下。

(3)压皮时,剂子应放在平整的案板上,刀面要平整无锈。

(4)擀皮时,用力要均匀,边擀边转,使面皮大小厚薄均匀圆整。

(5)用大擀面棍擀面条、馄饨皮时,注意每次摊开面皮撒扑粉,避免面皮粘连。推滚时双手用力要匀,摊开后打荷叶边以使皮边与中间厚薄保持一致。

思维导图

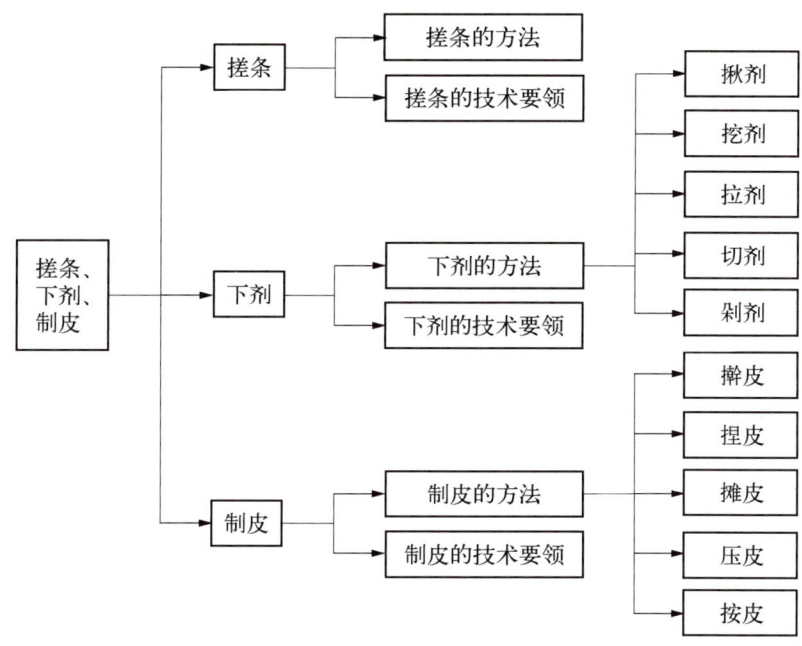

任务测试

一、名词解释
1. 搓条
2. 下剂

二、单项选择题
1. （　　）时刀要快,下刀要准确,保证剂子均匀一致,大小准确。
   A. 揪剂　　　　　B. 挖剂　　　　　C. 剁剂　　　　　D. 摘剂
2. （　　）是当前最普遍、最主要的制皮法。
   A. 按皮　　　　　B. 擀皮　　　　　C. 拍皮　　　　　D. 压皮

三、多项选择题
1. 面团下剂的方法主要有（　　）。
   A. 摘剂　　　B. 挖剂　　　C. 揪剂　　　D. 切剂　　　E. 剁剂
2. 用擀面棍作为辅助工具可以制作（　　）等面皮。
   A. 包子皮　　B. 饺子皮　　C. 烧卖皮　　D. 馄饨皮　　E. 汤圆皮

四、判断题
1. 搓条过程中要多撒些面粉,促进面条滑动,便于操作。（　　）
2. 揪剂时,手握剂条不能握得太紧,防止压扁剂条。（　　）
3. 切一些明酥类的剂子时,刀一定要快,动作要利落,否则酥皮层次易粘连,成品层次不清晰。（　　）
4. 摊皮时,平锅架火上,火力不能太旺,防止焦糊。（　　）
5. 使用橄榄形单棍擀烧卖皮时要先擀出圆皮,再用棍头打出荷叶边。（　　）

五、简答题

1. 下剂的方法有哪些？
2. 搓条的目的是什么？

任务三　上　馅

问题思考

1. 作为面点的初学者，在制作包子、饺子等带馅品种时经常会遇到馅小或者是包制时露馅等问题，如何避免这些问题？
2. 你能根据品种要求运用几种方法上馅？
3. 你知道哪些上馅的工具？上馅时皮和馅的比例应该是多少？

实践操作

一、上馅的方法

上馅的方法有所不同，大体可以分为包馅法、拢馅法、夹馅法、卷馅法、滚沾法、注入法、酿馅法等。

（一）包馅法

包馅法，为馅心居中、包捏成形的面点制品的加馅方法，多数面点品种采用此法。加馅的多少、部位、方法与制品的成形（如无缝、捏边、卷边、提褶、提花等）有关。无缝包馅法，是将馅心放于制好的皮中心，包好封口的方法，关键是无缝而不露馅，馅心处于正中心。此法适用于糖包子、豆沙包的上馅操作。捏边包馅法，是将馅心放于制好的皮内中心稍偏一些，然后对折面皮盖上馅心，合拢捏紧，馅心要求置于成品的正中心。此法适用于水饺、花边水饺的上馅操作。提褶包馅法，是将制好的皮置于形成"窝"形的手中，用馅挑挑入馅料下压，馅料四周抹匀干净，然后提褶的方法。此法常用于成品比较大，馅料比较多，制品美观，馅心比较丰满的品种，如一般的肉馅包子等。包馅法操作如图 2-34 所示。

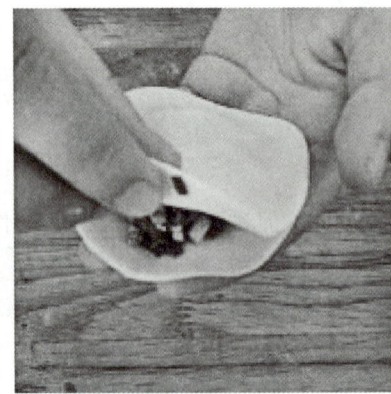

图 2-34　包馅法操作示意图

(二）拢馅法

拢馅法，为捏拢而不封口的面点制品的加馅方法，这类制品馅心较多，操作时，将馅心加在坯皮中间，捏拢后露馅。

(三）夹馅法

夹馅法，是将馅心既匀又平地夹在坯皮中间的加馅方法，如撒一层粉料铺一层馅，或先蒸一层后加馅，成品如三色蛋糕等。

拢馅法、夹馅法操作如图 2-35 所示。

图 2-35　拢馅法、夹馅法操作示意图

(四）卷馅法

卷馅法，是在擀成大片的坯皮上均匀抹满馅后卷起，卷成筒状以做成成品，熟后切块，露出馅心的方法，成品如豆沙卷、鸳鸯卷等。

(五）滚沾法

滚沾法，是将馅加工成小块，蘸水后放入盛干粉的簸箕或元宵机中摇晃，使其裹上干粉的方法，成品如元宵等。

(六）注入法

注入法，是将馅料以挤注的方式注入已成形或成熟的坯皮内的方法，成品如酱酥等。

(七）酿馅法

酿馅法，是指在制品包好后，在制品表面的洞眼中酿装不同馅心的方法，成品如四喜饺子、一品饺子、梅花饺子等。

二、上馅的技术要领

有关上馅的技术要领包括以下几项：

（1）根据不同品种的要求掌握上馅方法，北方元宵采用滚沾法上馅，南方汤圆则采用包馅法上馅等。

（2）根据不同品种的特点，合理掌握装馅的数量和方法，成形后馅心应在制品的中央，不能偏离。

（3）使用卷馅法上馅时，馅料应为细小的颗粒或稀软的馅料，均匀抹制。

思维导图

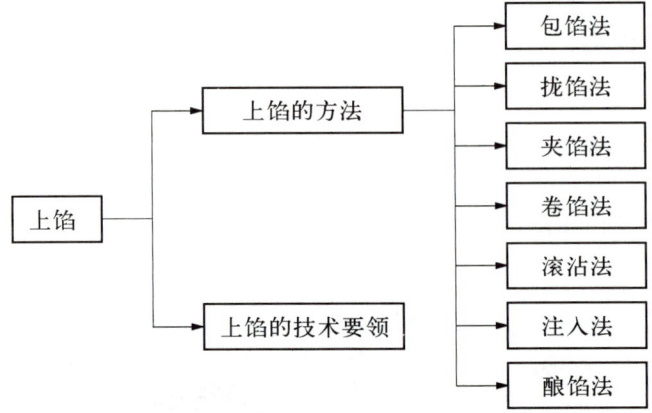

任务测试

一、名词解释
1. 上馅
2. 拢馅法

二、单项选择题
1. 下列各项中,采用滚沾法上馅的是(　　)。
   A. 水饺　　　　B. 烧卖　　　　C. 元宵　　　　D. 包子
2. 下列各项中,采用拢馅法上馅的是(　　)。
   A. 水饺　　　　B. 烧卖　　　　C. 元宵　　　　D. 包子
3. 下列各项中,采用注入法上馅的是(　　)。
   A. 蝴蝶酥　　　B. 果酱酥　　　C. 龙眼酥　　　D. 榴莲酥

三、多项选择题
1. 下列技法中,属于上馅法的有(　　)。
   A. 注入法　　B. 拢馅法　　C. 夹馅法　　D. 包馅法　　E. 酿馅法
2. 包馅法适于(　　)等品种的上馅操作。
   A. 水饺　　B. 烧卖　　C. 花卷　　D. 包子　　E. 馄饨

四、判断题
1. 上馅,是指经过各种方法把已制好的馅心放在制成的坯皮中的过程。(　　)
2. 上馅操作将直接影响成品质量,上馅效果差,就会出现馅心过偏或外露、收口不严的问题。(　　)
3. 馅心应在成品中央,故我们在包馅时必须将馅心包在中央部位。(　　)
4. 注入法是指在制品包好后,于制品表面的洞眼注入不同馅心的方法。(　　)
5. 包馅法适用于韭菜盒子、荷花酥的上馅操作。(　　)

五、简答题
1. 几种主要的上馅方法以及相关注意事项是什么?
2. 试列举五种适合采用包馅法上馅的面点。

模块三

面点工艺

模块导航

本模块主要介绍面点制馅、面点成形、面点熟制、面团调制和面点的运用与创新。

馅心是带馅面点的重要组成部分，馅心的种类繁多，口味多样，既丰富了面点品种，也反映出各地面点的特殊风味。

面点成形工艺是面点制作工艺重要的内容之一，是一项具有较高艺术性和技术性的工序，在面点制作中占有重要的地位。面点花色品种繁多，与形态变化多样有着密切联系，通过造型不仅丰富了面点品种，还给人以视觉上美的享受。

熟制工艺是面点制作的最后一道工艺，也是最为关键的一个工艺。熟制效果的好坏对成品色泽、外形、馅心的口味等起着决定作用，特别是熟制过程中火候把握很重要，它直接影响制品的质量。俗话说："三成做，七分火。"说的就是熟制工艺的重要性，它能使制品形态美观、色泽鲜艳、口味纯正，从而增加成品的可食性。

面团的调制通常是面点制作的第一道工序、也是最基本的一道工序。从某种意义上讲，没有面团就无所谓面点制品。而粮食粉料的种类不同、掺入的辅助原料不同，采用的调制方法不同，形成的面团性质也就各不相同，因此，才能得到不同质感特色的各色面点制品。

熟练掌握这些技能，才能对面点的运用与创新得心应手。

项目六　面点制馅

◇ **职业素养目标**
- 培养执着专注的工匠精神,知行合一、勇于探索的创新精神。

◇ **职业能力目标**
- 了解面点馅心、面臊的作用与分类。
- 了解面点馅料的基本构成并掌握其加工处理方法。
- 熟练掌握甜馅、咸馅及面臊的操作技术要求,能独立进行制馅工艺环节的操作。

◇ **典型工作任务**
- 馅心的作用与分类。
- 甜馅制作。
- 咸馅制作。
- 面臊制作。

任务一　认识馅心的分类与作用

问题思考

1. 我们常吃的包子、饺子都有馅心,一个好的馅心能吸引更多的顾客,你能说出馅心在面点制品里起到什么作用吗?
2. 水饺通常都要求皮薄馅多,那么包馅的面点是不是都有此要求?
3. 面条的风味特色从何而来?

知识准备

大多数面点制品都有馅心。面点馅心是面点制品的重要组成部分,其制作也考察了制作面点的基本功。只有充分掌握有关原料的知识,学以致用,经过精细的刀工处理和调制,花色各异的馅心才能制作出来。同时,该过程若要达到理想效果,还需要结合面点坯皮的性质、形态以及不同的成熟工艺加工方法。馅心质量、口味的好坏直接影响面点品种的风味特色,对馅心的变换可以大大丰富面点的品种,并能反映出各地面点的特色。

一、馅心的概念

馅心又称馅料、馅子、心子,是指用各种食材,经过加工、调味、拌制或熟制后,包捏、镶嵌或覆盖于面点坯团中的半成品。它与主坯相对应,经过单独处理后再与主坯组合成形而形成面点。馅心在狭义上是指包捏、镶嵌、卷裹在制品主坯内部的馅料半成品;馅心在广义上还包括以动植物原料为主料烹制的各类可浇淋于面条、米线等制品表面的面臊。

二、馅心的分类

面点的馅心由于用料广泛、制法多样、调味多变而种类繁多、风格各异。馅心大致可从口味特点、制法特点、原料特点三个方面来加以分类,如表3-1所示。

表 3-1　　　　　　　　　　馅　心　分　类

类别			品　名　举　例
口味特点	制法特点	原料特点	
甜馅	拌制馅	果仁蜜饯馅	五仁馅、百果馅
	擦制馅	糖馅	黑芝麻馅、玫瑰馅、冰橘馅、水晶馅
	熟制馅	泥蓉馅	豆沙馅、奶黄馅
	膏酱馅	果酱、油膏、糖膏	苹果酱、鲜奶油膏
咸馅	生馅	生荤馅	鲜肉馅、牛肉馅、三鲜馅、虾饺馅
		生素馅	萝卜丝馅、素三鲜馅
		生荤素馅	鲜肉韭菜馅、牛肉大葱馅
	熟馅	熟荤馅	叉烧馅、蟹黄馅、咖喱馅
		熟素馅	翡翠馅、素什锦馅、花素馅
		熟荤素馅	芽菜包子馅、南瓜蒸饺馅
	生熟馅	生熟荤馅	金钩包子馅
		生熟素馅	茭白豆干馅
		生熟荤素馅	玻璃烧卖馅
甜咸馅			火腿馅、椒盐馅

按口味,馅心可分为甜馅、咸馅和甜咸馅。甜馅是各种甜味馅心的总称,一般选用白糖、红糖和冰糖等为主料,再加进各种蜜饯、果料以及含淀粉较多的原料经加工而制成。根据用料以及制法的不同,甜馅又可分为"糖馅""泥蓉馅""果仁蜜饯馅""膏酱馅"四大类。

咸馅泛指各种以咸味为主的馅心,如咸鲜味、家常味、椒盐味馅心等。咸馅的用料极为广泛,蔬菜、家禽、家畜、鱼虾、海味(鱼翅、鲍鱼、海参、鱿鱼等)均可用于制作咸馅。咸馅根据所用原料的不同,一般可分成荤馅、素馅和荤素馅三大类。

甜咸馅是指在甜馅的基础上加少许食盐或咸味原料(如香肠、腊肉、叉烧肉等)调制而成的馅,成品如"火腿月饼""椒盐桃酥"等。其制作方法上可归为甜馅。

三、馅心的作用

馅心制作是面点工艺的一个重要环节,也是面点制作的一个重要基本功。它与面点的色、香、味、形有着紧密的联系。只有将原料知识进行合理运用,经过精细的刀工处理和调制,才能制作出花色各异的馅心。同时,该过程还应根据面点坯皮的形态以及成熟工艺的不同,采用不同的加工方法,方能取得理想的效果。馅心在面点制作中的重要性,归纳起来有以下几个方面。

(一)影响面点的形态

馅心与面点的形态有着密切的联系,部分面点由于有了馅心的装饰,才形成了自身独特的形状。馅心包入皮坯后有利于入模、造型,从而使制品成熟后不变形、不塌腔,使制品花纹清晰美观,如月饼、水晶饼等。另外,馅心的原料形状对制品也有很大的影响。一般馅心的原料形状必须细小、均匀一致,最好制成蓉状、细粒状等,避免大块原料使制品破裂而影响面点的造型。

很多花式面点品种常常利用馅心来进行装饰,形成自身独特的形状,使成品丰富多彩。如四喜蒸饺,生坯做好后在上面镶嵌木耳、蛋白或蛋黄糕末、火腿末等,其形态就变得非常美观,整个制品更具观赏性。

(二)改善制品的口味

大多数包馅或者夹心面点制品的口味主要由馅心来体现:馅心与皮坯比例多为1∶1,而烧卖、锅贴、春卷、水饺等馅心与皮坯的比例高达7∶3或者4∶1;其次,人们在评判包馅或夹馅面点制品的好坏时,常把馅心质量作为衡量的重要条件。因此,馅心对调节制品口味有决定性作用。

(三)形成制品的特色

面点中有许多独具特色的品种是利用馅心来体现的。例如,江苏汤包的馅心要掺入皮冻,吃时需要先咬破皮再吸食汤汁;广式面点的馅心制作精细、口味清淡;京式面点的馅心,多采用水打馅等。由此可见,各地部分面点特色的形成是由馅心的风味特色构成的。

(四)丰富面点的品种

面点制品品种繁多,除了在成形方法、熟制方法上有差异外,还在于馅心的变化。由于可用于馅心的原料广泛,调味方法多样,加工方法多样,面点的花色品种也格外丰富。水饺同样用芹菜做馅心,可因馅心的辅料不同而分为芹菜鸡蛋水饺、猪肉芹菜水饺、牛肉芹菜水饺等;包子可因馅心不同分为豆沙包、芽菜包、素菜包、奶黄包、鲜肉包、豆芽包、菜肉包等;馅心原料不同,就有了荤馅、素馅、荤素混合馅之分;馅心调味不同,就有了咸、甜、咸甜、甜咸等不同的口味;馅心的加工方法不同,有肉丝、肉片、肉丁、肉末之分,丰富面点的品种。

(五)调节制品的色泽

制品的色泽,除了受到皮料及成熟方式的影响外,还依靠透过皮面的馅心颜色来调节,改善制品色泽。例如,玻璃烧卖的绿,是由依赖于绿色馅心透过薄薄的烧卖皮而显现的,鲜虾饺的色泽也受到粉红色鲜虾仁的影响。各种花色蒸饺,在孔洞中镶入青菜末、蛋黄、熟蛋白、木耳、火腿等,使制品色泽鲜艳。因此,馅心还能起到调节制品色泽的作用。

四、包馅比例和要求

面点的包馅比例,即皮坯与馅心的比例,是影响面点质量的一个重要因素。在饮食业中,人们常将包馅制品根据皮与馅心的比例分为重馅轻皮品种及半皮半馅品种、重皮轻馅品种三种类型。

(一)重馅轻皮品种

这类面点大都是馅心占 60%~80%,皮坯占 40%~20%。此类制品的皮坯有较好的包容性,适于包制大量馅料,如月饼、春卷等制品;此外,如水饺、烧卖、馅饼等品种的皮坯都用韧性较大的冷水面团制成,这样制成的皮有较好的韧性,适于包制大量的馅心。

(二)半皮半馅品种

半皮半馅品种的馅心占 40%~50%,皮坯占 60%~50%,其馅心皮料各具特色,如各种大包、汤圆等。

(三)重皮轻馅品种

这类制品的馅心占 10%~40%,皮坯占 90%~60%。这类制品主要有三种类型:一是皮坯都具有各自的特点,馅料在整个制品中仅起辅佐的作用,如盘丝饼、叉烧包等;二是馅料有浓郁香甜的滋味,例如味浓香甜的果仁蜜饯馅等馅料,多放不仅破坏口味,而且易引起皮子破底露馅,属于不宜多包馅料的品种;三是一些象形品种的面点,如象形面点品种中的知了饺、冠顶饺、金鱼饺等,包馅量过大,会影响制品造型,不能很好突出成品外观应有的特点。

随着现代生活的变化,人们的口味也在变化,曾比较少见的地方原料、西餐原料、西餐调味品和烹调方法的引进,也都为厨师制作馅心的变化提供了良好的广阔前景。

思维导图

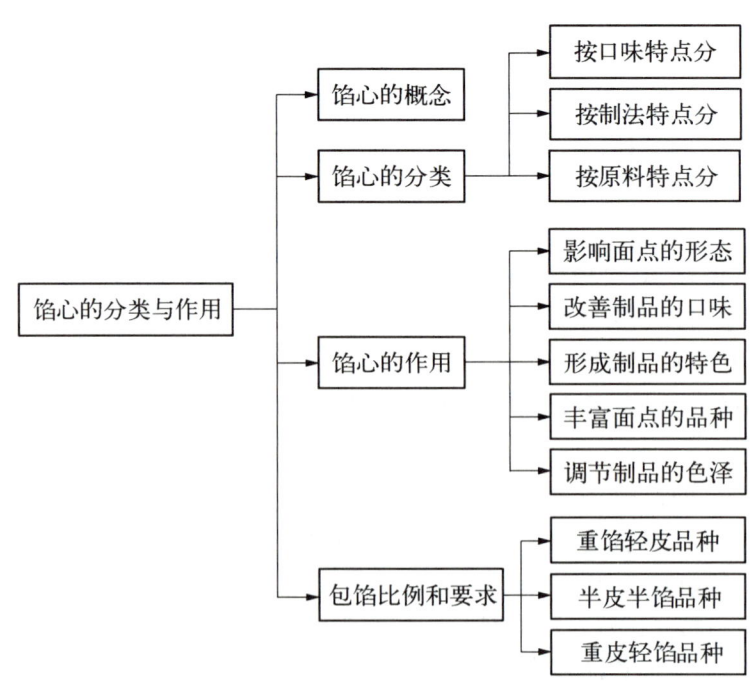

任务测试

一、名词解释
1. 馅心
2. 甜咸馅

二、单项选择题
1. 制作汤圆时,馅心所占比例为(　　)。
   A. 10%～20%　　B. 20%～40%　　C. 40%～60%　　D. 60%～80%
2. 下列各项中,馅料比例为10%～40%的是(　　)。
   A. 重皮轻馅品种　　B. 重馅轻皮品种　　C. 半皮半馅品种　　D. 轻皮轻馅品种

三、多项选择题
1. 馅心按照口味可以分为(　　)。
   A. 甜馅　　B. 咸馅　　C. 甜咸馅　　D. 糖馅　　E. 果酱馅
2. 甜馅根据制法可以分为(　　)。
   A. 拌制馅　　B. 擦制馅　　C. 膏酱馅　　D. 熟制馅　　E. 泥蓉馅

四、判断题
1. 甜咸馅是在咸馅的基础加入少量白糖或甜味原料制成的。　　(　　)
2. 馅心的好坏不会影响面点制品特色。　　(　　)
3. 一般情况下,可以用大块原料做馅心。　　(　　)
4. 京式面点馅心,常在馅心中掺入皮冻。　　(　　)
5. 馅心可以改善面点制品的色泽。　　(　　)

五、简答题
1. 在饮食业中,包馅品种可分为哪些类型,各有什么要求?
2. 馅心的作用有哪些?

任务二　甜　馅　制　作

问题思考

1. 小李在制作完糖馅后,做成汤圆煮熟后品尝馅心,馅心干硬,口感不好,而从超市买来的汤圆煮后咬破能看到馅心流出来。你能说出原因吗?
2. 在炒制豆沙馅过程中如何才能避免豆沙馅颜色发黑、有苦味?
3. 实验1小组今天制作的五仁馅馅心松散不成团,而实验2小组制作的五仁馅心成熟后塌陷。你知道是什么原因吗?

知识准备

甜馅,是以糖为基本原料,辅以各种干果、蜜饯、果仁、油脂、粉料等,采用不同的原料配比和工艺调制而成的。甜馅在面点馅心中占有重要的位置,运用十分广泛,按照原料及制法特点可分为糖馅、果仁蜜饯馅、泥蓉馅、膏酱馅四种。

一、糖馅

糖馅，亦称糖油馅，是以白砂糖（或绵白糖）为主料，再加入熟面粉、油脂和1～2种辅料调制而成的甜味馅。辅料是糖馅风味特色的主要来源，并且大多数糖馅也以该辅料来定名。糖馅加入糖渍板油丁，即为水晶馅；糖馅加入蜜玫瑰，即为玫瑰馅；糖馅加入芝麻，即为芝麻馅；糖馅加入冰糖、橘饼即为冰橘馅等。糖馅通常不作加热处理，因此糖馅多为生甜馅。

糖馅中的糖、油、面及辅料对馅心的形成及面点制品的加工起着重要作用。

糖是糖馅的主体，具有甜度、黏稠度、吸湿性、渗透性等，不仅可以增加甜味，还可以增加馅心的黏结性，便于馅心成团，并保证馅心的滋润，使之绵软适口。调馅用糖主要是白砂糖、绵白糖，也有红糖、糖粉、冰糖以及糖浆等，例如制作豆沙馅就应用白砂糖和红糖，制作冰橘馅需用碎冰糖等。

油脂在馅心中起滋润馅料、增加香味及散粒的作用。丰富的油脂可使馅心口感细腻而爽滑，也从而使制品具有独特的口感。制馅用的油脂以猪油、花生油、大豆油、黄油、芝麻油为宜。

在馅心中加入粉料，可避免糖受热溶化后成流体状糖稀，从而能防止面点制品塌底、漏糖，也能避免食用者被烫伤。馅心若不加熟面粉，糖受热熔化变成液体状，体积膨大，易使制品爆裂穿底而流糖，食用时易烫嘴。馅心中使用的粉料一般为经熟化处理的面粉。蒸、烤或者炒制成熟，可使面粉中的蛋白质受热变性，拌入馅心中不会形成面筋，使馅心在制品熟制时避免夹生、吸油或吸糖而形成硬面团，使制品酥松化渣。

糖馅中的果料、肉料及调味料等被称为辅料。它们在甜馅的风味构成中起主导作用，并对馅心的调制、制品的成形、成熟有较大影响。在加工制作时，果料、肉料等，一般情况下均应切剁成丁、丝、蓉等较小的形状，尤其是一些硬度较大的辅料，如冰糖、杏仁、火腿等，要尽量小，但也不能过于细碎。总体原则是：要突出其独有风味的辅料，在不影响成形、成熟的前提下，可稍大，以突出其口感；凡处于次要地位的辅料，以不影响工艺，又不致混淆口味为前提进行加工制作。

二、果仁蜜饯馅

果仁蜜饯馅，是以果仁、蜜饯等为主料，加入糖、油、熟粉等辅料调制而成的甜馅心。其特点是松爽香甜，果香浓郁。常见的果仁有瓜子仁、花生仁、核桃仁、松子仁、榛子仁、杏仁、芝麻仁等；蜜饯有冬瓜条、橘饼、蜜樱桃、蜜枣、桃脯、杏脯、山楂糕、青红丝等。由于各地特色不同，口味要求不同，用料亦各有侧重，如川式面点多用内江盛产的蜜饯，广式多用杏仁、橄榄仁，苏式多用松子仁，京式多用北方果脯、金糕，闽式多用桂圆肉，东北地区多用榛子仁。果仁蜜饯馅就是通过以上原料的不同组合及工艺调配而成的，常见的果仁蜜饯馅有五仁馅、百果馅、椰蓉馅以及以果仁蜜饯馅为主料拌制的甜咸馅等。

三、泥蓉馅

泥蓉馅，是以植物的果实或种子为原料，先加工成泥蓉，再用糖、油炒制而成的馅心。馅心炒制成熟的目的是使糖、油熔化，与其他原料凝成一体。其特点是馅料细软、质地细腻、甜而不腻，并带有果实香味。常用的泥蓉馅有豆沙馅、枣泥馅、莲蓉馅、豆蓉馅、薯泥馅、冬蓉馅等。

四、膏酱馅

膏酱馅,是指外观呈稠糊状或膨松膏体状的一类馅料。按照膏酱馅原料、制法的特点,膏酱馅可分为布丁馅、果酱馅、糖膏馅、油膏馅,如奶黄馅、蛋白膏馅、奶油膏馅等。

布丁馅,是以淀粉(面粉)、牛奶、鸡蛋等为主要原料,利用淀粉的凝胶性和鸡蛋的凝固性加热熟制而成的一类柔软厚糊的甜馅,如奶黄馅。布丁馅在加热过程中需要多次搅拌,以使馅心保持细腻柔滑的糯糊状。

果酱,包括水果酱和果仁酱,是由植物的果实与糖等制作而成的酱料。

糖膏,是以糖为主料,配一些具有黏性的物质(鸡蛋清、明胶、琼脂等)制作而成的,如蛋白膏。糖膏洁白有光泽,可塑性强,口味柔软清甜,是经济实惠的裱花、装饰、夹馅材料。

油膏,是以黄油或鲜奶油为主料,加入其他辅料混合搅打而成的膏料。油膏膨松体轻,饱含空气,口味肥厚清甜,奶香浓郁,是较高档的夹馅和裱花材料。常用的油膏有鲜奶油膏、黄油膏等。

实践操作

子任务一 糖馅制作

糖馅是面点中运用非常广泛的甜馅之一,常以添加的辅料来命名。本任务以黑芝麻馅、樱桃馅、玫瑰馅、冰橘馅等四种汤圆馅心的制作为例说明糖馅的制作工艺。

一、工艺流程

糖馅制作的基本工艺流程为:糖、熟面粉──→混合──→擦拌──→拌和──→成馅。
                                                  ↑油脂   ↑果料等

二、操作步骤

(一)调制准备

1. 设备、器具准备

(1)设备:炉灶、操作台、案板。

(2)器具:炒锅、炒勺、滚筒、秤、碗、盆、盘子、刀、菜板等。

2. 原料准备

糖馅制作需准备的主要原料有白砂糖、熟面粉、猪油、黑芝麻、蜜樱桃、蜜玫瑰、橘饼、冰糖渣等。配方如表3-2所示。

表3-2　　　　　　　　汤圆馅心参考配方　　　　　　　　　　单位:克

原料	白糖	熟面粉	猪油	黑芝麻	蜜樱桃	蜜玫瑰	橘饼	冰糖渣
黑芝麻馅	500	50	200	150				
樱桃馅	500	100	150		100			
玫瑰馅	500	100	150			50		
冰橘馅	500	150	150				100	50

(二)调制馅心

1. 黑芝麻馅

将黑芝麻淘洗干净,去掉杂质、空壳,用小火炒香,倒在案台上用滚筒碾成粗粉,加入面粉、白糖拌匀,再加猪油搓擦成团,打坯切块即成黑芝麻馅。

2. 樱桃馅

将蜜樱桃切成小颗粒,将白砂糖、面粉拌匀,再加入猪油搓擦成团,最后加入蜜樱桃粒拌匀,打坯切块即成樱桃馅。

3. 玫瑰馅

将蜜玫瑰用刀剁细,加猪油调散,然后与事先拌匀的白糖面粉一起擦拌均匀,最后加入少许食红色素拌匀呈粉红色,揉搓成团,打坯切块即成玫瑰馅。

4. 冰橘馅

将橘饼切成小颗粒,白砂糖、面粉、冰糖渣拌匀,再加入猪油搓擦成团,最后加入橘饼粒拌匀,打坯切块即成冰橘馅。

(三)质量检查

调制好的不同馅心分别表现为:黑芝麻馅色泽黑亮,油润香甜,芝麻香浓;樱桃馅甜润香醇,沁人心脾;玫瑰馅色泽艳丽,花香宜人;冰橘馅质感独特,口味香甜。

三、技术要领

(1) 油脂选用合理。糖馅中使用最多的油脂是猪油,猪油的品质是糖馅质量的保障。一般刚熬好的新鲜冻猪油为最佳,而凝冻性差的猪油不容易使馅心成团;储存时间太长的猪油容易产生哈喇味,使馅心带有不良气味。

(2) 掺粉适当。馅心中掺熟面粉,要掌握糖与粉的比例,粉掺少了,会出现流糖;粉掺多了,则使馅心干燥,口感不好。掺熟粉量应根据馅心的品种来定,一般熟粉不超过糖的一半。加入馅心中的熟面粉根据需要可用糕粉(米粉)或淀粉代替,改善馅心的质感。

(3) 辅料颗粒大小适宜,擦拌操作适度。具体而言,樱桃馅中的蜜樱桃不要切得过于细碎,与糖油混合时不宜擦拌时间过久,避免蜜樱桃粒被擦碎,影响口感;玫瑰馅中的蜜玫瑰应先剁细再与油脂混合均匀,这样才易把馅调匀;冰橘馅的冰糖不要碾压得太细,橘饼不要切得太碎,否则就没有冰橘馅的独特口感了。

(4) 馅心软硬适度。糖馅制作需要,加入猪油增加黏性。判断粉料与油的比例是否适当的最简便方法是,用手抓馅,能捏成团不散,用手指轻碰能散开为好;捏不成团说明湿度小,应加入适当油再搓擦;馅心粘手,说明油多,应加粉料擦匀。

子任务二 果仁蜜饯馅制作

由于各地口味不同,产地不同,各地用料也不同,果仁蜜饯馅的风味也不同,如京式点心多用果脯,川式点心多用蜜饯,苏式点心多用松仁,广式点心多用杏仁,而东北点心多用榛子仁等。本任务以五仁馅、百果馅的制作为例说明果仁蜜饯馅的制作工艺。

一、工艺流程

果仁蜜饯馅的制作可按下列工艺流程进行:

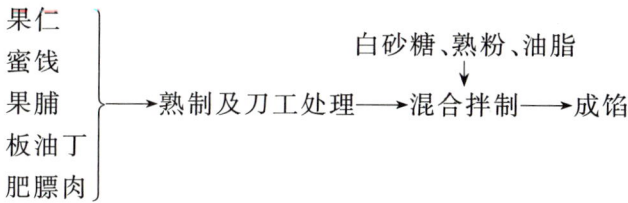

二、操作步骤

（一）调制准备

1. 设备、器具准备

（1）设备：炉灶、操作台、案板、烤炉。

（2）器具：炒锅、炒勺、滚筒、秤、碗、盆、盘子、刀、菜板等。

2. 原料准备

果仁蜜饯馅制作的主要原料有核桃仁、松子仁、花生仁、瓜子仁、橄榄仁、杏仁、芝麻仁、橘饼、糖冬瓜、糖板油丁、白砂糖、糕粉、花生油、水等。配方如表3-3所示。

表3-3　　　　　　　　　五仁馅、百果馅参考配方

原料	五仁馅	百果馅
核桃仁/克	50	100
松子仁/克	50	
橄榄仁/克	30	50
花生仁/克	50	
瓜子仁/克	30	25
芝麻仁/克		125
杏仁/克		75
橘饼/克		100
糖冬瓜/克		125
糖板油丁（糖肥膘）/克	250	75
花生油/毫升		75
糕粉/克		125
白砂糖/克	500	500
水/毫升		适量

（二）调制馅心

1. 熟制及刀工处理

果仁一般要经过炒制、油炸或烤制成熟。果仁性能各不相同，含水量有高低之分，颗粒

有大小之分,因此,在熟制过程中应根据情况来选择油温、烤炉温度。例如,松子仁与芝麻仁,进150℃烤炉10分钟即可,而杏仁、花生仁、桃仁等进180℃烤炉需20～30分钟才能成熟。大个果仁在拌制前应改成小碎粒,以适应包馅的需要。果脯、蜜饯类在拌馅前也要切成丁、末使用。板油丁或肥膘要提前用糖腌渍制成糖板油丁或糖肥膘。

2. 混合拌制

混合拌制是先将果仁、蜜饯和糖板油丁拌匀,再加入植物油、白糖和适量水拌匀,最后加入糕粉拌得馅心软硬适度即成。

(三) 质量检查

调制好的五仁馅与百果馅表现为,软硬适中,口感松爽,口味香甜,五仁馅有突出的果仁香味,百果馅还兼有蜜饯的浓郁果香。

三、技术要领

(1) 合理选料。果仁蜜饯馅中的果仁通常以坚果为主,此类原料油脂含量高,易受潮变质,产生哈喇味,并容易生虫或发霉,所以应选用新鲜原料,尽量不用陈货。板油丁、肥膘肉一定要用糖腌渍才能保证糖板油丁和糖肥膘滋润甘美。

(2) 果料的熟制与刀工处理的恰当。果仁进行熟制时,火候非常重要,火候不足,果仁嫩了不香;火候过大,果仁老了有糊味。大个果仁在拌制前应改切成小碎粒。蜜饯、果脯一般都需要切成丁或末。总之,果料的颗粒大小应适中,以突出风味而不影响口感和面点成形为原则。一般硬料应小,软料宜大;主料应大,辅料宜小。

(3) 原料拌制适度,馅心软硬适宜。拌制时易碎的果料应后加入,以免拌碎成屑,影响其风味的突出,如白瓜子仁、橄榄仁、杏仁片等薄而脆的果料。馅心的软硬可以通过加入适量水来调节,但是水不宜过多,过多在成熟时受热产生蒸汽,使制品破裂流糖。

子任务三 泥蓉馅制作

泥蓉馅是甜馅中另一种常用馅心。本任务以豆沙馅的制作为例说明泥蓉馅的制作工艺。

一、工艺流程

泥蓉馅的制作工艺流程为:植物果实或种子→洗→泡→蒸、煮→制泥、蓉→炒制→成馅。
（炒制上方标注：糖、油↓）

二、操作步骤

(一) 调制准备

1. 设备、器具准备

(1) 设备:炉灶、操作台、案板。

(2) 器具:炒锅、炒勺、煮锅、不锈钢面筛、碗、盆等。

2. 原料准备

豆沙馅所用原料主要有赤豆或绿豆、红糖、白砂糖、猪油、植物油等。配方如表3-4所示。

表 3-4　　　　　　　　　　豆沙馅参考配方

原　　料	赤豆或绿豆/克	红糖/克	白糖/克	猪油/克	植物油/毫升
豆沙馅	500	200	200	125	125

(二) 调制馅心

1. 原料处理

原料处理是将赤豆洗净,浸泡 1 小时左右,放入锅内加冷水(以淹没豆面约 10 cm 为度),用旺火煮至赤豆破皮,再改用中小火焖煮约 2 小时,至豆用手可捏烂即起锅晾凉。

2. 取沙

取沙是将煮好的赤豆,放入不锈钢筛中加水搓擦去皮取沙,装入布袋沥干水分成豆蓉。取沙时要边加水边搓擦,这样可以提高出沙率。

制泥、蓉的方法一般有三种:第一,用绞肉机搅制泥、蓉,特点是时间短、速度快,但是馅料比较粗糙,果皮、豆皮仍在其中;第二,用筛子擦制而成,虽然速度慢,但馅料细腻、柔软,果皮、豆皮与泥、蓉分离;第三,对于根茎类原料,采用用刀抿制的方法,如图 3-1 所示,反复抿至细软为止。

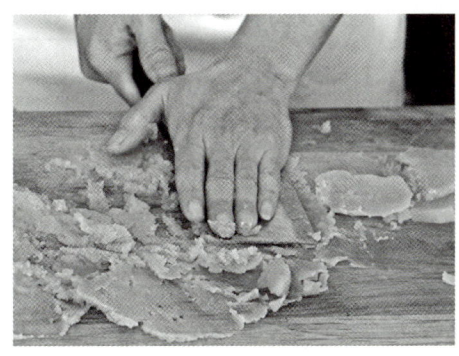

图 3-1　抿制泥蓉

3. 加油、糖炒制

加油、糖炒制是将锅烧热,放入部分油脂,倒入豆蓉,用中小火不停翻炒。炒的过程中分多次加油,炒至豆蓉吐油翻沙,水分基本收干,稠厚而不粘锅、勺时,加入红糖、白糖继续炒糖熔化,颜色呈黑褐色即成。

(三) 质量检查

炒制好的豆沙馅表现为色泽黑褐油亮,软硬适宜,口感细腻香甜。

三、技术要领

(1) 选料合理。首先要选择无霉变、无生虫的原料,其次要选淀粉含量高的原料,因为淀粉含量高,出沙率高。

(2) 煮制时间适宜。赤豆或绿豆淀粉颗粒大,在细胞内被蛋白质紧紧包裹住,加热时不易糊化,从而形成了豆沙馅的沙质感。若煮制时间短,豆中还有硬心,制成的豆蓉粗糙,炒制时不易翻沙;若煮制时间长,豆内淀粉过度糊化,会使豆沙馅失去沙质感而影响质量。

煮豆时一次性加足水,若中途加冷水,豆子则难以酥烂。煮豆时还应避免用铲或勺等工具搅动,以防止豆子碰撞加剧,豆破皮肉出,使豆汤变稠,容易糊锅、粘底。

(3) 豆皮、果皮去除干净。取沙时应尽量去除豆皮、果皮,因为它的主要成分是纤维性物质,若混入蓉中则会影响口感。

(4) 炒制中火力适中,分次加油,并不停翻动。炒豆沙要避免用大火炒制,一般先中火炒干水分,再小火炒制。炒制时要不停翻动,分多次加入油脂,避免糊锅,增加豆沙的油润、光泽感。随着豆沙趋于成熟将火力减弱,目的是使豆沙内水分充分挥发,油糖充分渗入,色泽由红变黑。一开始,豆沙含水量较多,这时加油要少,而且频率要慢,到后期水分散失较多时,就要加大油量,加快频率,这样有利于形成豆沙馅的沙质口感。

(5) 根据品种选择用油。炒豆沙用油可根据需要选定。猪油便于馅心凝固,有利于制品包馅成形,但成馅颜色浅淡,光泽度稍差。使用植物油炒豆沙,成馅颜色黑亮,但较稀软,不便包馅成形,多用于夹馅制品。使用混合油炒豆沙,二者优点皆有之。

(6) 存放于容器中表面要覆盖油脂。炒好的馅心放入盛器中,表面浇淋一层植物油,加盖置于凉爽处保存。加油可以起到隔绝空气,防止馅心干燥、发霉等作用。

思维导图

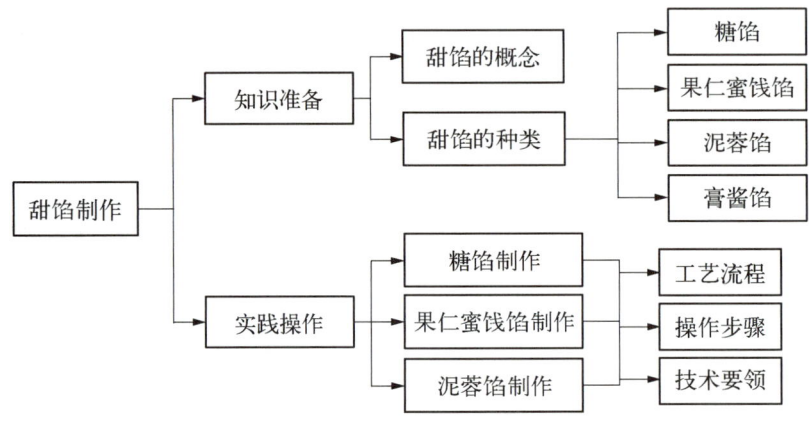

任务测试

一、名词解释
1. 甜馅
2. 糖馅
3. 果仁蜜饯馅
4. 泥蓉馅

二、单项选择题
1. 制作糖馅时,用原料最多的是(　　)。
   A. 熟面粉　　　B. 糕粉　　　C. 猪油　　　D. 白砂糖
2. 制作五仁馅时,烤松仁最适宜的温度和时间是(　　)。
   A. 110℃,10分钟　　　　　　　B. 150℃,10分钟
   C. 180℃,20分钟　　　　　　　D. 180℃,30分钟

三、多项选择题
1. 制作糖馅时,糖的作用有(　　)。
   A. 增加甜味　B. 增加黏性　C. 便于成团　D. 减少黏性　E. 增加硬度
2. 制作果仁蜜饯馅时,其中的干果一般采用(　　)的加工方法。
   A. 蒸　　　B. 煮　　　C. 烤　　　D. 炸　　　E. 煎
3. 制作豆沙馅的工艺程序包括(　　)。
   A. 清洗　　B. 浸泡　　C. 煮制　　D. 制蓉　　E. 炒制

四、判断题
1. 果仁蜜饯馅拌制时应先加入细小原料拌制,再加入大颗粒原料。　　　　　(　　)

2. 炒制豆沙馅应一次加足油。（　　）
3. 豆沙馅取蓉时,边搓边加水可以提高取沙率。（　　）
4. 糖馅做好后,以用手捏能成团,用手指碰会散开为好。（　　）
5. 制豆沙馅煮豆时,为了防止粘锅,应经常用勺子搅拌豆子。（　　）

五、简答题

1. 糖馅如何防止出现制品塌底、漏糖?
2. 用猪油和植物油炒制豆沙馅有什么不同?

任务三　咸馅制作

问题思考

1. 实习生小王要制作水打馅,制作馅心结束后,过了一段时间,小王发现馅心边缘有水分。作为一名专业人员,你认为这是哪些原因造成的?如何才能避免这种现象?
2. 制作素馅心时馅心常常出水很多,如何解决?
3. 在制作水打馅心时,为什么要先调味,后加水?

知识准备

一、咸馅制作的基本要求

(一) 选料和初加工要求

咸馅原料主要有荤素两类。荤料多用禽畜肉和水产品等,如猪、牛、羊、鸡、鸭、虾、蛋等;素料多用新鲜蔬菜(如韭菜、白菜、芹菜等)、干菜(如黄花菜、笋类、蘑菇等)以及豆制品等。无论荤、素原料都应选用质嫩、新鲜、无异味的为好。选好料后,要做好初步加工工作,如素料去黄叶、刮削整理、洗涤及干菜泡发等;荤肉料的去皮、选肉、洗净等。特别是原料中具有的苦、涩、腥等不良气味在制馅前都要经过处理去掉,对待纤维粗、肉质老的肉类如牛肉等,应加一些小苏打腌制,使其加热后变嫩。总之,馅心制作前应根据馅心的要求,做好原料的初步加工工作。

(二) 原料加工形态要求

无论荤素原料,一般都要加工成细碎小料,如细丝、小丁、小粒、末、蓉、泥等。小丁、细丝要大小粗细均匀;蓉、泥等应剁得越细越好,因为包馅用的皮面一般较薄,面点的成熟,关键在于馅心原料的成熟,所以原料的加工应细小一些为佳。

(三) 馅心调制要求

咸馅的调制方法主要有生拌、熟制两种。咸馅生拌是为了使馅心汁多、肉嫩、味鲜。例如,咸馅在拌制中加进调味料、加水、掺冻等。素馅的熟制,一般采用"焯""烹""拌"以及综合制法,以适应多种蔬菜的特点。荤馅的熟制必须根据原料的性质,分别下料,一般都要进行勾芡,其目的在于,一是能收掉原料加热后溢出的水分,二是可增加馅料的黏性和浓度,便于包馅成形。

(四) 馅心口味要求

馅心的口味要求与菜肴一样,鲜美适口、咸淡适宜。馅心包入皮坯后,经过熟制后会失掉一些水分,使卤汁变浓,咸味相对增加,另外有些制品皮薄馅大,以吃馅为主,因此无论是生拌馅还是熟制馅,调味应稍比一般菜肴淡些(馅少皮厚的面点、水煮面点以及汤面臊除外),避免制品成熟后,因馅心过咸而失去鲜味。

二、咸馅的分类与特点

在馅心制作中,咸馅的用料最广,种类也很多,也是使用最普遍、最广泛的馅心。根据原料的特点,咸馅一般分为素馅、荤馅和荤素馅三大类。这三类馅心根据制作时加热与否都可有生馅、熟馅和生熟馅之分,其特色也不尽相同。

(1)素馅,俗称"菜馅",是以新鲜蔬菜为主料制成的一种咸馅。根据制作方法,素馅可分为生素馅、熟素馅和生熟素馅三类。生素馅主要是以新鲜蔬菜、菌笋等为主,以粉丝、豆干等干制素菜为辅料制作而成。生素馅中由于主要使用新鲜蔬菜,水分含量比较高,一般在制馅时要去掉多余水分。常用的方法有:加入食盐腌渍,使水分析出,再挤去多余水分;通过焯水、煮、蒸等加入方法使原料脱水;在馅心中加入干制原料如炸粉丝等吸收菜汁,减少水分。常用的品种有萝卜丝馅、白菜馅、韭菜馅等。熟素馅,是将主辅料经过煸炒、蒸、煮等烹调方法制熟。原料多采用一些豆制品和干制菜品等,如豆腐干、黄花菜、笋尖、粉丝等;也可用一些鲜蔬菜配合,如香菜、青菜等,主要用于增香、增色,使用量比较少。熟素馅采用的干制原料,都应经过涨发。这类馅心一般具有松、散、干香、鲜味浓的特点。常用的品种有粉丝豆干馅、素什锦馅等。

(2)荤馅,是指以动物性原料(禽、畜、水产类原料)为主要原料制作而成的馅心。根据制作方法的不同荤馅可分为生荤馅、熟荤馅和生熟荤馅等。生荤馅,是指用生的动物性原料经加工、搅拌而成的馅心。这类馅心制作时常把清水、鸡汤等加入馅心中,通过搅拌使清水或者鸡汤渗入馅心中,使馅心更滑爽、鲜嫩,饮食行业称这类馅心为水打馅。这类馅心一般细嫩多汁,成团性好,适合煮蒸等成熟方法,如钟水饺、鲜肉包等。熟荤馅,是指用各种动物性原料经烧、炒、煮等烹饪方法制成的馅心。这类馅心一般油较重、味鲜、散籽、滋润爽口,如叉烧包、咖喱蒸饺等。生熟荤馅,是指在熟荤馅的基础上添加生的荤馅或动物性原料制作而成的馅心。这类馅心具有生荤馅和熟荤馅的优点,既有一定的成团性,成熟后又较散籽,吃口滋润细嫩,如金钩包子等。

(3)荤素馅,是指用禽、畜、水产类等各种动物性原料与新鲜蔬菜以及干菜豆制品,按照一定比例混合制成的馅心。可用于制作荤素馅的原料包括猪、牛、羊、鸡、鸭、叶菜、茎菜、花菜、干菜、豆制品等。根据制作方法的不同,荤素馅可分为生荤素馅、熟荤素馅和生熟荤素馅。

实践操作

子任务一 生素馅制作

生素馅主要是以新鲜蔬菜、菌笋,如叶菜、茎菜、花菜、蘑菇、木耳、竹笋等为原料,以粉丝、豆干等干制菜为辅料制作而成的,其口感丰富,特色鲜明。

一、工艺流程

生素馅制作的工艺流程为:❶ 摘洗泡发;❷ 刀工处理;❸ 去异味;❹ 去水分;❺ 调味拌和;❻ 成馅。

二、操作步骤

(一)调制准备

1. 设备、器具准备

(1) 设备主要包括操作台。

(2) 器具主要包括菜刀、砧板、纱布、碗、盆等。

2. 原料准备

主要原料有红皮萝卜、胡萝卜、豆干、海带、大葱、调味品等。配方如表3-5所示。

表3-5 萝卜丝馅、素三丝馅参考配方

原 料	萝卜丝馅	素三丝馅
红皮萝卜/克	500	
胡萝卜/克		300
豆干/克		250
海带/克		200
大葱/克	30	50
食盐/克	5	8
味精/克	1	2
胡椒粉/克	0.5	1
甜面酱/克	10	
姜米/克	10	
芝麻油/毫升	5	10
糖/克		6
酱油/毫升		10

(二)调制馅心

1. 摘洗泡发

用作生素馅的蔬菜主要有叶菜、茎菜、根菜和果菜。该过程首先要择去蔬菜中的老、病、虫、枯等不良部分,然后用清水洗净,使原料清洁卫生。生素馅用到的干制菜,如木耳、粉丝、黄花菜、海带等,一般采用热水泡发,水温和泡制时间应根据原料性质而决定。质干、性硬的原料应提高水温或延长泡发时间。

萝卜丝馅中的萝卜洗涤后去皮,素三丝馅中的海带洗涤后用水浸泡涨发。

2. 刀工处理

馅心原料一般都需加工成丁、丝、粒、米、泥蓉等形状。蔬菜的含水量较大,脆性较强,在进行刀工切配时要求切、剁均匀,大小一致。

萝卜丝馅与素三丝馅中的萝卜、胡萝卜、豆干、海带、大葱均切成细丝。

3. 去异味

有些蔬菜,如芹菜、油菜、菠菜带有苦、涩味等异味,制馅时应采取适当措施加以消除。常见除异味的方法是焯水和漂洗。

4. 去水分

新鲜蔬菜水分大,特别是刀工处理后,大量水分溢出,不利于制品包捏成形。制馅时一定要先去除部分水分,其方法有:

(1) 加食盐腌渍,利用盐的渗透作用,使蔬菜中水分析出,再用挤压的方法去水。挤水的方法可根据刀工处理的结果而定,细丝可直接用手直接挤出水分,细丁或末可用纱布包裹挤压水分。因此,萝卜丝馅与素三丝馅中的萝卜丝、胡萝卜丝均需加盐腌渍片刻,然后挤干水分。

(2) 利用加热的方法,如煮、烫、蒸,使原料脱水。

(3) 在馅料中加入粉条、豆腐干等易吸水的原料,吸收菜汁,减少水分。

5. 调味拌和

调味拌和是指将调味品和制馅原料拌和均匀。由于调味品种类很多,使用时要根据其性质不同依顺序加入,如先加油后加盐,可减少蔬菜中水分外溢;味精、芝麻油等鲜香味调料应最后加入,可避免鲜香味的挥发损失。拌好的馅心不宜放置时间过长,最好是随调随用。

(三) 质量检查

调制好的馅心应表现为:萝卜丝馅味道咸鲜,清香爽口;素三丝馅用料丰富,质感脆爽,咸鲜适口。

三、技术要领

生素馅的制作要注意以下技术要领:

(1) 合理选料,恰当初加工。蔬菜类原料应选择新鲜、质嫩者,择洗干净;干菜类要选择无异味、霉变、虫蛀者,热水泡发后洗净。原料经刀工处理大小均匀。

(2) 有效去除原料异味和多余水分。对有异味的蔬菜或干制菜采用焯水或漂洗的方法去异味。蔬菜含水量大,调味时很容易因加盐而出水,影响调味效果,且对于包馅制品而言,会因为馅心水分的溢出影响制品的包捏成形。加盐腌渍、焯水的方法可以去除蔬菜中多余水分,利用粉丝、豆干等易吸收水分的原料也可使馅心汤汁减少。

(3) 按序添加调味品,准确调味。调味时要考虑原料是否加盐腌制,避免口味过咸。另外要注意调味料添加的顺序,以获得最佳口味。

子任务二 熟素馅制作

熟素馅的特点是松、散、鲜、干香味浓,多采用豆制品和干制菜品制作。制作熟素馅的关键环节是干货制品的涨发。干货制品一般都需要经过水的涨发和泡制,让其重新吸水,使质地松软,最大程度地恢复原来状态,同时便于包馅和成熟。涨发一般常用冷水浸泡和热水泡发两种方法。

叶形素包

一、工艺流程

熟素馅制作的一般工艺流程为:原料处理(摘洗泡发、刀工切配)——烹制(调味)——成馅。

二、操作步骤

(一) 调制准备

1. 设备、器具准备

(1) 设备：操作台、炉灶。

(2) 器具：菜刀、砧板、炒锅、炒勺、碗、盆等。

2. 原料准备

主要原料有青菜、冬笋、香菇、黄花菜、姜末、葱花、调味品等。配方如表 3-6 所示。

表 3-6　　　　　　　　素什锦馅参考配方

馅心名称	青菜/克	冬笋/克	香菇/克	黄花菜/克	姜末/克	葱花/克	白糖/克	食盐/克	色拉油/毫升	味精/克	酱油/毫升	芝麻油/毫升
素什锦馅	500	50	10	5	3	5	10	5	30	1	10	5

(二) 调制馅心

1. 原料处理

原料处理过程是将青菜择洗干净，放入沸水中焯水，捞出用冷水过凉，然后剁成碎末，挤干水分，放入盆内。香菇、黄花菜用温水浸泡，笋尖用沸水焖煮，涨发至软，切成细末。青菜焯水时可以在沸水中加入少量植物油，能使青菜更翠绿。

2. 烹制

烹制，是指在炒锅中放入色拉油烧热，加入香菇末、冬笋末、黄花菜末、姜末煸炒，再加酱油、食盐、白糖翻炒入味。出锅冷透后，将其放入青菜盆内，加上味精、葱花、芝麻油调拌均匀即成。

(三) 质量检查

调制好的馅心应表现为口味咸鲜，清淡鲜香，质感松爽。

三、技术要领

(1) 原料的合理选用。熟素馅的原料多用干制菜品和豆制品等。由于干制和腌制菜在贮存中容易出现虫蛀、霉烂变质，选择原料时应选用味香、无霉变、无生虫的原料为好。

(2) 干料涨发适度。熟素馅采用的一些干制原料，都应经过水的涨发和泡制。这样做的目的是让干料通过涨泡后，重新吸收水分，使其质地松软，最大限度地恢复原来状态。同时又使原料便于包馅和成熟。干货原料如果涨发不够，口感粗糙，涨发过头就失去原料的口感和口味。素原料的涨泡，一般分冷水泡和热水泡。冷水泡适用于一些质地软的干料，如木耳、冬菇、干黄花菜等；热水泡适用于一些质硬体大的原料，如干豆角、烟蒸笋等。

子任务三　生荤馅制作

生荤馅是面点制品中常用的一种馅心，口味大多为咸鲜味。生荤馅常制成纯肉馅，馅心中一般除了主料和调味料外不加入其他原料。生荤馅多以畜肉为主（主要为猪肉），禽类和水产品常与之配合，以增加馅心的多样性。生荤馅在制作中一般要加水（汤）或掺皮冻，使馅心鲜香、肉嫩、多卤。

一、工艺流程

生荤馅制作的工艺流程为：❶ 刀工处理；❷ 调味；❸ 加水；❹ 掺皮冻；❺ 成馅。

二、操作步骤

（一）调制准备

1. 设备、器具准备

（1）设备：操作台。

（2）器具：菜刀、砧板、碗、盆等。

2. 原料准备

生荤馅的主要原料有猪夹心肉、皮冻、葱、姜、调味品等。配方如表3-7所示。

表3-7　　　　　　　　　鲜肉馅参考配方

馅心名称	猪夹心肉/克	皮冻/克	葱/克	姜/克	精盐/克	酱油/毫升	料酒/毫升	味精/克	胡椒粉/克	芝麻油/毫升	水/毫升
鲜肉丁馅	500	—	25	10	10	10	15	2	1	5	100
水打馅	500	—	10	5	12	—	20	3	1	5	400
灌汤馅	500	200	10	5	12	20	10	3	2	10	200

（二）调制馅心

鲜肉丁馅的肉料切成碎米粒状，水打馅、灌汤馅的肉料剁成肉蓉；然后加精盐、料酒、酱油搅匀搅上劲，再分次加水搅至肉水融合，加皮冻粒、味精、胡椒粉、姜末、葱花、芝麻油拌匀即成。

（三）质量检查

调制好的馅心应表现为：肉丁馅鲜嫩多汁，咸鲜适口；水打馅柔嫩细腻，鲜香味美；灌汤馅柔嫩汁多，味鲜美。

三、技术要领

（1）原料的合理选用。应根据各种原料的不同性质选料，如猪肉应选择瘦中有肥、黏性大、吸水性强的夹心肉，禽类应选择肉质细嫩的胸脯肉，鱼则选择刺少、肉厚的品种。

应考虑各种原料的不同部位及其性能选料，畜肉馅应选用吸水性强、黏性大、瘦中夹肥的部位，如猪的前夹心肉，肉质细嫩，制成馅心，鲜嫩适口；禽肉馅宜选用肉质细嫩的脯肉，如鸡脯肉，而牛、羊则选择质地细嫩的部位；水产品，如鱼、虾等要选择新鲜的，干制品则以体大、肉厚为佳。牛、羊、鱼等原料因脂肪含量高，在制馅时需要加入一定比例的脂肪来改善馅心口感，使之细嫩。

（2）刀工处理符合馅心质感要求。制作水打馅或掺冻馅的肉料一般都要求加工成泥蓉状。制作肉丁馅时，不可切得过大，一般要求切成米粒、绿豆粒大小。

（3）加水前要先调味。生荤馅的口味主要是咸鲜味。常用的调味料有精盐、酱油、料酒、胡椒粉、芝麻油、味精以及葱姜等（南方风味另加适量白糖）。各种调味品的加入应有先后，一般应先加酱油、盐、姜拌和，使用时，再加黄酒、葱、糖与味精等。

加水前应先调味,主要是调味品中的食盐,它在馅心中除了调味外,还对增加馅心的鲜嫩度起到十分重要的作用。动物肌肉中构成肌原纤维的蛋白质主要有肌球蛋白、肌动蛋白和肌动球蛋白,它们都具有盐溶性,形成黏性的溶胶或凝胶,尤其是占45%的肌动球蛋白具有很高的黏度。制作生荤馅加入足量的盐,可以促进肌肉中蛋白质吸水溶出,使肉泥的黏度增加,吸水性增强,从而使得馅心细嫩。

(4) 加水要适量,搅拌方法要得当。加水亦称吃水、打水,是指把清水、葱姜水或鸡汤、清汤等通过搅拌使之渗入肉蓉中,使肉馅鲜嫩爽滑,如此制作的生肉馅称为水打馅。

加水量是制作水打馅的关键,水少馅心嫩度差,水多馅心则易澥。加水多少应视具体情况而定,肉料中脂肪含量少,可多加水;脂肪含量高则应少加,否则易造成油水分离。加水要在调味后进行,加水时不可一次把水全部放入,要分多次缓慢加入,并顺一个方向用力搅拌,否则馅心易发澥、吐水。因为当肉蓉加盐搅拌上劲再加水后,顺一个方向搅拌,在搅拌力的作用下,能逐渐使肉中蛋白质颗粒作向心运动,极性基团尽可能地外露,吸引大量的极性水分子,从而使水化作用增强,蛋白质能在较短的时间里形成稳定而厚实的水化层。如果无规则地搅拌肉馅,常使附在蛋白质表层的极性分子改变其原来的位置,排列出现混乱,吸附力降低,从而出现水析出(即"吐水")的现象。"吐水"的馅心,易使皮坯稀软,不利于面点的成形和成熟,也影响了面点制品的口感。

(5) 掺冻量根据皮坯性质而定。为了增加馅心卤汁,使其味道更加鲜美,荤馅除了加水调馅外,往往还要掺入一些皮冻。荤馅中加入皮冻,不会因之变稀而难于成形,而加热后再溶化,却起到增汁增鲜的效果。掺冻的馅称为掺冻馅、皮冻馅、灌汤馅。馅心中掺入皮冻,可增加成馅的稠厚度,便于包捏成形,掺冻可增加馅心卤汁,使制品味美鲜香,形成汤包制品的特色。

冻即"皮冻",是把肉皮煮烂剁碎,再用小火熬成糊状,经冷却凝冻而成。其成冻原理是:动物皮中含有大量的胶原蛋白,经加热能水解生成明胶,冷却后能和大量的水一起凝成胶冻状,再受热凝胶溶化形成溶液状态。皮冻就是利用明胶的这一性质制作的。猪肉皮中胶原蛋白的含量较其他畜禽高,故制皮冻的原料主要是猪肉皮。肉皮鲜味不够,在制冻时,若只用清水熬制则为一般皮冻,而用鸡、鸭、火腿等原料制成的鲜汤或高汤熬制的皮冻则为高级皮冻。

馅心的掺冻量根据皮坯性质而定,一般组织紧密的皮坯,如水调面或嫩酵面制品,掺冻量可以多一些。而用大酵面做皮坯时,掺冻量则应少一些,否则,馅内卤汁太多,易被皮坯吸收,出现穿底、漏馅等现象。汤包掺冻量一般每千克馅掺600克左右。

子任务四　熟荤馅制作

熟荤馅,是指用各种畜、禽类及水产品原料经煮、炒、烧等烹制方法而制成的馅心。其口味特点是卤汁浓厚、油重、味鲜、爽口、散籽,一般用于花色蒸饺、油酥制品、发酵制品等。熟荤馅的调法主要有两种:一种是将切细后的生料或半熟料剁碎,在锅中加热调制;另一种是用烹制好的熟料切成丁或末,再加以调料拌制。

一、工艺流程

熟荤馅制作的工艺流程为:❶ 刀工处理;❷ 烹制、调味;❸ 成馅。

二、操作步骤

（一）调制准备

1. 设备、器具准备

（1）设备主要包括操作台、炉灶。

（2）器具主要包括炒锅、炒勺、菜刀、砧板、碗、盆等。

2. 原料准备

熟荤馅的主要原料有叉烧肉、猪肉、火腿、猪油、姜末、葱花、洋葱、面粉、粟粉、调味品等。配方如表3-8所示。

表3-8　　　　叉烧馅参考配方

馅心种类	叉烧肉/克	猪肉/克	火腿/克	猪油/克	姜末/克	葱花/克	洋葱/克	面粉/克	粟粉/克	食盐/克	酱油/毫升	白糖/克	胡椒粉/克	料酒/毫升	味精/克	芝麻油/毫升	清水/毫升
叉烧馅	500			50			20	15	20	3	50	50					200
火腿土豆饼馅		250	50	50	10	25				3		5	3	20	33	20	

（二）调制馅心

1. 刀工处理

熟荤馅的原料形状不宜太大，常见的有丁、粒、末等形状，主配料大小应一致。叉烧馅中叉烧肉一般切成指甲片状，火腿土豆饼馅中猪肉、火腿切成小颗粒。

2. 烹制、调味

（1）叉烧馅。叉烧馅的制作步骤为：先将猪油放入锅中烧热，投入洋葱片炸出香味，取出洋葱，成为葱油。再将面粉倒入锅内搅匀，炒至呈微黄色，加入清水、白糖、粟粉、盐、酱油等原料，炒至锅内成糊状且冒大泡时起锅，待冷后成叉烧馅面芡。将面捞芡加入叉烧肉中拌和均匀即成。

（2）火腿土豆饼馅。火腿土豆饼馅的烹制步骤为锅置火上，放油烧热，下猪肉炒散，再加料酒、食盐、酱油、火腿炒香起锅，冷后加入葱花、味精、胡椒粉、芝麻油拌匀即成。

（三）质量检查

调制好的叉烧馅应表现为：滋润爽口，叉烧味浓，面捞芡与叉烧比例适当。调制好的火腿土豆饼馅应表现为：肉粒散籽松爽，味咸鲜适口，冷却后凝固性较好。

三、技术要领

除了在以上操作环节中提到的要领，在制备熟荤馅时，我们还有许多原则需要遵循。包括但不限于以下诸事项：

（1）合理选用原料。制作熟荤馅的生料多选用猪肉、鸡肉、虾仁、蟹肉等，配以金钩、火腿、干腌菜（如蘑菇、香菇、冬笋、黄花菜、芽菜、榨菜等）；熟料多选用具有独特风味的制品，如叉烧肉、烤鸭、烧鸡等。

（2）采用适当方法烹制。生料多采用炒的方法烹制，烹制时根据原料质地老嫩、成熟先后，依次加入，有些蔬菜要在使用时再拌入，如韭黄、葱花等，否则易失去这些原料的风味。

为便于包捏成形,减少馅心水分,烹制时可进行勾芡,使馅料与卤汁混为一体。不勾芡的馅心,针对具体品种,可用猪油炒制,冷却凝结后捏成小坨,再包馅就容易了。熟料的调制方法有两种:一种是将烹制好的芡汁,加入熟料中调拌均匀;另一种是在锅内进行勾芡调味。

(3)采用适当方法增加馅心稠厚度。一些面点制品要求馅心有较好的成团性,便于包捏成形,常常在制馅时采用猪油炒制或通过勾芡、使用芡汁来增加馅心的稠厚度。猪油宜选用凝固性能好的油脂,且用量适中。面点馅心的勾芡与芡汁的浓度应较菜肴烹制更浓厚,芡汁过稀不利于成形,芡汁过稠厚易使馅心不清爽。

子任务五 荤素馅制作

在咸馅中,荤素馅的制作是最复杂的,其运用也是最广泛的。从营养学角度看,荤素馅是营养搭配最合理的馅心,可通过荤素的搭配使营养素分布均衡,更利于人体吸收。

一、工艺流程

荤素馅制作的工艺流程为:动植物原料初加工──→刀工处理──→烹制、调味──→成馅。
（调味、拌和 / 熟制、调味拌和）

二、操作步骤

(一)调制准备

1. 设备、器具准备
(1)设备:操作台、炉灶。
(2)器具:炒锅、炒勺、菜刀、砧板、碗、盆等。
2. 原料准备

荤素馅的主要原料有:猪肉、鸡肉、猪瘦肉、猪肥肉、韭菜、冬菇、冬笋、小白菜、姜末、调味品等。其配方如表3-9所示。

表3-9　　　　　　　韭菜肉馅、鸡粒馅、玻璃烧卖馅参考配方

原　料	韭菜肉馅	鸡粒馅	玻璃烧卖馅
猪肉/克	250	150	
鸡肉/克		125	
猪瘦肉/克			200
猪肥肉/克			50
韭菜/克	200		
冬菇/克		25	
冬笋/克		50	
小白菜/克			125
食盐/克	5	5	5

续　表

原　　料	韭菜肉馅	鸡　粒　馅	玻璃烧卖馅
酱油/毫升	15	7	
料酒/毫升	25		5
味精/克	2	2	2
姜末/克	10	12.5	10
胡椒粉/克			1
芝麻油/毫升	30	5	10

(二) 调制馅心

1. 韭菜肉馅

韭菜择洗净、切细,猪肉剁细放入盆中,加入盐、味精、姜末、料酒、酱油顺一个方向搅上劲,再分次加少量的水,最后放入韭菜、芝麻油拌和均匀即成。

2. 鸡粒馅

猪肉、鸡肉洗净切成细颗粒,浆后跑油待用。冬菇、冬笋制好,切成细颗粒。炒锅置火上,加入少许油脂,烧热下姜末出香,下冬菇、冬笋煸炒,再下猪肉、鸡肉粒一起煸炒,加入调料炒香入味起锅,最后拌入芝麻油即可。

3. 玻璃烧卖馅

猪肥肉煮熟晾凉,切成小颗粒;猪瘦肉剁细放入盆中;小白菜择洗净入沸水焯后用冷水浸漂,然后剁细,用纱布包住挤去水分;盆中的生猪瘦肉蓉加入盐、味精、姜末、料酒、胡椒粉搅拌均匀,再加熟猪肥肉粒和匀,最后加小白菜、芝麻油拌和均匀即成。

(三) 质量检查

调制好的馅心应表现为:韭菜肉馅干爽不吐水,荤素比例搭配适当,口味咸鲜、韭香浓郁;鸡粒馅清爽松散,鲜香味浓;玻璃烧卖馅红白绿色相间,鲜美清香,肥而不腻。

三、技术要领

(1) 荤素原料搭配合理。生荤素馅,是指所用的荤素原料都是未成熟的,制作这类馅并不复杂,只需在生荤馅中加入适当的素菜,如分别对于青菜肉馅、胡萝卜羊肉馅、香菜鸡肉馅,其中的素菜作用为青菜能解腻,胡萝卜能除膻,香菜能提鲜。牛肉馅一般可用芹菜、萝卜、大葱、洋葱搭配而不宜用韭菜,因为肉的膻气与韭菜的辣味相混,易生恶味,而且不易消化。与羊肉馅配合的素菜有胡萝卜、香菜、芹菜、白菜、葱等;与鸡肉馅配合的素菜除白菜、香菜外,还可选用蘑菇、冬菇、笋类等。

熟荤素馅,是指所用的荤素原料均为成熟的,这类馅的制作要求荤素料成熟后的口感要尽量一致,不要一个滑嫩,一个粗糙,应干香配干香,细嫩配细嫩。所以一般煮制馅中配质地细嫩的新鲜蔬菜,炒制馅中配质地较老的干菜和豆制品。

生熟荤素馅,是指用各种荤素原料一部分经煮、炒、烧等烹制方法成熟,而另一部分未熟制而混合制成的馅心。生熟荤素馅的优势在于可根据不同原料的质地运用不同的加工方法,使各种荤素原料充分发挥各自的特点,最终使馅心独具特色。

（2）荤素馅调制方法恰当。生荤素馅调制时一般先调制肉料部分，再混合素菜部分。新鲜蔬菜添加前还需进行去异味、去水分的处理，避免加入肉料中因食盐的渗透压作用造成馅心吐水变稀，影响馅心风味和包捏成形操作。

熟荤素馅常采用炒制的方法烹制。炒制时注意火候的把握，炒制时间要适宜。

生熟荤素馅一般肥肉部分采用煮的方式成熟，煮制时间不宜久；瘦肉部分加工成泥蓉状，使之调制时能够充分吸收水分产生胶黏性；蔬菜根据需要要先焯水去异味和去水分。调味拌制时，先调瘦肉部分，再加入肥肉粒和蔬菜粒。

思维导图

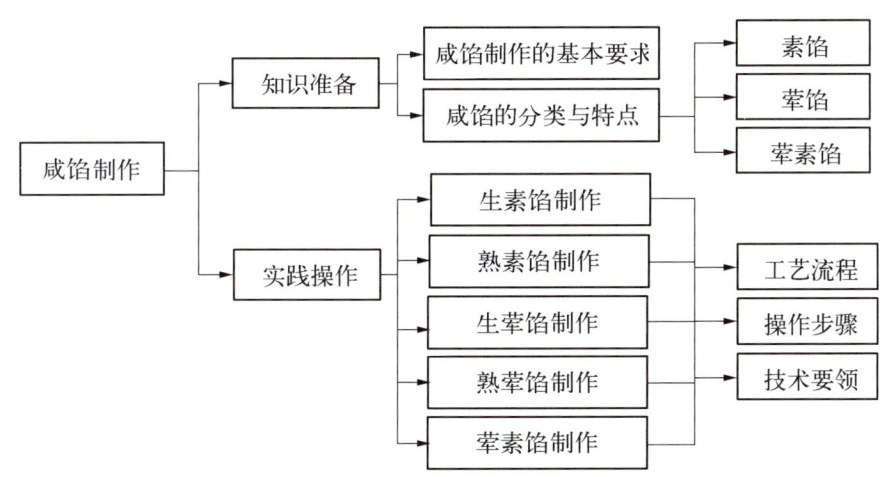

任务测试

一、名词解释

1. 水打馅
2. 素馅

二、单项选择题

1. 下列影响因素中，不属于水打馅制作关键的因素是（　　）。
   A. 肉要切成蓉　　B. 加水前先调味　　C. 分次加水　　D. 最后掺冻
2. 下面品种馅心中，需要制作面捞芡的是（　　）。
   A. 鲜肉包子　　B. 玻璃烧卖　　C. 叉烧包　　D. 素什锦包

三、多项选择题

1. 咸馅根据制作原料的不同可以分为（　　）。
   A. 荤馅　　B. 素馅　　C. 荤素馅　　D. 生熟馅　　E. 生荤素馅
2. 熟馅一般根据原料性质烹制，其方法有（　　）。
   A. 焯　　B. 煮　　C. 拌　　D. 炸　　E. 烤
3. 根据制作方法荤素馅一般分为（　　）。
   A. 生荤素馅　　B. 熟荤素馅　　C. 生熟荤素馅　　D. 熟荤馅　　E. 熟素馅

四、判断题

1. 水打馅制作应选择半肥半瘦的猪肉。（　　）

2. 荤素馅制作时一般应干香配干香,细嫩配细嫩。 (　　)
3. 生荤馅特点是馅心多汁、肉嫩、味鲜。 (　　)
4. 叉烧馅属于生荤馅。 (　　)

五、简答题

1. 制作生荤馅时为什么要先调味,后加水?
2. 在制作素馅时如何避免馅心水分过多?

任务四　面臊制作

问题思考

1. 面臊的作用有哪些?
2. 四川担担面的面臊属于哪种面臊,它的特点有哪些?
3. 面臊可分为哪几类?

知识准备

一、面臊的概念

面臊又称面卤、臊子、面码、打卤、浇头等,是指浇盖在各种面条或米线表面上的色、香、味、形俱佳的汤汁卤料,用来增色、增香,改善口味。面臊的口味决定了面条及米粉的特色。面臊的制作往往受到各地饮食习惯和口味习惯的影响,各地面臊异彩纷呈,如北京的炸酱面面臊,四川担担面的干煵面臊,山西的打卤面面臊等。

二、面臊的分类

制作面臊的原料广泛,无异味,质地脆嫩的新鲜原料都可以用来制作面臊。面臊的制法多样,常用炒、爆、烧、炖、煨等烹调方法加工。调味多变,常见的味型有咸鲜、麻辣、酸辣、炸酱等。面条好吃与否,鲜香与否,大都以面臊的质量为衡量标准。根据其制法和用途不同,面臊一般分为汤面臊、卤汁面臊和干煵面臊三类。

汤面臊是最为常见的,主要用于烩面、煨面以及各种汤面,本身带有一定的汤汁,口感滋润鲜美。汤面臊一般分为汤菜臊和纯汤臊两种。汤菜臊是指浇在煮好的面条或米线上的多汁的面臊,一般与菜肴相似,汤菜臊要求汤鲜美、原料熟烂,如榨菜肉丝面臊、红烧牛肉面臊等。汤菜臊的汤汁一般在40%左右。纯汤臊是指用烹调方法调制出的浇在煮熟的面条或米线上的纯汤。这类汤应当鲜香、味浓,有特色。常用的汤有原汤、清汤、奶汤、鱼汤以及素汤,其制作与烹调技术与其他汤类制作方法相同。

卤汁面臊,是指采用烧、焖、煨等烹调方法烹制而成的面臊。卤汁面臊应当汁浓、味鲜、口感滑爽。在制作过程中,往往需要将汤汁收稠或用水淀粉勾芡,如炸酱面面臊、稀卤面面臊等。

干煵面臊主要用于汤汁很少或不带汤汁的面条,一般很少加入辅料,都仅由纯净原料构成,烹调方法多为煵炒的方法。它的特点是口感干香酥脆,色泽金黄或呈茶色,如担担面面臊和渣渣面面臊等。

三、面臊的作用

面臊直接影响面条的色、香、味、形,其烹制方法不同,口感也不相同。面臊的作用归结如下。

(一) 形成面条的特色

面条的特色与面条的质量及所用调味品有关。在形成浓郁的地方风味特色的过程中,面臊往往起了决定性作用,四川的回锅肉肥肠面臊就是将川菜名品回锅肉与烧肥肠制成面臊。面臊对面条特色的形成起到了决定性的作用。简单地说,面臊的风味特色就构成了各种面条的特色。

(二) 体现面条的口味

面条的口味主要是由面臊所决定的,肥肠面面臊的面条为家常味,炸酱面的面条为咸鲜味等。面臊有无汤汁,干香还是爽滑,味型是浓是淡,都是通过面臊的种类而体现出来的,因此面臊的味道对面条成品的口味有决定性的作用。

(三) 增加面条的营养

面臊在提高面条的营养价值方面起到了重要的作用。打卤面面臊包含猪肉、火腿、木耳、鸡蛋、黄花菜、冬笋等,除了增加了较高的蛋白质、脂肪成分外,还增加了丰富的微量元素、维生素等营养成分。如果单纯吃面而不加面臊,人们摄入的营养就比较单一。

(四) 丰富面条的花色品种

面臊可以丰富面条的花色品种。可食用的动植物原料基本上都可以用于制作面臊,加之中国的调味品丰富,采用不同的加工方法,不同的调味品,即使原料相同,也可以制作出不同的面条。以猪肉面臊为例,猪肉可制成红烧大肉面面臊、担担面面臊、炸酱面面臊、回锅肉面面臊等。

实践操作

子任务一　汤面臊制作

汤面臊可分为纯汤臊和汤菜臊两种。纯汤臊的制作关键在于汤头,在几种常用汤(如原汤、奶汤、清汤等)的基础上,添加不同的辅料、调味料,即可制成各具特色的纯汤臊。汤菜臊与烹调中的汤菜类似,制作中注意刀工处理和调味,熟制方法以煨、炖、烧焖、炒为主。汤菜臊具有多汤汁的特点,其汤汁占40%左右,要求汤味鲜美,原料爽口软滑。

一、工艺流程

汤面臊制作的一般工艺流程为:❶ 原料;❷ 刀工处理;❸ 烹制;❹ 制成。

二、操作步骤

(一) 调制准备

1. 设备、器具准备

(1) 设备主要包括操作台、炉灶。

(2) 器具主要包括炒锅、炒勺、菜刀、砧板、碗、盆等。

2. 原料准备

汤面臊的主要原料有猪肉、鸡肉、牛肉、鸭肉、韭菜、冬菇、冬笋、小白菜、姜末、调味品等。红烧牛肉面臊参考配方如表 3-10 所示。

表 3-10　　　　　红烧牛肉面臊参考配方

原　料	牛肋条肉/克	食盐/克	料酒/毫升	糖/克	姜块/克	葱段/克	花椒/克	牛骨汤/毫升
红烧牛肉面臊	250	5	10	10	5	10	5	1 500

(二) 调制面臊

1. 刀工处理

将牛肉洗净切成 2.5 cm 长的小块。牛肉不要切得太小,若切得太小,烧制熟烂后,不容易成形,破坏面臊质量。

2. 烧制

将牛肉冷水下锅汆去血污。将锅置于火上,加适量色拉油烧至二成热,加入姜块、葱段、香料一起煸炒出香味,掺入适量鲜汤,下牛肉煮沸撇去浮沫,加食盐、料酒、花椒、糖烧至牛肉成熟软烂,去掉姜块、葱段、香料包、花椒即成面臊。牛肉腥膻气味重,冷水下锅汆煮有利于去除膻味、血污,如果沸水下锅,牛肉表面因骤受高温而立即收缩,内部的血污和腥膻气味就不易排出,此外,加入大块萝卜可以去除膻味。料酒、花椒也有去除膻味的作用。应尽量撇去浮沫,否则汤容易发浑,膻味重。加调料后改小火烧制,适量加入糖。糖加入量少,牛肉颜色不好看,加入量多,牛肉颜色发黑,汤发苦。不能使用铁锅烧制,铁锅容易使煮好的汤与牛肉发黑,一般选用不锈钢锅烧制。

(三) 质量检查

烹制好的面臊应当汤汁香浓醇厚,味咸鲜,牛肉熟软。

三、技术要领

(1) 原料选择合理。汤是汤面臊的核心与关键。熬汤所用原料一定要新鲜,保质保量,保证汤有良好的品质。制作汤菜臊的原料来源广泛,质地脆嫩、新鲜、无异味的动植物原料均可。使用较多的动物类原料主要是猪肉、鸡肉、鱼肉、牛肉、虾肉、蟹肉、肥肠、海参等,植物类原料主要有笋子、萝卜、香菇、玉兰片以及各种绿叶蔬菜等。

(2) 刀工处理适当。汤菜臊原料一般多加工为片、丁、丝、条、块状,大小应均匀适度。

(3) 烹制方法得当。汤菜臊烹制方法以煨、炖、烧、焖、炒为主,恰当的烹饪方法可以突出面臊特点。

子任务二　卤汁面臊制作

卤汁面臊在北方面条中十分常见,制作中需注意原料的合理搭配,采用长时间加热的烹调方法,如烧、焖、煨等,把汤汁收稠或用水淀粉勾浓芡。

三鲜打卤面

一、工艺流程

卤汁面臊制作的工艺流程为:❶ 原料;❷ 刀工处理;❸ 烹制;❹ 制成。

二、操作步骤

（一）调制准备

1. 设备、器具准备

（1）设备：操作台、炉灶。

（2）器具：炒锅、炒勺、菜刀、砧板、碗、盆等。

2. 原料准备

卤汁面臊的主要原料有鳝鱼片、蒜末、姜末、葱花、郫县豆瓣等。大蒜鳝鱼面臊配方如表 3-11 所示。

表 3-11　　　　　　　　　大蒜鳝鱼面臊参考配方

原料	鳝鱼片/克	食盐/克	料酒/毫升	蒜末/克	姜末/克	葱花/克	胡椒粉/克	白砂糖/克	酱油/毫升	豆瓣/克	味精/克	芝麻油/克
大蒜鳝鱼面臊	500	5	20	20	5	10	2	5	10	50	2	2

（二）调制面臊

1. 刀工处理

将鳝鱼切成 2.5 cm 的片，加入食盐、醋洗去血污，加入料酒、食盐、姜片、葱末码味。入七成热油锅过油。食盐、醋能很快去除鳝鱼表面黏液，而且可使鳝鱼烧制成熟后带脆的口感。

2. 烧制

锅置火上，加入适量色拉油，烧至三成热，下豆瓣炒香，再加入姜末、葱花、蒜末，掺入适量鲜汤，加料酒、酱油、胡椒粉、食盐、白砂糖调味，下鳝鱼片中火烧制鳝鱼熟软。汤汁快干时，加入味精，用湿淀粉勾薄芡，淋入芝麻油起锅即可。

（三）质量检查

烹制好的面臊应表现为色泽红亮，口味咸鲜微辣，回味微甜，大蒜味浓，鳝鱼熟软。

三、技术要领

（1）合理掌握火候。卤汁面臊多数使用中小火烹制。应根据品种的特点，把握好火候。如大蒜鳝鱼面臊要求鳝鱼熟软、炸酱面中肉末炒制时间不可过长，否则影响其鲜嫩。

（2）适当调节芡汁黏稠度。馅心勾芡时待芡汁变透明时改小火，芡汁干稀度要适度，不能成团。

（3）根据原料性质选择是否氽水。笋子、海带等带有异味的原料，制面臊前需要提前焯水去异味。

子任务三　干煵面臊制作

一、工艺流程

干煵面臊制作的工艺流程为：❶ 原料；❷ 刀工处理；❸ 煵炒；❹ 成品。

二、操作步骤

（一）调制准备

1. 设备、器具准备

（1）设备：操作台、炉灶。

(2) 器具：炒锅、炒勺、菜刀、砧板、碗、盆等。

2. 原料准备

干燔面臊的主要原料有：鳝鱼片、蒜末、姜末、葱花、郫县豆瓣等调味品。配方如表 3-12 所示。

表 3-12　　　　　　　担担面臊参考配方

原　料	猪肉/克	食盐/克	料酒/毫升	甜面酱/克	酱油/毫升	味精/克	色拉油/毫升
担担面臊	500	5	20	50	10	2	50

（二）调制面臊

调制面臊的步骤，是将猪肉剁成肉末，锅置中火上下猪油烧热，下肉末炒散，加料酒、甜面酱、精盐和酱油，炒至肉末吐油、酥香即成。

（三）质量检查

烹制好的面臊应表现为色泽金黄，口味咸鲜，肉末酥香。

三、技术要领

(1) 选料合理，刀工处理适当。担担面臊的猪肉宜选择肥三瘦七的肉，不宜太肥或太瘦。刀工处理时肉末不宜过细或过粗，太细炒制时易使肉末过干过焦，影响面臊口感；肉粒太粗则不易炒至酥香。

(2) 火力火候适当。干燔面臊宜用中小火慢慢煸炒，使肉末中水分基本炒干，至面臊开始吐油以达到酥香。若面臊炒制时火力过大，很容易使面臊肉末外焦里软，从而达不到成品要求。

思维导图

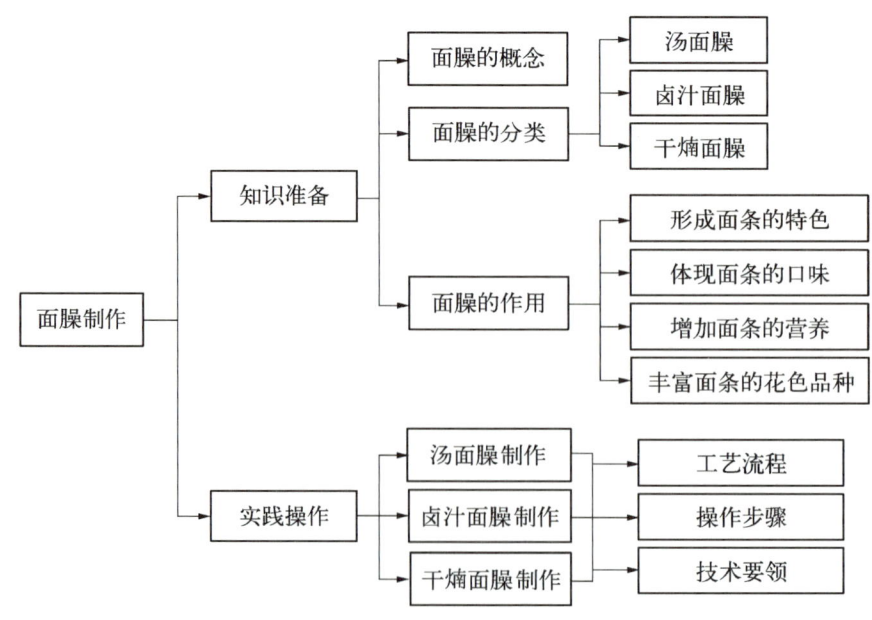

任务测试

一、名词解释
1. 面臊
2. 干煵面臊

二、单项选择题
1. 汤菜臊的汤汁一般在（　　）左右。
A. 30%　　　　　　B. 40%　　　　　　C. 50%　　　　　　D. 60%
2. 担担面面臊属于（　　）。
A. 汤面臊　　　　　B. 汤菜臊　　　　　C. 干煵面臊　　　　D. 卤汁面臊
3. 干煵面臊在制作时常用的烹调方法是（　　）。
A. 烧　　　　　　　B. 煸炒　　　　　　C. 焖　　　　　　　D. 煨

三、多项选择题
1. 汤面臊一般分为（　　）。
A. 纯汤臊　　　B. 汤菜臊　　　C. 干煵面臊　　　D. 卤汁面臊　　　E. 红烧面臊
2. 在制作卤汁面臊时常用的烹调方法有（　　）。
A. 烧　　　　　B. 煸炒　　　　C. 焖　　　　　　D. 煨　　　　　　E. 焯

四、判断题
1. 面臊能增加面条的营养。　　　　　　　　　　　　　　　　　　　　　　（　　）
2. 口感干香酥脆、色泽金黄的面臊是卤汁面臊。　　　　　　　　　　　　　（　　）
3. 制作红烧牛肉面臊时，牛肉切得很小，烧至熟烂后，不影响面臊质量。　　（　　）
4. 大蒜鳝鱼面臊属于汤面臊里面的汤菜面臊。　　　　　　　　　　　　　　（　　）
5. 干煵面臊适宜用中小火炒制。　　　　　　　　　　　　　　　　　　　　（　　）

五、简答题
1. 面臊的作用是什么？
2. 面臊的分类及特点是什么？

项目七　面点成形

◇ **职业素养目标**
- 提升学生的审美意趣,增强文化意识;培养学生的实践能力和创新精神。

◇ **职业能力目标**
- 了解面点造型的特点、要求及具体类别。
- 了解各种成形技法的特点,能判断成形方法的运用是否得当。
- 熟悉各种成形方法的技术要点,能够独立进行面点成形操作。
- 能根据不同品种的特点选用相应的成形方法。
- 熟悉面点装盘与围边的要求并掌握独立进行面点装盘与围边操作的能力。

◇ **典型工作任务**
- 面点造型的特点与要求。
- 徒手成形。
- 借助简单工具成形。
- 模具成形。
- 装饰成形。
- 面点盛装与盘饰。

任务一　认识面点造型的特点与要求

问题思考

1. 你能说出十种形状不同的面点吗?
2. 你认为通过哪些方式方法可以实现面点成形?
3. 给面点上色有哪些方式?
4. 在进行面点造型时,需要考虑哪些因素?

知识准备

一、面点成形的含义

面点成形,是指将调制好的面团、馅料按照品种的要求,运用各种成形技法塑造形态,并将其制成半成品或成品的工艺过程。面点装饰,是指在面点成形、熟制和装盘过程中运用造型变化、色彩搭配等艺术手段装饰成品的工艺过程。

面点成形工艺，内容丰富，技艺复杂。花色象形品种对造型工艺水准有很高的要求，有时需要借助美术技巧，才能达到理想的形态和构思意境。因此，成形工艺是一项技术性和艺术性有机结合的操作技术，必须在实际操作中反复实践，才能熟练掌握。

二、面点造型的特点

中国面点的造型种类繁多，内容丰富，不同地区，不同风味，不同流派的面点都具有不同的造型，技艺复杂，形态变化多样。尤其是花色象形品种，其造型工艺尤为独特。尽管如此，不同面点造型在美学意义上的追求是一致的，主要体现在以下两方面。

（一）雅俗共赏，形态多样

中国面点的造型技艺精湛。中国面点工艺非常注意造型的雅致、协调，强调给人的视觉、味觉、嗅觉、触觉带来美的享受，具有较强的艺术性。在具体操作过程中，人们可通过形体的变化，成熟方法的变化，造型技法的变化，塑造出各种色彩鲜明、神形兼备的面点。

中国的面点品种丰富多样，千姿百态。通过各种造型技法，能够打造各种面点形态，如包、卷、饺、饼、团、条等。不同的造型存在着共性，也有各自的特性。在基本形态之上，人们在劳动中形成了更精美的花式品种，如刺猬包、梅花饺、眉毛酥等，大大地丰富了面点的品种，使中国面点大放异彩。

（二）食用与审美紧密结合

"民以食为天"，可食性是面点的最基本性质，面点的造型应"以食为主、美化为辅"。我们应注重内在美与外在美的和谐统一、食用性与审美性的和谐统一，通过面团、馅料、成熟方式、造型的变化，使面点既形象生动、朴实自然，又富有时代气息和民族特色，使食客"食之津津有味，观之心旷神怡"。因此，面点造型中的一系列操作技巧和工艺过程都应围绕增进食欲的目的展开，满足人们对饮食的需求，同时又给人以美的享受。

三、面点的基本形态

中国面点的基本形态可分为饺类、饼类、糕类、团类、包类、卷类、条类、酥类、羹类、冻类、与饭粥类等。

饺类制品按成熟方法分可分为蒸饺、水饺、锅贴等，按造型可分为木鱼饺、月牙饺、四喜饺、元宝饺、金鱼饺等各种花式象形饺，按皮坯性质可分为子面饺、三生面饺、烫面饺、酥面饺。

饼类制品主要是指扁圆形的制品。根据皮坯性质不同，饼类可分为水面饼（如春饼、薄饼）、酵面饼（如发面饼、白面锅盔）、酥面饼（如苏式月饼、鲜花饼），米粉、杂粮粉及果蔬制作的饼（如玉米煎饼、甘薯饼、土豆饼、南瓜饼等）。

糕类制品是指以米粉、面粉、鸡蛋、杂粮、果蔬为原料制成的制品，口感松软黏糯，如松糕、年糕、米蜂糕、清蛋糕、马蹄糕、花生糕等。

团类制品常与糕类并称为糕团，一般以米粉为原料，多为球形，如汤圆、绿豆团、麻团等。

包类制品主要指各式包子，原料多以发酵面团为主，按口味可分为甜味包（如五仁包、莲蓉包等）、咸味包（如汤包、水煎包等）。按形状可分为光头包（如豆沙包、奶黄包等）；提褶包（如鲜肉大包、牛肉包等）；花式包（如秋叶包、佛手包、刺猬包等）。

卷类制品品种多样，成形时均采用了卷的方法。卷类制品包括以发面制作的各式花卷

（如如意卷、四喜卷等）、以米粉面团制作的各式凉卷（如芸豆卷、豆沙凉卷等）、以蛋糕面团制作的各式蛋糕卷（如虎皮卷、瑞士卷等）、以油酥面团制作的松酥卷等。此外，还有煎饼卷、春卷等。

条类制品，主要指面条、米线、米粉等长条形的面点，如炸酱面、担担面、拉面、过桥米线、肥肠粉等。

酥类制品，主要指食用时口感酥松的制品，多以油酥面团或油酥面团和其他面团配合制作而成，包括层酥类制品和混酥类制品，如龙眼酥、玉带酥、千层酥、桃酥等。

羹类制品，主要指带汤的或呈糊状的品种，如西米露、莲子羹、醉八仙等。

冻类制品，主要指用琼脂、明胶、淀粉等胶冻剂制成的凝冻状制品。冻类制品多为甜食，如果冻、豌豆黄、奶冻糕等。

饭、粥类制品为大众主食之一，有普通饭、粥和花式饭、粥之分，常见的饭、粥类面点有炒饭、盖浇饭、八宝饭、鱼片粥、皮蛋粥等。

四、面点造型的外形特征

面点造型多样，富于变化，概括而言，其外形有四种，即自然造型、几何造型、象形造型、艺术造型。

自然造型通常采用简单的造型手法，操作者任其自然形成不是十分规则的形态，如核桃酥、开口笑、波丝油糕等。

几何造型通常通过手工或模具成形，模仿生活中的各种几何形体制作而成，成品具有一定规律的形态，如条状的面条、圆球形的汤圆、三角形的三角酥、圆饼状的白松糕等。

象形造型是指通过包、捏等成形手法，模仿自然界中的各种动植物而成的造型。成品具有一定的象形意义，如梅花饺、兰花饺、秋叶包、刺猬包、玉兔饺、金鱼饺等，形象逼真，栩栩如生。

艺术造型就是指利用一些立塑、拼摆、裱绘、组合装配等艺术造型手法，结合器皿和盘饰制成具有一定综合艺术效果的面点制品的造型方法，其成品能给人以美味又美观的双重享受，如"鹅鸭戏水""冰山企鹅"等。

象形蘑菇包

五、面点色彩的形成

（一）色泽与面点的关系

色、香、味、形、质是衡量面点的标准。任何一种面点，首先映入食客眼帘的是它的色泽，"色"首当其冲，可见其重要性。面点制品色泽鲜艳、明快、自然逼真，会使人产生和悦的快感，给人以享受，激发人们的食欲。因此，色泽是面点质量的重要保障，正确调配面点色泽，使面点制品更加绚丽多彩，对面点制作有着极为重要的意义。

1. 色泽能添加面点的美感

为使制品更加生动逼真，我们通常需要进行配色。我们可通过各种粉团颜色的搭配来制作各种形象逼真，使人赏心悦目的面点制品。例如，单是以白色面团来制作象形茄子，肯定没有美感，若采用两种颜色的面团来搭配制作，用紫色面团制作成茄子的主体，用另一种绿色面团捏成薄皮包于茄子细的一头，装上叶柄，不仅增加了美感，同时使制品也变得生动起来。

2. 面点色泽绚丽可以诱人食欲

绚丽的色泽能够增进人们对面点的食欲。常见面点，原料广泛，各种原料都具有独特的色泽,如果将这些色泽进行合理的搭配组合,就能构成色泽鲜美、色调自然的面点品种,增强人的食欲。

3. 通过色泽调配可以丰富面点的品种

色泽与面点的关系非常紧密,每一种面点品种都有其独特的色泽,也可以通过变换色泽来丰富面点的品种。面条本色为白色,适当添加天然的菠菜汁,就能制成碧绿色的青菠面,添加番茄汁,就能制成红色的茄汁面等。这些色泽调配不仅可以丰富面点的品种,还可以丰富制品的营养,给顾客以新鲜感,从而增加食欲。

(二) 面点对色泽的要求

色泽的调配应始终以食用为主,坚持本色,少量缀色,合理配色,控制加色,适当润色。

1. 坚持本色

坚持本色,是指保持面点原料本身的颜色,这是面点制作的基本要求。色泽应自然,符合卫生、营养要求。发酵面点制品应晶莹洁白,应正确加碱,并用旺火蒸制。例如,南瓜饼应色泽金黄,在成熟过程中就要控制好油温、炉温。

2. 少量缀色

少量缀色,是指在坚持本色的基础上,在面点制品表面点缀一点色彩,并作适当装饰,这不仅美化了面点的色泽,还能丰富制品的营养。点缀的原料必须是可食性的原料,如在炸好的千层桃酥、莲花酥、燕窝酥等上面点缀胭脂糖,再如在三色糕上面撒青红丝、瓜子仁、葡萄干等,都可以起到很好的效果。

3. 合理配色

配色可分为顺色配和岔色配两种。顺色配,是指主色和附色相近的搭配方式,梅花饺中代表五瓣花瓣的主色是黄蛋糕末(或蛋黄末),中间代表花蕊的配以火腿末,红、黄两种色彩都是暖色,属相近色,使色调和谐自然。岔色配,是指利用不同原料色泽的相互搭配与衬托,突出对比,形成鲜艳明快的色调。四喜饺子注重色调的冷暖对比,多种颜色相互搭配,色彩艳丽,烘托喜庆的气氛。花色搭配方式应综合考虑色彩的色相、明度、冷暖等,使面点配色和谐,丰富多彩。

4. 控制加色

控制加色,是指在面点制作过程中避免添加色素。人工合成食用色素虽然能美化面点制品,但毫无营养,用量过大还可能产生毒副作用,应严格控制使用量,不能超过国家标准的规定。配色时,坚持用量少、色泽淡雅的原则,掌握成熟时色素由浅变深的规律,控制加色。

5. 适当润色

当制品成熟后,可以适当润色,使面点色泽更加明亮、有光泽。比如,可以在面包烤熟后刷上色拉油或糖蛋水。

(三) 面点色泽的形成方式

面点的色泽主要源于原料本身固有色泽、成熟工艺及色素。

1. 原料本身固有色泽的运用

面点的色泽主要源自原料自身,而面点制作所采用的原料十分广泛,许多原料本身就具有各种美丽的色相,其色度、亮度变化多样,层次丰富。在面点制作和装饰造型中,应加以应用,构成色彩艳丽、食欲感强、营养卫生、细致精美的面点制品。白色的米粉、面粉和黄色的玉米粉使制品的主色调为白色或黄色;鲜红色的樱桃、草莓,黄色的柠檬,橙色的南瓜,绿色的蔬菜,对于这些原料,若采用适宜的工艺手段将其进行搭配、组合,就能够制作精美的面点图案。充分利用原材料的固有色泽,不仅能使面点色彩自然、色调优美,同时也可以满足面点消费者对食品安全卫生的要求。因此,这类面点也是在当今世界上最受欢迎的。

2. 成熟工艺的运用

面点色泽的形成除了与原料固有色泽和色素运用有关外,还与加工工艺有着密切的关系。工艺法着色是指各种原料在调制、成形、成熟等工艺过程中的相互影响而形成颜色的过程。原料通过加热发生物理化学变化而形成的色泽,在面点工艺应用中较难控制和掌握。在使用白色面团制成生坯时,采用蒸、煮方法可以形成色泽洁白光润的制品;若采用烙、烤、炸、煎等成熟方法,由于传热介质的不同,受热的温度高低和加热的时间长短不同,可以制成色泽淡黄、金黄、红褐等不同颜色的制品。

(1) 通过熟制工艺形成制品色泽。蒸、煮法一般可使面点色泽保持面团的本色,如饺子、面条、馒头色泽洁白,凉蛋糕色泽淡黄。

烘烤法可使制品形成红褐、棕黄、金黄等色泽,这是生坯内部成分产生某些物理变化或化学变化(如焦糖化反应、美拉德反应)而产生的颜色。若打算使烘烤制品具有良好的色泽,就应根据制品的要求和面坯的特点控制烘烤炉温及烘烤时间。

油炸法可使制品产生金黄、棕黄、深棕黄的颜色。各类面点中均含有一定量的淀粉和糖类,这些糖分在油炸过程中也会产生颜色反应。同时,不同油脂含有的色素不同,在使用植物油油炸时,油中的固有色素会使面点制品上色。

(2) 刷蛋使制品表面形成红褐、金黄的色泽。在生坯表面涂抹一层蛋液,使其在熟制过程中由于美拉德反应形成金黄、棕黄、红褐等光亮的色泽,可以起到美化外观、增进食欲的作用。这种方法称为刷蛋着色法。

3. 色素的运用

多种多样的造型技术使单一的米面制品愈发多姿多彩,技术进步使人们对面点的颜色有了更高的要求,为了打造更加生动的效果,往往添加适量食用色素进行调色。目前广泛使用的食用色素有天然食用色素和人工合成食用色素两大类。

天然色素对光、酸、碱、热等条件敏感,色素稳定性较差,但天然色素对人体无害,使用较多,如菠菜汁、番茄汁、蛋黄、紫菜头(又称根甜菜)汁、南瓜泥等,能使面点制品形成碧绿(翡翠)、橙红、金黄等美丽的色泽,还能提高成品的营养价值。

人工合成食用色素具有色彩鲜艳、成本低廉、性质稳定、着色力强、色调丰富等优点,但过量使用会危害人体的健康,我们应当多加留意。目前国内准许使用的人工合成食用色素主要有苋菜红、胭脂红、柠檬黄和靛蓝等。

目前,常用的食用色素调色技法有四种。

(1) 上色法。上色法分生上色和熟上色两种。生上色,是指用排笔(或毛刷)在制品生坯表面刷上色素液、蛋液、饴糖水以进行上色的方法,成熟后制品外表呈金黄、棕黄色,不易再吸收其他色素。该方法一般适用于烤、烙、炸、煎成熟的面点。熟上色,是指将色素淡淡地涂在成熟面点的表面以进行上色的方法,一般多用于用以蒸制的发酵面点。面点蒸熟后,其外皮绵软光滑,涂上色液,可避免色素散失。

(2) 喷色法。喷色法是指仅将色素喷洒在面点的外部,令内部保持制品本色的方法。具体做法是用干净的刷子蘸上色素液,然后喷洒在制品的表面,或用喷枪进行喷色。喷洒色调的深浅,可根据色素液的浓淡,喷洒距离的远近,喷色时间的长短来调整。此法灵活简便,又能达到较理想的效果。

(3）卧色法。卧色法是指将色素掺入坯料中,使白色面团变成红、橙、黄、绿色的粉团,再制成各种面点的上色手法,面粉中加入蛋黄后可制成金黄色面条,面粉中加入菠菜汁可调成面团以制作翡翠烧卖等。此法不但添加了制品的色泽,而且也丰富了面点的品种。在卧色时,要熟练运用缀色和配色的原则,尽量少用合成食用色素,避免用色过重。用于制作某些船点的米粉面团是使用卧色法着色的,并且涉及一定量的合成食用色素,色素在制品成熟后颜色变深,我们在着色时一定要令颜色淡一些。

(4）套色法。套色法的使用包含两种情形:一种是根据成形的需要,在本色面团外包裹一层卧色面团;另一种是指用多种卧色面团搭配制作面点。套色是在卧色的基础上进行的,操作者需要具备一定的美术知识、色彩原理知识和面点造型技法,才能得心应手地制作出形态逼真、栩栩如生的各式面点。用米粉面团、澄粉面团制作的各种象形蔬果、花鸟鱼虫的过程就涉及套色法的使用,成品玲珑剔透,惟妙惟肖。

六、面点造型的基本要求

（一）充分掌握皮坯面团的性能

不同面团的物理性质有较大差异。例如,冷水面团有良好的筋力、弹性、韧性和延伸性,适宜制作面条、饺子;热水面团的筋性及可塑性适中,适宜制作花式蒸饺;发酵面团有良好的膨胀性,适宜制作馒头、花卷、包子;澄粉面团有良好的可塑性,适宜制作象形面点。只有充分了解和掌握皮坯面团的性质,才能灵活运用,使面点造型达到最佳效果。

（二）馅心与皮坯搭配适宜

为了使面点的造型美观,艺术性强,馅心与皮料必须相称。包饺馅心可软一些,花色象形面点的馅心则不宜稀软,否则,会影响皮料立塑成形,成品容易出现软、塌甚至露馅等现象,影响面点造型艺术的效果。因此,无论选用甜馅或咸馅,用料和味型均必须讲究,不能只重外形而忽视口味。若采用咸馅,烹汁宜少,宜制成全熟馅,尽量做到馅心与面点的造型相搭配。制作"金鱼饺"时,可选用鲜虾仁作馅心,制成"鲜虾金鱼饺";制作花色水果点心,如"玫瑰红柿""枣泥苹果"时,则应采用果脯蜜饯、枣泥为馅心,使馅心与外形互相衬托,突出成品的风味特色。

（三）选择合适的色彩形成方式

配色技艺是面点成形技术的重要组成部分。面点的色彩应当自然,力求形与色的和谐统一。采用哪种方式突出呈现制品色彩?需要充分考虑产品的品质要求、原料自身固有颜色、面点制品在熟制过程中形成的颜色,适量食用色素的颜色,此三种颜色都是可行的。总之,面点造型艺术是"吃"的艺术,其色彩的运用应始终以食用为出发点。

（四）造型简洁明快,略带夸张

自然造型、几何造型的面点适合简洁、明快的表现方式,体现出产品朴素、自然、大众化的特点。同时,这类产品成形技法应当保持相对简单,便于标准化生产的实现。

象形造型与艺术造型的面点应略显夸张,更好地展现出制品形态的特色。我们应当熟悉生活,熟知所要制作的物象的主要特征,抓住特征,运用适当夸张的手法加以表现。在捏制"玉兔饺"时,只需把兔耳、兔身、兔眼三个部位把握好,把耳朵捏得大些,身体捏得丰满些,兔眼需用红色原料嵌成。"金鱼"应突出鱼眼和鱼尾;"天鹅"应突出颈和翅。

（五）注重器皿搭配和盘饰

自古以来，中国饮食都强调美食与美器的结合，俗话说："美食配美器""美器需由美食伴"。面点的造型不仅仅体现在面点本身的形态上，还体现在盛装器皿的选择搭配和盘边装饰上。我们应注意色彩的协调，形态、大小、数量的适应，面点的质感与器皿的匹配。为了完善和提高艺术美感，可在盘边进行一种辅助美化工艺，应用一些色泽鲜明、便于造型的可食性原材料，装饰一些花卉、小草、鸟兽等图案作为点缀，从而为面点增色添美，增添艺术感，增加宾客的食趣、情趣、雅趣和乐趣。

思维导图

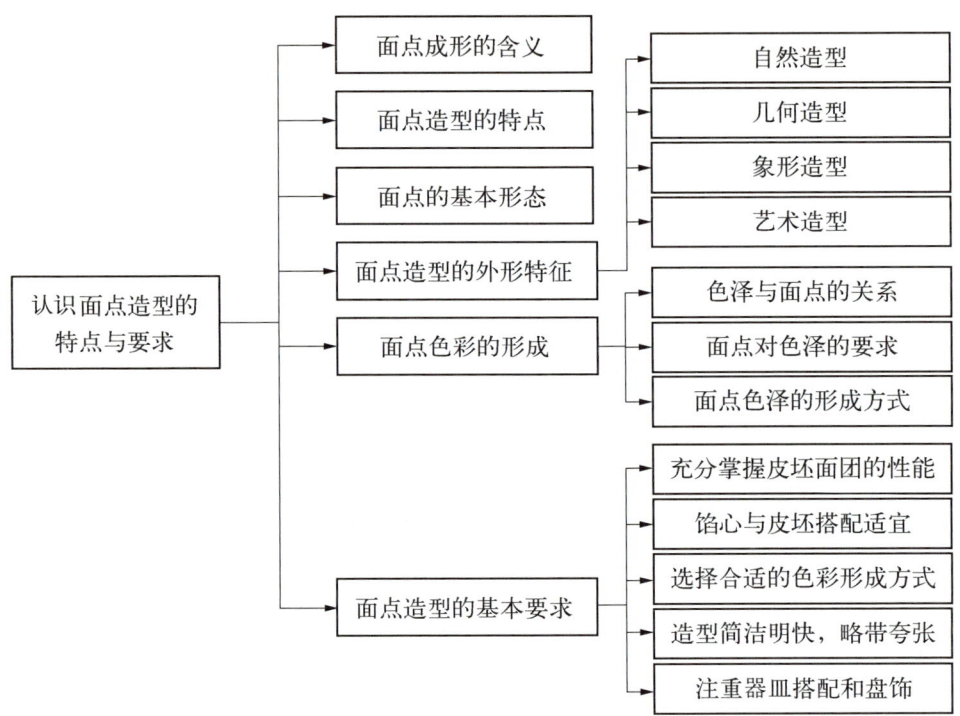

任务测试

一、名词解释

1. 面点成形
2. 自然造型
3. 套色法

二、单项选择题

1. "开口笑"属于（　　）的面点制品。
   A. 自然造型　　B. 几何造型　　C. 象形造型　　D. 艺术造型
2. 面点的基本形态有（　　）种。
   A. 6　　　　　B. 9　　　　　C. 12　　　　　D. 15
3. 寿桃表面的红色最好是通过（　　）形成的。
   A. 上色法　　　B. 喷色法　　　C. 卧色法　　　D. 套色法

三、多项选择题

1. 下列品种中,造型方式为几何造型的有(　　　)。
   A. 汤圆　　　B. 桃酥　　　C. 芽菜包子　　　D. 白松糕　　　E. 面条
2. 面点的色彩要求有(　　　)。
   A. 坚持本色　　B. 少量点缀　　C. 合理配色　　D. 控制加色　　E. 适当润色

四、判断题

1. 面点自然造型是通过简单成形手法完成的。（　　）
2. 卧色法是将色素掺入到坯料中,从而使白色面团变成有色面团的染色方法。（　　）
3. 刷蛋工艺可以使制品表面形成红褐、金黄的色泽。（　　）
4. 为了扩大艺术效果,在面点成形过程中可采用"浓妆艳抹""添枝加叶"的做法。（　　）

五、简答题

1. 面点基本形态有哪些？
2. 色彩对于面点制作的意义有哪些？
3. 面点造型的基本要求有哪些？

任务二　徒手成形

问题思考

1. 与其他成形技术相比,徒手成形有何优势？
2. 徒手成形的效果特点有哪些？
3. 提高徒手成形技术水平的途径有哪些？

实践操作

子任务一　搓、卷成形

一、搓、卷

（一）搓

搓是面点基本功动作之一,也是制品成形的方法之一。搓可以分为搓条和搓形两种,搓条在前文中已经讲过,关键是两手用力均匀,搓紧、搓光、搓圆,使半成品粗细均匀。搓形主要用于馒头、麻花等面点的制作。

搓馒头,是指把馒头面剂搓成半球状。搓时,左手握住剂子,不要攥紧;右手掌根压住剂子一端底部向前搓揉,使剂子头部变圆,剂尾揉搓变小,立放案上。

搓麻花,是指将麻花剂条放在案板上,两手将条搓细搓匀,再双手反方向搓上劲,将两头合在一起上劲,折成三折再上劲,形成麻花花纹,通过搓制形成"浑身是劲"的特点。

（二）卷

卷既是面点成形的手法,也是许多品种成形的前提条件。卷法操作,从形式上可分为单卷和双卷,卷法操作如图3-2所示。

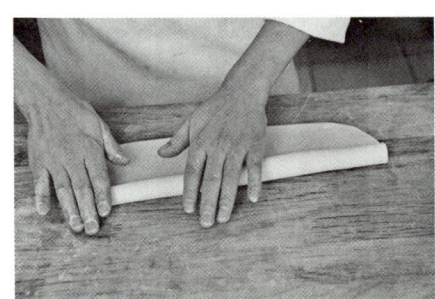 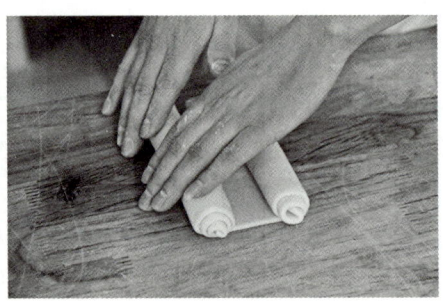

图 3 - 2　卷法操作示意图

单卷,是指将面团制成长方薄片,抹上油或馅心、膏料等,从一头卷向另一头,然后再用刀切剂形成露出螺旋馅心的生坯。所得半成品可用于制作各式各样面点制品,如各式花卷、卷筒蛋糕、春卷等。

双卷可分为如意卷和鸳鸯卷。如意卷,是指将面团擀成薄片后抹油,从两侧向中间对卷,变成双筒形,卷条接口处可以抹少许清水帮助粘连,避免散卷。然后,将卷口朝下,用双手从中间向两头捏条,待粗细均匀时,切成剂子,即可制作各式双卷面点制品,如四喜卷、蝴蝶卷、如意花卷等。鸳鸯卷多用于双味包馅类面点的制作,将面团擀成薄片,平铺在案板上,其中一半抹油,放馅卷到中间,翻面;另一面抹油,放馅再卷上,成为一正一反的带馅双卷条,切成剂子即可制作各式鸳鸯面点制品,如菊花卷等。

二、搓、卷的技术要领

(一) 搓的技术要领

(1) 用力均匀,使生坯表面光滑,没有裂纹和皱褶,外形规则整齐,内部结构组织紧密不松散,没有空洞,这样才能使加热成熟的制品柔润光洁。

(2) 制品体积应一致,分量均匀,若因下剂而造成大小不一,可适当进行调整。

(3) 搓麻花时,剂条要搓得粗细均匀。搓到一定程度后,双手应反方向将条搓上劲,便于麻花纹形成。

(4) 包馅、包酥等剂坯,应当不破、不烂、厚薄一致。

(5) 搓还起着提高质量的作用,剂子越搓越滋润,成形蒸熟后,制品表面光洁,外形美观。

(二) 卷的技术要领

(1) 面皮应厚薄一致,抹油或抹馅料要保证均匀适量。

(2) 卷筒时松紧合适,粗细一致,双卷时两面应均衡。

(3) 在单卷的底边或双卷结合处,可以抹少许清水帮助黏合,避免卷成的圆筒松散。

(4) 当卷成的条筒过粗时,对于单卷筒,可以采取搓条的方式使条粗细适度;对于双卷条筒,我们只能用双手将条捏细。

(5) 单卷条接口要压在卷的底部,以防散卷、开裂,影响制品形态。

子任务二　包、捏成形

一、包、捏

（一）包

包，是指将制好的面皮包入馅心，使之成形的一种方法，包子、馅饼、馄饨、烧卖、汤圆等制品都采用包的方法成形。包成形的品种较多，具体包法各不相同，常见的包法有无褶包法、包拢法、包捻法、包卷发、包裹法等，如图3-3所示。

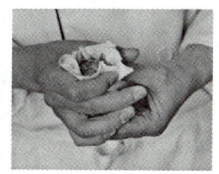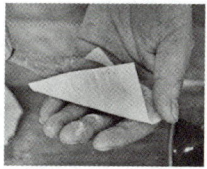

图3-3　常见的包法

（1）无褶包法。无褶包又称无缝包，其操作简单，适于制作各式馅饼、豆沙包、汤圆等制品。其具体做法是左手托皮，手指向上弯曲，使皮在手中呈凹形，便于上馅；右手用馅挑等上馅工具上馅，略按紧，然后通过右手虎口和右手手指的配合，边包边将馅向下按，同时收紧封口，捏掉剂头，然后搓成无缝的圆形或椭圆形。饼形是在圆形或椭圆形的基础上，用手掌按压而成的。按压时，包馅的收口朝下，饼面朝上，应按得厚薄均匀。以无缝包法制作的生坯可进一步制成各种形状的半成品。

（2）包拢法。左手托皮，手指向上弯曲，使皮在手中呈凹形，右手用馅挑上馅，左手五指将皮子四边朝上，托在馅以上；从腰处包拢或用右手上馅的馅挑顶住，左手五指从腰部包拢，稍稍挤紧，但不封口，从上端可见馅心，下面圆鼓，上呈花边，形似白菜状或石榴状。

（3）包捻法。左手拿一叠皮子（梯形、三角形或正方形），右手拿筷子挑一点馅心，往皮子上一抹，朝内滚卷，包裹起来，抽出筷子，两头一粘，即成捻团馄饨。

（4）包卷法。把制好的皮平放在案板上，挑入馅心，放在皮的中下部，将下面的皮向上叠在馅心上，两端往里叠，再将上面的皮往下叠，叠时均匀抹糊。该法适用于春卷、煎饼盒子的成形。

（5）包裹法。将两张粽叶一正一反（两面都要光洁）合在一起，扭成锥形筒状，灌入糯米（用水泡好的糯米），包裹成菱角形。三角形的粽子是将一张粽叶扭成锥形筒状，灌入糯米，将粽叶折上包好而成的；四角形的粽子是将两张粽叶的尖头对齐，各叠三分之二，折成三角形，放入泡好的糯米，左手整理，右手把没有折完的粽叶往上摊，与此同时，把下面两角折好，再折上边底四角而成的。粽子包好后应用马莲或草绳扎紧，以免散碎。该法适用于粽子的成形。

（二）捏

捏，是将包入馅心或不包入馅心的生坯经过双手的指上技巧制成各式形状面点制品的方法。该方法技术性很强，比较复杂，制作手法多样，变化灵活。捏花色制品，具有较高的艺术性，成品不但形态美观，而且形象生动、逼真。捏是在包的基础上进行的，是一种综合性的成形技法。捏法又可分为挤捏、推捏、捻捏、叠捏、提褶捏、扭捏、花捏等多种，捏法实例如图3-4所示。

图3-4 捏法实例

(1) 挤捏。该法适用于制作北方水饺。左手托皮,右手拿馅挑抹馅,把皮合上对准,双手食指弯曲向下,拇指并拢在上,挤捏皮边,捏成"边平无纹,肚大边小"状,形似和尚敲的木鱼。

(2) 推捏。推捏是在挤捏的基础上继续进行的,主要目的是在挤捏后的皮坯边沿形成一定的花纹,常见成品如月牙饺。该法常用于可塑性较强的面团品种的成形操作,旨在增加制品的美感。操作手法是左手托住生坯,右手拇指放在边皮的上方,食指放在边皮的下方,拇指向前一推,食指随之一捏,连续向前进行,形成完整的花边。

(3) 捻捏。该法适用于制作冠顶饺、白菜饺等花式蒸饺。操作手法是用右手大拇指与食指捏住面皮边缘向前捻捏,形成单面皱褶花边或双波浪花边。

(4) 叠捏。该法适用于制作四喜饺等花式蒸饺。操作手法是将圆皮托在左手上,右手上馅,用两手把皮边提起来,分为四等分将两对皮子捏住,形成四个角,然后把每对相互挨着的两个边捏在一起,捏好后形成四个大洞眼和四个小洞眼,加入不同的馅心点缀。按同样的思路方法制成的三个洞眼的成品叫一品饺,五个洞眼的成品叫梅花饺。

(5) 提褶捏。该法适用于制作各式包子。包出的花褶应当间隔整齐,大小一致,花褶为16道~24道。提褶捏时,左手托住皮坯,放入馅心,右手拇指、食指捏住皮坯边缘,拇指在里,食指在外,拇指不动,食指由前向后一捏一叠。同时,借助馅心的重力上提,左手与右手紧密配合,沿顺时针方向转动,形成均匀的皱褶。

(6) 扭捏。该法适用于制作盒子。操作手法是将两个圆酥面剂分别擀成圆皮,一张皮放馅心,另一张皮盖上,先将四周捏紧,再用右手拇指、食指在边上捏出一些花边,再将其向上翻,同时,稍移再捏,再翻,直到将边捏完,形成均匀的绳状花边,即成酥盒。

(7) 花捏。该法主要用于各种象形品种(如瓜果、蔬菜、水果、兽禽虫鱼类等)的控制,造型逼真,栩栩如生,花捏象形面点如图3-5所示。

图 3-5 花捏象形面点

二、包、捏的技术要领

（一）包的技术要领

（1）坯皮应厚薄均匀，馅心要包到皮的中间，利于成熟。

（2）馅心勿粘在坯皮边缘上，以防收口包不住导致成品散碎露馅。

（3）收口用力要轻，包口紧而无缝，不可将馅挤出，即包紧、包严、包匀、包正。

（二）捏的技术要领

（1）用力均匀，捏紧、捏严、粘牢，防止用力过大，以免把饺子的腹部挤破从而影响形态。

（2）推捏时前后边皮要对齐，推捏用力要轻，不能伤破皮边，花纹应均匀清晰。

（3）将皮边均匀等分。

（4）提褶捏时，不可捏得太死，拇指要随之转动，食指要尽量向下伸，收口动作要轻，用拇指、食指同时往中间轻轻一捏。

（5）捏制象形类品种时，用力要轻，仔细认真。

子任务三　叠、抻成形

一、叠、抻

（一）叠

叠，是把剂子加工成薄皮后，抹上油、膏料或馅心等，再叠起来形成有层次的半成品的方法。叠法多与擀法相配合使用，叠也是很多品种成形的中间环节，在此基础上，又可制作各花色造型品种。

叠法大致可分为对叠和多次折叠。对叠，是将面团调制好后，搓条，下剂，擀成圆片，表面刷油，然后对叠，再加工成形的过程，成品如荷叶卷等。多次折叠，是将面团或直接擀制，或包酥擀制，然后刷油，折叠几折，再擀开，再折叠几折，通过多次折叠形成较多层次品种的过程，成品如千层糕、兰花酥等。

（二）抻

抻，是把调制好的面团搓成长条，用双手抓住两头上下反复抛动、扣合、抻拉，将大块面团抻拉成粗细均匀、富有韧性的条、丝等形状的方法。抻是面点品种（如著名的兰州拉面、抻面、龙须面、空心面等）的成形方法，又是为某些品种（如银丝卷、缠丝饼）的进一步成形奠定基础的加工方法。抻的技术性较强，分为两个步骤，一是溜条，二是搓条。

溜条也叫"溜面"，是用双手拿住面团两端，将面提起，两脚叉开，两臂端平，运用两臂的力量及面条本身的重量和上下抖动的惯性，将面上抻开至两臂不能再扩张为止的操作过程。

在粗条变长,下落接近地面时,两臂迅速交叉使面条两端合拢,自然拧成两股绳状。然后右手拿起下部,再上下抖动使之变长,双手合并,使条再向相反方向转动成麻花状。如此反复,至面团柔软、顺溜、有筋性即可。

搓条有时也叫"开条""放条",即将溜好的条,沾上干面粉反复扣合抻拉,抻出粗细均匀的面条的过程。具体做法是在大条溜好后,放在案上,撒上干面粉,双手在两头搓上劲(一手向里,一手向外),由中间折转起来,将两个面头按在一起,用左手握住,右手掌心向下,中指勾住面条中间折转处,左手掌心向上,中指勾住面条相并的两端,再用双手向相反方向轻轻一绞,使面条呈两股绳状,然后向外一拉,待面条拉长后把条散开,右手面头倒入左手,再以右手中指插入折转处,向外抻拉。如此反复,面条可由 2 根变 4 根、4 根变 8 根,反复七次可出 256 根面条。反复抻拉,面条的根数就成倍增加,同时,面条越来越细。抻面可分为扁条、圆条、空心、实心等,抻的扣数越多面条越细,一般面条抻 8 扣,而龙须面则要抻 13 扣。抻面实例如图 3-6 所示。

图 3-6 抻面实例

二、叠、抻的技术要领

(一) 叠的技术要领

(1) 边叠边擀,薄厚均匀。擀的边线要整齐,以利叠制。

(2) 叠制时抹油是为了隔层,但油不能抹得太多,而且要抹得均匀。抹油过多,会影响擀制,抹油不匀,成品则容易粘连。

(3) 擀片的大小、薄厚及叠制后的大小、薄厚都应根据制品的需要而定,掌握好长、宽的尺寸,每一次折叠时上下宽窄要一致。

(二) 抻的技术要领

(1) 应选用筋性强的优质粉,其蛋白质含量高,吸水后能形成柔软而有弹性的面筋,面团韧性较好。

(2) 和面时,水不要一次加足,先加入一部分水,再慢慢向面里撩水揣匀,以增强其筋性。

(3) 要掌握好饧面时间,一般以半小时至 1 小时为佳。饧发时间应随季节变化而变化,夏季饧面时间可以短一些,冬季饧面时间可以略长一些,同时保持一定的湿度。面要饧透,以防抻拉时断条。

(4) 溜条时,应根据面团本身的重量和延伸性上下抖动。开始时用力轻一些,待面团筋力增强时,方可大幅度抖动。溜条不可过度,否则会使面团搓条时粗细不匀。

(5)溜条时,若感到筋力不足,可抹些盐水填劲,以防由于筋力不足而出现断条现象。

(6)搓条时应掌握好方向,用力要适当,动作要熟练。

思维导图

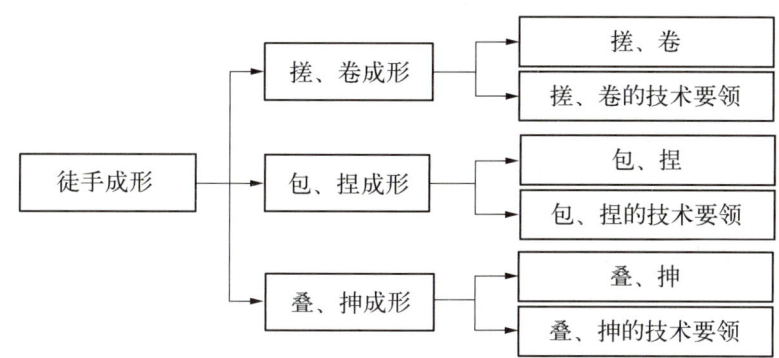

任务测试

一、名词解释

1. 捏
2. 抻

二、单项选择题

1. 汤圆的成形方法是( )。
A. 搓　　　　　B. 包　　　　　C. 卷　　　　　D. 捏
2. ( )的成形方法不是抻。
A. 金丝面　　　B. 盘丝饼　　　C. 龙须面　　　D. 兰州拉面
3. 不属于徒手成形方法的是( )。
A. 搓　　　　　B. 包　　　　　C. 卷　　　　　D. 擀

三、多项选择题

1. 包子的成形过程所涉及的成形方法包括( )。
A. 搓　　　B. 包　　　C. 卷　　　D. 捏　　　E. 抻
2. 捏是在包的基础上进行的,是一种综合性的成形技法。捏本身又可分为( )等多种手法。
A. 捻捏　　　B. 提褶捏　　　C. 挤捏　　　D. 推捏　　　E. 扭捏
3. 下列品种中,采用搓制方法成形的有( )。
A. 面条　　　B. 麻花　　　C. 高庄馒头　　　D. 菊花卷　　　E. 如意卷

四、判断题

1. 无论使用单卷法或双卷法,卷制时都应保障松紧合宜。( )
2. 搓只是一种徒手成形方法,对面点成品质量没有影响。( )
3. 捏法主要包括无褶捏法、提褶捏法和花式捏法。( )
4. 抻面的面条粗细以扣数确定,扣数越多,抻出的面条越细。( )
5. 双卷法就是将两个单卷的面筒黏合在一起的方法。( )

五、简答题

1. 卷制时的注意事项有哪些？
2. 提褶捏法的操作过程是什么？

任务三　借助简单工具成形

问题思考

1. 面点成形时，经常借助的简单工具有哪些？
2. 借助简单工具成形与徒手成形的差异有哪些？
3. 请举例说明你认为比较奇特的借助简单工具成形的面点品种。

实践操作

子任务一　擀、摊成形

一、擀、摊

（一）擀

擀，是指将面团、生坯擀成片状的方法。擀是面点制作的基本技术动作，大多数面点在成形前都离不开擀的工序。该工艺主要用于各类皮坯的制作及面条、馄饨皮的擀制，同时也是饼的主要成形方法。擀分为擀剂和擀坯两种。擀剂，是指将揪好的面剂按扁后，擀成圆形皮，成品如饺子皮、烧卖皮等也指将面团按扁后，擀成大薄片，然后再用刀分割成小块，成品如馄饨皮、面条等。擀坯，是指将制好的生坯擀成形，成品如春饼、发面饼等；或是先按品种的要求，擀片刷油，撒上盐，卷叠起层，盘起，再擀成符合成品要求的圆形、椭圆形或长方形，成品如家常饼、葱油饼等。

（二）摊

摊，是一种特殊的成形工艺。主要特点有：❶ 适用于稀软面团或糨糊面团；❷ 属于熟制成形方法，即边成形边成熟，主要适用于煎饼、春卷等的制作。

（1）煎饼的制作方法。将豆面和小米面掺和，加水调制成糊，平锅烧热，用勺舀一些糨糊，放入平铁锅内，用刮子迅速把糨糊刮薄，刮圆，刮匀，使之均匀受热。在这一过程中，成品也同时成熟了，揭下来趁热叠起即成煎饼。此法也可用于摊制玉米煎饼、高粱米煎饼等。

（2）春卷皮的制作方法。选用优质面粉调制成稀软面团，用手不断地抓摔均匀，当锅内温度适宜时，用右手抓取稀软的面团，上下抖动至面团柔顺光洁，放锅内摊转至厚薄均匀、圆形整齐，没有沙眼（气眼）或破洞的圆皮，面皮变色时为熟。

二、擀、摊的技术要领

（一）擀的技术要领

擀法操作应注意的事项在前文中已有叙述，在这里主要介绍生坯擀制的技术要点：

（1）向外推擀时要轻要活，向前后左右四周的推拉应均匀一致。我们一般将生坯推拉成圆形后，横过来，转圈擀圆，再横过来擀成长圆，最后用面杖擀成正圆形。

（2）擀时用力要适当，尤其是最后快成圆形时，用力更要均匀，保证将生坯擀圆，也要保证各个部位厚度基本一致。

（二）摊的技术要领

（1）调制糊糊或稀软面团的稀稠度都要适宜。

（2）锅底必须洁净、光滑。

（3）掌握好锅内温度。

（4）摊制时要用肥膘肉或油布将锅擦亮，但不可擦油过多，以免影响操作。

（5）下锅摊制的速度要快，用力均匀，半成品厚度要一致，受热要均匀。

子任务二　切、削、拨成形

一、切、削、拨

（一）切

切，是用刀具把调好的面团用刀分割成符合成品或半成品规格要求的方法，是面条、抄手皮（馄饨皮）成形的重要步骤之一。切法分为手工切面和机器切面两种，机器切的劳动强度小、产量高，能保持一定的质量，现在在饮食业中普遍使用。手工切在一些产品制作中仍具有其优势，一些高级面条（宴会上的鸡蛋面、翡翠面、金丝面、银丝面等）仍由手工切成。

（1）手工切面法。将擀好的大面片根据所需长度用刀切断，叠齐，双手拿住面片一边的两个角由内向外对叠，再由外向内叠至2/3处，然后由内向外对叠，略出头。左手放在叠好的面片上，右手持刀，用快刀推切。根据要求，掌握好面条粗细，切时握刀要稳，下刀时要准。切后，撒上干粉，再用双手向中间搓动一下，使其松散，然后拎起一头抖开晾在案板上。

（2）机器切面法。将面粉放入和面机内，加入冷水和适量的盐、碱，使面和透取出，放入压面机内，开动机器，将和好的面通过压面机的滚筒压成皮，反复压两至三遍。第一遍压皮，将滚筒距离调宽一些；第二遍压皮，将滚筒距离调紧一点，把皮子压薄一点；第三遍压皮，将滚筒距离调整适当，压出的皮子必须厚薄一致，符合称准。如有需要，我们应在压面机上装上切面刀，刀必须装平，厚薄要适当，不能"一头宽一头窄"，否则容易断条，影响质量。装完刀后再开动机器，面皮通过切面刀即成为面条。

（二）削

削，是用刀直接削出面条的成形方法，削面操作如图3-7所示。用刀削出的面条被称为刀削面。刀削面是一种别具风味的面条，口感特别筋道、爽滑。

削面用的面团较硬，调制后应充分饧发，揉成长方形面团备用。削面时，将面团放在左手掌心，握在胸前，对准煮锅，右手持用钢片制成，呈瓦片形的，长20 mm～23 mm、宽13 mm～17 mm 的削面刀，从上往下，一刀挨一刀地向前推

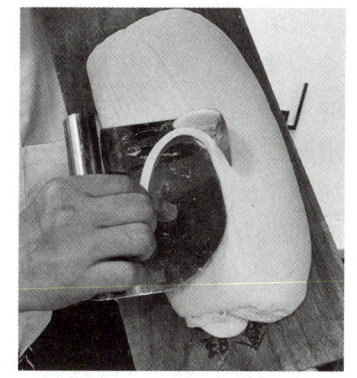

图 3-7　削面操作

削。削出一条落入锅内,削刀返回,再向前推削,削成宽厚相等的三棱形面条,落入汤锅内,煮熟捞出。

(三) 拨

拨,是将调好的稀软面团放在盆内,使盆倾斜,然后用筷子顺盆边拨下即将流出的面糊入沸水汤锅内,其形状为两头尖的长圆条,煮熟即成。以此法制作的面条也叫拨鱼面,是一种别具风味的面条,煮熟捞出后加上调料即可食用,也可炒食。

二、切、削、拨的技术要领

(一) 切的技术要领

(1) 刀口要锋利,握刀要稳,下刀要准,不能出现连刀或斜刀现象。

(2) 机器切面的基础是和面质量,加水量要适当。水少面太干,压面时容易出现断条碎条的现象;水多面软,不易搓条,在煮制时易烂糊、稠汤,从而影响质量。

(3) 机器切面要严格遵循操作程序,注意生产安全,勿将手指、衣袖、头发卷入,防止发生事故。

(二) 削的技术要领

(1) 和面时面团应稍硬,面团软则无法削出三棱形的面条。

(2) 刀口应与面团持平,削出返回时,不宜抬得过高。

(3) 第一刀从面团下端中部开刀,第二刀由开刀口上端削出(削在前一刀的刀口上),逐刀上削,保证形状均匀一致。

(4) 削面的动作要熟练灵活,用力均匀连贯,面条要削成三棱形,宽厚一致。

(三) 拨的技术要领

(1) 选用面筋质含量较高的优质粉。加水搅面时先少加后多加,并顺一个方向搅匀。

(2) 稀软面团的饧制时间越长越好,使拨出的面比较柔软、光滑。

(3) 拨面时,锅里的水必须开沸,防止拨出的面条粘在一起。

子任务三 剞、剪、钳成形

一、剞、剪、钳

(一) 剞

剞(jī),是指在面点生坯表面,用刀剞上一定深度的刀口,使成品成熟后形成一定花纹的成形方法。剞能够美化面点的形态,是一种难度较大的成形技法,多用于油炸成熟的层酥花色面点的制作,如菊花酥、荷花酥、层层酥、绣球酥等。以荷花酥的成形为例:用暗酥皮坯包馅捏成半球形,放在案板上,等表面皮翻硬后,用锋利小刀在半球形的生坯顶部划出深浅适中的3个刀口(以不划到馅心为度),油炸后成品即可形成有6瓣花瓣的荷花酥。

(二) 剪

剪,是利用剪刀在制品表面剪出独特形态的花纹的成形方法。剪制操作较为简便,但技巧性较强,刀口深浅、粗细、大小,对制品的形态影响较大。剪可以在面皮包馅以后,与"捏"结合,也可以在成熟后剪出花形。

(三) 钳

钳,是运用花钳等工具,在制好的生坯表面钳夹成一定花形的成形方法。常使用的花钳有尖锯齿状、圆锯齿状、稀锯齿状,还有一种没有锯齿而是在钳上有沟纹的形状,它们都可以形成不同的花样。钳花的方法多种多样,可在生坯的边上竖钳、斜钳或横钳,也可以在生坯的上部钳出各种形状,还可以钳出各式小动物的羽、翅、尾、纹等。总之,钳是一种较细致的成形技法,可以根据成品的要求灵活操作,使用该方法制成的成品有钳花包、荷花包、象形核桃酥、船点花生等。

剞、剪、钳操作如图 3-8 所示。

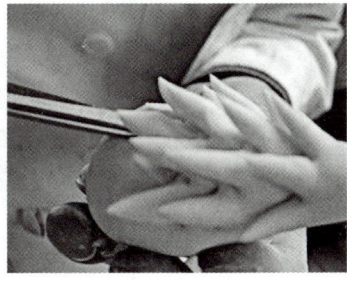
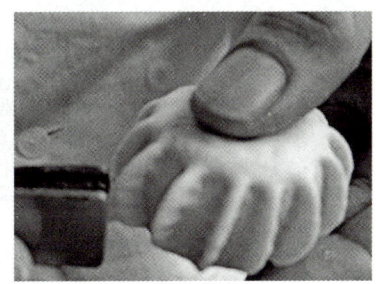

图 3-8 剞、剪、钳操作示意图

二、剞、剪、钳的技术要领

(一) 剞的技术要领

(1) 包馅时一定要包匀包正,否则剞刀会影响制品的形状。
(2) 待生坯表面变硬后再剞。
(3) 用薄而锋利的快刀,下刀要准确,保证刀口处花纹清晰,不相互黏结。
(4) 刀口要"深而不露,深而不透",尤其是油炸的制品,切到馅心外面有一层薄面皮为止。防止露馅,露馅会使生坯在炸时跑馅,污染制品,影响质量。

(二) 剪的技术要领

(1) 熟练使用剪刀,下刀深浅适当,避免用力过重使制品馅心外露而影响形态美观。
(2) 花纹应粗细深浅一致,与整体形态保持和谐,使剪出的成品匀称、美观、形象。

(三) 钳的技术要领

(1) 根据制品特征,合理选择钳的种类和方法。
(2) 钳花,不宜太深,防止露馅,破坏形状。
(3) 在钳制象形类制品时,所用米粉或澄粉面团不宜太软太黏。

子任务四 挤注、滚沾成形

一、挤注、滚沾

(一) 挤注

挤注,是指将坯料装入三角形挤注袋(又称裱花袋),通过手的挤压,使坯料均匀地从袋口流出,直接挤入烤盘从而形成品种形态的方法,主要成品如曲奇饼干、蛋白饼干。一些放入胎膜中成形的蛋糕、米糕,也可用挤注的方法将稀料注入模中。挤注用料多为稀料,将其装入挤注袋后,袋口朝上,左手紧握袋口,右手捏住袋身,用力向下挤压,利用裱花嘴的变化和挤注角度、力度的变化,使挤注的物料呈一定的纹样。挤注用于装饰造型时一般被称为裱花。挤注操作如图3-9所示。

图3-9 挤注操作示意图

(二)滚沾

滚沾,是指在馅料表面洒水后,将其放入干粉料内,通过手臂晃动容器,使其中块状馅料滚动起来,逐渐沾上粉料,使粉料包裹住馅心的成形方法。滚沾成形法的工艺比较独特,北京的元宵、江苏盐城的藕粉圆子即采用这种成形方法制成。过去,元宵的制备为人工大批操作,劳动强度较大,现在多用机器代替。也可以在生坯成熟后再滚上其他辅料(如椰蓉、糖粉、芝麻粉、黄豆粉等)起到装饰美化、调节制品口味的效果。

二、挤注、滚沾的技术要领

(一)挤注的技术要领

挤注的技术性较强,操作者需要具有较高的艺术修养,要在实际练习中才能熟练掌握。挤注操作中要注意的事项包括:

(1)选择合适的工具,主要是裱花袋和裱花嘴。

(2)掌握好裱花嘴的角度和高度,裱花嘴的高度和倾斜角度直接影响挤出花形的性态。

(3)掌握好挤注的速度和用力的轻重。挤注的轻重快慢直接关系到挤花和纹样是否生动美观,要轻重有别,快慢适当,用力不均,成品则显得呆板。

(二)滚沾的技术要领

(1)元宵的馅心必须干韧有黏性,切成体积相同的方块,滚沾干粉均匀,大小一致。

(2)滚沾时动作要快,技法应熟练。

(3)生坯滚沾椰蓉、芝麻、糖粉等时,要保持均匀晃动。

思维导图

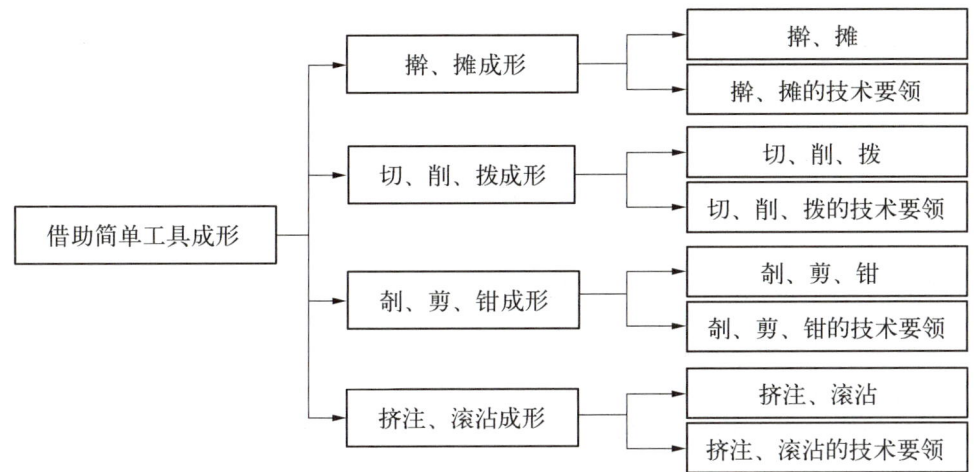

任务测试

一、名词解释
1. 切
2. 钳
3. 剞

二、单项选择题
1. 下列成形方法中,利用筷子的是(　　)。
A. 擀　　　　B. 叠　　　　C. 钳　　　　D. 拨
2. 擀制过程中,不可或缺的工具是(　　)。
A. 擀面棍　　B. 刀　　　　C. 钳　　　　D. 筷子
3. 兼顾成形与成熟效果的成形方法是(　　)。
A. 滚沾　　　B. 削　　　　C. 拨　　　　D. 摊

三、多项选择题
1. 采用切法进行成形的品种包括(　　)。
A. 面条　　B. 抄手皮　　C. 草帽酥　　D. 花卷　　E. 煎饼
2. 成形过程涉及剞刀法的品种有(　　)。
A. 荷花酥　　B. 玉带酥　　C. 百合酥　　D. 菊花酥　　E. 龙眼酥
3. 成形过程涉及挤注法的品种有(　　)。
A. 杯子蛋糕　　B. 米发糕　　C. 裱花蛋糕　　D. 曲奇　　E. 桃酥

四、判断题
1. 擀制生坯时,我们都要确保厚薄一致。　　　　　　　　　　　　　(　　)
2. 摊制成形适用于较硬的面团。　　　　　　　　　　　　　　　　(　　)
3. 剪制成形都是在生坯表面进行的。　　　　　　　　　　　　　　(　　)
4. 滚粘前需要洒水。　　　　　　　　　　　　　　　　　　　　　(　　)
5. 剞刀成形所用的刀片应薄而锋利。　　　　　　　　　　　　　　(　　)

五、简答题

1. 叠制成形的技术要求是什么？
2. 削面的要求有哪些？
3. 挤注的技术要领主要是什么？

任务四 模 具 成 形

问题思考

1. 请列举几种你认为是采用模具成形的面点制品。
2. 你认为食品用模具都有哪些？
3. 结合童年时摆弄橡皮泥的回忆，你认为对面点进行模具成形的过程有哪些特点？

模具成形，是利用各种食品模具压印制作成形的一种方法，所用的模具材质有塑料、木质、金属、纸质等几种。模具的图案多种多样，有各种花纹图案（如梅花、菊花等），有各种字形图案（如喜、寿、馅心名称等），有各种小动物图案（如蝴蝶、金鱼、小鸟等），还有各种水果图案（如桃、苹果等）。模具成形所用模具大体可分为三类：印模、卡模、胎模。

模具成形技法可使众多面点体积相等、形状一致，利于达到整齐划一的效果。模具成形的其他特点还有：使繁杂的手工程序得到简化，使比较松散的粉料易于成形，制成成品不易走样，易于保存储藏。

根据制品成熟度，模具成形操作大体可分为三类：第一类是生坯成形，即将包捏后的生坯放入模具中按实，待成形后取出，再经过成熟处理，如月饼需经过烘烤，苏式方糕需经过蒸。第二类是熟料成形，即将成熟后的粉料或糕团，放入模具压印成形，扣出即为成品，如桂花糕、印模年糕等。第三类是坯模同步加热成形，即将调好的原料坯料装入模具内，经熟制后取出，如小花色蛋糕，将蛋面糊倒入印模内，约八成厚，蒸或烤制成熟后，从印模内取出，冷却而成。

实践操作

子任务一 印 模 成 形

一、印模成形的方法

将面点坯料或包馅后的生坯放入印模孔内，填实、压紧，磕模取出带有模孔花纹的生坯，该过程被称为印模成形。

（一）单眼印模的使用方法

模眼朝上，取包好的球形生坯入模，收口朝上，用左手压平，然后右手持模板柄，将模左、右侧分别对台板敲震一下，再将模眼朝下，放在台板外，左手配合接住敲震脱下的饼坯，单眼印模使用方法如图 3-10 所示。

 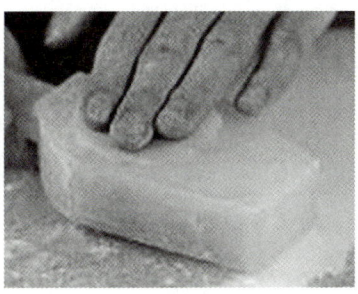 

图 3-10 单眼印模使用方法

（二）多眼印模的使用方法

对于能成团的坯料，面团应准确下剂，将带馅品种包入馅心，然后放入印模孔中按压紧实，敲震后脱模，多眼印模如图 3-11 所示。对于松散的坯料，在使用多眼印模成形时，应先将模眼朝下，双手握住模的两端，对着松散的坯料按擦，使坯料填满印模，然后翻转，用刮板压实坯料，并刮去浮屑。入盘前，左手持模板，模眼朝上，先用小面杖在印模前端敲震几下，使坯料与印模松脱，再使模眼向下，向烤盘中敲一下，饼坯即可脱模入盘。

二、印模成形的技术要领

印模成形多与包、按操作配合进行，成形后的生坯应花纹清晰、边棱明显，完美情况下，生坯应是印模的翻版。在进行印模成形操作时，应注意的事项有以下几点：

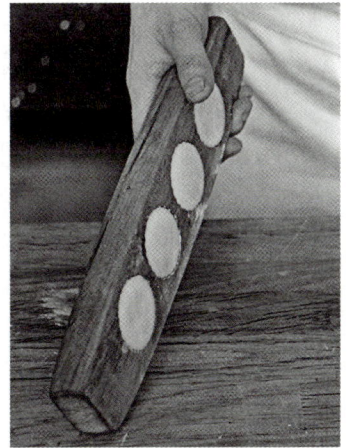

图 3-11 多眼印模

（1）要保持单眼模模内清洁油润，凡新刻的模板应放在油中浸泡数日，以便生坯脱模。

（2）包制生坯的大小应与印模的大小相适应，否则会使制品形态不完整。

（3）包好的生坯应光面朝下放在印模中，收口朝上，如此，磕出的生坯正好光面上有花纹，图案清晰。

（4）将包好的生坯放入模眼中按压时，用力要轻，防止将生坯内的馅心挤出。

（5）将印模成形的生坯从模具中磕出时要注意技巧，避免脱模的生坯变形。

（6）使用多眼模时，应合理使用扑粉。若扑粉过少，饼坯易粘模，敲震时不易脱模或脱模后表面形态、花纹不完整；若扑粉过多，粉易将印模花纹堵住，使饼坯花纹不清。

（7）发现残余面团堵塞印模的凹纹时，可用竹签剔除以保持图案纹样的清晰，不能使用锋利的器具刮，以免模具发毛，形成粘模。

子任务二 卡模成形

一、卡模成形的方法

卡模成形，是指利用两面镂空，有一定立体图形的卡模，在擀成一定厚度的面片上卡出各种形状面坯的方法。该法主要用于制作花样饼干和几何图形的面坯。使用时，右手持模的上端，在面片上用力垂直按下，再提起，使其与整个面片分离，卡模成形如图 3-12 所示。

图 3-12 卡模成形示意图

二、卡模成形的技术要领

（1）面皮一定要平整，保证制品形态基本一致。
（2）卡制时动作要快，用力，防止粘连，以免影响层酥制品酥层的形成。
（3）若面坯粘在模上，操作者需将其用力向下一抖，面坯即脱模。
（4）混酥面团应采用叠压的方法调制，避免面团产生筋力引发筋缩，导致变形，确保成品质量。

子任务三　胎模成形

一、胎模成形的方法

胎模大多用金属制成，有的也采用纸质、木质、硅胶等材料制成。胎模成形方法大多用于蛋糕、面包、米发糕等制品的制备过程。

胎模成形技法属于熟制成形方法，是将制好的生坯或调好的面团装入熟制成形模具内，经熟制后再取出的成形方法，其成品具有胎模的形状，胎模成形如图 3-13 所示。在进行胎模成形前，通常在模具内涂抹油脂或添加垫纸，避免成熟后制品粘模，不易脱出。胎模成形技法大多用于发酵面团、物理膨松面团、发酵米浆等制品的成形工作，成品如蛋糕、吐司面包、米糕等。

图 3-13 胎模成形示意图

二、胎模成形的技术要领

(1) 在模中涂油或垫纸,避免成熟后制品粘模而不易脱出。

(2) 发酵面团或物理膨松面团不能装得过满,操作者应掌握好分量,给生坯留有足够的胀发空间,防止生坯受热后胀到胎模的外面从而影响形状,浪费原料。

(3) 新铁皮模具在使用前要涂油烘烤。使用后的模具要经常清洗,清除其中的杂质,保持清洁。

思维导图

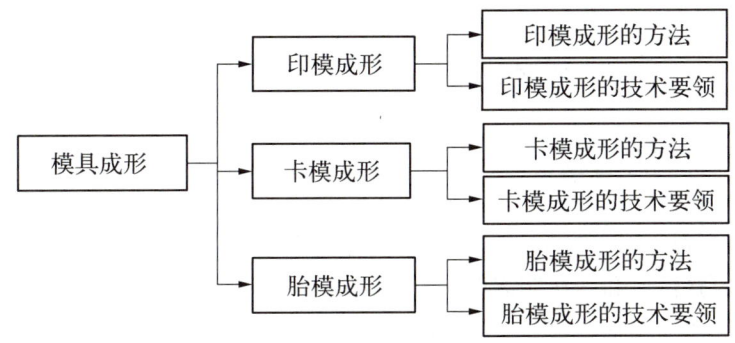

任务测试

一、名词解释

1. 模具成形
2. 印模成形
3. 卡模成形
4. 胎模成形

二、单项选择题

1. 广式月饼的成形方法属于(　　)。
   A. 徒手成形　　B. 印模成形　　C. 卡模成形　　D. 胎模成形
2. 动物饼干的成形方法属于(　　)。
   A. 徒手成形　　B. 印模成形　　C. 卡模成形　　D. 胎模成形
3. 凉蛋糕的成形方法属于(　　)。
   A. 徒手成形　　B. 印模成形　　C. 卡模成形　　D. 胎模成形

三、判断题

1. 模具成形可使面点体积相等、形状一致。　　　　　　　　　　　　　　(　　)
2. 模具成形工艺是针对生坯进行的。　　　　　　　　　　　　　　　　　(　　)
3. 所有月饼都是采用印模成形的。　　　　　　　　　　　　　　　　　　(　　)
4. 常用的成形模具包括印模、卡模和胎模。　　　　　　　　　　　　　　(　　)
5. 硬面团适宜采用胎模成形。　　　　　　　　　　　　　　　　　　　　(　　)

四、简答题

1. 印模成形的一般操作流程是什么?
2. 为什么在进行胎模成形前,操作者应涂抹油脂或使用垫纸?

任务五 装饰成形

问题思考

1. 你能举例说出几种面点的装饰成形方法吗?
2. 装饰成形工艺必须在面点熟制后进行吗?
3. 你觉得面点装饰成形工艺的技术要领有哪些?

实践操作

子任务一 镶嵌、拼摆

一、镶嵌、拼摆的方法

(一)镶嵌的方法

镶嵌,是指在制品坯身上镶嵌可食性的原料作为点缀,美化造型并调剂制品口味的工艺技法。镶嵌可分为直接镶嵌和间接镶嵌两种。直接镶嵌,是指在制品表面镶上配料,构成一定的图案及色彩效果。发面枣糕、米糕等是在生坯上镶上红枣或果仁、蜜饯而成;象形面点中各种鸟兽的眼睛也是直接镶嵌的;四喜饺、一品饺、梅花饺、鸳鸯饺等制品,其眼孔中镶上各色配料,达到装饰目的,镶嵌制品四喜饺如图 3-14 所示;糯米甜藕是在藕孔中填上糯米蒸制而成的。间接镶嵌,是指把各种配料和粉料拌和在一起,制成成品。成品表面露出配料,夹沙糕、百果年糕、赤豆糕、山东大发糕等,就利用红枣、葡萄干等配料进行间接镶嵌所得的。

图 3-14 镶嵌制品四喜饺

镶嵌法可以起到很强的装饰性,对镶嵌料的色泽、形状要求较高,镶嵌料应既能突出制品色、香、味方面的特点,又能很好地美化制品。进行镶嵌时,操作者应根据制品的要求,充分利用食用性原料本身的色泽和美味,经过合理的组合与搭配,达到美化制品、增强口味和营养的效果。

(二)拼摆的方法

拼摆,是指在制品的底部或上部,将各种形态的辅料有条理地摆放成一定图案的过程。拼摆原料多为水果、蜜饯、果仁等,外形美观,营养丰富。拼摆图案可随意选择,操作简便,操作者应利用装饰料在色、形、质上的变化,表现出制品的艺术美感。拼摆技法多用于较大型的坯体,以便构图造型。八宝饭(图3-15)、水晶鲜果冻,在制作这些面点时,将果仁、蜜饯、水果铺在碗底,摆成各式图案,再放进糕坯或果冻水,成熟或定型后扣于盘内,使上面呈现色彩鲜艳的图案花纹。

图 3-15 八宝饭

二、镶嵌、拼摆的技术要领

(一) 镶嵌的技术要领

(1) 镶嵌在制品表面的原料应符合制品需求。四喜饺四个孔镶嵌的原料应具备不同的色彩;给孩子过生日制作各式面点时,应选用一些颜色明丽、鲜艳的原料来镶嵌、点缀,注重颜色的搭配,又要注重食用性,保障食品安全。

(2) 镶嵌装饰技法多与其他装饰法配合使用,发挥"1+1>2"的作用。

(3) 进行间接镶嵌时,一定要将各种配料和粉料搅拌均匀,使配料得以均匀地镶嵌在制品内。

(二) 拼摆的技术要领

(1) 拼摆时要突出主料,遵循"食用为主,美化为辅"的原则,根据顾客的要求和意图来设计拼摆图案。

(2) 拼摆原料多以果料为主,选料要新鲜,无虫伤鼠害,保证成品质量。

(3) 颜色搭配要协调美观,注意不同颜色原料的搭配和映衬,充分运用原料的本色,互相映衬。

(4) 拼摆时要注重均匀、整齐,各类形状要基本一致。

子任务二 铺撒、沾饰

一、铺撒、沾饰的方法

(一) 铺撒的方法

铺撒,是指用手或借助一些辅助用具将粉状、颗粒状等装饰料直接撒在已造型的制品表面以装饰面点的成形方法,铺撒法的常见操作如图3-16所示。铺撒法大多用于成熟制品的表面装饰,如在蛋糕表面撒糖粉、巧克力彩针等,在油炸的混酥制品表面撒糖粉、糖粒等。铺撒可以是全部或局部的铺盖,所用粉料应铺撒均匀、厚薄一致。

(二) 沾饰的方法

沾饰，是指将经沾水、沾蛋液、沾挂糖浆、沾膏料后的半成品沾以果仁、芝麻仁、面包屑、糖霜、豆面等粉粒装饰料的方法。水、蛋液多用于生坯装饰，芝麻萝卜饼利用沾水后湿润发黏的饼身沾着芝麻仁；土豆饼、苔梨等油炸制品则沾蛋液，利用蛋液的胶黏性沾着面包屑等粉状饰料，经油炸后形成金黄色表皮而达到美化效果，蛋液沾饰法如图3-17所示。糖浆、膏料多用于成熟后的制品装饰。糖浆可以沾合各类面点坯料，使之形成各种所需的造型，而且可以沾附于制品表面，改变制品的色泽，起到美化的作用。常用的糖浆有亮浆、砂浆、沾浆等。挂亮浆的成品应使用光洁度较高的制品盛放，使面点色泽光亮、晶莹通明。砂浆沾在制品上会很快翻砂，在制品表面形成一层不透明、色泽洁白、均匀分布呈细糖粒状的糖皮，从而起到装饰美化作用。沾浆则是指将制成品表面再沾一层芝麻、果仁等原料，装饰美化并改善风味。

图3-16 铺撒法的常见操作

图3-17 蛋液沾饰法示意图

二、铺撒、沾饰的技术要领

(一) 铺撒的技术要领

(1) 原料应均匀地分布在面点内部或外部，保证制品的形状和质量。

(2) 铺撒多和拼摆配合进行，美化面点形态。

(二) 沾饰的技术要领

(1) 生坯沾饰仅能使用水或蛋液，促使沾饰原料与生坯粘连紧密，避免生坯在熟制时脱落。若计划使用急火油炸方式使生坯成熟，沾蛋液更易使制品着色。

(2) 将沾蛋液后的生坯放入颗粒物料中滚沾时，应及时清理因蛋液滴落而黏结成团的物料，保证沾饰后的生坯表面物料均匀。

(3) 应注意制品对糖浆的要求，确保口感，保证美观，达到良好效果。

子任务三 裱花、立塑

一、裱花、立塑的方法

(一) 裱花的方法

裱花所使用的挤注方法既是一种利用简单工具的方法，也是面点造型成形方法，它将膏料挤注于糕体表面，利用裱花嘴的变化和挤注角度、力度的变化，在糕体表面裱绘出美丽图案的方法。裱花工艺在西点装饰中应用广泛,其详细技法运用请见其他相关教材。

裱花所用膏料有软性膏料和硬性膏料两类。软性膏料应用较多,主要有奶油膏、蛋白膏等,一般随调随用,裱于蛋糕表面,成品如生日蛋糕;硬性膏料如白帽糖膏,硬化成形,多用于样品蛋糕、喜庆蛋糕的装饰。通过裱花嘴的变化,我们可挤注出各种花卉、树木、山水、动物、果品,并配以图案、文字,组合成各式精美的图案,裱花法样例如图 3-18 所示。

图 3-18 裱花法样例

(二) 立塑的方法

立塑,是指进行立体造型或立体装饰的手法,即利用糖、琼脂、澄粉等原料制造假山、楼亭、动植物等造型,构造成立体图形的装饰手法,立塑法样例如图 3-19 所示。立塑方法常用于大型立体装饰。立塑成形工艺复杂,技术性要求较高,具体技法更是层出不穷,但总的要求为:

(1) 构思要清晰,不能太过夸张,立塑装饰要贴近自然。

(2) 手法灵活多变,使立塑制品更加形象逼真。

图 3-19 立塑法样例

面塑艺术

二、裱花、立塑的技术要领

(一) 裱花的技术要领

(1) 选择合适的裱花嘴。利用不同的裱花嘴,挤注出来的膏料会呈现不同花纹与粗细度,应根据需要恰当选择具体的裱花嘴。

(2) 挤注角度与力度非常重要,只有通过反复训练,才能熟练操作、灵活运用。

(3) 裱花膏料应是有很好可塑性的膏料,如奶油膏、黄油膏、蛋白膏、白帽糖膏等。

(二) 立塑的技术要领

(1) 首先要做好构思,保证作品的艺术感。构思要清晰,不能太过夸张,立塑装饰要贴近自然。

(2) 可用于立塑的材料丰富多样,传统材料有琼脂、面塑、澄粉等,现代材料则包括翻糖、巧克力等,我们应充分了解不同材料的具体要求与相关操作方法。

思维导图

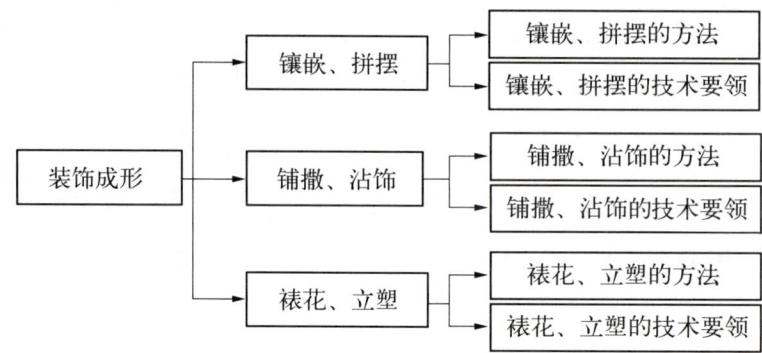

任务测试

一、名词解释
1. 镶嵌
2. 铺撒

二、单项选择题
1. 常用的八宝饭成形法是（　　）。
   A. 镶嵌　　　B. 铺撒　　　C. 拼摆　　　D. 沾饰
2. 常用的芝麻萝卜饼成形法是（　　）。
   A. 镶嵌　　　B. 铺撒　　　C. 拼摆　　　D. 沾饰

三、多项选择题
1. 使用镶嵌法进行成形的品种有（　　）。
   A. 枣糕　　　B. 四喜饺　　　C. 梅花饺　　　D. 百果年糕　　　E. 酿藕
2. 沾饰是在面点半成品表面沾（　　）后,再沾以果仁、芝麻仁、面包屑、糖霜、豆面等粉粒装饰料的方法。
   A. 水　　　B. 蛋液　　　C. 油脂　　　D. 糖浆　　　E. 膏料
3. 下面膏料中,可用于裱花装饰的有（　　）。
   A. 奶油膏　　　B. 蛋白膏　　　C. 黄油膏　　　D. 果膏　　　E. 白帽糖膏

四、判断题
1. 象形面点中,各种鸟兽的眼睛是通过拼摆方式装点的。　　　　（　　）
2. 铺撒大多用于成熟制品的表面装饰。　　　　（　　）
3. 立塑是指对面点进行立体造型或立体装饰的手法。　　　　（　　）
4. 沾饰常用于成熟制品表面的装饰。　　　　（　　）

五、简答题
1. 沾饰操作的注意事项有哪些?
2. 列举五种面点立塑造型的方式。

任务六　盛装与盘饰

问题思考

1. 回想生活场景,举例说出三种盛装方式不同的面点品种。
2. 结合所学知识,谈谈你对面点围边布局的看法。
3. 你认为面点盛装与菜肴盛装的关系是什么样的?

盛装与盘饰是最后一道面点制作工序,盛装亦称装盘,是将面点成品按照一定的形状拼摆、盛装入容器并根据需要加以盘饰的工艺过程。盛装与盘饰可以起到装饰美化、突出主题、烘托气氛、增进食欲、提升档次的作用。

实践操作

子任务一　面点盛装

面点盛装,是将面点成品按照一定的形状拼摆,装入容器,使之成为独立品种的过程。面点盛装效果既要美观得体、独树一帜,又要与其他菜肴、面点品种遥相呼应,相得益彰。

一、面点盛装的原则

(一) 利用面点本身的形态进行盛装

通过多种多样的面点成形技法,我们可以制成各种不同的包捏造型,包括但不限于动物、花卉、蔬菜等。操作者应充分利用面点本身的形态,在盘中拼摆出造型优美、协调一致、格调素雅的面点,如"荷花莲藕""绿菌玉兔""什锦花饺"等。

(二) 借助装饰型具组合而成的盛装摆放

美化和装饰点心的纸垫、纸杯、铝盏、不锈钢盏、白糖、荷叶、小篮子可以令面点别致而高雅,既方便食用,又清洁卫生。"鲜奶棉花杯"用铝盏或纸盏同时盛装;"椰蓉软糯糍"用白色垫纸盛装,更显清洁、整齐、美观。对于炸、煎、烤制点心,用纸盏、纸垫组合盛装,既保证美观又能吸去点心中的油渍。

(三) 色艳体小原料的点缀拼摆

以食用原料作点缀,在面点的空隙中点缀一些色彩醒目、小巧别致的装饰,可提高面点的艺术趣味和食用价值。在面点上或盘边用红樱桃、绿樱桃、红绿瓜、红绿丝、有色水果进行装饰拼摆、点缀,可起到美化的作用,同时也丰富了成品的营养。

(四) 小巧动植物形象的艺术拼摆

在宴席面点的盛装过程中,可以捏制一些小型动植物船点,装饰在面点的器皿边缘或内部。这些装饰的米面点心一般不供食用,成形多姿,效果极佳,这些装饰包括花卉、玉米、茄子、黄瓜、小鸟、孔雀等。与面点品种相协调的装饰物更能起到渲染气氛的效果。

(五) 纯艺术性的欣赏拼摆

这种拼摆以欣赏为主,不过多地考虑食用效果,操作者可从艺术美学的角度去构思、设计，在色彩和造型等方面打造较好的艺术效果。这种供观赏的面点艺术，是最为体现面点师技术功力和艺术水平的，在制作时要注意突出主题，构思寓意要合理，色彩应追求协调、高雅，造型要具有美感。总之，纯艺术性的欣赏拼摆应体现独特的艺术风格，而独特的艺术风格是以勤学苦练为基础的。

二、面点盛装的基本方法

面点盛装的基本方法，有随意式盛装法、排列式盛装法、图案式盛装法、点缀式盛装法、象形式盛装法等。

（一）随意式盛装法

随意式盛装法不拘形式，是最简单的盛装方法。操作者只需要选择适当的餐具与面点成品组合。盛装时，应留有适当的空间，保障成品在视觉上的舒适。甜羹类、水煮类、煎烤类点心，可用小汤盅、小碗、铝盏、纸杯等盛装，每客一份，由服务员分别送与宾客食用。倒扣式的盛装方法也属于随意式盛装法，把加工制作的制品，按一定的方法（或图案）码在碗中，蒸熟后将其成品倒扣于盘中，成品如八宝饭、山药糕等。

（二）排列式盛装法

排列盛装法，是指将产品整齐排列的盛装方法。使用这种方法时，面点成品应形状统一，大小一致，排列整齐，均匀，有规律。

（三）图案式盛装法

图案式盛装法，是指利用成品的特点进行组合，将成品摆放成对称或不对称的几何图形的盛装方法。

（四）点缀式盛装法

点缀式盛装法，是指对面点成品按照对比、衬托等色彩造型规律，通过点、线部分的装饰，体现成品形态美、色彩美的盛装方法。点缀装饰是在随意式、排列式、图案式三种盛装方式基础上进行的，最常见的点缀方式就是盘饰。

（五）象形式盛装法

象形式盛装法，是指将制作好的面点以象形图案的形式装在盘中的盛装方法。这种盛装方法是在色、形等方面具备最高工艺要求的盛装方式。象形盛装的原则是紧扣宴席主题，精心构思，设计具有高雅境界的构图，操作者需要有较强的绘画技巧和主题构思能力。元宝形、葫芦形、菊花形、玉兔形、各式水果形等象形盛装法将食用价值与审美价值融为一体，使面点制品形象更加鲜明、生动，给人留下新颖雅致的印象。

三、面点盛装的基本要求

面点盛装是面点制作的最后一道工序，其基本要求是：

（1）注意清洁，讲究卫生。面点制品为熟食品，装盘前，应将盛器消毒，注意装盘工具和双手的清洁卫生，保证食品安全，避免二次污染。

（2）掌握装盘的基本方法。应根据面点的形、色和量，选择与之相适应的盛器和装盘方法，并适当加以围边装饰点缀。

子任务二　面　点　盘　饰

面点盘饰，是指为了增强面点盛装效果而在盛装器皿内外进行合理装饰的技法。除美观得体、不喧宾夺主以外，面点盘饰的根本要求是保障食品安全。

一、面点盘饰的特点

面点盘饰与面点制作既有关联又有区别，盘饰的特点主要有以下三点。

（一）用料以面点原料为主

面点盘饰以面塑装饰品、简单的糖艺造型、巧克力插件、果酱、巧克力酱以及果蔬、花卉为主。因此，主要的盘饰用料为澄粉、糖、巧克力、巧克力酱、果酱、果蔬、花卉等。

（二）制作工艺简单快捷

面点盘饰的主要功能是衬托面点制品，因此，盘饰应简洁明了。

（三）美化面点，提升档次

面点盘饰的烘托使平淡的面点制品在盛器中从色彩、造型、布局上都释放出美感，增进食欲，提升面点的档次。

二、面点盘饰的应用原则

（一）实用性原则

面点盘饰应当实用，并非所有面点都需要加以盘饰，盘饰应因需而设，避免画蛇添足。对于需要进行盘饰的面点，也要注意主次，盘饰不能喧宾夺主、华而不实。

（二）简约化原则

面点盘饰的内容和表现形式要以最简约的方式达到最佳的美化效果，避免过于烦琐的造型喧宾夺主。盘饰应当是面点的点睛之笔，量少而精，恰到好处。

（三）鲜明性原则

面点盘饰要以形象的、具体的感性形式来协助表现面点的美感。要善于利用装饰原料的颜色、形状、质地，在盘中摆放出鲜明、生动、具体的造型。

（四）协调性原则

面点盘饰不是独立存在的，一定要考虑盘饰与面点制品的契合度。因此，盘饰造型、色彩要与面点制品、盛器保持和谐，盘饰与制品应有机结合，浑然一体。

（五）安全性原则

盘饰原料必须符合安全可食的要求，要杜绝在盘饰中使用非食用性和危害人体安全的原料。

三、面点盘饰的方法

面点盘饰的方法主要有平面盘饰法、立体盘饰法两大类。

（一）平面盘饰法

平面盘饰法采用一些常见的新鲜水果、蔬菜作为原料，利用其特有的色泽、形态，经过刀工处理后,采用拼摆、搭配、排列等技法,在盘面周围或一角组合成各种平面图案,并掌握好层次与节奏的变化,构成错落有致、色彩和谐的整体,从而起到烘托面点的作用。平面盘饰法样例如图3-20所示。

(二) 立体盘饰法

立体盘饰法是一种利用面塑、立雕、糖艺、挤注和翻糖等技法的盘饰装饰方法。围边的体积有大有小,一般根据面点特点来选用技法进行围边,渲染面点的特点。立体盘饰法样例如图3-21所示。农舍、小动物、篱笆相映成趣,好一派田园风光。

图3-20 平面盘饰法样例

图3-21 立体盘饰法样例

四、面点盘饰的原料

面点盘饰所用的原料首先必须是卫生的、可食用的,盘饰原料与面点应和谐统一。同时,出于美化的考虑,盘饰原料一般为色彩艳丽的蔬菜、新鲜水果、面塑、翻糖、巧克力,突出装饰的效果。

盘饰原料一般可分为水果类、蔬菜类、膏酱类、饰品类、鲜花类。

(1) 水果类。水果类包括鲜水果与果仁。常用的鲜水果有杨桃、樱桃、枇杷、菠萝、猕猴桃、橘子、橙子、柠檬。常用的果仁有核桃仁、开心果、杏仁。

(2) 蔬菜类。常用的蔬菜有西红柿、黄瓜、芹菜、香菜、生菜、荷兰芹、胡萝卜、红萝卜、白萝卜、紫菜头、莴笋、西兰花。

(3) 膏酱类。常用的膏酱有果酱、巧克力酱、黄油膏、奶油膏。

(4) 饰品类。常用的面点饰品有面塑、翻糖、巧克力、糖艺品。

(5) 鲜花类。常用的鲜花有玫瑰花、菊花、紫罗兰、康乃馨。

五、面点盘饰的技术要领

(一) 盘饰的色彩搭配

进行面点盘饰的主要目的是衬托面点制品,突出主题,因此,使面点的色彩更丰富、更艳丽、更刺激食欲,是盘饰配色的主要任务。一般来讲,盘饰原料的色彩不应与面点已有的颜色相近。当然,这也不是唯一的思路。我们也可以选择与面点色彩近似的颜色,使之融为一体。两种不同的配色方法均可以使用,关键在于突出主体。

(二)盘饰与面点的比例关系

掌握好盘饰与面点的比例关系是美化制品的重要原则。一般来讲,盘饰的面积和体积都不能过大,否则就会破坏主题,给人一种华而不实的感觉;盘饰过小则起不到应有的装饰作用。适度,是处理这一关系的关键原则。实践中,应根据盘子的实际尺寸,面点制品的数量对其加以适当的把握。

(三)盘饰对器皿的要求

一般来讲,用于盘饰的盘子应是素色的,最好是纯白色的,尽量不带有明显花色图案。素色的盘子有利于表现作品的内容和风格。在没有合适的素色盘子时,可以采用立体盘饰的方法,将盘子图案与盘饰加以区别。

(四)卫生要求

盘饰原料均应按照可食性的原则来设计。不应重视艺术要求而忽略了卫生要求。对于原料,应进行严格的消毒处理,有些原料还要进行熟处理。同学们应树立食品安全意识,保障面点既可口,又卫生。

思维导图

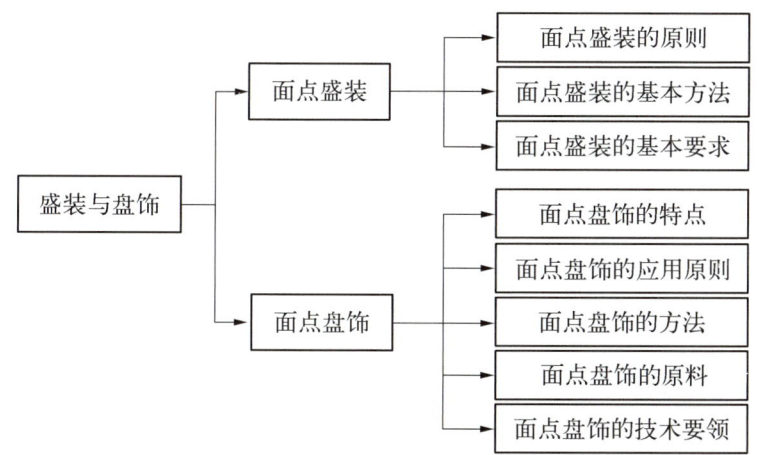

任务测试

一、名词解释

1. 面点盛装
2. 面点盘饰

二、单项选择题

1. 小盅盛装羹汤用于成品装饰的技法属于(　　)盛装法。
   A. 随意式　　　B. 点缀式　　　C. 象形式　　　D. 排列式
2. 利用纸垫、纸杯进行面点盛装,体现了(　　)的艺术处理思路。
   A. 发挥本身形态　B. 借助装饰型具　C. 色艳体小原料　D. 纯艺术性欣赏

三、多项选择题

1. 面点盛装方式主要包括(　　)。

A. 随意式　　　B. 点缀式　　　C. 象形式　　　D. 排列式　　　E. 图案式
2. 面点盘饰的运用原则包括(　　　)。
A. 实用性原则　B. 简约化原则　C. 鲜明性原则　D. 协调性原则　E. 安全性原则
3. 下列各项中,可用作面点盘饰的原料有(　　　)。
A. 面塑　　　　B. 巧克力酱　　C. 鲜水果　　　D. 蔬菜　　　　E. 糖艺品

四、判断题
1. 面点盘饰是可以独立存在的。　　　　　　　　　　　　　　　　　　(　　)
2. 面点盘饰品的颜色必须与面点制品相近。　　　　　　　　　　　　　(　　)
3. 八宝饭的盛装方式一般为倒扣式。　　　　　　　　　　　　　　　　(　　)
4. 面点盘饰品一般不食用,故操作者可以使用非食用性原料。　　　　　(　　)

五、简答题
1. 面点盛装的基本方法有哪些?
2. 面点盘饰的技术要领是什么?

项目八　面点熟制

◇ **职业素养目标**
- 培养一丝不苟的工匠精神、善于解决问题的实践能力。

◇ **职业能力目标**
- 了解面点熟制的质量标准与热能应用原则。
- 掌握各种熟制方法的特点,能判断具体成品成熟方法的运用是否得当。
- 能独立进行面点品种熟制工艺环节的操作。
- 熟知面点最佳质量标准对熟制工艺与面团、馅心、成形等工艺环节的要求。
- 能根据不同品种的特点选用相应的熟制方法。

◇ **典型工作任务**
- 熟制面点的质量标准与热能应用原则。
- 蒸制。
- 煮制。
- 炸制。
- 煎制。
- 烙制。
- 烤制与微波加热。

任务一　认识熟制面点的质量标准与热能应用原则

问题思考

1. 作为专业制作者,你应如何描述所制作食品的品质?
2. 你能对几种食品的口感进行描述吗?
3. 若想使制品尽快成熟,应选择哪些类型的熟制方法?

知识准备

面点熟制,是指运用各种加热方法将已经成形的面点生坯(半成品)制成色、香、味、形、质俱佳的熟食品的过程。面点熟制是依赖一定的加热方法来完成的,这个由生变熟的加热过程涉及面点的熟制工艺。面点的熟制工艺多种多样，不同口感、质感的品种所需采用的熟制方法也不尽相同。常用的面点熟制方法有蒸、煮、炸、煎、烤、烙等。有时候，还会采用两种或两种以上的加热方法使制品成熟。随着微波炉的普及，微波加热技术的应用也日益普遍。

熟制工艺是面点制作的最后一道工艺，也是最为关键的步骤。在进行熟制时，操作者应细致认真，保障成品色泽美观、体态完整。蒸制品应"体大腔软"、膨胀、光润洁白；炸制品组织酥松、色泽金黄、入嘴即化；煮制品则应洁白、润滑、筋道、吃口含汤汁。相反，不恰当的熟制方法会使成品在色泽、形态、口味、质地上出现很多问题，如蒸出来的米饭不熟，馒头干瘪变形，色泽暗淡灰白；炸制品形体发散，含油量大，色泽不均匀；饺子破肚、裂口、不熟。只有成熟面点才能体现出最佳的香味。熟制工艺使原料的物理性态产生变化，散发出诱人的香味，如蒸制品的面香，炸制品的酥香，烤制品的酥香。恰当的熟制工艺可以使馅心产生鲜香美味。相反，欠火就会导致香味逸失；过火则会使煮制品外皮破裂，水分浸入，破坏馅心原味。由此可见，熟制是保障面点质量的主要环节。

熟制方法掌握得当，不仅能体现面点制品的原有质量，还能进一步起到改进制品色泽，突出制品形态，增加香味，提高滋味的作用，使制品的质量"锦上添花"。油炸后的"菊花酥"不但形如菊花，色泽也惟妙惟肖。"荷花酥""开花馒头"制熟后，不仅呈淡黄、洁白的颜色，而且能够体现出清晰的层次和优美的姿态。

熟制能使制品由生变熟，把蛋白质、碳水化合物等营养成分转化成为人们容易消化、吸收的状态，大大提高制品营养价值。

一、熟制面点的质量标准

普通消费者可能通常只会用"好吃""不好吃"来形容他们吃到食物的质量，作为专业制作者，我们应该依据合理、明晰、准确的质量标准体系对产品作出评价。面点熟制后，一般都作为成品直接面对消费者，错误的熟制技术覆水难收，制作者必须具备判断成品是否达到质量标准的能力，让合格的产品端上餐桌。

熟制面点质量标准主要包括外观、内质、重量等几个方面的指标。制品质量标准在食材、面团、馅心、成形到熟制各个环节都发挥作用，而且相互影响。面点制品丰富多彩，风格各异，每一种面点制品的熟制质量标准都有具体的特色。下面介绍一些具有普遍意义的标准指标。

（一）外观

面点制品的外观所产生的视觉效果是重要的评价标准，包括品种的色泽和形态两个方面。

色泽，是指成品表面的颜色和光泽度。所有面点制品都应达到规定要求，才能体现其价值。面点的色泽可以激发人们的食欲，不同的面点制品会呈现不同的色泽，但"色泽优雅美观，色调和谐自然，整体食欲感强"的标准适用于所有面点。

形态，是指面点制品的表面形体状态。面点品种繁多、花色各异，不同的品种具有不同的造型。所有面点所共有的形态标准是：形态符合面点成形要求，饱满均匀、生动自然、大小一致、收口整齐、包馅位置正确，无破皮、露馅、歪斜、变形等现象。

（二）内质

我们主要通过查看内部结构和入口咀嚼后的感觉来判断面点制品的内质质量，内质质量具体体现在口感和口味等几方面。

口感是面点制品对口腔的触觉刺激，如酥、脆、软、硬、嫩、韧、滑、糯、松、黏等诸多不同感觉。面点制品内部结构应符合相关特色，不能有夹生、粘牙、变质等现象。

口味就是成品在口腔中所产生的味道。一般而言，香味纯正，咸甜适口，滋味鲜美，不过酸、过苦、过咸，无不良味道是口感的重要标准。

（三）重量

重量，是指面点制品熟制后的分量。成品的重量主要取决于面点制品生坯的重量，但有些品种的重量在熟制过程中也会受到一定的影响，发生失重或超重现象。烤烙制品在熟制中会有水分挥发，熟品分量轻于生坯分量，而大部分煮制品在熟制过程会吸水而超重，使熟品重量高于生坯重量。因此，在对易失重或超重的制品进行熟制时，应该掌握好火候和加热时间，避免失重或超重，保障成品的质量。

二、热能的应用原则

面点制品的熟制过程主要由热能的传递来完成，热能传递的方式主要有三种：传导、对流和辐射，热能传递的介质主要有以下几种。

（一）水

水是应用范围最广泛的传热介质，粥、馄饨、水饺、汤圆、面条等制品口感爽滑柔软。以水为传热介质时，主要的煮制方法有两种：

1. 制品生坯开水入锅

锅内水开后下入面点生坯，制品表面很快受热，淀粉糊化，蛋白质凝固，制品内部的营养成分流失较少，保证了良好的营养价值；这种作法也防止大量水进入制品内部，造成淀粉过度糊化，保证了制品质感。

2. 制品生坯或原料冷水入锅

在使用这种方法时，制品中的原料会慢慢受热发生变化，利于将原料煮至软烂，一般应用于各种豆类原料的煮制，便于取沙。

（二）油脂

油是较为重要的传导介质。很多制品的熟制工艺都是以油脂作为传热介质的。以油脂为介质进行传热时，由于油脂的温度高，制品下锅后骤然受热，制品外部会干燥收缩，凝结成一层硬壳，外酥脆内细嫩，口感松、酥、香、嫩。

油脂的燃点可达到300℃左右，因此，用油脂作为介质传热可以使制品迅速成熟。在实务工作中，油温最好不要超过250℃，否则会产生有害物质影响人的身体健康。

油脂的渗透力很强，能浸入面点制品的内部，使制品的水分达到沸点，使制品变得酥脆爽口，形成独特的风味。

（三）气体

气体传热方式主要有水蒸气传热法和热空气传热法两种。

水蒸气传热法，是指利用水蒸气传递热量使制品达到成熟的传热方法。其优点是可供给制品适当的水分,保持制品原形原味,使面点制品柔软、湿润,营养成分损失少,熟制时间较短,容易掌握,成本较低,经济又方便。熟制工艺中,这种传热方式的典型代表是蒸。

热空气传热法,是利用空气对流的原理,以空气为传热介质对生坯循环加热的传热方法。熟制工艺中,这种传热方式的典型代表为烤,它的加热温度较高,一般在100℃～300℃。加热时,生坯表面水分蒸发快,在内部水分蒸发前,表层就结壳了,成品会出现和炸制品类似的外酥脆内细软的口感效果,这一过程不涉及油脂浸入,成品更加健康。

(四) 金属

以金属为传热介质,是利用锅底的热量把制品加热成熟,这种传热方式以传导为主,常用的熟制方法是煎、烙,常见的成品有锅盔、烙饼、煎饺等。金属传热能力比油和水更强,升温的速度更快,一般根据制品所需要的熟制方法来控制温度,随时调节,一般温度保持在180℃～220℃为宜。

思维导图

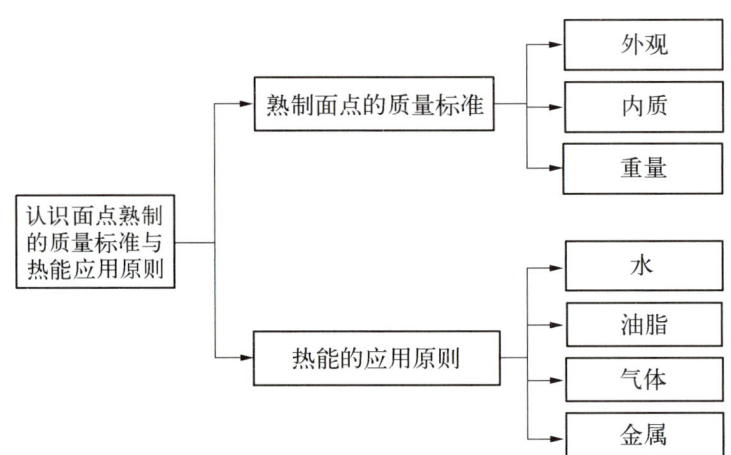

任务测试

一、名词解释

1. 面点熟制
2. 面点制品的外观

二、单项选择题

1. 以油脂为传热介质的面点熟制方法有(　　)。
   A. 煮制　　　　B. 烤制　　　　C. 蒸制　　　　D. 炸制
2. 下列口感描述中,(　　)是失去水分后的口感效果。
   A. 绵软　　　　B. 柔韧　　　　C. 酥　　　　　D. 松泡
3. 下列熟制方法中,会使制品熟制后重量增加的熟制方法是(　　)。
   A. 炸　　　　　B. 煮　　　　　C. 烤　　　　　D. 煎

三、多项选择题

1. 面点成熟的导热过程可以借助(　　)等传热介质完成。

A. 水　　　　B. 油　　　　C. 金属　　　　D. 热空气　　　　E. 辐射

2. 熟制面点的质量标准包括（　　）。

A. 色泽　　　B. 重量　　　C. 口感　　　　D. 形态　　　　E. 质地

四、判断题

1. 油脂是最常用的导热介质，能较好地保持制品的营养。　　　　　　　　（　　）
2. 以气体为传热介质能使制品快速成熟。　　　　　　　　　　　　　　　（　　）
3. 熟制的热量传递的方式主要有传导、对流和辐射三种。　　　　　　　　（　　）
4. 在开水中下入面点生坯，有利于将原料煮至软烂。　　　　　　　　　　（　　）
5. 热空气传热是利用空气对流的原理，以空气为传热介质对生坯进行循环加热的方法。　　　　　　　　　　　　　　　　　　　　　　　　　　　　　　　（　　）

五、简答题

1. 请把能说出的食品口感描述和成熟方法进行对应归类。
2. 简述热能应用原则，并根据传热效率对其加以排序。

任务二　蒸　　制

问题思考

1. 如何才能避免蒸锅内的水被烧干？
2. 如何才能避免制品粘在笼上？
3. 金属笼和竹笼的优缺点是什么？

知识准备

一、蒸制的概念与适用范围

蒸制，就是指把成形后的面点生坯放在笼屉（蒸盘）内，利用蒸汽作为传热介质，在一定温度的作用下使其达到成熟状态的加热方法。蒸制是使用较为广泛的加热方法，也是最普通的加热方法，其工艺方法、工具、传热方式都很简单，容易掌握。

蒸制的适用范围较广，适合蒸制的面团很多，除层酥面团和混酥面团外，其他面团都可采用蒸制的方法成熟，发酵面团、米及米粉类面团、各种包子、馒头、花卷、蒸饺、米糕等尤其适用。

二、蒸制的特点

蒸制品大多形态饱满，味道纯正，口感软滑，馅心多卤而鲜嫩，适应性强且易消化，其主要特点是：

（1）生坯受热均匀，口味鲜美。蒸制过程都是在密闭的蒸具中完成的，蒸汽的对流传热使制品达到成熟状态。蒸汽的温度稳定，传热均匀，具有较高的湿度，因此，制品成熟质量高，不会发生失水、失重和炭化等现象，成品口感爽滑，口味鲜美，口感柔软。

（2）形态美观，能保持原料的营养成分。蒸制过程中，被加热的面点生坯基本上不会移动，加热温度稳定，制品的形态因此能得到完美的保护，具有精美的形态。应当注意的是，加热的时间要严加控制,不宜过长,否则制品容易下塌。在整个蒸制过程中,生坯不会分解或扩散,营养物质不会流失,原料的营养成分能够得以保持。

三、蒸制的原理

蒸制主要利用蒸汽的对流和传导来传递热量,使生坯获取热能而成熟。生坯上屉后,将其装入蒸箱(蒸锅)内,屉中的蒸汽温度达100℃以上,通过热传导方式,传给生坯。对流传热使生坯四周同时受热,制品表面的水分受热会发生汽化,但温度的高低主要取决于气压的高低和火力的大小。

制品生坯受热后,蛋白质与淀粉的状态会发生变化,淀粉受热开始膨胀糊化。在糊化过程中,淀粉吸收水分变为黏稠胶体,出屉后温度下降,糊化的淀粉会冷凝为凝胶体,使成品表面光滑。蛋白质受热后变性,开始凝固并排除其中的"结合水"。温度越高,变性速度越快,直至蛋白质全部变性凝固,制品成熟。蒸制品多为生物膨松面团和物理膨松面团,受热后会产生大量的气体,使生坯中的面筋网络形成大量的气泡,使成品主体呈多孔状且富有弹性。

实践操作

一、工艺流程

蒸制的工艺流程为:❶ 蒸锅加水烧沸;❷ 生坯摆笼(屉);❸ 饧发;❹ 蒸制;❺ 下屉;❻ 成品。

二、操作步骤

(一)蒸制前

1. 设备、器具准备

(1)设备:炉灶。

(2)器具:蒸锅、蒸笼(蒸屉)、垫具、油刷等。

蒸制所用设备、器具主要是炉具。炉具点火备用;蒸笼上加垫具或抹油,防止生坯粘笼。

2. 蒸锅加水烧沸

将蒸锅置于炉上,锅内加水并烧沸,如图3-22所示。蒸锅加水量以六成满为宜,一般以淹过笼底5厘米~7厘米为佳。若加水量过多,水分沸腾时容易冲破制品底部,影响蒸制品质量;若加水量过少,蒸汽容易被泄漏,且容易烧干,导致制品焦糊。

3. 生坯摆笼

摆笼时,根据品种膨胀程度确定间隔距离,为生坯提供足够的膨胀空间,摆放过密会使制品相互挤压,摆放过稀又会使出品率降低。

4. 准确掌握生坯蒸制时机

多数情况下,各种面点生坯摆屉后即可入笼蒸制,但对于一些发酵面团制品,我们则需要在其成形后静置一段时间,使在成形过程中由于揉搓而紧张的生坯再度松弛,并继续发酵,这利于制品在成熟后达到最佳的膨胀效果。

图 3-22 蒸制示意图

(二)蒸制中

在蒸制过程中准确掌握成熟时间,笼屉盖要盖紧,防止漏气;蒸制过程要始终保持一定火力,保持笼内温度、湿度和气压的稳定。在蒸制中途,操作者不能随意揭开笼盖,避免制品因散气而出现质量问题。

(三)蒸制后

1. 正确判断制品成熟度

除了正确掌握蒸制时间,我们还要对制品进行必要检验,确保成品质量。常见的判断方法有嗅、看、按。嗅——成熟的制品可嗅到面香味;看——看到制品体积膨胀,色泽洁白光亮;按——用手按一下制品,所按之处能快速鼓起复原,不粘手,说明制品已成熟。

2. 及时出笼下屉

制品成熟后应及时出笼,在笼内放置过久,水汽会在制品表面凝结,使制品稀软、不干爽甚至发生塌陷。

3. 设备器具清洁

蒸制结束后,及时关闭炉具及电源、气源开关,蒸锅、蒸笼应清洗干净,妥善保管。

三、蒸制的技术要领

(1)选择合适的蒸笼。

金属笼易于保存和清洗,但易结水滴进而影响制品外观;竹笼不结水滴,但容易发霉变形,损害人们的身体健康。应根据制品的要求合理选择蒸笼。

(2)蒸具要加垫具或抹油,生坯摆放间距要合理。

蒸制的笼具一定要加垫或抹上色拉油,防止制品粘笼;生坯摆放的间距要适度,一般为一指宽或两指宽,不宜过稀或是过密,防止制品粘连成团。

(3)蒸锅中加水量要适度,且水要烧开。

应把握好蒸锅中的水量,不宜过多或过少,否则影响制品的质量。生坯上笼时,锅中的水一定要烧开,保证蒸汽充足,有利于成品膨胀,如此,成品的口感会更为理想。

(4)对于需静置饧发的发酵面团生坯,掌握好饧发的温度、湿度和时间。

恰当的温度有利于酵母菌繁殖增生,使制品坯体继续胀大。如果温度过低,坯体胀发性差;如果温度较高,生坯的上部气孔过大,组织粗糙,熟制后易塌陷变形,口感不细腻。饧发环境的湿度要合理,一般保持在65%~75%。湿度过低,生坯表面易干燥、结皮;湿度过高,表面凝结水过多易使生坯产生"泡水"现象,熟制后坯体多生"斑点",影响制品外观。饧发时间对制品的质量影响也非常大,饧发时间不足,达不到松弛面筋和继续胀发的目的,制品死板发硬;时间过长,制品生坯会出现"跑碱"现象而产生酸味,应根据品种、季节、温度等条件灵活掌握饧发时间。

(5)正确掌握成熟时间及蒸制火力。

时间及火力是面点制作的关键因素。所有类型的蒸制品都应当严格控制好时间与火力。体积越大,蒸制时间越长,蒸制火力反而不能太大,否则制品表面容易开裂。对于体积小的面点,往往使用大火力,在短时间内将其迅速蒸熟,保持制品的鲜嫩度。

(6)蒸具应具备良好密闭性,严防漏气。

蒸具密闭性能差,出现漏气,易使笼内蒸气量不足,影响制品的成熟。

(7) 不同种类、大小的面点品种不能一笼混蒸。

无馅生坯与有馅生坯在蒸制时尽量分开,否则易串味。如有特殊需要,应该保证"有馅的在下面,无馅在上面"。发酵面团制品和水调面团制品必须分开蒸制(因质地不同,成熟时间差异很大)。

(8) 保持蒸锅水质清洁,经常换水。

水在蒸制中会发生性态变化,多次蒸制后的水会含有油脂、悬浮物等杂质,污染蒸制品,食品色泽会变暗,发生串味甚至产生异味,影响制品的质量。

思维导图

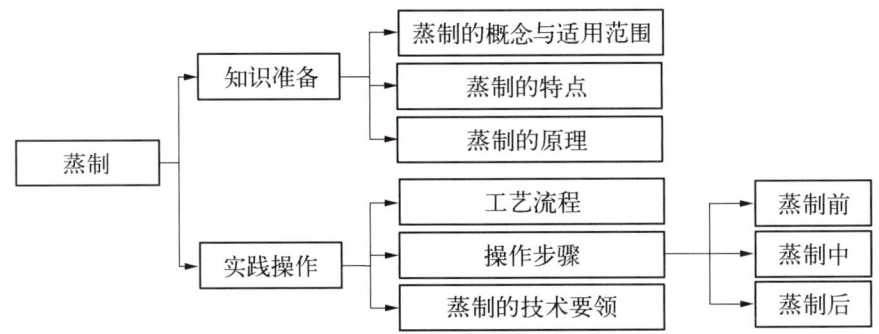

任务测试

一、名词解释

1. 蒸制
2. 生坯摆笼(屉)

二、单项选择题

1. 下列各项中,不适合蒸制的面团有(   )。
   A. 水调面团　　　B. 发酵面团　　　C. 混酥面团　　　D. 米粉团

2. 蒸笼抹油的目的是使蒸制品(   )。
   A. 更香　　　B. 表面更光滑　　　C. 更滋润　　　D. 不易粘笼

3. 从成熟原理来看,蒸制品表面光滑的原因(   )。
   A. 表面有油脂　　　　　　　　B. 表面有扑粉
   C. 淀粉糊化冷凝成凝胶体　　　D. 蛋白质变性凝固

三、多项选择题

1. 下列各项中,适合蒸制的面团有(   )。
   A. 水调面团　　B. 发酵面团　　C. 混酥面团　　D. 米粉团　　E. 层酥面团

2. 下列各项中,能够判断制品是否蒸制成熟的方法有(   )。
   A. 嗅　　　B. 看　　　C. 捏　　　D. 按　　　E. 掰

四、判断题

1. 蒸制过程中,操作者要随时揭开笼盖观看制品的蒸制情况,避免制品蒸塌。(   )
2. 蒸制所用水量要少一点,不要淹过笼脚,避免沸腾时冲破制品底部。(   )

3. 蒸制品在成熟过程中不会接触水,所以不需要注意锅内水质。（　　）

五、简答题

1. 为什么要保持蒸锅水的清洁度？
2. 为什么不同种类、体积的面点不能一笼混蒸？
3. 观察金属笼、竹笼以及未介绍的木制笼等蒸具,分析其差异。

任务三　煮　　制

问题思考

1. 如何才能把面条煮得爽滑筋道？
2. 如何才能避免把水饺煮烂？
3. 怎样才能把粥煮得很浓稠？

知识准备

一、煮制的概念与适用范围

煮制,是指将已成形的面点生坯投入到水锅中,利用水作为传热介质,通过传导和对流两种传热方式,使制品达到成熟的熟制方法。煮制方法常适用于面条、水饺、馄饨、汤圆的熟制过程。适合煮制的面团很多,包括水调面团、米及米粉类面团、羹汤类面团等,但一般不用于发酵面团、油酥面团等面团的熟制过程。

二、煮制的特点

煮制的特点体现在以下几方面：

（1）保持原料的原汁原味,保障馅心汁多鲜嫩。煮制品的生坯在煮制过程中可吸收部分水分,使生坯的吸水量基本饱和,这样生坯吸收馅心水分的机会就大大减少了,从而保持馅心原有的水分和香味,使制品成熟后口感细嫩滑爽,汁多而鲜美。

（2）生坯受热均匀、充分,但成熟的时间稍长。制品采用煮制成熟,生坯在加热过程中全部被浸泡在水中,利用水沸腾产生热对流使其受热,制品四周同时受热,受热均匀。但在正常气压下,沸水最高温度为100℃,生坯对流温度提升较慢,是成熟方法中温度最低的一种,因而制品加热成熟所需的时间稍长。

（3）制品口感爽滑筋道,成品重量增加。煮制品加热时直接与大量水接触,淀粉颗粒在受热的同时,能充分吸水膨胀,发生糊化反应；蛋白质受热发生热变性而凝固。因此,煮制的成品大都较结实、筋道,有嚼劲。

（4）不会对成品表面产生着色作用,基本保持本色。煮制的整个过程都是在锅中完成的,沸水的最高温度不会超过100℃,而且制品在加热的过程中浸泡在水中,制品表面受到水的滋润保护,所以在成熟后基本保持原料的原有色泽。

三、煮制的原理

煮制方法主要以水为传热介质,利用传导和对流两种方式传热使面点生坯成熟,而水的沸点较低,在正常气压下,沸点为100℃,是各种成熟方法中温度最低的一种。同时,水的传热能力较弱,因而制品成熟缓慢。另外,制品在水中直接与大量水分子接触,淀粉颗粒在受热的同时能充分吸水膨胀,成熟后重量增加。在成熟过程中,应根据锅内加水量及投入生坯数量来决定成熟时间,避免投入过多生坯(或水量过少)导致制品破碎、粘连、糊稠等现象的出现。制品煮制的时间应得以准确把握,煮制时间过短,制品难以完全成熟;煮制时间过长,制品容易变形、软烂。

实践操作

一、工艺流程

煮制的工艺流程为:❶ 锅内水烧沸;❷ 生坯下锅;❸ 煮制;❹ 成熟;❺ 装盘。

二、操作步骤

(一) 煮制前

1. 设备、器具准备

(1) 设备:炉灶。

(2) 器具:煮锅、炒勺、漏勺、筷子等。

2. 煮锅加水烧沸

将煮锅置于炉上,锅内加水并烧沸。煮锅加水量以6~7成满为宜,并且根据所煮生坯数量和煮制效果要求,控制好水量和生坯的比例。

3. 生坯准备

生坯下锅前,根据品种煮制效果要求,尽量避免生坯粘连。

4. 准确掌握生坯煮制时机

多数情况下,大部分生坯都需要于锅内水体沸腾时下锅,但需要熬烂、软的制品则相反,如粥类。煮制如图3-23所示。

(二) 煮制中

为保持制品外形,在煮制时应将生坯逐个投入滚沸的水中,用炒勺或筷子不断地顺锅边推划、搅动,防止制品受热不均,产生相互粘连(或粘锅底)的现象。为了使生坯在煮制过程中保持外形,需要"点水"来保持水体的微开沸状态,即每当开锅时就往锅内加入少许冷水。

图3-23 煮制示意图

(三) 煮制后

1. 正确判断制品成熟度

除正确掌握煮制时间外,我们还要对制品进行必要检验,确保成品质量。水饺馅肚应全部向上翻,丰满圆滑;面条应无"白点";粥类应当呈"水连米、米连水"的特征。

2. 及时出锅

制品成熟后要及时出锅,避免在锅内煮制过久而烂掉。

三、煮制的技术要领

(一) 控制锅内水量

煮制是适用范围很广的成熟方法,适合煮制的面点品种很多,不同品种对于锅内水量的要求有所不同,大致分两类:一类是成形的面点生坯,另一类是粥和羹汤类面点。一定要保证水量准确,确保制品的质量。

(二) 确定下锅水温,随搅防粘

大多数煮制品种应沸水下锅,保证制品表面尽快成熟而不会烂软,煮粥时,则最好冷水下米,让米粒在水烧沸之前先浸泡涨发,将粥煮稠,保证其黏稠滑爽。在煮制大多数面点品种时,要随时搅动生坯,防止粘连,保证成品的质量。

(三) 掌握煮制时间,注意"点水"

必须把握好时间,时间过短制品不熟;时间过长,制品易变形散烂,影响其风味特色。煮制水饺的时间要稍长,煮制抄手的时间要稍短,饺皮厚而抄手皮薄,因此,要根据品种准确控制好时间。注意,在煮制绝大多数品种时,均要点水,使成品熟后更加清爽。

(四) 准确把握火力

水面要保持沸腾状态,煮制面条、水饺时,火力太小,会使制品干涩;煮制汤圆时,火力太大容易使品种散烂,破坏成品的质量。

(五) 连续煮制要补水,保持煮水清澈

煮制时间长,汤水会变得黏稠而混浊,若不经过处理,煮制品夹生的情况就会发生,成熟后口感不爽滑。

(六) 成熟后及时出餐

有些面点制品在成熟后必须立即食用,如各种风味面条,若成熟后不立即食用,经过面汤浸泡后就不筋道,失去原有的风味。有些面点制品成熟后需要捞起沥干水分,加入适量的色拉油拌匀,防止制品粘连,如凉面,若不加油拌匀,面条就会粘连在一起而成团,影响制品的质量。

思维导图

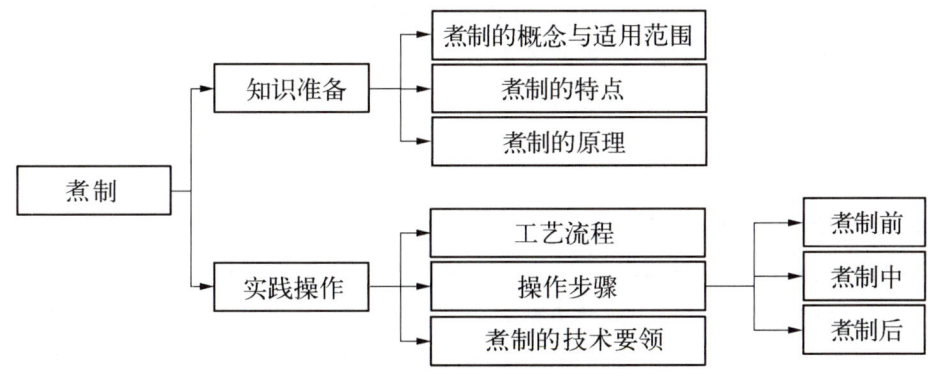

任务测试

一、名词解释
1. 煮制
2. 点水

二、单项选择题
1. 不适合煮制的面团是（　　）。
   A. 水调面团　　　B. 发酵面团　　　C. 羹汤类　　　D. 米粉团
2. 连续煮制过程中，进行补水的原因是（　　）。
   A. 加快制品成熟速度　　　　B. 保持煮水清澈
   C. 使制品不易散烂　　　　　D. 使水不易沸腾
3. 制品下锅时，要"边下边搅"的目的是（　　）。
   A. 使制品不易散烂　　　　　B. 加快制品成熟速度
   C. 使制品混合均匀　　　　　D. 使生坯不易粘连

三、判断题
1. 煮粥应沸水下锅，才能更快成熟。　　　　　　　　　　　　　　（　　）
2. 煮制过程中应保持水剧烈沸腾，才能使制品尽快成熟。　　　　　（　　）
3. 煮制饺子时，水量应该少一些，饺子熟得快。　　　　　　　　　（　　）

四、简答题
1. 煮制时为什么要"点水"？
2. 为什么不同种类、体积的品种不能一锅混煮？
3. 普通炒锅、桶状不锈钢锅在煮制过程中的使用差异是什么？

任务四　炸　　制

问题思考
1. 如何才能使龙眼酥既具有酥脆的口感又能呈现好看的酥纹？
2. 为什么红薯饼表面呈黑色，里面还是生的？
3. 为了节约成本，炸油只要颜色尚可就可以多次重复使用，该说法正确吗？

知识准备

一、炸制的概念与适用范围

炸又叫油炸，是指将成形的面点生坯投入一定温度的油内，以油为传热介质，使其成熟的方法。炸制是应用最为广泛的成熟方法，适用范围很广，几乎所有种类的面团制品都可以用炸的方法成熟，主要用于油酥面团、化学膨松面团、米粉团、薯类面团制品的熟制过程，成品包括各种酥点、豆沙麻圆、油条、红薯饼等。

二、操作步骤

(一) 炸制前

1. 设备、器具准备

(1) 设备：炉灶。

(2) 器具：炸锅、炒勺、漏勺、筷子等。

2. 炸锅加油

将炸锅置于炉上，在锅内加油。炸锅加油量以6～7成满为宜，应根据所炸生坯数量控制好油量和生坯的比例。

3. 生坯准备

下锅前，如需批量炸制生坯，一般要将其放入过了油的大漏勺中，炸制如图3-24所示。

4. 准确掌握生坯下锅炸制时机

不同制品所需的下锅油温是不同的，我们应准确判断。

低油温：70℃～100℃，行业称2～3成油温（油面微滚动）。

中油温：110℃～140℃，行业称4～5成油温（油面滚动较大）。

热油温：160℃～210℃，行业称6～7成油温（油面微滚，同时锅边冒烟）。

图3-24 炸制示意图

(二) 炸制中

不同类型的炸制品在炸制过程中所发生的变化不尽相同，在此处只是概括性地介绍一下炸制中的常见情况：

(1) 低油温下锅的制品大都经过浸炸、起酥膨胀、定型上色三个阶段，油温从低到高逐步上升。

(2) 中油温下锅的制品大都经过定型、成熟、上色三个阶段，油温保持时间较长。

(3) 热油温下锅的制品也经过定型、成熟、上色三个阶段，但三个阶段几乎是同时完成的。

很明显，炸制过程中的油温控制是炸制品成功的关键。

(三) 炸制后

1. 判断炸制品成熟度

炸制品的成熟度，其判断标准有三：一是外形；二是表面颜色；三是内部成熟度。只有在准确了解具体熟制质量标准的基础上，才能对成熟度进行准确判断。明酥类标准为：色泽乳白或浅黄，全部生坯浮在油脂表面，形如盛开的鲜花；糕团类标准为：色泽金黄，表面丰满；热水面团和化学膨松面团类标准为：色泽金黄，酥松膨胀，香脆可口。

2. 及时出锅

制品成熟后应及时出锅，在锅内炸制过久，制品表面颜色会加深，口感会变硬。

二、炸制的特点

炸制用油量较多,制品生坯受热均匀,油脂温域宽,温度变化快,成熟速度快,能源消耗少,因此,炸制能使制品形成多重质感,有利于色泽和香气的形成。概括而言,炸制的特点有如下几点:

(1) 用油量较多,制品生坯受热均匀。炸制成熟过程中,面点生坯都是浸泡在油脂中的,受热时制品在炒勺的推动下活动,由于用油量很大,制品在油中活动的范围很广,受热均匀,制品成熟后色泽一致。

(2) 油炸温度变化快,温域范围宽。油脂温度上升很快,几分钟内就可上升到较高水平。水的加热温度最高只能达到125℃左右,而油脂加热温度最高可达到300℃左右。油脂的比热容是水的一半,因此,在相同的加热条件下,油的升温效率比水要高很多。

(3) 制品成熟速度快,能源消耗少。炸制是速度最快的方法,油脂在加热时温度上升很快,面点生坯在油炸过程中会被油脂紧紧包围,受热均匀而且迅速,大大节约了能源。

(4) 能使制品形成酥脆或外酥内嫩的质感。炸制以油为传热介质,温度上升的空间大,变化很快,在制品成熟过程中,可以控制油温的高低,让成品形成各种不同的口感。炸制品的色泽一般都是白色、淡黄色、黄色和金黄色,其质感或酥脆,或松酥,或外酥内嫩,风味独特。

三、炸制的原理

炸制的内在机制是依靠油的传导与对流作用使制品成熟,同时形成面点制品的质感与颜色。油炸时的热量传递主要是以热传导的方式进行的,其次是对流传递,油脂通常被加热到160℃~180℃,热量首先从热源传递到油炸容器,油脂从容器表面吸收热量再传递到制品表面,然后通过传导把热量由外部逐步传向制品内部,使油脂包围生坯的四周同时受热。在这样高的温度下,制品可以很快地加热成熟,色泽均匀一致。油炸时,对流传热对加快面点的成熟起着重要意义,被加热的油脂和面点进行剧烈的对流循环,浮在油面的面点受到强烈对流作用,其内部温度逐渐上升,水分则不断受热蒸发。

炸制过程中发生的化学变化主要有热氧化、热水解、热分解、热聚合等。生成的产物有低级的醛、酮、羧酸、醇等短链化合物和大分子的聚合物。

炸油经反复使用后,质量会发生一系列变化,营养价值降低,消化吸收率降低,并产生有毒物质。这些有毒物质,不仅对身体各组织、内脏器官具有破坏作用,而且对动脉硬化有促发作用,对癌症也有一定的诱发作用。

炸油经高温反复加热,色泽变深,黏度变高,泡沫增加,发烟点下降,口感老化,上述现象统称为老化现象。反复使用的油会产生对人体危害极大的毒性物质,如环状化合物、二聚甘油脂肪酸酯、三聚甘油脂肪酸酯和烃类化合物等,其中二聚甘油脂肪酸酯毒性最强。

实践操作

一、工艺流程

炸制的工艺流程为:❶ 油脂升温;❷ 生坯投入;❸ 炸制;❹ 成熟;❺ 装盘。

三、炸制的技术要领

在进行炸制时,需要遵循的原则有很多,在此着重说明需要特别注意的事项。

(一) 火力不宜太旺

油温高低是为火力大小所决定的,火力大油温高,火力小油温低。油在受热后,升温很快,很难掌握,操作时切不可火力太旺。如油温不够,初学者可适当延长一些加热时间,火力过旺时,应将锅离火降温,总之,宁可炸制时间长一点,也不应使油温高于制品需要,防止发生焦糊。

(二) 油温要按制品需要选择

炸制品种较多,不同品种面点对油温的需求也是不同的:高温,低温,先高后低,先低后高,情况较为复杂,但概括而言可分为温和热两种。油温直接影响制品的质量。油温低了,制成品不酥不脆,色泽较淡,并且耗油量较大;油温高了,制品易出现焦糊,层次难以呈现。油温的测定方法有温度计测试和凭实践体验两种。油温过高时,应采取控制火源,将锅离火,添加凉油或增加生坯制品的投入量等措施。油温低时,应加大火力并减少生坯的投入量,这些措施应根据具体情况具体采用。

(三) 注意油和生坯的比例

一般来说,油和生坯的比例应为 5∶1 或 9∶1。应根据制品数量、品种、所用器皿以及火源的强度等条件来具体把握。

(四) 制品受热要均匀

生坯下锅后,往往因数量较多而拥挤,导致受热不匀,因此,在制品下锅后,要用铁铲或笊篱翻动推搅,避免其相互粘连,保障受热均匀,成熟度一致。但是对于酥皮类制品,在刚下锅时不应用铁铲手勺或笊篱去翻动推搅,酥皮类制品面团韧性差,容易破碎或散于油中。因此,要待制品浮上油面时,再用手勺轻轻搅动,对于容易沉底的制品,要将其放入漏勺中炸,防止其落底粘锅。

(五) 掌握好油炸时间,准确判断制品成熟度

炸制时间对制品质量影响很大,时间不够,制品会半生不熟;时间过长,制品会发生焦糊,口感粗老。制品油炸时间应根据原料、生坯体积、面团种类等因素决定。不同品种所需的炸制时间不尽相同。只有在控制好油炸时间,准确判断成熟度的基础上,才能保证成品的质量。

(六) 炸油的合理使用

保持油脂的品质,减少对人体的危害,延长炸油的使用时间。在使用中,应着重注意以下几个方面的问题:❶ 选择高质量和高稳定性的油脂作炸油;❷ 控制油温,不要过度加热,尽可能使用设计合理的先进设备;❸ 选择正确的加热方式,尽可能将油温保持在加热状态,间歇性加热比连续性加热对油脂的负面影响更强烈;❹ 保持炸油清洁,及时清除杂质;❺ 在油炸过程中经常性地补入新油并且每隔一段时间更换新油。

思维导图

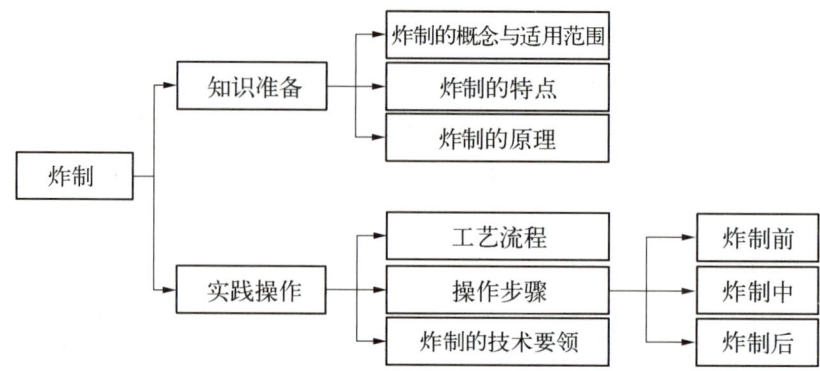

任务测试

一、名词解释

1. 炸制
2. 热油温

二、单项选择题

1. 下列面团中,不适合炸制的是( )。
   A. 水调面团　　　B. 化学膨松面团　　C. 层酥面团　　　D. 米粉团
2. 低油温的温度范围是( )。
   A. 90℃～120℃　　　　　　　　　　B. 110℃～150℃
   C. 70℃～100℃　　　　　　　　　　D. 50℃～60℃
3. 炸制时间偏久,容易引发的后果有( )。
   A. 制品颜色偏淡　B. 制品口感偏硬　C. 制品浸油　　　D. 制品散烂

三、判断题

1. 为节约成本,炸油应该反复使用。　　　　　　　　　　　　　　　　( )
2. 炸制容易使制品发生不均匀的颜色变化。　　　　　　　　　　　　　( )
3. 在诸多熟制方法中,炸制的成熟速度较慢。　　　　　　　　　　　　( )

四、简答题

1. 油脂重复使用的危害是什么?
2. 制品表面颜色很深,内部却还是生的,请分析原因?
3. 观察电炸锅和普通明火在炸制过程中的差异主要体现在哪些方面。
4. 在不同油温下比较油脂在锅内的状态。

任务五　煎　　制

问题思考

1. 如何才能使煎饺既好吃又不糊?
2. 煎制和炸制在制品色泽上最大的不同是什么?

3. 如何处理形体不平整的生坯？

知识准备

煎制，是指将已成形的生坯放入煎锅中，利用金属锅底和油脂的传热作用使制品成熟的方法。与炸制相比，煎制所耗油量较少，人们一般在锅底抹一层薄薄的油，再经加热使制品成熟。煎制主要适用于水调面团、油酥面团、杂粮类面团制品，如各种煎饺、煎饼的制作。

煎制主要依靠油脂和金属的传导作用形成面点制品的质感与颜色。制品的底部贴着锅底，金属、油脂的传热效率较高，生坯表面的蛋白质和碳水化合物高温受热，很快就会发生麦拉德反应和焦糖化反应，生坯贴着锅底的那一面会很容易变色。生坯内部受热不足无法很快成熟，这使得我们往往需进一步借助其他成熟方式。根据生坯的形状和成品效果的要求，一般把煎制分为油煎和水油煎。在此基础上，人们还创造出煎炸、熟煎等方法。

油煎适用于表面平整、厚薄均匀的饼类的煎制，油脂和锅底热量使得制品成熟、上色，制品两面呈金黄色，口感香脆。油煎所适合的品种有：合饼、馅饼、手抓饼、千层酥，是最常见的煎制方式。

韭菜盒子

水油煎适合有底但体积较大且形状不平整的包类、饺类制品的熟制，此类制品无法单靠锅底的热量成熟，必须在煎制过程中加水，从而产生水蒸气把制品上部蒸熟。水油煎制品油温、锅底和蒸汽三种热的影响，因此，成品底部金黄、香脆，上部柔软、暄软、色白、油光鲜明，风味特殊，如生煎包、生煎馒头、锅贴等。

煎炸适合体积较厚但又需要保持整体酥脆口感的制品，此方法与油煎相似，只不过多了一道炸的工序，人们称这种方法为半煎半炸法。煎炸法所适合的品种有萝卜丝酥、鲜肉酥卷等，成品特点是层次清晰、外酥内软嫩。

熟煎实际上是水油煎的改良方法。水油煎技术较复杂且很难控制，在时间较紧又需要保证效果的情况下，一般会先把生坯蒸、煮制成熟或半熟后，再煎制上色，使得后续的煎制流程更易掌控。该方法所适合的品种有广东煎饺、荔甫芋煎饼、山东煎包等。成品表面洁白暄软、软滑，底部金黄酥脆，口感鲜嫩。

实践操作

一、工艺流程

煎制工艺流程为：❶ 炙锅；❷ 加油；❸ 生坯下锅；❹ 煎制；❺ 成熟；❻ 装盘。

二、操作步骤

（一）煎制前

1. 设备、器具准备

（1）设备：炉灶。

（2）器具：平底煎锅、炒勺、漏勺、筷子、锅盖等。

2. 炙锅

将平底煎锅置于炉上，烧热并放入少量油。

3. 生坯准备

保持生坯表面平整，水油煎所用生坯底部要平整，熟煎所用生坯要提前蒸好或煮好，尽量避免生坯相互粘连。

4. 准确掌握煎制时机

进行油煎、水油煎、煎炸时,需要控制好锅底温度,不能过高;进行熟煎时,下锅温度可以高一点。

(二)煎制中

(1)进行油煎时,需先将生坯一面煎变色,然后再翻转生坯,煎另一面,煎至两面呈金黄色内外四周都熟透为止。

(2)进行水油煎时,需把生坯从锅边向中间顺时针摆好,稍煎一会,待底部变为淡金黄色,根据锅的大小来加入清水(或粉浆),所需水量一般应为生坯的1/3。然后,盖紧锅盖煎8分钟~10分钟,让水产生蒸汽,使制品成熟。

(3)对于应先煎后炸的制品,需把生坯正反两面都煎成金黄色,然后加油把制品内部炸热炸熟,但加油量不可超过制品厚度的一半;对先炸后煎的制品,需将生坯用3~4成热的油温把制品层次炸出来,然后再放在煎锅内煎制成熟。

(4)熟煎需把蒸煮到位的生坯趁热放于锅内,煎至上色熟透即可。

煎制如图3-25所示。

图 3-25 煎制示意图

(三)煎制后

1. 判断制品成熟度

煎制品的成熟度,可从三个方面加以判断:一是外形;二是表面颜色;三是内部成熟度。

2. 及时出锅

制品成熟后要及时出锅,避免在锅内过久导致表面颜色偏深,制品偏硬。

三、煎制的技术要领

煎制技术种类较多,不同的方式,其技术要领不尽相同。

(一)油煎的技术要领

(1)将锅不断转动或移动制品位置,使制品受热均匀。

(2)煎制品量多时,要从锅内边向锅中间顺次摆放,防止中心温度高,锅边温度低,中心焦糊,锅边部分不熟现象的发生。

(3)对油煎成熟的制品,需用双手松一松,确保制品口感酥软脆。

（二）水油煎的技术要领

（1）严格控制煎制的温度和火力，油温应保持在160℃～180℃。

（2）从锅内边向锅中心顺次摆放，然后看生坯底部出现金黄色，再加清水（或面浆），掌握好水量。

（3）在制品成熟期间，要听锅中是否有水炸声，如无水炸声，方可开锅淋油，再煎1分钟～2分钟即可。

（4）装盘上桌时，要将制品底面朝上，以示其色泽金黄。

（三）煎炸的技术要领

（1）掌握好火候与油温。

（2）制品必须先上色、再炸制。

（四）熟煎的技术要领

（1）所有制品都应在九分熟时再煎制。

（2）要掌握好煎制温度。

思维导图

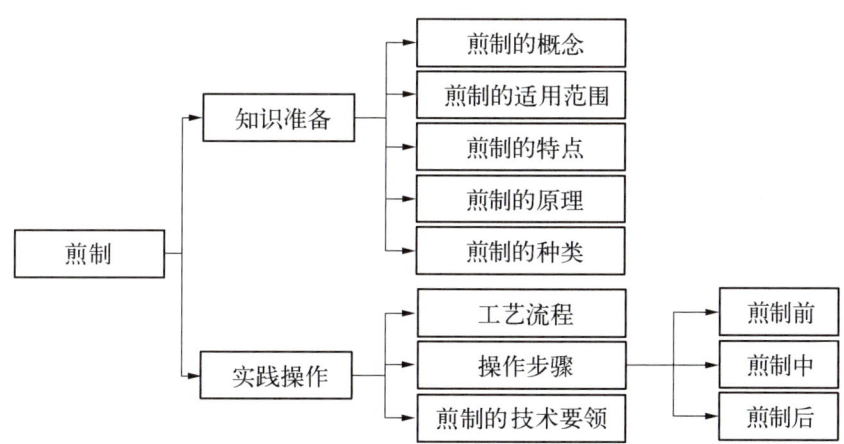

任务测试

一、名词解释

1. 煎制
2. 水油煎

二、多项选择题

1. 下列各项中，适用于煎制的面团有（　　　）。

A. 水调面团　　B. 油酥面团　　C. 杂粮面团　　D. 米面团　　E. 果蔬面团

2. 使成品底部香脆，上部柔软、暄软的煎制方法是（　　　）。

A. 油煎　　B. 煎炸　　C. 水油煎　　D. 熟煎　　E. 生煎

三、判断题

1. 水油煎适合扁平的饼状生坯。　　　　　　　　　　　　　　　　（　　）

2. 煎制可以使制品表面发生均匀的颜色变化。（　　）
3. 熟煎是把生坯完全蒸煮后再煎制的煎制方法。（　　）

四、简答题

1. 简述各种煎制方法所适合的生坯形态。
2. 油煎和煎炸制品的口感有何区别？
3. 观察所使用的锅具和普通炒锅的差异，请分析原因。

任务六　烙　　制

问题思考

1. 烙制和煎制的制品色泽有什么不同？
2. 烙饼和煎饼在口感上有什么差异？
3. 北方的摊煎饼技术属于烙制还是煎制？

知识准备

烙，是指将已成形的生坯摆入架在炉上的平锅中或电饼铛中，通过金属介质传热使制品成熟的一种熟制方法。烙通过金属锅底受热，使锅体含有较高的热量，当生坯的一面与锅体接触时，立即得到锅体表面的热能，生坯水分迅速汽化，并开始进行热渗透，经两面反复与热锅接触，使之达到成熟。适合烙制法成熟的主要有水调面团、膨松面团、米粉面团和米浆面团等，特别适合各种饼类的成熟。

根据不同品种的需要，烙制可分为干烙、刷油烙、加水烙三种。

干烙适合皮面较干脆，内部较柔软，且有一定嚼劲，表面需有"面花斑"的烙制品。由于锅内无油无水，只是靠锅底传热，其对锅底温度变化的掌控要求较高，否则易出现表面烙糊了，内部还未成熟的效果。操作时，必须按不同要求来掌握火力大小、温度高低及时间长短，同时还必须不断移动锅的位置和制品位置，锅在受热后，一般是中间部位温度高，边缘部位温度低。为使制品均匀受热，大多数制品在烙制到一定程度后，就要移动部位，使制品的边缘转移到锅的中心。这样，制品就能全面均匀地受热成熟，不致出现"中间焦糊、边缘夹生"的现象。行业俗语"三翻九转"就是这个道理。干烙所适合的品种有单饼、春饼、大饼、烧饼和米面煎饼等。

刷油烙适合于内部较柔软、表皮较香脆的烙制品。其加工方式和油煎类似，只不过用油量比之少很多，主要还是靠锅底传热，由于有油，制品表面会比干烙更香脆一些。刷油烙所适合的品种有盘丝饼、发面大饼、烫面大饼等。

加水烙适合于上部分及边缘柔软，底部香脆的烙制品。从制法上看，和水油煎法相似，实际上是在干烙的基础上洒上水焖熟。加水烙所适合的品种有大锅饼、酵面大饼等。

实践操作

一、工艺流程

烙制工艺流程为：❶ 锅烧热；❷ 生坯下锅；❸ 烙制；❹ 成熟；❺ 装盘。

二、操作步骤

(一) 烙制前

1. 设备、器具准备

(1) 设备：炉灶。

(2) 器具：平底锅、铲子、锅盖等。

2. 锅具的准备

平底锅烧热。

3. 生坯准备

生坯表面要平整,尽量避免生坯相互粘连。

4. 准确掌握生坯烙制时机

锅底温度适中、均匀时,干烙、加水烙即可下锅,而刷油烙需刷油后再下生坯。

(二) 烙制中

(1) 干烙。将生坯放入烧热干锅内,先烙一面,待生坯鼓气,再烙另一面,两面都有"面花斑"状为佳。中厚的饼类要求火力适中;包馅较厚的饼类要求火力稍低。

(2) 刷油烙。将生坯放入烧热抹油的锅内,待制品呈浅黄色时翻动,然后在制品表面刷少许油,每翻动一次,就刷一次,直至制品成熟。

(3) 加水烙。只烙一面,即把一面烙成焦黄色后,洒少许水,盖上盖,边烙制边蒸焖,直到制品成熟。

烙制如图 3-26 所示。

图 3-26　烙制示意图

(三) 烙制后

1. 判断制品成熟度

烙制品的成熟度需从三个方面判断：一是外形;二是表面颜色;三是内部成熟度。只有在准确了解具体制品几个方面的熟制质量标准的基础上,我们才能准确判断。上文已就各种烙制方式成熟效果有了描述,可供参考。

2. 及时出锅

制品成熟后要及时出锅,避免在锅内烙制过久造成制品表面颜色偏深,制品偏硬。

三、烙制的技术要领

烙制技术方式较多,不同的方式技术要领不尽相同,下面就各种方式需要特别注意的事项分别指出。

(一) 干烙的技术要领

(1) 掌握好锅内温度,温度若低、烙制后的制品干裂、干硬,色泽欠佳。

(2) 薄饼一定要烙上"面花斑"。

(二) 刷油烙的技术要领

(1) 无论锅底或制品表面,刷油一定要少(比油煎要少)。

(2)锅内要干净,经常清理锅内壁。
(3)刷油要刷匀,并用清洁油脂。

(三)加水烙的技术要领

(1)水要洒在锅内最热的地方,使之很快产生蒸汽。
(2)如一次洒水蒸焖不熟,就要再次洒水,直到成熟为止。
(3)每次洒水量要少,宁可多洒几次,也不要一次洒得太多,以防制品烂糊,影响成品质量。

思维导图

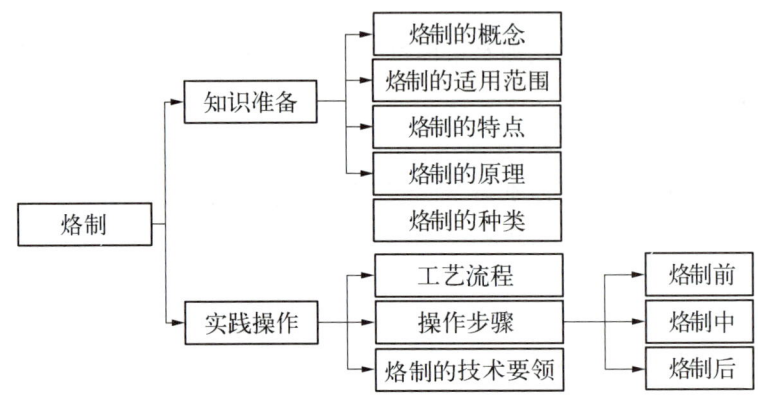

任务测试

一、名词解释

1. 烙制
2. 干烙

二、单项选择题

1. 下列各项中,不属于烙法的是(　　)。
   A. 干烙　　　　　　B. 生烙　　　　　　C. 刷油烙　　　　　　D. 加水烙
2. 烙制比炸制(　　)。
   A. 传热更快,颜色变化更慢　　　　　B. 传热更慢,颜色变化更慢
   C. 传热更快,颜色变化更快　　　　　D. 传热更慢,颜色变化更快
3. 上部分及边缘柔软,底部香脆的烙制品适合(　　)。
   A. 干烙　　　　　　B. 生烙　　　　　　C. 刷油烙　　　　　　D. 加水烙

三、判断题

1. 烙制用油量比煎制更多一些。　　　　　　　　　　　　　　　　　　　　(　　)
2. 烙制品口感比炸制品更酥脆一些。　　　　　　　　　　　　　　　　　　(　　)
3. 烙制品表皮颜色深浅对比度最高。　　　　　　　　　　　　　　　　　　(　　)

四、简答题

1. 干烙和刷油烙的区别是什么?
2. 三种烙制技术成品口感的差异是什么?

任务七　烤制与微波加热

问题思考

1. 如何才能把烧饼烤得外酥内软？
2. 烤制和炸制在制品色泽上有什么差异？
3. 微波炉能用于制作面点吗？

知识准备

一、烤制

烤又称烘烤、焙烤、烘、炕，是把已成形的面点生坯放入烤盘中，送入烤炉内，利用炉内的高温，通过热传导、热辐射、热对流的方式使其成熟的一种熟制方法。

（一）烤制的特点

制品在炉内温度高，受热均匀，成品色泽鲜明，形态美观。成品口味较多，外酥脆内松软，或内外绵软，富有弹性，风味独特，营养价值高。烘烤适合各种膨松面团、层酥面团和混酥面团等制品，如层酥制品、海绵蛋糕、桃酥和月饼等。烤制成熟的面点既有大众化的品种，也有很多精细的点心。

（二）烤制的成熟原理

烤制是一项较精细的工艺技术，由于炉内的温度较高，操作时稍有疏忽就会给面点的质量带来直接影响。制品烘烤中的热量是由传导、对流和辐射三种方式进行传递的，使制品定形、上色、成熟。其中，传导机制通过烤盘或模子受热后再直接传给面点制品的生坯；对流是借助炉内的空气与面点表面的热蒸汽对流，令面点吸收部分热量；辐射机制是指炉内热源以辐射红外线的形式直接被面点生坯吸收。

上述三种方式在面点的成熟过程中一般是混合进行的，但起主要作用的还是传导和辐射。通过烤制，可使制品由生变熟，并形成金黄色、红褐色、白色等颜色，使其组织结构膨松、香甜可口、富有弹性。

当制品生坯进入炉内受到高温作用时，淀粉和蛋白质会立即发生物理和化学变化。这种变化从两个方面表现出来：

一方面是制品表面的变化。当制品表面受到高温，所含水分迅速蒸发，淀粉变成糊精，并发生麦拉德反应和焦糖化作用，从而使制品形成金黄、光亮、酥脆的外表。

另一方面是制品内部的变化。制品内部不直接接触高温，受高温影响较小，据测定，在制品表面受250℃高温时，制品内部始终不超过100℃，一般在95℃左右。制品内部含有无数气泡，传热也慢，水分蒸发较少，气体膨胀，淀粉糊化，蛋白质变性，油脂熔化以及水分再分配等作用，使制品内部松软，具有弹性，使制品经烘烤可产生悦人的色泽和香味。

（三）烤炉的火型与炉温

生坯入炉内前，应先根据制品来选定烤炉上下火温度，炉温是由上下火调节的。

下火亦称底火，下火对制品的传热方式主要是传导，通过烤盘将热量传递给制品，下火适当与否对制品的体积和质量有很大影响。下火有向上鼓动的作用，且热量传递快而强，所以下火主要决定制品的膨胀或松发程度。下火不易调节,过大易造成制品底部焦糊,不松发;过小易使制品塌陷,成熟缓慢,质量欠佳。

上火亦称面火,面火主要通过辐射和对流传递热量,对制品起到定形、上色的作用。烘烤中若上火过大,易使制品过早定形,影响下火的向上鼓动作用,导致坯体膨胀不够,且易造成制品表面上色过快,使制品外焦内生;上火过小,易使制品上色缓慢,烘烤时间延长,制品水分损失大,变得过于干硬、粗糙。

上下火控制要根据不同品种的要求和炉体结构的情况来确定,并且根据室内温度来控制上下火的温度,待需要的炉温达到后,便可将装有生坯的烤盘放入烤箱内烤制。

不同制品所需的炉温是不同的,烤炉的炉温一般分为以下四种:

(1) 低温。100℃~150℃,主要烘烤各种五仁馅、什锦馅心的原料,烘烤成乳白色、白色等,保持原色。

(2) 中温。150℃~180℃,主要适合烘烤各种层酥类点心、白皮类制品,一般形成浅黄色、白色、乳白色等,以乳白色制品居多。

(3) 中高温。180℃~220℃,主要适合膨松面团、油酥面团、混酥面团、蛋糕、饼干的烤制,表面颜色较重,如黄色、金黄色、黄褐色等。

(4) 高温。220℃~270℃,主要适宜清酥面团、月饼、各类根茎类土特产的烤制,表面呈深金黄色、枣红色、红褐色等。

二、微波加热

微波加热就是将微波作为一种能源,使放在微波炉内的食物与微波场发生相互作用,从而达到加热效果的过程。

微波加热原理,简单概括起来就是指物质中的极性分子(即一端带正电、一端带负电的分子),在微波场的作用下,随着高频场的作用快速摆动。分子要随着不断变化的高频场的方向排列,就必定要克服原有的热运动和分子相互间作用的干扰和阻碍,产生类似于摩擦的作用,介质的温度也随之升高。

微波加热实际上就是介质材料在微波炉腔体内与微波场相互作用后,将其所吸收的微波能量转化为热能的过程。传统加热方式是由热源(煤气火源、电炉丝、煤炭火源等)经过空气传到容器(锅等)的表面,再由容器传到食物表面,而后由食物表面传到食物内部,最后使食物全部被加热。这个过程主要由两种加热形式组成,即传导加热和辐射加热,不仅热量散失大,且加热速度慢,热效率低。微波加热利用微波在金属炉腔内来回多次反射到被加热食物的表面和内部,最终使得食物被加热。在这一过程中,当微波到达食物前不会产生任何热量,故不存在热传导和热辐射。

与其他加热方式相比,微波加热具有许多独到之处。在面点加工过程中,微波加热可以很快使制品变热成熟而不会破坏制品的外形,可作为蒸制成熟的替代方法,经常也作为生坯解冻预热的首选。由于操作简单,这里就不再详细讲解。

实践操作

一、烤制的工艺流程

烤制的工艺流程为:❶ 烤炉预热;❷ 生坯装盘;❸ 入炉;❹ 控制炉温与时间;❺ 出炉。

二、烤制的操作步骤

（一）烤制前

1. 设备、器具准备

（1）设备：烤炉。

根据品种对炉温的需求，开启烤炉并设定烤炉的上下火温度，使烤炉炉膛内温度达到生坯入炉时对温度的要求。

（2）器具：烤盘、油刷等。

烤盘使用前清洗干净，擦干水分，并刷油备用。

2. 生坯装盘

生坯在摆放时，间隔距离要适中，制品数量一般是根据烤盘大小来确定的。烤盘间距大或生坯在烤盘内摆放过于稀疏，都易造成炉内湿度小、火力集中，使制品出现表面粗糙、色泽灰暗甚至焦糊的现象。烤盘间距和生坯在烤盘内摆放的密度要适中，否则对烘烤制品产生直接影响。

（二）烤制中

在烘烤面点制品时，必须根据面点制品的类型，馅心的种类，坯体的大小、厚薄，面团的特性等来确定炉温和时间。炉温与烘烤时间是相互影响、相互制约的。炉温低、时间长，会使制品水分全部蒸发，造成制品干硬，色泽欠佳；炉温低、时间短，会使制品不易成熟或变形，色泽发青、发暗。炉温高、时间短，制品则外焦内不熟，内心原料受高温而溢出；炉温高、时间长，制品则外糊内硬甚至炭化，无法食用。

（三）烤制后

判断制品成熟度，选择合适时机出炉：根据各种制品需要来调节出炉速度，清酥制品、物理膨松制品需先停炉 2~3 分钟再出炉，目的是防止制品受冷气收缩。层酥制品、发酵调制品需快速出炉，保证制品外酥脆、内暄软。

三、烤制的技术要领

（一）烤盘与模具的预处理

烤盘（或烤模）使用前要进行清洁、涂油等预处理。烤盘的清洁工作做得彻底，不但符合卫生需要，还可防止制品粘底的困扰。在生坯装盘之前，必须先将烤盘（或烤模）以擦或洗的方式处理干净后，再均匀地涂上一层油脂，防止面团与烤皿粘连，不易脱模。

一般烤盘的清洁方法，是以吸湿力较强的棉织布，用力在烤皿的底面及各角落来回推擦干净，接着选用油性较大且质较软的固体油脂，如奶油或猪油等，以油布或油刷均匀涂擦烤盘或模具内部。

（二）生坯摆放的数量要适中，间隔距离要适当

生坯装盘时，间距要合理，摆放要均匀，四周靠边沿部位应留出 3 厘米边距。如果间距太大，烤盘裸露面积多，烘烤时制品上色快，容易烤糊；如果间距太小，膨松类制品胀发后易粘连在一起，影响制成品的外观。另一方面需要注意的是，不同性质或不同重量的生坯，不能放在同一个烤盘内烘烤，它们对烘烤的炉温及时间要求可能完全不同。

（三）调节好烤炉内的湿度，保证成品的质量

炉内湿度由烤制品水分蒸发程度决定。炉内湿度大，制品上色好，有光泽；炉内过于干

燥,制品上色差,无光泽,粗糙。炉内湿度受炉温、炉门封闭情况和炉内烤制品数量影响。正常情况下,满炉烘烤,由生坯水分蒸发产生的水汽即可满足制品对炉内湿度的要求。烘烤过程中不要经常开启炉门,烤炉上的排烟、排气孔可适当关闭,防止炉内水蒸气散失。

(四) 控制好烤炉内的温度,根据品种来调节上下火炉温

不同品种对炉温要求不同,要根据需要设定和控制烤炉温度。有的品种烘烤时对上火和下火的要求也可能是不一样的,因此,要根据需要具体调节,不能笼统地把上下火都设定为一样的。

(五) 把握好制品的烘烤时间,准确判断其成熟度

烘焙时间取决于炉温、生坯重量和体积、配方含糖量的高低等。对一般制品而言,体积小、重量轻的生坯适宜采用高温短时间烘焙;对于体积大、重量大的生坯应适当降低炉温,延长烘焙时间。配方中含糖较高的制品需要较低温度、较短时间烘烤;含糖低的制品则需要较高温度、较长时间烘烤。

思维导图

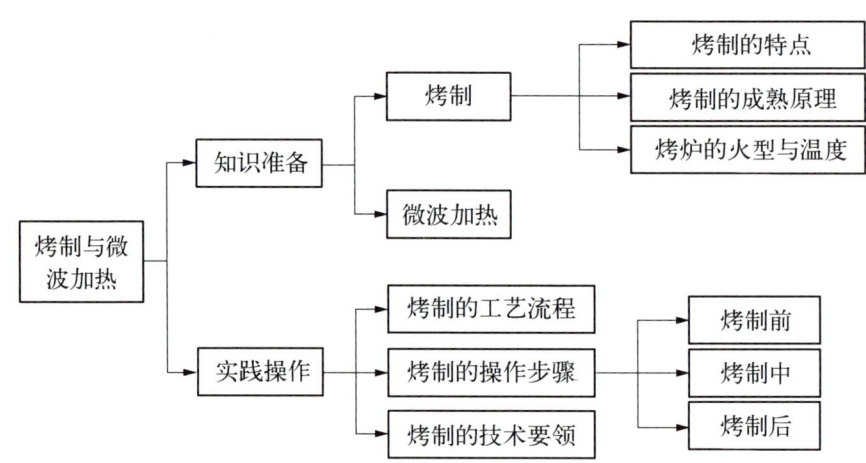

任务测试

一、名词解释

1. 烤制
2. 上火

二、单项选择题

1. 微波加热可作为(　　)的替代方法。
   A. 烤　　　　　　B. 炸　　　　　　C. 蒸　　　　　　D. 煎
2. 中温烤制适合(　　)。
   A. 饼干　　　　　B. 层酥类　　　　C. 月饼类　　　　D. 花生仁

三、判断题

1. 微波加热时,热量是从表面传导到内部的。　　　　　　　　　　　　　　(　　)
2. 烤制时,生坯表面会比底部上色快。　　　　　　　　　　　　　　　　　(　　)

项目九　面团调制

◇ **职业素养目标**
- 训练学生科学思维方法,提高学生正确认识问题、分析问题和解决问题的能力。

◇ **职业能力目标**
- 了解面团的概念、作用与分类,熟悉面团调制基本原理及影响因素。
- 掌握各类面团的用料配方、工艺流程、调制方法与工艺要点。
- 能够熟练准确地调制各类面团,掌握各面团的调制要领,能够及时发现和解决面团调制过程中出现的问题。

◇ **典型工作任务**
- 面团调制的基本原料。
- 调制水调面团。
- 调制膨松面团。
- 调制层酥面团。
- 调制混酥面团与浆皮面团。
- 调制米与米粉面团。
- 调制杂粮面团及其他面团。

任务一　认识面团调制的基本原理

问题思考

1. 什么是面团?面团的作用是什么?
2. 面团的种类有哪些?
3. 面团能够形成的基本原理是什么?
4. 哪些因素对面团形成过程能够产生影响?

分析点拨

我们只有在对面团原材料品质、工艺性能充分熟悉,对面团形成原理深入了解的基础上,才能对面团调制技法和面团性质加以准确把握并灵活运用,进而在技术创新运用上有所突破乃至带来质的飞跃。

知识准备

一、面团的概念

面团,是指将适当的水、油、蛋、糖浆等液体原料及配料掺入粮食粉料(面粉、米粉及杂粮粉等)之中,经调制使粉粒相互黏结而形成的用来制作半成品或成品的团、浆的总称。

面团的调制是面点制作的第一道工序,也是最基本的工序。从某种意义上讲,没有面团就没有面点制品。粮食粉料的种类不同,掺入的辅助原料不同,采用的调制方法不同,我们得到的面团性质也就各不相同,以此为基础,才能制成各具特色的面点制品。

二、面团的作用

面团的质量,对面点色、香、味、形有着直接影响,在面点制作过程中起着基础性作用,是面点制作的基本保障。面团的作用主要包括以下几点。

(一)便于各种物料均匀混合

用于面团调制的原料很多,可以分为干性原料与湿性原料两类。干性原料包括粮食粉料、砂糖、化学疏松剂等,湿性原料包括水、油脂、蛋液、糖浆等。通过面团调制,我们可以使各种干湿原料混合均匀,促使面团性质均匀一致。

(二)充分发挥皮坯原料应起的作用

用油脂和面粉调制的面团具有酥松性,用鸡蛋和面粉调制的蛋泡面糊具有膨松性,用冷水和面粉调制的面团具有良好的筋力和韧性,用酵母发酵的面团具有良好的膨松性和特殊的发酵风味。不同的原料有不同的性质,在面团调制过程中,原料的性质可以得到充分发挥。

(三)便于面点成形

面团是面点得以成形的重要依托。例如,制作船点时,如果面团没有很好的可塑性,就无法制成千姿百态、栩栩如生的形态;制作水饺时,如果面团没有良好的韧性和延伸性,也无法擀制出薄薄的饺子皮。因此,面团调制是面点成形的前提条件,是不可缺少的工序。

(四)适于面点制品特点需要,丰富面点品种

面点制品分别具有松、软、爽滑、筋道、糯、膨松、酥、脆等质感特色。面条需要爽滑、筋道的面团,包子需要暄软膨松的面团,蒸饺需要软糯的面团,油酥制作品需要酥松的面团。通过面团调制,我们可以改变原料的物理性质,产成具有不同特性的面团,使之能够满足面点制品特点的需要,从而大大丰富了面点品种。同学们可以思考:同样是面粉和水调制的面团,用冷水调制面团制作的面条就爽滑、筋道,用沸水调制面团制作的烧卖就软糯,为什么?

三、面团的分类

为了便于从理论上对面团进行深入研究,我们需要对面团进行系统的分类。按照主要原料,可将面团分为麦粉类面团、米及米粉类面团;按照调制介质及具体特性,可将麦粉类面团分为水调性面团、膨松性面团、油酥性面团、浆皮面团等。

面团的具体分类如图 3-27 所示。

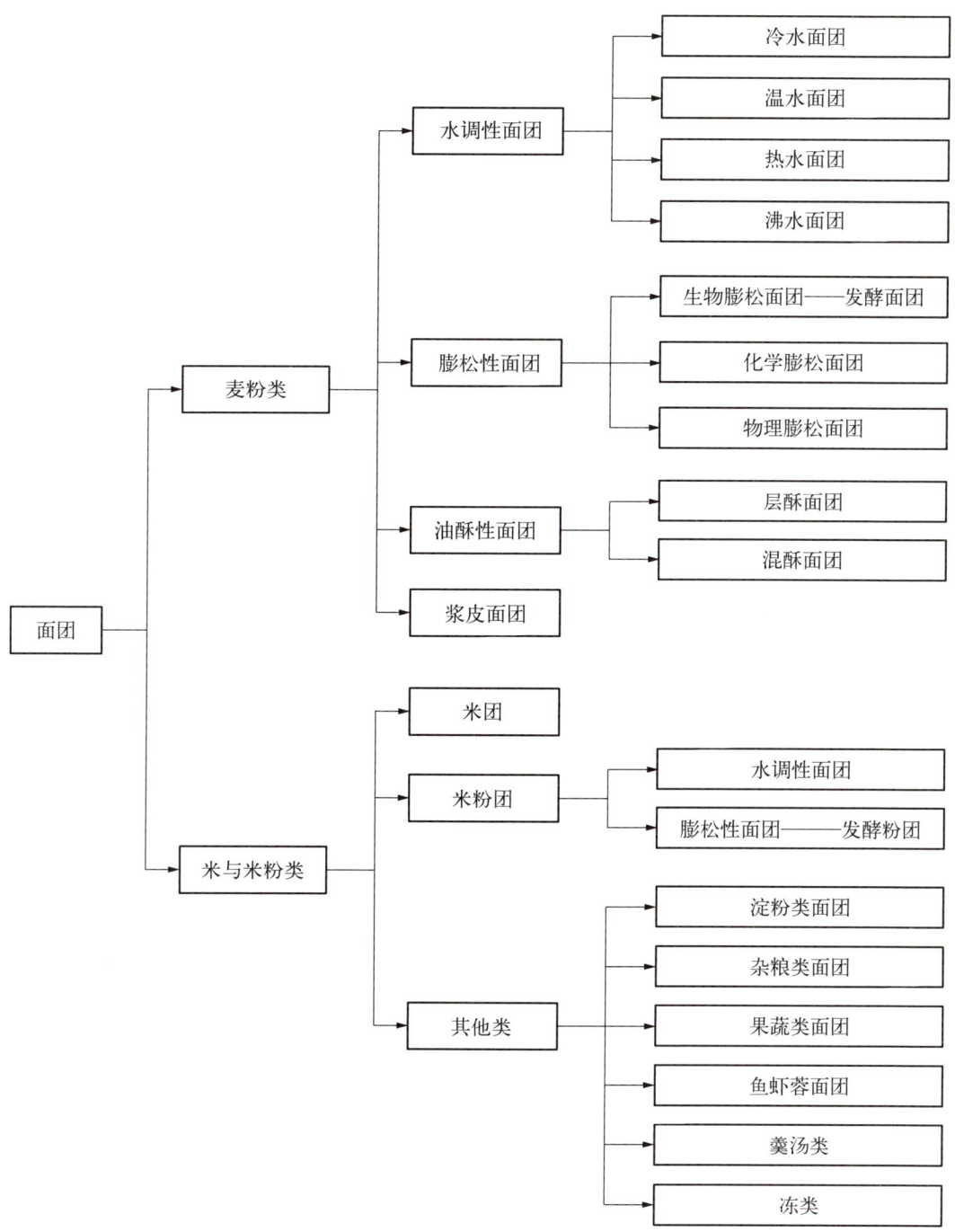

图 3-27　面团的具体分类

四、面团形成的基本原理

面团的形成由面粉及米粉等粮食粉料所含的物质在调制过程中产生的物理、化学变化所致。形成机制具体有四种，即蛋白质溶胀作用、淀粉糊化作用、黏结作用、吸附作用。其中,蛋白质溶胀作用是最常见的、运用最为广泛的形成机制。

(一) 蛋白质溶胀作用

1. 蛋白质溶胀作用的内在机理

蛋白质分子呈链状结构,在链的一侧分布着大量的亲水基团,如羟基、胺基、羧基等,另一侧分布着大量的疏水基团。整个分子近似球形,疏水基团分布在球心,而亲水基团分布在球体外围。蛋白质的溶液称为胶体溶液或溶胶,溶胶性质稳定而不易沉淀。在一定条件下,蛋白质溶胶会失去流动性而成为软胶状的凝胶。凝胶进一步失水会成为固态的干凝胶,面粉中的蛋白质即属于干凝胶。

蛋白质由溶胶变为凝胶、干凝胶的过程称作蛋白质的胶凝。在这一过程中,蛋白质分子没有变性,因此胶凝过程是可逆的,蛋白质干凝胶能吸水膨胀形成凝胶,这个过程称作蛋白质的溶胀。溶胀机制有两种,一种是无限溶胀,即干凝胶吸水膨胀形成凝胶后继续吸水形成溶胶,如面粉中的麦清蛋白和麦球蛋白;一种是有限溶胀,即干凝胶在一定条件下适度吸水变成凝胶后不再吸水,如麦谷蛋白和麦胶蛋白。

麦谷蛋白和麦胶蛋白的有限溶胀过程是面团形成的主要机理。当面粉与水混和后,面粉中的面筋性蛋白质——麦胶蛋白和麦谷蛋白迅速吸水溶胀,膨胀了的蛋白质颗粒互相连接起来形成面筋,经过揉搓的面筋会形成排列规则的面筋网络,即蛋白质骨架。同时,面粉中的淀粉、纤维素等成分会均匀分布在蛋白质骨架之中,面团就形成了。冷水面团的形成即是蛋白质溶胀作用所致,这种面团具有良好的弹性、韧性和延伸性。

蛋白质吸水胀润形成面筋的过程是分两步进行的。第一步,面粉与水混和后,水分子首先与蛋白质分子表面的极性基团结合形成水化物,吸水量较少,体积膨胀不显著。第二步,水以扩散方式向蛋白质胶粒内部渗透。在胶粒内部有低分子量可溶性物质(无机盐类)存在时,水分子扩散至内部,使可溶性物质溶解,形成一定的渗透压,使水大量向蛋白质胶粒内部渗透,从而使其分子内部的非极性基团外翻。水化了的极性基团内聚,面团体积膨胀,蛋白质分子肽链松散、伸展相互交织在一起,形成面筋网络,而淀粉、水等成分填充其中,凝胶面团也就形成了。水以扩散方式向胶粒渗透的过程是缓慢的,我们需要借助外力,加速渗透。因此,在和面时我们往往采用分次加水的办法,与面粉拌和,然后再揉面揣面,加速水的扩散,使面筋网状结构充分形成。

2. 面团的黏弹性及形成机理

将面粉调制成团后,若将其放置在案板上,面团则会向下摊流,面团在流动性上与液体相似;若施加外力使之变形,其变形随时间推移逐步恢复原形,但不能完全恢复,这一点近似固体的弹性。因此面粉加水调制后会形成具有黏弹性的面团。

面团具有黏弹性,是由面粉中的麦谷蛋白和麦胶蛋白与水混合后,形成了具有黏弹性的面筋所致。而麦谷蛋白与麦胶蛋白的黏弹性存在显著差别,麦谷蛋白弹性强,但缺乏延伸性;麦胶蛋白不但黏性强,而且非常富于延伸性。面筋则兼备两种蛋白质的性质,具有黏弹性。

面筋蛋白质的氨基酸中,含有10%左右的含硫氨基酸(如半胱氨酸、胱氨酸)。这些含硫氨基酸在面筋的结合过程中起着重要的作用。它们中含有双硫键和硫氢键。硫氢基的氢具有易于移动的性质,所以硫氢键、双硫键的位置发生转换,面筋即产生结合,形成大分子。为了使硫氢键、双硫键的转换易于发生,两个基团必须接近或相对移动,这便是和面时为何要用力揉,充分揉匀、揉透,甚至需要捣、揣、摔打的原因。

此外，揉面过程中混入氧气，促进面团中的硫氢键被氧化成双硫键。当两个蛋白质分子的硫氢键部分接近，被氧化失去氢，产生双硫键的结合，即形成一定数量的双硫键。而双硫键的结合有助于蛋白质分子肽链间相互连接形成面筋网络，变成大分子，使面团变得紧实，弹性增加。

调制面团时，为使面粉中的硫氢键充分氧化，可以采取的措施有：
(1) 充分翻揉，使面团能与空气中的氧气充分接触，促进氧化作用的进行。
(2) 添加氧化剂，如抗坏血酸。

3. 面团组成成分对面团物理性质的影响

调制面团时，将面粉与水混合后，面粉中的水分即增加。开始增加的这部分水全部为游离水，随着面粉中的蛋白质、淀粉吸水过程的进行，一部分游离水进入蛋白质、淀粉胶粒内部变成结合水，面粉由干燥的粉状物变成含水的面团。在具体操作中，我们会有这样的感觉：一开始面团较软，黏性大，粘手、粘案板，而且缺乏弹性，通过反复揉搓，面团逐渐变硬，弹性增强，黏性降低。其原因就在于游离水向结合水的转变是一个缓慢的过程。

面团中游离水和结合水的比例，也决定着面团的物理性质。游离水可使面团具有流动性和延伸性。面粉吸水量增大，调制的面团趋于柔软；面粉吸水量降低，调制的面团硬度增加，但面粉的吸水量不能过小，其水平至少要保证面粉中的蛋白质能充分吸水形成面筋。一般面粉的吸水量不低于35%。面粉吸水量小，面团中结合水比例大，面筋结构紧密，面团的弹性、韧性就强。面粉吸水量大，面团中的游离水大，面筋网络中的水分多，蛋白质分子间的交联作用弱，面团弹性、韧性相对低，延伸性就强。因此，软面团较硬面团易于延伸。

已调制好的面团，由固、液、气三相构成。淀粉、麸皮和不溶性蛋白质构成了面团的固相，即面粉固形物中，可溶性成分(可溶性糖、可溶性蛋白质、无机盐等)以外的物质就构成了面团的固相。液相由游离水及溶解在水中的物质构成。气相由气体构成。面团中的气体有三个来源：面团在调制过程中混入的、酵母在发酵过程中产生的、面团中加入的化学膨松剂产生的。面团中的气体，对形成面团疏松多孔结构起着重要作用，主要针对发酵面团、化学膨松面团、物理膨松面团、油酥面团等，水调面团中则要尽量减少气体含量。

面团三相的比例关系，也影响着面团的物理性质。面团中液相比例增大，面团的弹性减弱，面团中气相比例增大，面团弹性和延伸性都减弱，面团中固相比例增大，则面团硬度增大，韧性强。

(二) 淀粉糊化作用

将淀粉在水中加热到一定温度后，淀粉粒开始吸收水分而膨胀，温度继续上升，淀粉颗粒继续膨胀，可达原体积几倍到十几倍，最后淀粉粒破裂，形成均匀的稠糊，这种现象被称为淀粉的糊化。糊化时的温度称为糊化温度。

淀粉糊化作用的本质是淀粉中有规则和无规则(晶体和非晶体)状的淀粉分子间的氢键断裂，分散在水中成为胶体溶液。

淀粉糊化后黏度急骤增高，随温度的上升，其速度显著加快。在一些面团的调制中，我们常利用淀粉糊化产生的黏性形成面团的性态，如沸水面团、米粉面团、澄粉面团等。

(三) 黏结作用

有一些面团是利用具有黏性的物质使皮坯原料彼此黏结在一起而形成的。混酥面团成团与油脂、蛋液的黏性有关；川点中的珍珠圆子坯料是利用将蛋液和淀粉趁热加入刚煮好的糯米中产生的黏性使米粒彼此黏结在一起而形成的。

(四) 吸附作用

干油酥面团是依靠油脂对面粉颗粒表面的吸附而形成的。

五、影响面团形成的因素

(一) 原料因素

1. 水

水从两方面影响着面团的形成，一是水量，二是水温。

绝大多数面团要加水制成，加水量视制品需要而定。调制同样软硬的面团，加水量要受面粉质量、辅料、温度等因素影响。面粉中面筋含量高，吸水率则大，反之则小；精制粉的吸水率就比标准粉大；干燥面粉含水量低，吸水率则大，反之则小；面团中油、糖、蛋用量增多，面团的加水量要减少；气温低，空气湿度小，加水应多些，反之则应少些。

水温与面筋的生成和淀粉糊化有着密切关系。水温30℃时，麦谷蛋白、麦胶蛋白最大限度胀润，吸水率达到最大，有助于面筋充分形成，但对淀粉影响不大。当水温超过60℃，淀粉吸水膨胀、糊化，蛋白质变性凝固，吸水率降低。水温100℃时，蛋白质完全变性，不能形成面筋，而淀粉大量吸水，膨胀破裂，糊化，黏度很大。因此，调制面团时要根据制品性质需要选择适当水温。

2. 油脂

油脂中存在大量的疏水基团，使油脂具有疏水性。在调制面团时，加入油脂后，油脂就与面粉中的其他物质形成两相，油脂分布在蛋白质和淀粉粒的周围，形成油膜，限制了面筋蛋白质的吸水作用，阻止了面筋的形成，使面粉吸水率降低。油脂的隔离作用，使已经形成的面筋微粒不能互相结合而形成大的面筋网络，从而降低了面团的黏性、弹性和韧性，增加了面团的可塑性，增强了面团的酥性结构。面团中加入的油脂越多，对面粉吸水率影响越大，面团中面筋生成越少，筋力降低幅度越大。

3. 糖

糖的溶解度大，吸水性强，在调制面团时，糖会迅速夺取面团中的水分，在蛋白质胶粒外部形成较高渗透压，使胶粒内部的水分产生渗透作用，从而降低蛋白质胶粒的胀润度，使面筋的生成量减少。糖的分子量小，较容易渗透到吸水后的蛋白质分子或其他物质分子中，占据一定的空间位置，置换出部分结合水，形成游离水，使面团软化，弹性和延伸性降低，可塑性增大。因此，糖在面团调制过程中起反水化作用。双糖对面粉的反水化作用比单糖大，糖浆的反水化作用比糖粉大。糖不仅可以调节面筋的胀润度，使面团具有可塑性，还能防止制品收缩变形。

4. 鸡蛋

鸡蛋中的蛋清是一种亲水性液体，具有良好的起泡性。在机械高速搅打下，大量空气均匀混入蛋液中，使蛋液体积膨胀，拌入面粉及其他辅料后，经成熟即形成疏松多孔、柔软而富有弹性的海绵蛋糕类产品。蛋黄中含有大量的卵磷脂，具有良好的乳化性能，可使油、水、糖充分乳化,均匀分散在面团中,使制品组织细腻,增加制品的疏松性。蛋液具有较高的黏稠度,在一些面团中,常作为黏结剂,促进坯料彼此的黏结。蛋液中含有大量水分和蛋白质,用蛋液调制的筋性面团,其筋力、韧性很强。

5. 盐

调制面团时,加入适量的食盐,可以增加面筋的筋力,使面团质地紧密,弹性与强度增加。盐本身为强电解质,其强烈的水化作用往往能剥去蛋白质分子表面的水化层,使蛋白质溶解度降低,胶粒分子间距离缩小,弹性增强。但是,盐用量过多,会使面筋变脆,破坏面团的筋力,使面团容易断裂。

6. 碱

加入适量的食碱,可以软化面筋,降低面团的弹性,增加其延伸性。面团加碱后,面团的酸碱度改变。当面团酸碱度偏离蛋白质时,蛋白质溶解度增大,蛋白质水化作用增强,面筋延伸性增加。拉面、抻面就是因为加了碱,才变得容易延伸,否则在加工过程中很容易断裂,这也是一般机制面条都要加碱的原因。食碱还有中和酸的作用,这是酵种发酵面团加碱的目的。

(二) 操作因素

1. 投料顺序

面团调制时,投料顺序不同,也会使面团工艺性能产生差异。调制酥性面团时,要先将油、糖、蛋、乳、水先行搅拌乳化,再加入面粉拌和成团。若将所有原料一起拌和或先加水,后加油、糖,势必造成部分面粉吸水多,部分面粉吸油多,使面团筋酥不匀,制品僵缩不松。又如,调制物理膨松面团时,一般情况下要先将蛋液或油脂搅打起发后,再拌入面粉,而不能先加入面粉,否则易造成面糊起筋,制品僵硬不疏松。再如,调制酵母发酵面团时,干酵母不能直接与糖放在一起,而应混入面粉中,否则面粉掺水后,糖迅速溶解产生较高的渗透压,严重影响酵母的活性,抑制面团发酵,使面团不能进行正常发酵。

2. 调制时间

调制时间是控制面筋形成程度和限制面团弹性的最直接因素,也就是说,面筋蛋白质的水化过程会在面团调制过程中加速进行。掌握适当的调制时间速度,会获得理想的效果。由于各种面团的性质、特点不同,面团调制时间也不一样。酥性面团要求筋性较低,因此调制时间要短。筋性面团的调制时间较长,我们应使面筋蛋白质充分吸水形成面筋,增强韧性。

3. 面团静置时间

静置时间的长短可引起面团物理性能的变化。不同的面团对静置时间的要求不同。酥性面团调制后不需要静置,立即成形,否则面团会生筋,夏季易走油而影响操作,影响产品质量。筋性面团调制后,弹性、韧性较强,无法立即进行成形操作,要静置15～25分钟,使面团中的水化作用继续进行,达到消除张力的目的,使面团渐趋松弛而有延伸性。静置时间短,面团擀制时不易延伸;静置时间过长,面团外表发硬而丧失胶体物质特性,内部稀软不易成形。

思维导图

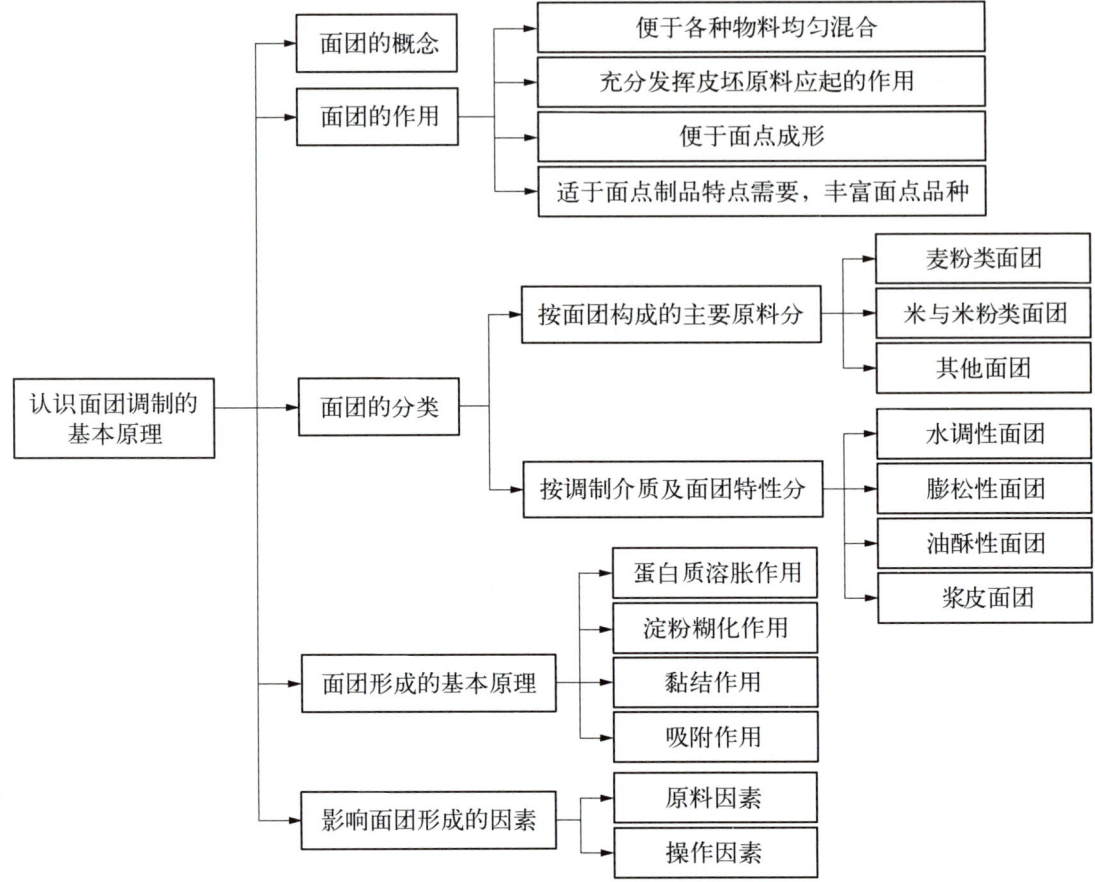

任务测试

一、名词解释
1. 面团
2. 面团的黏弹性

二、单项选择题
1. 若面团中的游离水比例增大,则面团的(　　)会增强。
   A. 筋力　　　　B. 弹性　　　　C. 韧性　　　　D. 延伸性
2. 干油酥面团形成机制的主要依托是(　　)作用。
   A. 淀粉糊化作用　　B. 吸附作用　　C. 蛋白质溶胀作用　　D. 黏结作用
3. 在面团中添加(　　)可以强化面筋。
   A. 盐　　　　B. 糖　　　　C. 油脂　　　　D. 还原剂
4. 面粉中的麦谷蛋白赋予面筋以(　　)。
   A. 弹性　　　　B. 韧性　　　　C. 延伸性　　　　D. 可塑性
5. 珍珠圆子皮坯的形成依靠的是(　　)。
   A. 淀粉糊化作用　　　　　　　　B. 吸附作用

C. 蛋白质溶胀作用　　　　　　　　D. 粘结作用

6. 糖在面团调制过程中起反水化作用,调节面筋的(　　),增加面团的可塑性,使制品外形美观、花纹清晰,还能防止制品收缩变形。

A. 筋度　　　　B. 胀润度　　　　C. 弹性　　　　D. 延伸性

三、判断题

1. 面粉中的麦胶蛋白可以赋予面团良好的弹性。　　　　　　　　　　(　　)
2. 面团中的游离水增加,面团的延伸性增强。　　　　　　　　　　　(　　)
3. 充分揉搓有助于面团筋力的形成。　　　　　　　　　　　　　　　(　　)
4. 淀粉糊化不会对面团的形成产生影响。　　　　　　　　　　　　　(　　)
5. 在面团中加入蛋液对面团性质不会产生影响。　　　　　　　　　　(　　)

四、简答题

1. 面团调制的作用是什么?
2. 调制冷水面团时,为什么一开始面团较软黏,反复揉搓后反而逐渐变干爽且有韧性?
3. 简述蛋白质溶胀作用的原理。
4. 简述影响面团形成的因素。

任务二　调制水调面团

问题思考

1. 什么是水调面团?
2. 水调面团有哪些种类?各有何特性?
3. 水温对水调面团的形成及面团性质有何影响?
4. 冷水面团按加水量可分为哪几种?何有特点?
5. 热水面团与温水面团有何异同?

水调面团

知识准备

水调面团,是指直接用面粉和水调制而成的面团。调制面团时,除了可加少量盐、碱外,一般不加其他辅料。水调面团在不同的地域有不同的称谓,如水面、呆面、死面等。根据水温,水调面团又可分为冷水面团、温水面团、热水面团和沸水面团。

一、水温的影响

水调面团的形成,主要是由面粉中淀粉与蛋白质的吸水胀润作用所引起的。随着调制水温的变化,淀粉和蛋白质发生了不同的变化。

(一) 水温对蛋白质的影响

在用冷水调制面粉时,面粉中的蛋白质吸水胀润形成面筋。面筋蛋白质的吸水胀润作用在30℃时达到最大,吸水量高达150%～200%,当温度偏高或偏低时,面筋蛋白质的胀润度都将下降。当温度升高到60℃～70℃时,蛋白质开始变性而凝固,这种变性作用使面团中的面筋受到破坏,湿面筋生成量显著下降,面团的延伸性、弹性减弱,筋力下降,吸水率降低,黏度稍有增加。蛋白质的变性作用随着温度增高而加强,温度越高,变性越快,越强烈。

蛋白质变性后,其性质发生了改变。变性使蛋白质空间结构受到破坏,原来卷曲在球状体内部的疏水基团暴露在表面,破坏了水化层,从而导致溶解度降低。蛋白质空间结构变为无规则的散漫状态,分子摩擦增大,黏度提升。麦谷蛋白、麦胶蛋白的空间构象改变,失去了吸水能力和溶胀能力,面筋的形成会受到严重影响,使面团失去弹性和延伸性。

(二)水温对淀粉的影响

面粉中的淀粉主要以淀粉粒的形式存在。淀粉粒由直链淀粉分子和支链淀粉分子有序集合而成,外表由蛋白质薄层包围。淀粉粒结构形态有晶体和非晶体两种,两者通过淀粉分子间的氢键联结起来。

淀粉粒不溶于冷水,在常温条件下不会发生变化,吸水率和膨胀性很低。水温在30℃时,淀粉只能吸收30%左右的水分,淀粉粒不膨胀仍保持硬粒状。水温达到50℃以上时,淀粉开始明显膨胀,吸水量增大。水温达到60℃时,淀粉开始糊化,形成黏性的淀粉溶胶,吸水率大大提高。淀粉糊化程度越大,吸水越多,面团的黏性也越大。

二、水调面团的成团原理及特性

(一)冷水面团

冷水面团,亦称子面,是指用冷水(通常指常温的水)与面粉调制而成的面团。结合温度对面粉中蛋白质、淀粉的作用分析可知,冷水面团的形成主要是蛋白质溶胀作用的结果。面粉与冷水混合后,面筋蛋白质大量吸水形成致密的面筋网络,将其他物质紧紧包裹在其中,面团具有坚实、筋力强的特点,富有弹性、韧性和延伸性。

(二)温水面团

温水面团,是指用60℃左右的温水和面粉调制而成的面团。调制水温与蛋白质变性和淀粉糊化温度接近,因此,温水面团的形成是蛋白质溶胀和淀粉糊化共同作用的结果。受水温影响,面粉中蛋白质开始变性或部分变性,面筋生成受到限制,面团因此具备一定的筋力。面粉中的淀粉在水温的影响下吸水膨胀,部分糊化,使面团带有黏柔性。

我们还可以用部分面粉加沸水调制成热水面团,剩余面粉加冷水调制成冷水面团,然后将两块面团揉合在一起制成兼具特色的面团。民间常见作法为"沸水打花、冷水调面",是指用少量沸水将面粉和成雪花状,待热气散尽后,再加冷水揉至成团,通过沸水的作用使部分面粉中的蛋白质变性,淀粉糊化,从而降低面粉筋度,增加黏柔性,再加冷水调制使未变性的蛋白质充分吸水形成面筋,使形成的面团具备一定韧性,又较为柔软,并有一定可塑性。

(三)热水面团

热水面团,是指用80℃以上的热水与面粉调制而成的面团。调制初期,热水浇淋到的面粉颗粒,其淀粉糊化,蛋白质变性。淀粉糊化产生的黏性,使粉粒彼此粘在一起形成面团。热水面团是在案板上或盆内调制的,热水加入面粉中,很快受到粉温、室温的影响,温度降低。此时未被热水浇淋到的面粉颗粒,先是依靠糊化淀粉产生的黏性黏结在一起,然后在揉团过程中逐渐吸收面团内的游离水形成面筋,韧性增加。因此,热水面团的性质与面粉受热程度有很大关系,或近似沸水面团,或近似温水面团。这与调制水温和加水量有很大关系。水温越高,加水量越大,直接受热水作用的面粉粒越多,糊化、变性程度越大,形成的面团黏柔性、可塑性越好,性质越接近沸水面团。若水温偏低,加水量小,就会有大量粉粒未直接受到热水浇淋,受热作用减小,变性、糊化程度减弱,在揉团过程中未变性的蛋白质逐渐产生筋力从而使面团韧性增加,性质更接近温水面团。

(四) 沸水面团

沸水面团,亦称开水面、全熟面、烫面,是指用沸水与面粉调制而成的面团。100℃的水温使面粉中的蛋白质变性,淀粉大量吸水糊化,因此,沸水面团的形成主要是淀粉糊化所致。淀粉遇热大量吸水膨胀糊化,形成有黏性的淀粉溶胶,并黏结其他成分而成为黏柔、细腻、略带甜味(淀粉酶的糊化作用以及淀粉糊化作用分解产生的低聚糖)、塑性良好、无筋力和弹性的面团。

实践操作

子任务一　调制冷水面团

冷水面团颜色白,筋力强,富有弹性、韧性和延伸性,制成品吃口爽滑、筋道。调制所用水量对冷水面团的性质有非常重要的影响,根据用水量,我们可将冷水面团分为硬面团、软面团、稀软面团三种,它们的性质及用途都有区别:

(1) 硬面团:坚实,韧性好,适宜制成面条、饺子、馄饨。
(2) 软面团:弹性、延伸性好,适宜制成抻面、馅饼。
(3) 稀面团:延伸性好,适宜制成春卷皮、拨鱼面。

一、工艺流程

冷水面团的制作工艺流程为:❶ 下粉;❷ 掺水;❸ 拌和;❹ 揉搓;❺ 饧面。

二、操作步骤

(一) 调制准备

1. 设备、器具准备
(1) 设备:案板。
(2) 器具:电子秤、量杯、刮板、和面盆、毛巾等。

2. 原料准备
主要原料有面粉、水。冷水面团参考配方如表3-13所示。根据品种需要,可适量添加鸡蛋、盐、碱等,加蛋后要适量减少水的用量。

表3-13　　　　　　　冷水面团参考配方

面团	面粉/克	水/毫升
硬面团	100	35～45
软面团	100	50～60
稀面团	100	70～90

(二)调制面团

1. 硬面团和软面团的调制方法

将面粉置于案板上,中间刨一坑塘,加入大部分水,使用抄拌法将粉与水拌和均匀成雪片状,再将小部分水洒在雪花面上,反复揉搓至面团光洁,然后盖上洁净湿布,静置饧面。

2. 稀面团的调制方法

将面粉放入盆内,加入大部分水,抄拌成软面团,再逐步加水调制成面糊。

(三)质量检查

调制好的冷水面团应当:颜色白,质地均匀,筋力好,表面干爽光滑,软硬适度。如果调制的是稀软面团,则面糊质地应均匀无疙瘩,保障筋力。

三、技术要领

(一)水温要适当

温度影响面筋的生成量,30℃最有利于面筋蛋白质吸水形成面筋。冬季气温低时,我们可加入微温的水;夏季气温高时我们可掺入少量冰水,同时添加适量的盐,增加面筋的强度和弹性,促使面团组织紧密。

(二)正确掌握加水量

加水量要根据成品需要而定,同时灵活掌握面粉质量、温度、湿度。面粉调制成团后,不宜再加水或粉来调节软硬,这不仅浪费时间和人力,还会影响面团质量。因此,配方水量要事先确定,总的原则是在保证成品软硬需要的前提下,综合考虑各种因素加以调整。

(三)分次掺水,掌握好掺水比例

和面时,掺水要分次进行。分次掺水不仅便于调制,还有助于操作者随时了解面粉吸水情况。一次掺水过多,粉料一时难以吸收,易将水溢出,使粉料拌和不均匀。一般来讲,第一次掺水量占总水量70%~80%,第二次占20%~30%,第三次将剩余的少量水洒在面上。第一次掺水拌和面时,要观察粉料吸水情况,若粉料吸不进水或吸水效果较差,第二次掺水要酌量减少。分次掺水可衡量所用粉料的吸水情况。

(四)加盐、碱增强面团筋力

加入盐、碱都可以增强冷水面团筋力,使面筋弹性、韧性和延伸性增强。碱会使制品带有碱味,同时使面团呈淡黄色,并对面粉中的维生素起到破坏作用,因此,一般用盐来增强面团筋力。擀制手工面、抻面时,常常既加盐,又加碱,碱不仅可以强化面筋,还能增加面条的爽滑性,使面条煮时不浑汤,吃时爽口。

(五)加蛋增强面团韧性

蛋液,可使冷水面团表现出更强的韧性,常在馄饨、面条面团中加蛋来增加爽滑的口感,甚至用蛋液代替水和面制成金丝面、银丝面。蛋液中蛋白质含量高,暴露在空气中易失水变成凝胶及干凝胶,从而易使面团表面结壳,使面条、馄饨皮翻硬,故加蛋的冷水面团应先作软化处理。

(六)充分揉面

揉面的作用有三点:❶使各种原料混合均匀;❷加速蛋白质与水的结合,形成面筋;❸扩展面筋。揉面时间短,面团会缺乏弹性。经过充分揉制的面团,由于蛋白质结构得到规则伸展,会具有良好弹性、韧性和延伸性。行话有云"揉能上劲",就是这个道理。因此,一定要充分揉搓,将面团揉透,揉光滑。对于拉面、押面,在揉面时还应有规则,有次序,有方向,使面筋网络变得规则有序。需要注意的是:揉的时间不是越长越好,揉久了面筋会衰竭、老化,弹性、韧性反而会降低。

(七) 充分饧面

经过静置的面团可以恢复良好的延伸性,更有利于下一道工序的有效进行。

子任务二 调制温水面团

温水面团颜色较白,有一定筋力、韧性和较好的可塑性,用温水面团做出的成品不易走样,口感适中。温水面团适宜制作各种花色饺子、饼类面点。

一、工艺流程

温水面团的制作工艺流程为:❶ 下粉;❷ 掺温水;❸ 拌和;❹ 揉面;❺ 散热;❻ 揉面。

二、操作步骤

(一) 调制准备

1. 设备、器具准备
(1) 设备:案板。
(2) 器具:电子秤、量杯、刮板、毛巾等。
2. 原料准备
主要原料有面粉、60℃温水。温水面团参考配方如表3-14所示。

表3-14　　　　　　　　　温水面团参考配方

面　　团	面粉/克	60℃温水/毫升
温水面团	100	40~60

(二) 调制面团

温水面团的调制方法与冷水面团相似,先将面粉置于案板上,在中间刨个圆坑,掺入温水,迅速与面粉拌和,抄拌成雪花状,反复揉搓至面团光滑。此后,将面团摊开或切成小块晾凉,再进一步揉搓成团,盖上湿布备用。

(三) 质量检查

调制好的温水面团应当颜色较白,质感均匀、柔软,表面光滑干爽,软硬适度,筋力适中。

三、技术要领

(一) 水温、水量准确

水温过高,会引起蛋白质明显变性,淀粉大量糊化,削弱面团筋力;水温过低,淀粉不膨胀、糊化,蛋白质不变性,面团筋力过强,易使花色蒸饺类制品造型困难,成品口感发硬,不够柔软。要根据品种的要求,考虑气温、粉温的影响灵活调节具体水温。使调制出的面团软硬适度。水温升高时面粉吸水量增大,反之则减小。

(二)操作动作要快

冬季,气温较低,水温、面团温度会很快降低,使调制的面团达不到要求,因此,操作动作一定要迅速。

(三)充分散热

用温水和面后,热能郁结在面团内部,易使淀粉继续膨胀、糊化,面团会逐渐变软、变稀,甚至粘手,制品成形后易结壳,表面粗糙。因此,和好面团后,应将其摊开或切成小块晾凉,使面团适当散热,同时散失一部分水,防止淀粉继续吸水。

注意,备用的面团要用湿布盖上,避免表皮结壳。

子任务三 调制热水面团

热水面团色泽较暗,韧性较差,黏柔性、可塑性良好。根据所用水温和加水量的不同,热水面团可分为"二生面""三生面""四生面"等。在实务工作中,最为常见的热水面团为"三生面"。所谓"三生面"是指用热水调制的面团中,有七成面粉受热变性,有三成面粉仍保持生面粉的性质。热水面团适宜制作蒸、煎、烙、炸类制品,如锅贴,春饼等。

一、工艺流程

热水面团的制作工艺流程为:❶ 下粉;❷ 掺热水;❸ 拌和;❹ 洒冷水;❺ 揉面;❻ 散热;❼ 揉面。

二、操作步骤

(一)调制准备

1. 设备、器具准备

(1)设备:案板。

(2)器具:电子秤、刮板、擀面棍、量杯、毛巾等。

2. 原料准备

主要原料有面粉、热水。热水面团参考配方如表 3-15 所示。

表 3-15　　　　　　　　热水面团参考配方

面　团	面粉/克	水/毫升	水温/℃
二生面	100	90~120	100
三生面	100	60~80	90~100
四生面	100	55~65	80

（二）调制面团

将面粉置于案板上，中间刨一浅坑，把热水均匀浇在面粉上，边浇水边用小面棒拌和，搅拌均匀后，洒上少许冷水，再揉搓成团，此后，将面团摊开或切成小块晾凉，使其充分散热，将其揉搓成团，盖上湿布备用。

（三）质量检查

调制好的热水面团应当颜色略暗，质地均匀，软硬适度，具备较好的可塑性。

三、技术要领

（一）正确掌握加水量

热水面团的加水量一定要准确，应在调制过程中一次加完、加足所需水量，不能在成团后调整。成团后，面团若太硬，即使补加热水也很难将其揉匀；若太软，重新掺粉会影响面团的性质，引发一系列性态上的恶化。

（二）热水要浇匀

边浇水，边拌和。浇水要匀，搅拌要快，做到"水浇完，面拌好"。如此我们可以使面粉中的淀粉均匀吸水，膨胀糊化，使蛋白质变性，阻止面筋生成，使面团质地均匀一致。

（三）洒上冷水揉团

在揉团时，需均匀洒上少许冷水，再继续揉搓。洒上冷水可使面团具备较好的黏糯性，吃口糯而不粘牙。

（四）散尽面团中热气

原因同温水面团。

（五）备用的热水面团要用湿布盖上

空气湿度小于面团含水量，因此，暴露在空气中的热水面团表面的糊化淀粉容易胶凝化，使面团表面极易结壳并破坏面团质量。因此，备用的热水面团宜用湿布覆盖或保鲜膜包裹起来。

子任务四　调制沸水面团

沸水面团的调制水温始终保持在100℃，面粉中的蛋白质完全变性，淀粉大量糊化，因而面团黏糯，柔软，无筋力，可塑性强，色泽暗，口感细腻、黏糯、微甜，沸水面团适宜制作炸糕、烫面饺子等面点。

一、工艺流程

沸水面团制作的工艺流程：❶ 锅置火上；❷ 烧水；❸ 烫面；❹ 晾凉；❺ 揉面。

二、操作步骤

(一) 调制准备

1. 设备、器具准备

(1) 设备：案板、炉灶。

(2) 器具：电子秤、量杯、炒锅、刮板、擀面棍、毛巾等。

2. 原料准备

主要原料有面粉、水。调制沸水面团时，可加入少许猪油，使调制出的面团更加细腻、滋润，大油一般在水沸后加入。沸水面团参考配方如表 3-16 所示。

表 3-16　　　　　　　　　　沸水面团参考配方

面团	面粉/克	水/毫升	猪油/克
沸水面团	100	70~150	少许

(二) 调制面团

沸水面团的调制应在锅中进行。待水沸，一手拿小面棒，一手将面粉徐徐倒入锅中，边倒面粉，边用小面棒快速搅拌，直至面粉全部烫熟，收干水汽，然后，将面团置于案板上，用刀切成小块晾凉，充分散热，然后反复揉搓，使面团表面光滑，盖上湿布备用。

(三) 质量检查

调制好的沸水面团应当颜色发暗，质地均匀，韧性较大，无筋力，软硬适度。

三、技术要领

(一) 面粉需过筛

在调制沸水面团时，须把面粉加入沸水，因此，面粉一定要过筛，滤净面团中夹杂的生粉粒。

(二) 水量要一次添加准确

往锅里加粉后就无法调节水量，因此水量要准确，一次加足。过多的水会使面团变成糨糊，过少的水则会诱生大量干粉使面团无法成形。

(三) 水要开沸，火力适中

要待水沸后再下面粉，缩短面粉在锅内烫制的时间，锅不能端离火口，保证锅内热量充足。烫面要用中火，切忌用大火，否则贴近锅底部分的面团会发生焦糊。

(四) 充分散热

分两次散热。

(五) 面团要揉匀

通过反复揉面，使面团光滑、细腻。不要待面团完全冷透才揉，否则面团弹韧性过强，难以揉匀揉透。

(六) 备用的面团要用湿布盖上

任务小结

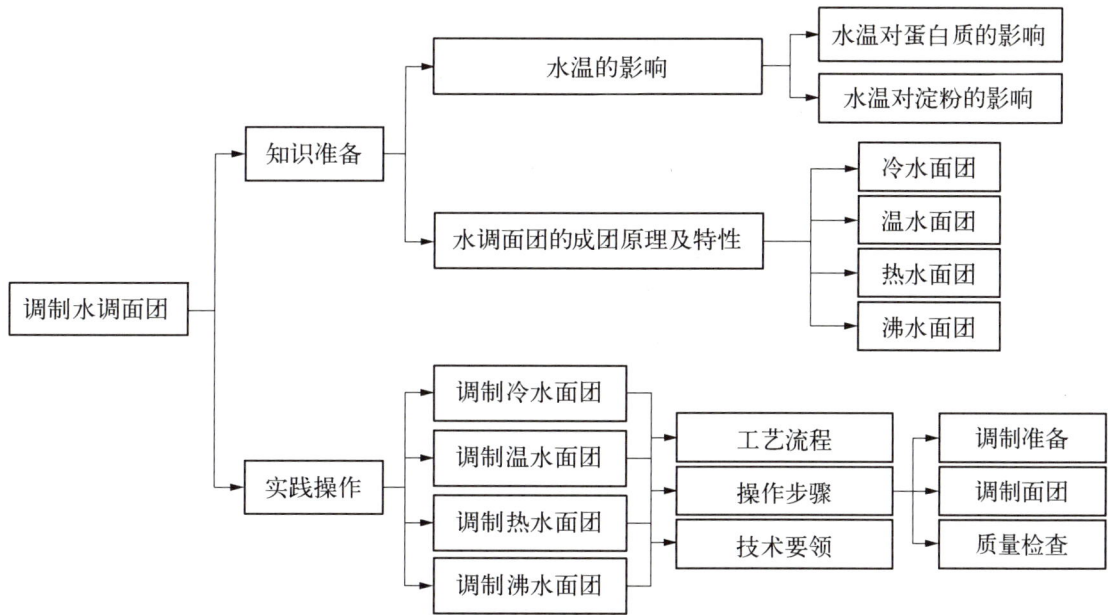

任务测试

一、名词解释

1. 水调面团
2. 冷水面团
3. 沸水面团

二、单项选择题

1. 调制温水面团,应使用(　　)左右的温水。
A. 40℃　　　　　　B. 50℃　　　　　　C. 60℃　　　　　　D. 70℃
2. 冷水面团的特点是色泽洁白,(　　),富有弹性、韧性和延伸性。
A. 筋力强　　　　　B. 柔软　　　　　　C. 坚硬　　　　　　D. 筋力差
3. 调制热水面团,宜采用(　　)法和面。
A. 调和　　　　　　B. 搅和　　　　　　C. 搓擦　　　　　　D. 抄拌
4. 和面时,面团的温度可以通过(　　)来调节。
A. 气温　　　　　　B. 水温　　　　　　C. 粉温　　　　　　D. 室温
5. 在调制冷水面团时,加入盐的目的是(　　)。
A. 调味　　　　　　　　　　　　　　　B. 使成品口感绵软
C. 增强面团筋力　　　　　　　　　　　D. 促进面团膨胀

三、多项选择题

1. 调制冷水面团要注意(　　)等关键问题。
A. 用力揉搓　　B. 水量适当　　C. 掌握掺水比例　　D. 水温适当　　E. 静置饧面
2. 在冷水面团中添加(　　)有增强面团筋力的作用。

A. 食盐　　　　B. 食碱　　　　C. 砂糖　　　　D. 鸡蛋　　　　E. 油脂

四、判断题

1. 冷水面团适宜制作饺子、包子、煎饼等面点。（　　）
2. 温水面团的成团主要依靠淀粉的糊化作用。（　　）
3. 用沸水面团制作面点时,一定要趁热操作成形,否则成品易开裂。（　　）
4. 春卷皮是用软面团制作的。（　　）
5. 调制过程中,若发现沸水面团硬度较高,可以再加沸水揉至软硬适度。（　　）

五、简答题

1. 沸水面团的制作要领有哪些?
2. 在调制热水面团的过程中,散热的目的是什么?
3. 简述水温对面粉中蛋白质、淀粉的影响。
4. 简述水调面团的形成原理及特性。

任务三　调制膨松面团

问题思考

膨松面团

1. 什么是膨松面团?膨松面团的种类有哪些?
2. 发酵面团适宜制作的面点品种有哪些?
3. 发酵的目的是什么?面团发酵的影响因素有哪些?
4. 为什么使用酵种发酵的面团在发酵结束后需要扎碱?
5. 使碱后的面团可用哪些方法来验碱?
6. 影响蛋泡面糊形成的因素有哪些?
7. 最具代表性的化学膨松面团制品是什么?

知识准备

所谓膨松,是指在面团调制过程中加入适当的辅助原料,或采用适当的调制方法,使面团发生生物、化学和物理反应,产生或包裹大量气体,通过加热气体使制品发生膨胀,呈海绵状组织结构的过程。膨松面团按膨松方法可分为生物膨松面团、化学膨松面团和物理膨松面团三种。

一、生物膨松面团

生物膨松面团也称发酵面团,是在面粉中加入适量酵母和水拌揉均匀后,置于适宜的温度条件下发酵所得的面团。生物膨松面团适宜制作馒头、花卷、大包等。制品体积膨大,形态饱满,口感松软,营养丰富。

(一)影响因素

1. 温度

温度是影响酵母生命活动的重要因素,酵母生长的适宜温度为27℃～32℃,最适温度为28℃。酵母的活性随温度升高而增强,面团的产气量大量增加,发酵速度加快。温度高,酵母的发酵耐力差,面团的持气能力降低,且易引起产酸菌大量繁殖产酸,影响发酵制品质量。温度低,酵母发酵迟缓,产气量小。因此,实际生产过程中,发酵面团温度应控制在26℃～28℃,最高不超过30℃。

发酵面团的温度受粉温、水温、室温及发酵热影响。我们通过水温可以控制发酵面团的起始温度。计算公式如下:

$$水温 = (面团理想温度 \times 3) - (粉温 + 室温 + 调粉时的温升)$$

面团调制过程中,面团的温度会有所提升,其热能有两个来源:一是翻揉过程中由动能转化为热能;二是面粉吸水时产生的热能。根据经验数据,一般面团调制时的温度升幅为4℃～6℃。

2. 酵母

酵母对面团发酵的影响主要有两方面:一是酵母发酵力,二是酵母的用量。

所谓酵母发酵力,是指在面团发酵过程中酵母进行有氧呼吸和酒精发酵产生CO_2气体使面团膨胀的能力。酵母发酵力的高低对面团发酵的质量有很大影响。使用发酵力低的酵母发酵会使面团发酵迟缓,面团涨发不足,如存放过久的鲜酵母、干酵母和面肥等。影响酵母发酵力的主要因素是酵母的活力,活力旺盛的酵母发酵力大,而衰竭的酵母发酵力低。

在酵母发酵力相等的条件下,酵母的使用量直接影响面团的发酵速度的发酵程度。增加酵母用量,可以促进面团发酵,但酵母并非多多益善。酵母用量过多,反会使面团发酵速度降低,影响制品口味,使成品带有酵母味。酵母用量可根据具体情况而定,酵母发酵力强,就可以少用;反之,可以多用。气温高,面团发酵快,可少用酵母;反之,可以多用,以保证面团正常发酵。不同酵母的发酵力差别很大,在使用量上有明显不同,它们之间的用量换算关系为:

$$新鲜酵种:鲜酵母:即发活性干酵母 = 10:1:0.3$$

3. 面粉

面粉对发酵的影响主要是面筋和淀粉酶的作用。

发酵面团有保持气体的能力,这是因为面团中含有兼备弹性和延伸性的面筋。当面团发酵产生的气体在面团中形成膨压,就会使面筋延伸。面筋的弹韧性使它具有抵抗膨压,阻止面筋延伸和气体透出的能力。面筋力越强,抵抗膨压的能力越大,面筋不容易延伸,这样就使气体产生受到抑制,面团不易涨发,需要发酵的时间增加。如果面筋的筋力弱,抵抗膨压的能力小,面筋容易被拉伸,保持气体的能力弱,其结果是面团易塌陷,组织结构不好,制成品体积小。因此,制作一般的发酵制品,应选择面筋含量适中且筋力强的面粉。

酵母在面团发酵过程中,仅能利用单糖,而面粉本身的单糖含量很少。这就要求面粉中的淀粉酶不断水解淀粉,使之转化成可溶性糖供酵母利用。淀粉酶的活性对面团发酵有很大的影响。淀粉酶活性大,面粉的糖化能力强,可供酵母利用的糖分多,面粉产生能力强。如果使用已变质或经过高温处理的面粉,淀粉酶活性就会受到抑制,面粉糖化能力降低,产气能力减弱,面团发酵受到影响。

4. 渗透压

面团发酵过程中影响酵母活性的渗透压主要是由糖和盐引起的。酵母细胞外围有一层半透性的细胞膜,外界浓度影响酵母活性,抑制酵母发酵。高浓度的糖和盐产生的渗透压很大,可使酵母体内原生质渗出细胞,造成质壁分离而无法生长。因此,无盐、无糖的面团发酵充分,当面团中糖、盐达到一定浓度后,面团发酵受到限制,发酵速度变得缓慢。

糖使用量为5%～7%时产气能力较大,超过这个范围,糖的用量越多,发酵能力越受抑制,但产气的持续时间长,此时要注意补充氮源和无机盐。

食盐抑制酶的活性,因此添加食盐量越多,酵母产气能力越受抑制。食盐可增强面筋筋力,使面团的稳定性增大。食盐用量超过1%时,对酵母活性就具有抑制作用。

5. 加水量

一般来说,加水量越大,面团越软,面筋易发生水化作用,容易被延伸,因此发酵时易被二氧化碳气体所膨胀,面团发酵速度快,但保持气体能力差,气体易散失。硬面团则具有较强的持气性,但对面团发酵速度有所抑制。最适加水量是确保最佳持气能力的重要条件。调制面团时,应根据面团的用途具体掌握加水量,调节好面团软硬。

6. 发酵时间

以上各种因素在不同程度上影响着面团发酵。面团发酵时间的长短对发酵面团的质量是至关重要的。发酵时间长,面团变得稀软,弹性差,酸味强烈,成熟后软塌不松泡。发酵时间短,面团涨发不足,制品僵硬体积小,同样影响成品质量。

影响面团发酵的各个因素彼此相互影响,相互制约。在适宜的温度条件下,面团发酵快,低温则发酵慢;酵母用量多,面团发酵时间短,反之则长;软面团发酵快,硬面团发酵慢。总之,要取得良好的发酵效果,需从多方面加以考虑,掌握得恰到好处。但总的来说,时间的掌握和控制是最关键的。

(二) 发酵面团的种类、特点与用途

根据酵母菌的来源,发酵面团可分为酵种发酵面团和酵母发酵面团。酵种发酵面团,是指由面粉与酵种(又称老酵面、老面、面肥)和水调制而成的面团,是最常见的面团。面团发酵后产酸较多,需加碱中和,制作难度较大。酵母发酵面团,是指由面粉与鲜酵母或干酵母、水等原料调制而成的面团,过去主要用于制作面包,现在饮食行业也大量用以制作馒头、花卷、包子,酵母发酵面团制作简便。

根据面团的发酵程度、调制方法,发酵面团可分为大酵面、嫩酵面、碰酵面、呛酵面、开花酵面和烫酵面等。

1. 大酵面

大酵面亦称全酵面、全发面,是指发酵成熟的面团。这种面团用途广泛,成品泡度好,柔软,易消化,适宜制作馒头、花卷、大包。

2. 嫩酵面

嫩酵面亦称小酵面,是指还未成熟的发酵面团。嫩酵面的发酵时间短,约为大酵面的一半或1/3。所生成面团稍有起发,仍带有一些韧性,弹性较好,适宜制作带汤汁的软馅品种和各种花色包子,如汤包、小笼包、刺猬包等。

3. 碰酵面

碰酵面亦称抢酵面,性质与大酵面相同。调制时,酵种与面粉比例为2∶3或1∶1。碰酵面在和面时即加入,调节面团酸碱度,调好后即可使用,不需发酵时间。利用碰酵面所得

的成品在质量和形态上不如大酵面。

4. 呛酵面

在大酵面基础上,呛入干面粉揉搓成的面团即是呛酵面,制作的成品洁白,松软,有层次,口感绵韧,如千层馒头、高庄馒头、门丁馒头等。呛酵面的用量为大酵面的30%~40%。

5. 开花酵面

开花酵面调制的发酵面团,酵种用量较大,发酵时间略长,面团稍微成熟过度。酸碱中和时加入适量的白糖、饴糖和猪油,反复揉匀。成形后,饧面10分钟,用旺火蒸制,使制品表面自然开花,如开花馒头、白结子等。

6. 烫酵面

烫酵面俗称"熟酵",是面粉加沸水调制成热水面团,稍冷后加入酵种揉制、发酵而成的面团。成品具有筋性小、柔软、吃口软糯、色泽较暗的特点。烫酵面适宜制作煎、烘成熟的饼类,如黄桥烧饼。

二、物理膨松面团

物理膨松面团,是指利用鲜蛋或油脂经高速搅打,具备能打进气体和保持气体的性能,然后与面粉等原料混合调制成的蛋泡面糊或油蛋面糊。经加热熟制,面糊内所含气体受热膨胀,使制品膨大松软。这种方法的膨松是依靠鸡蛋的起泡性和油脂的充气性,通过机械搅打充入气体。这种膨松方法称为物理膨松法,或机械力胀发法。

物理膨松面团依调搅介质不同,分为蛋泡面糊和油蛋面糊。蛋泡面糊,是以鲜蛋为调搅介质,经高速搅打后加入面粉等原料调制而成。其代表品种为各种海绵蛋糕。油蛋面糊,是以油脂为调搅介质,通过高速搅拌,然后加入面粉等原料调制而成。其代表品种为各式油脂蛋糕。

三、化学膨松面团

化学膨松,是指把化学膨松剂掺入面团内,利用其化学特性,使熟制的成品具有膨松、酥脆特点的膨松方法。中式面点中最典型的化学膨松面团制品是油条、焦圈,这类制品的膨松完全依靠化学膨松剂完成。其他一些面团制品也常用到化学膨松剂,如发酵制品、物理膨松面团制品、混酥面团制品,膨松剂补充其面团含气量,增强其膨胀性。

化学膨松剂主要有两大类:一类是单质膨松剂,如小苏打、臭粉等;一类是复合膨松剂,由小苏打、酸性物质和填充剂构成,常用的泡打粉即属于复合膨松剂。

化学膨松剂使制品膨松的原理是,当把它们调和在面团中,制品熟制时在高温作用下受热分解放出大量CO_2气体,使制品体积膨胀,形成疏松多孔的组织。

(一) 单质膨松剂的膨松原理

常用的单质膨松剂有小苏打、臭粉。小苏打的分解温度为60℃~150℃;臭粉的分解温度为30℃~60℃。

不同的膨松剂对面团起的作用有所不同。小苏打的分解速度较为缓慢,使制品组织均匀,但小苏打分解生成物中残留有Na_2CO_3,使用量稍多,易使制品内部组织产生黄色,并对维生素也有破坏。臭粉的分解温度低,产气量大,是小苏打的2~3倍,往往在制品熟制前和熟制初期就分解完毕,因而不宜单独使用,常和小苏打配合使用。

(二)复合膨松剂的膨松原理

复合膨松剂即发酵粉,亦称泡打粉,其作用的速度主要由酸式盐来决定。因此,发酵粉有快速、慢速和复合型三种。

(1)快速发酵粉,即在常温下发生中和反应释放出 CO_2 气体。这类发粉的酸式盐有酒石酸氢钾、酸式磷酸钙等。

(2)慢速发酵粉,在常温下很少释放 CO_2 气体,主要在受高温后发生反应放出 CO_2 气体。这类发酵粉中酸式盐有酸式焦磷酸盐、硫酸铝钠等。

(3)复合型发酵粉,又称双重发酵粉或双效泡打粉,大多是由快速和慢速发酵粉混合而成的。这种发酵粉在常温下约释放出 1/5~1/3 的气体,4/5~2/3 的气体在制品受热成熟过程中释放。

由于发酵粉是根据酸碱中和反应的原理而配制的,其生成物呈中性,消除了小苏打和臭粉各自使用时的缺点,用发酵粉制作的产品组织均匀,质地细腻,无大孔洞,颜色正常,风味纯正。

小苏打、臭粉和发酵粉大多用于重油、重糖的混酥面团中,起疏松作用;也用于物理膨松面团、发酵面团中,增加蛋泡面糊、油蛋面糊、酵母发酵面团、发酵米浆等面团的膨胀性。通常烘烤型混酥面团类制品,因面团水分少,饼坯薄,烘烤时间较短,多用快速发酵粉;若需要发酵粉在较长的成熟时间内持续产生气体,如蛋糕类制品,则应选择双效泡打粉。

(三)油条的膨松原理

油条是中国传统大众化早点,深受广大民众喜爱。油条的传统做法使用明矾、小苏打作膨松剂,制成的油条体积膨大、表皮薄而酥脆。由于明矾中含铝,铝元素沉积到骨骼中,会使骨质变得疏松;沉积在大脑中,可使脑组织发生器质性改变,出现记忆力衰退,甚至痴呆,尤其是老年人,长期吃明矾油条更容易引起老年性痴呆。2011年颁布的食品安全国家标准《食品添加剂使用标准 GB 2760—2011》(现行标准为 GB 2760—2014)中已将油炸食品从钾明矾可使用食品范围删除,因此从法律的角度来说,不能使用明矾制作油条。

然而油条的美味又让许多人欲罢不能,因此无矾油条受到推崇。目前市场上无矾油条配方有多种,油条的膨松问题大多通过配方中添加泡打粉、小苏打以及老酵面来达到,而关键问题是如何达到油条酥脆效果。矾碱油条表皮酥脆是明矾与小苏打发生反应形成的氢氧化铝所赋予的,目前运用较多的方法是在面团中添加鸡蛋增加油条表皮酥脆口感,并且制成品效果良好。

实践操作

子任务一 调制酵种发酵面团

一、工艺流程

酵种发酵面团调制的工艺流程为:❶ 揉匀;❷ 发酵;❸ 酵种发酵面团;❹ 加碱。

二、操作步骤

(一)调制准备

1. 设备、器具准备

(1)设备:案板。

(2)器具:电子秤、量杯、发面盆、刮板、毛巾等。

2. 原料准备

酵种发酵面团用料主要有面粉、酵种、水。酵种发酵面团参考配方如表3-17所示。

表3-17　酵种发酵面团参考配方

面团	面粉/克	酵种/克	水/毫升
酵种发酵面团	100	20	50

酵种培养用料主要有面粉、白酒或酒酿、果汁、水等。新酵种配方及培养工艺条件如表3-18所示。

表3-18　新酵种配方及培养工艺条件

培养方法	面粉/克	白酒/毫升	酒酿/克	果汁/毫升	水/毫升	发酵时间/小时
白酒培养法	100	20~30			40~50	春秋：7~8
酒酿培养法	100		50		40~50	夏：4
果汁培养法	100			20	50	冬：10

（二）制作酵种

一般情况下，将当天剩下的发酵面团加水调散，放进面粉揉和，在发酵盆里进行发酵，成为第二天使用的酵种。在没有发酵面团的情况下，需要重新培养。培养酵面的方法很多，常用的有白酒培养法、酒酿培养法、果汁培养法等。

白酒培养法，是指在面粉中掺入酒、水拌和均匀，经过一定时间取得新酵种的培养方法。

酒酿培养法，是指在面粉中掺入酒酿、水揉和成面团，放入盆内盖严，经过一定时间取得新酵种的培养方法。

果汁培养法，是指在面粉中掺入果汁（如苹果汁、橙汁、橘子汁等酸性果汁）、水搅和成稀糊状，盖严放在温暖处，经一定时间后，取得新酵种的培养方法。

（三）调制面团

先用少量水调散酵种，然后将面粉置于案板上或盆内，加入酵种和水拌匀，反复揉搓至面团表面光滑后即可进行发酵。

（四）发酵面团

1. 面团发酵所需时间

夏天1~2小时，春秋天约3小时，冬天约5小时。

2. 面团发酵程度的判别

（1）眼看法。用肉眼观察，若面团表面已出现略向下塌陷的现象，则表明面团发酵成熟。如果面团表面有裂纹或有气孔，说明面团发酵过度。用刀切开发酵面团，剖面呈均匀的蜂窝眼网状结构，表明发酵成熟；若孔洞大小不均，有长椭圆形大空孔洞，则表明发酵过度；若孔洞细小，结构紧实，发酵不足的面团如图3-28所示。

（2）手触法。用手指轻轻插入面团内部，待手指拔出后，观察面团的变化情况，如面团不再向凹处塌陷，被压凹的面团也不立即复原，仅在面团凹处四周略微下陷，表明面团发酵成熟；如果被手指压下的地方很快恢复原状，表明面团涨发不足；如果凹陷处面团随手指离开而很快塌陷,表明面团发酵过度。

(3) 手拉鼻嗅法。取一小块面团用手拉开,如果面团具有适度的弹性和柔软的伸展性,气泡大小均匀,气泡膜薄,有酒香和酸味,表明发酵成熟,发酵成熟的面团如图 3-29 所示;如果面团伸展性不充分,气泡膜厚,分布粗糙,酒精味不足,酸味小,表明发酵不足;如果面团拉伸时易断裂,面团内部发脆,黏结性差,闻起来有强烈的酸臭味,表明发酵过度。

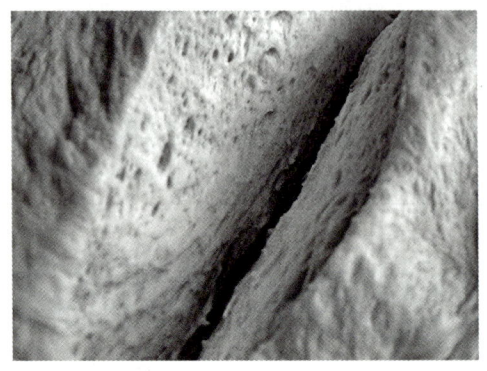

图 3-28 发酵不足的面团

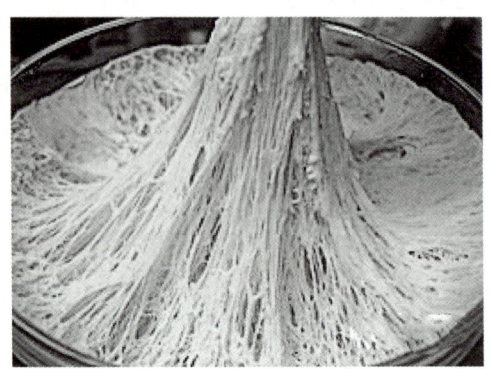

图 3-29 发酵成熟的面团

(五) 使碱与验碱

1. 使碱

在进行酵种发酵时,酵种中含有的杂菌会在面团发酵过程中产生大量有机酸(如醋酸、乳酸),使面团变酸,影响制品的口味和形态。因此,发酵结束后,需要加碱中和去酸。这道工序称作使碱。

使碱又称对碱、下碱、吃碱、揣碱、扎碱,是酵种发酵的关键技术。一般使用食碱(Na_2CO_3)和小苏打($NaHCO_3$)来中和面团的酸度。小苏打的碱性较食碱弱,去酸能力也偏弱。食碱适用于已经发酵成熟或过老的面团,小苏打则适用于嫩酵面。

使碱工艺去掉了酸味,还增强了面团的筋力,产生的二氧化碳气体使面团进一步膨胀,形成松软泡嫩的口感。

使碱的技术关键是加碱量的掌握。加碱量要根据面团发酵程度、气温、操作时间、碱的种类等具体情况来灵活确定。加碱量对成品质量有决定作用。碱量适中,制品色泽洁白、松泡;碱量过大,制品色黄、味苦涩,对维生素造成很大破坏,影响制品营养;碱量过小,制品味酸、发硬不爽口。

面团发酵程度受温度影响很大。温度高,面团发酵快且产酸多;温度低,面团发酵缓慢,产酸速度也缓慢。加碱后的面团,在高温下易"跑碱",所谓"跑碱",是指使碱后的面团继续发酵产酸,使面团再度呈现酸性。温度越高,"跑碱"越快。因此,在气温高的情况下,加碱量应有所提高,"跑碱"后,操作者应及时补碱。

操作时间对面团加碱量也有影响,操作时间长,面团易"跑碱",加碱后的面团要尽快成形、成熟。对加碱后需静置较长时间才可成熟的面团,我们必须适当增大加碱量。

不同种类的碱所对应的加碱量是不同的。食碱比小苏打的碱性强,用量可以相对少些。碱水浓度一般维持在 40% 左右。浓碱水颜色发白,易结晶,放入酵面中,面发黄,手感滑腻。酵面使碱参考用量如表 3-19 所示。

表 3-19　　　　　　　　　　　　　　酵面使碱参考用量　　　　　　　　　　　　　　单位：克

面　　团	使碱（NaHCO$_3$）量		
	春 秋 季	夏　　季	冬　　季
500 克大酵面	5	7.5	4
500 克嫩酵面	2.5	3.75	2
500 克开花酵面	6	8.5	5

酵种发酵面团的使碱量不是固定的，它受到许多因素的影响和制约。实务工作中，人们大多凭经验操作，因此加碱是最重要也最难掌握的基本功之一。

下碱，是整个发酵工艺中最为重要的环节（仅限于酵种发酵面团），直接影响着成品的松泡度、色泽，进而决定制品的质量。常用的下碱方法有溶碱法和粉碱呛面法两种。

溶碱法，是指将碱面或碱块放入清水中溶成碱水，再加入面团的方法。

粉碱呛面法，是指将碱面直接加入面团中的方法。

面团加碱后应立即揉搓，我们通常用揣面的方法，让碱在面团中均匀分布。加碱不匀，制品易生"花碱"，表面呈黄白相间的花斑。

2. 验碱

验碱，是对碱量大小的检验。验碱的主要方法有揉、看、拍、闻、蒸。

（1）揉，凭手上的感觉来判断碱量。加碱后的面团软硬适宜，不粘手，有筋力，是最理想状态；粘手、无良好韧性和筋力则为缺碱；筋力大，韧性强为碱重（也称伤碱）。

（2）看，将放碱揉匀的面团用刀切开，观察内部蜂窝眼结构。若蜂窝眼大小均匀，呈圆形芝麻大小为正碱；眼孔大而多，大小不匀，呈长形为缺碱；眼孔稀少或无眼孔为伤碱。

（3）拍，将放碱后的面团反复揉匀，用手拍打听其声音，清脆悦耳为正碱，拍打声空响为缺碱，拍打声闷响为碱重。

（4）闻，将放碱后的面团用刀切开，用鼻闻，有面香和酒香为正碱；有酸味为缺碱；有碱味为碱重。

（5）蒸，将加碱揉匀的面团用刀切一小块，放入笼中用旺火蒸熟后取出。色白，泡嫩爽口为正碱；小面丸起皱，色暗、泡度差、味酸为缺碱；色黄为碱重。

将揉匀后的面团用刀切一小块，用铁筷夹着放入火中烙烤熟，用手掰开，色白、松泡、爽口为正碱；泡度差、有酸味、粘牙为缺碱；色黄为碱重。

（六）饧面

饧面，是指将使碱后的面团或成形后的发酵制品生坯放置在案板上或蒸笼内，静置一段时间，使面团松弛，继续发酵膨胀，使制品更加松泡柔软的操作方法。饧面的时间应根据制品的要求、碱量大小和环境温度而定。饧面对制品的膨松度和色泽影响较大。

（七）质量检查

和好的面团应当质地均匀，柔软光滑，富有弹性；发酵后，面团体积膨大，带有明显酸味；使碱验碱后的面团应有明显面香味，面团光滑，不粘手或案板，有筋力。

三、技术要领

酵种发酵面团制作应掌握的技术要领有：酵种要新鲜；面团调制水温适当；面团软硬适

中;发酵温度适宜;发酵时间适当;使碱量适中;饧面时间适宜。

子任务二　调制酵母发酵面团

一、工艺流程

酵母发酵面团调制的工艺流程为:

二、操作步骤

(一)调制准备

1. 设备、器具准备

(1)设备:案板。

(2)器具:电子秤、量杯、和面盆、刮板、毛巾等。

2. 原料准备

主要原料有面粉、干酵母、水、白糖等。根据品种需要,在面团中可适当添加油脂、奶粉(或炼乳)、泡打粉。酵母发酵面团参考配方如表3-20所示。

表3-20　　　　　　　　酵母发酵面团参考配方

面　　团	面粉/克	干酵母/克	水/毫升	白糖/克
酵母发酵面团	100	1	50	10

(二)调制面团

将溶干酵母加少许面粉、水调成糊状,面粉置案板上,中间刨一坑塘,放入白糖、清水、酵母糊拌揉均匀,饧面15分钟,再用力揉匀揉透。也可用滚筒反复压面直至面团光滑,再用压面机反复压面15~20次。酵母发酵面团适于制作馒头、花卷类制品。面团可不经发酵工序,但成形后需经过充分饧发,保持制品生坯的松弛膨胀。

(三)饧面

对酵母发酵面团而言,饧面是很重要的,饧面效果对制品的泡度和色泽影响很大。很多使用酵母发酵法的制品,其面团在和好后未经充分发酵;同时,成形过程中面团被反复揉搓或滚压,结构趋于紧密,大量二氧化碳被挤压排出,生坯的膨松程度大大降低,如果直接成熟,其膨松度受到很大影响。将成形后的制品生坯放置在案板上或蒸笼内静置一段时间,待生坯略微起发后再进行熟制,可保证制品的松泡度和色泽。饧面的时间应根据制品的要求、酵母用量、发酵时间和环境温度来决定。

(四)质量检查

面团质地均匀,柔软光滑,富有弹性;面团适度膨胀,气孔细腻均匀。

三、技术要领

水温要适当;避免干酵母粉与糖、盐直接接触;面团要充分揉匀;发酵时间要适当;饧面时间应适宜。

子任务三　调制蛋泡面团

蛋泡面团的调制主要是以搅拌的方式完成的。搅拌方法主要有三种:

(1) 传统糖蛋搅拌法,将蛋液与白砂糖一起搅打,起发后加入面粉等配料混合。使用传统糖蛋搅拌工艺制作的海绵蛋糕体积膨大松软,蛋香浓郁,适于制作各式凉蛋糕、清蛋糕、卷筒蛋糕。

(2) 分蛋式搅拌法,先将蛋清、蛋黄分开,蛋清、蛋黄分别加糖搅打起发,两部分混合后再加入面粉等配料混合均匀。这种方法特别适合于海绵蛋糕的制作。

(3) 乳化搅拌法,利用蛋糕乳化起泡剂良好的乳化起泡作用,低速混合蛋液、白砂糖、面粉等配料,再高速打发。随着蛋糕乳化剂的出现,蛋泡面糊的调制工艺有了很大的改进。使用乳化法搅拌工艺,蛋液容易打发,这缩短了打蛋时间,一定程度上减少了蛋和糖的用量,补充较多的水分和油脂可以使蛋糕更加柔软,冷却后不易发干,内部组织细腻,气孔细小均匀,弹性好。乳化法搅拌工艺特别适合清蛋糕、卷筒蛋糕的批量生产。

一、工艺流程

(一) 传统糖蛋搅拌工艺流程

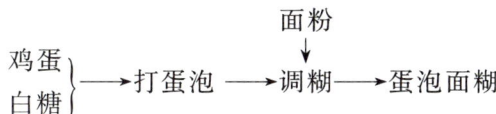

(二) 分蛋法搅拌工艺流程

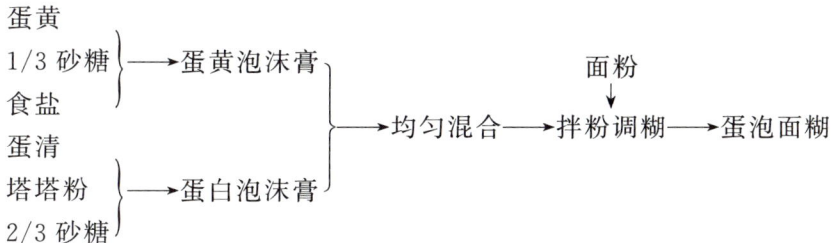

(三) 乳化法搅拌工艺流程

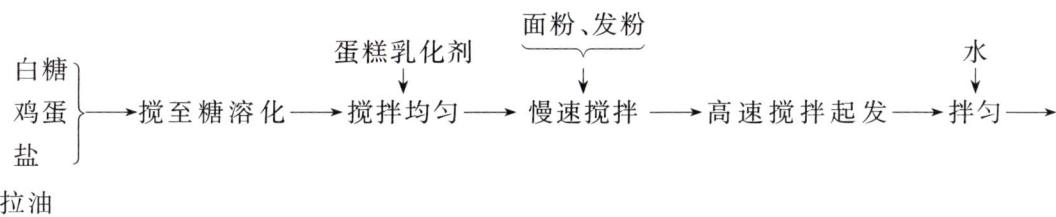

二、操作步骤

(一) 调制准备

1. 设备、器具准备

(1) 设备：操作台、多功能搅拌机。

(2) 器具：电子秤、量杯、面筛、打蛋器、拌料盆等。

2. 原料准备

主要原料有面粉、鸡蛋、白糖等。操作者可以根据需要适量添加油脂、牛奶、果汁、泡打粉、蛋糕油、塔塔粉、香草粉、食盐。传统糖蛋法蛋糕面糊配方如表 3-21 所示；分蛋法蛋糕面糊配方如表 3-22 所示；乳化法蛋糕面糊配方如表 3-23 所示。

表 3-21　　　　　　　传统糖蛋法蛋糕面糊配方　　　　　　　单位：克

面糊	面粉	鸡蛋	白砂糖	香草粉
传统糖蛋法蛋糕面糊(一)	100	180	100	适量
传统糖蛋法蛋糕面糊(二)	100	125	100	适量

表 3-22　　　　　　　分蛋法蛋糕面糊配方　　　　　　　单位：克

面糊	鸡蛋	蛋黄	砂糖	面粉	食盐
分蛋法蛋糕面糊	1 650	450	1 100	1 000	10

表 3-23　　　　　　　乳化法蛋糕面糊配方

面糊	面粉/克	鸡蛋/克	白糖/克	食盐/克	水/毫升	蛋糕油/毫升	色拉油/毫升	泡打粉/克
乳化法蛋糕面糊(一)	800	1 280	800	8	160	56	80	8
乳化法蛋糕面糊(二)	300	600	300	3	130	25	60	—

(二) 调制面糊

1. 传统糖蛋法

将鸡蛋打入容器内，加入白糖，用打蛋机或打蛋器顺一个方向搅打，蛋液逐渐由深黄变成棕黄、淡黄、乳黄，体积涨发三倍，成干厚浓稠的泡沫状，然后加入面粉、水拌匀。

2. 分蛋法

将鸡蛋的蛋黄、蛋清分开。将所有蛋黄与 1/3 砂糖、盐一起快速搅打成泡沫膏状，然后继续以慢速搅打，直等蛋白打好。蛋清加砂糖、塔塔粉快速搅打至湿性发泡状，成蛋白泡沫膏状，然后取 1/3 拌入蛋黄泡沫膏中搅至光洁，再小心拌入剩余 2/3 蛋白膏。面粉过筛，缓慢加入蛋泡中拌匀。

3. 乳化法

将糖、蛋、盐放入搅拌缸内，慢速搅至溶化，然后加入蛋糕乳化剂搅拌均匀。面粉与发粉过筛加入搅拌缸，先用慢速搅拌 1~2 分钟，转入高速搅拌 5~7 分钟，加入水搅匀，再转回慢速搅拌 1~2 分钟使蛋泡面糊内气泡均匀细腻，然后加入流质油拌匀。

（三）质量检查

搅拌完成的蛋泡面团呈浓稠的泡沫状面糊，体积膨胀，颜色浅黄。使用乳化法搅拌的面糊质地均匀细腻，颜色略发白。

三、技术要领

（一）传统糖蛋法的技术要领

（1）搅拌顺序应保持不变。自始至终顺着一个方向搅拌，使空气连续而均匀地吸入蛋液中，会蛋白迅速起泡。改变搅拌顺序会破坏已形成的蛋白气泡，使空气逸出。

（2）面粉需过筛，拌粉要轻。过筛可使面粉松散，便于混合，避免蛋泡面糊中夹杂粉粒，使成熟后的蛋糕内存生粉。拌粉动作要轻，不能用力，避免面粉生筋，使蛋糕僵死。

（3）原料配比要适当。如果减少蛋量，则应增添发粉，补充蛋泡面糊的膨胀性。发粉应与面粉一起拌入，当配方中蛋量减少时，水分含量随之减少，蛋泡面糊会过于浓稠，可适当添加奶水或清水调节蛋泡面糊稠度。

（二）分蛋打法的技术要领

（1）分蛋时，蛋白蛋黄不可混淆。蛋黄中油脂含量较高，会影响蛋白起泡。

（2）蛋白搅拌程度要适当，用手指勾起蛋白泡沫时应呈软尖峰。

（3）气温较低时，可采用温蛋方式搅打蛋黄部分，助其起泡。

（三）乳化打法的技术要领

（1）加入面粉的速度要慢，避免粉尘飞扬。

（2）高速搅拌时间要适当，时间短，充气量不足，蛋糕体积小；时间过长，充气过多，蛋泡面糊比重小，蛋糕出炉后易收缩塌陷。

（3）加入油脂后不能久拌，否则油脂会破坏蛋白泡。

子任务四　调制油蛋面团

油脂蛋糕有重奶油蛋糕和轻奶油蛋糕两类，区别主要体现在组织结构上。前者组织紧密，颗粒细小，后者组织疏松，颗粒粗糙。前者用油量较大，主要依靠油脂来保持膨松的性质；后者的膨松性态既依赖油的作用，也依赖疏松剂的作用。因此两者所需发粉用量比率不同，前者在0%～0.5%，后者在3%～6%。

一、工艺流程

油蛋面糊的主要调制方法有糖油调制法和粉油调制法。使用糖油调制法时，首先搅打糖和油，然后加入其他原料。使用粉油调制法时，首先搅打面粉和油脂，然后加入其他原料。粉油调制法主要用于重油类蛋糕。重油类蛋糕组织细密，柔软。使用粉油调制法时，配方中的油脂含量应在60%以上，否则面粉遇水易形成面筋，影响油蛋面糊胀发，达不到理想效果。

（一）糖油调制法工艺流程

糖、油脂、盐 → 打发 → 搅拌均匀（鸡蛋）→ 慢速搅拌均匀（面粉、发粉、奶水）→ 油蛋面糊。

(二)粉油调制法工艺流程

```
面粉 ┐                    糖、盐          奶水、鸡蛋
发粉 ├──→ 打发 ──→ 搅拌均匀 ──→ 搅拌均匀 ──→ 油蛋面糊。
油脂 ┘
```

二、操作步骤

(一)调制准备

1. 设备、器具准备

(1) 设备:操作台、多功能搅拌机。

(2) 器具:电子秤、量杯、面筛、打蛋器、拌料盆等。

2. 原料准备

主要原料有油脂、面粉、鸡蛋、白糖、奶水、发粉、食盐等。油蛋面糊参考配方如表3-24所示。

表3-24 油蛋面糊参考配方

面 糊	面粉/克	细糖/克	黄油/克	鸡蛋/克	食盐/克	奶水/毫升	发粉/克
重奶油蛋糕面糊	500	500	450	500	10	—	2.5
轻奶油蛋糕面糊	500	500	200	200	10	350	25

(二)调制面糊

1. 糖油调制法

将糖、黄油、盐倒入搅拌缸中,中速搅拌8~10分钟,当糖油蓬松呈绒毛状时,将鸡蛋分多次加入已打发的糖油中均匀搅拌,使蛋与糖油充分乳化融合。将面粉和发粉过筛,伴奶水交替加入上述混合物中,并用慢速搅拌均匀细腻。

2. 粉油调制法

将面粉和发粉过筛,与黄油一起放入搅拌缸中,先用慢速搅打,使面粉表面全部被油脂黏附,然后改用中速将粉油拌和均匀,搅拌至蓬松状,约需10分钟。完成以上操作后,加入糖、食盐继续搅拌3分钟,改用慢速将奶水缓缓加入并混合均匀,再改用中速将蛋液分次加入,继续搅拌至糖溶化。

(三)质量检查

搅拌完成的油蛋面团应呈稠厚蓬松状,均匀细腻,颜色乳黄。

三、技术要领

(1) 糖的颗粒应保持细小,操作者应尽量选用细砂糖或糖粉。

(2) 蛋液应分次加入,不可操之过急。

(3) 面粉需过筛,使用慢速拌粉。

子任务五　调制无矾油条面团

一、工艺流程

面粉、泡打粉、小苏打、鸡蛋、色拉油、食盐、水 → 混合调制成团 → 捣揉均匀 → 饧面 → 无矾油条面团。

二、操作步骤

（一）调制准备

1. 设备、器具准备

（1）设备：操作台、多功能搅拌机。

（2）器具：电子秤、量杯、面筛、打蛋器、拌料盆。

2. 原料准备

主要原料有面粉、泡打粉、小苏打、食盐、鸡蛋、色拉油、水等。无矾油条面团参考配方如表3-25所示。

表3-25　无矾油条面团参考配方

面团	面粉/克	泡打粉/克	小苏打/克	食盐/克	鸡蛋/克	色拉油/毫升	水/毫升
无矾油条面团	100	0.8	0.8	1.6	10	10	55

（二）调制面团

将面粉、泡打粉、小苏打、食盐放入盆内混合均匀，加入鸡蛋、色拉油、水调制成面团，反复捣揉至面团光滑，饧发30分钟。

（三）质量检查

和好的面团应当非常柔软，筋力强，延伸性好。

三、技术要领

1. 原料配比要适当

原料配比适当是油条质量的首要保障，原料应准确称量。

2. 面团要充分捣揉至光滑

经过充分捣揉，面筋应充分形成，规则伸展，具有良好的延伸性，保证成形工作的顺利进行和成品质量。

3. 面团软硬应适度

硬度过高，面团不易拉伸；硬度过低，面团黏性大，影响厨师后续操作。

4. 灵活掌握饧面时间

饧面时间应根据面团软硬、面粉筋力强弱、气温高低而定。面团软,面粉筋力弱,气温高,饧面时间应稍短;反之,应延长饧面时间。

思维导图

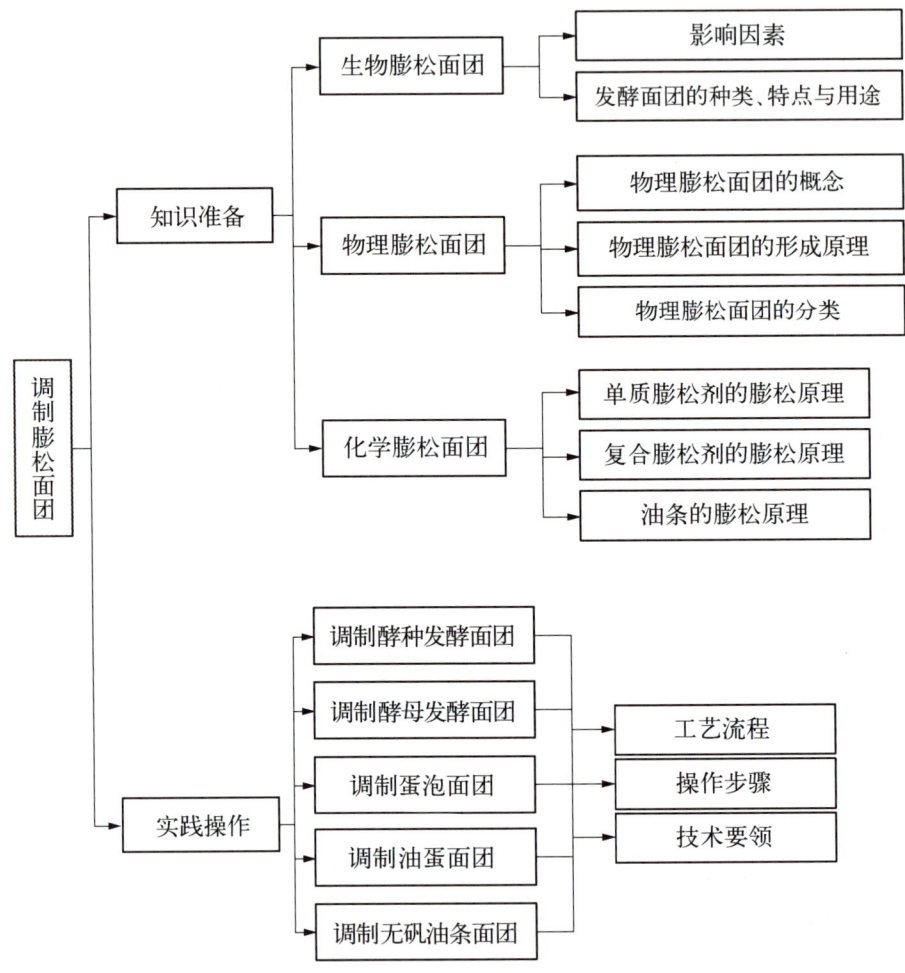

任务测试

一、名词解释

1. 膨松面团
2. 发酵面团
3. 验碱

二、单项选择题

1. 大酵面是指(　　)。

   A. 发酵成熟的面团　　　　　　B. 发酵未成熟的面团
   C. 发酵过度的面团　　　　　　D. 没发酵的面团

2. 搅打蛋泡面团宜选择新鲜蛋的原因是(　　)。

A. 蛋清含量高 B. 稀薄蛋白含量高
C. 浓厚蛋白含量高 D. 蛋黄含量高

3. 为了提高蛋清的起泡性和稳定性,在搅打蛋液时可以添加少量的( )。

A. 食用糖 B. 食盐 C. 食用酸 D. 食用碱

4. 下列因素中,不利于使油脂与空气充分结合的是( )。

A. 高速搅拌 B. 糖的颗粒细小
C. 油脂饱和程度低 D. 糖油搅拌充分

5. 扎碱后,若( ),则表明面团缺碱。

A. 用鼻闻有酒香味 B. 拍打面团声音为闷响
C. 蒸出的小面丸色暗,起皱 D. 切开面团内部空眼稀少

三、多项选择题

1. 扎碱的作用是( )。

A. 中和酵种发酵面团中的有机酸 B. 改善面团的物理性质
C. 增强面团的骨力 D. 促进面团进一步膨胀
E. 促进酵母进一步发酵

2. 发酵面团胀发不足,体积小的原因有( )。

A. 发酵时间短 B. 酵母活力低 C. 气温低 D. 淀粉酶活力低
E. 面粉筋度过低

3. 搅打蛋液时,( )等情况会降低蛋液起泡性。

A. 温度过高 B. 有糖存在
C. 鸡蛋陈放时间过长 D. 容器上有油污
E. 搅打时间过长

四、判断题

1. 面粉的质量对发酵面团的影响主要体现在产气能力等方面。 ( )
2. 不能利用麦芽糖进行酵母发酵。 ( )
3. 油条是物理膨松面团制品。 ( )
4. 使碱利用的是酸碱中和原理。 ( )
5. 酵母发酵面团制品成形后应立即熟制。 ( )

五、简答题

1. 在发酵面团的加碱技术中,为什么加碱量的掌握是关键?
2. 渗透压对面团发酵过程有何影响?
3. 酸碱度水平对蛋泡的形成有何影响?
4. 简述酵种发酵面团与酵母发酵面团的区别。

任务四 调制层酥面团

问题思考

1. 怎么样才能让酥饼的层次非常均匀?
2. 如何调团才能使层酥制品既酥脆又不散烂?

层酥面团

3. 直酥的酥纹效果是如何形成的？

知识准备

以面粉和油脂作为主要原料，先调制酥皮、酥心两块质感不同的面团，再将它们复合，经多次擀、叠、卷后，我们就可以得到有层次的酥性面团——层酥面团。层酥面团的调制工艺是比较复杂的。利用层酥面团作为坯皮制成的制品，其表面或内部具有明显的酥层。

一、层酥面团的构成与分类

层酥面团是由两块特点不同的面团组合而成的，一块是称作"皮面"的筋性面团，如水油面团、发酵面团和水调面团；另一块是称作"酥心"的油酥面团，即干油酥面团。依据用料及调制方法的不同，层酥面团可分为水油酥皮面团、酵面酥皮面团和水面酥皮面团三类。以层酥面团制作的面点具有松酥、香脆、层次分明、外形饱满的特色。

水油酥皮面团是最常用的层酥面团，其制品的酥层表现有明酥、暗酥、半暗酥等，品种花式繁多，层次分明、清晰，成熟方法以油炸为主，常用于精细面点制作。水面酥皮面团也称擘酥皮，是广式面点中极具特色的皮料，融合了西点起酥的特点，制品具有较大的起发性，体积膨胀，层次丰富，口感松香酥化，调制过程较为复杂。

酵面酥皮面团是以发酵面团包裹干油酥面团制坯而成，其成品包括蟹壳黄、黄桥烧饼等，制品既有油酥面酥香松化的特点，又有酵面松软柔嫩的特点，酥层以暗酥为主，制法相对简单，成熟方法以烘烤为主。

二、层酥面团的形成与起层原理

层酥面团中的酥心大都由油脂和面粉构成，面团没有筋性，但可塑性很好。油脂是一种胶体物质，具有一定的黏性和表面张力，当与面粉混合调制时，油脂可以将面粉颗粒包围起来，使其黏结在一起。油脂的表面张力强，不易流散，油脂与面粉不易均匀混合，反复的"擦"扩大了油脂与面粉颗粒的接触面，油脂得以均匀分布在面粉颗粒周围，并通过其黏性将面粉颗粒黏结在一起，从而形成面团。在干油酥面团中，面粉颗粒和油脂并没有结合在一起，只是油脂包围着面粉颗粒，并依靠油脂黏性黏结起来。水调面团中的冷水面团，其蛋白质吸水形成面筋，热水面团，其淀粉糊化吸水膨润产生黏性。因此，干油酥面团比较松散，可塑性强，没有筋性，不能单独用于制作成品。干油酥面团中面粉颗粒被油脂包围、隔开，面粉颗粒的间距扩大，空隙中充满空气，经加热，气体受热膨胀，使制品酥松。此外，面粉中的淀粉未吸水胀润，保证了制品酥脆的口感。

层酥面团中的酥皮是由面粉、水、油脂等原料调制而成的，具有一定的筋力和延伸性。这里以最常用的水油酥面团为例，了解酥皮面团的形成及特性。调制水油酥面团时，我们先将配料中的水和油脂混合乳化，再与面粉混合调制成团。面粉中的蛋白质与水相遇结合形成面筋，使面团具有一定的弹性和韧性。油脂以油膜的形式作为隔离介质分散在面筋之间，限制了面筋的形成，同时使面团表面光滑、柔韧。在和面、调面过程中形成的面筋碎块，也由于油脂的隔离作用不能彼此黏结在一起，遑论形成大块面筋。综上所述，在这一过程中，面团弹性降低，可塑性和延伸性增强。

制品起层的关键在于水油酥面团和干油酥面团的不同性质。水油酥面团具有一定的筋性和延伸性，有利于我们进行擀制、成形和包捏；干油酥面团性质松散，没有筋性，但作为酥心包在水油面团中,也有利于我们擀制、成形和包捏。经过擀、叠、卷后,两块面团可以均匀地互相间隔地叠排在一起,形成有一定间隔层次的坯料。坯料在加热时(特别是油炸),由于油脂的隔离作用,干油酥面团中的面粉颗粒随油脂温度的上升,黏性下降,便会从坯料中散落出来,使干油酥面团层的空隙增大;同时,水油酥面团受热后,面筋网络组织会受热变性凝固,并同受热糊化失水后的淀粉结合在一起,变硬形成片状组织,坯料的横截面便出现层次,口感酥松、香脆。

实践操作

子任务一　调制水油酥皮面团

水油酥皮面团是最常用的层酥面团,其制品品种花式繁多,层次分明,成熟方法以油炸为主,常用于精细面点的制作。

一、工艺流程

水油酥皮面团的工艺流程为:

面粉、水、油 ── 和面、揉面 ── 饧面 ── 水油面团 ⎫
　　面粉、油 ── 和面 ── 干油酥面团　　　　　　⎬ ── 包酥 ── 开酥 ── 水油酥皮
　　　　　　　　　　　　　　　　　　　　　　　 ⎭

二、操作步骤

(一)调制准备

1. 设备、器具准备

(1)设备:操作台、案板。

(2)器具:电子秤、量杯、面筛、刮板、擀面杖、切刀等。

2. 原料准备

主要原料有面粉、清水、化猪油等。根据季节的不同,猪油凝固度会存在变化,用油量需作适度调整。水油酥皮面团参考配方如表3-26所示。

表3-26　　　　　　　水油酥皮面团参考配方

面团	面粉/克	清水/毫升	化猪油/克
水油酥面团	100	45~55	15~25
干油酥面团	100	—	50~56

(二)调制面团

1. 和面

(1)调制干油酥面团。将面粉放在案板上,加入油脂,采用调和法和面,不饧面,再采用擦的方法将面团反复调匀。

(2)调制水油酥面团。将面粉放在案板上,在和面前先将油和水进行适当的搅拌,使其乳化后倒入粉中,采用调和法和面。稍饧面后,采用揉、摔等方法将面团调至光滑、细腻、均匀,盖上湿布静置。

2. 包酥

包酥,是指用水油酥面团包住干油酥面团的过程,两者比例一般是3∶2或1∶1,根据具体的制品要求,包酥方法可分为大包酥和小包酥。

(1)大包酥,先将酥皮面团擀压成长方形的薄坯,然后将酥心面团放在薄坯中间的1/3处,并将薄坯两边折向中间包住酥心。大包酥所用的面团较大,一次可制成几十个坯剂,大包酥方法具有产量大、速度快、效率高的特点,但起层效果较差。

(2)小包酥,先将酥皮面团按压成圆形的薄坯,然后将酥心面团放在薄坯的正中间,再将薄坯四周收口包住酥心面团。小包酥产物的酥层清晰均匀,但制作速度慢,效率低,适用于各种花色酥点的制作。

3. 开酥

开酥也称"起酥",是将包酥后的面团折叠或卷筒形成层次的过程。根据具体的制品要求,开酥方法一般可分为擀叠起层和擀卷起层两种。

(1)擀叠起层,将包酥后的面团按扁,将其擀压成长方形的薄片,然后将两边1/3处叠向中间,继续擀成长方形薄片,再将两边1/3处叠向中间,最后擀开对折或将两边1/3处叠向中间,得到层酥面团。

(2)擀卷起层,将包酥后的面团按扁,将其擀压成长方形的薄片,然后将两边1/3处叠向中间;或将其擀压成长方形的薄片后,从一边卷拢成圆柱形,然后再将其平擀成长方形薄片(稍薄一些),最后从一边卷拢得到圆柱形的层酥面团。

(三) 下剂制皮

为满足不同层酥制品的特色要求,层酥面团的酥纹类型可分为暗酥、明酥、半暗酥三种,不同类型酥纹面剂的下剂制皮方式是不同的。

1. 暗酥

成品酥层在坯料里面,表面不显示层次的起酥制品统称为暗酥制品。其坯料由擀叠或擀卷起层的面团直切、平放、按剂、包馅而成,适宜制作大众品种。

2. 明酥

刀切成的坯剂,刀口处呈现酥纹,成品表面酥层明显的起酥制品统称为明酥制品。明酥可分为圆酥、直酥、叠酥、排丝酥、剖酥等。

(1)圆酥,将水油酥皮卷成圆筒后用刀横切成面剂,面剂刀口呈螺旋形酥纹,以刀口面向案板直按成圆皮,使圆形酥纹露在外面,成品包括龙眼酥、韭菜酥盒等,圆酥的制备方法如图3-30所示。

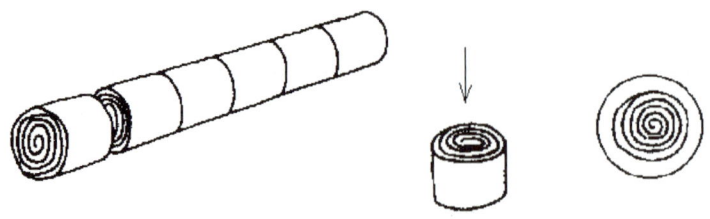

图 3-30 圆酥的制备方法

(2)直酥,将水油酥皮卷成圆筒后用刀横切成段,顺刀剖开成两个皮坯,以刀口面有直线酥纹的为面,无酥纹的为里进行包捏成形,成品包括海参酥、燕窝酥等,直酥的制备方法如图3-31所示。

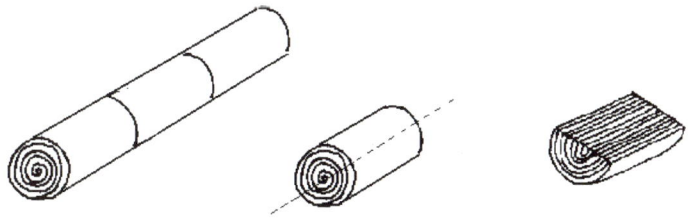

图 3-31 直酥的制备方法

在制作圆酥和直酥时,需注意以下几个问题:❶ 切坯时,刀要锋利,避免刀口粘连;❷ 擀制坯剂时,动作要轻,应对准酥层,使酥纹在中心,厚薄要适宜;❸ 应以酥纹清晰的一面作面,另一面作里。

(3) 叠酥。叠酥是水油酥皮擀薄后直接切成一定形状的皮坯,可夹馅、成形或直接成熟,成品如兰花酥、千层酥、鸭粒酥角等,叠酥成品如图 3-32 所示。

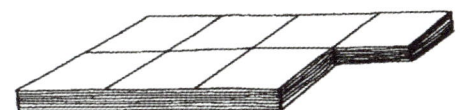

兰花酥

图 3-32 叠酥成品

在制作叠酥时,需注意以下几个问题:❶ 酥皮厚薄要均匀一致,不可破酥;❷ 切坯时刀要锋利,避免刀口粘连。

(4) 排丝酥。将起酥后形成的长方形酥皮切成长条,抹上蛋清,然后将切口面朝上,互相粘连,在有层次一面再抹上蛋清,贴上一层薄水油面皮,并以此面包馅,有层次的一面在外,经过成形,制品表面形成直线形层次,排丝酥成品如图 3-33 所示。

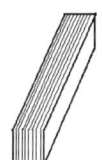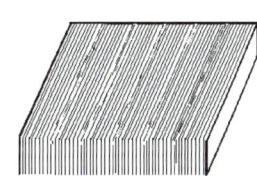

图 3-33 排丝酥成品

(5) 剖酥。在暗酥的基础上剖刀,经成熟使制品酥层外翻。剖酥制品分油炸型和烘烤型两种。油炸型剖酥的具体制法是:将水油酥皮卷成筒后,用手扯成面剂,包入馅心按成符合制品要求的形状,放在案板上十几分钟,使之表面翻硬,然后用锋利的刀片在饼坯上剖刀,通过油炸,使酥层外翻,成品如菊花酥、层层酥、荷花酥等,剖酥成品如图 3-34 所示。

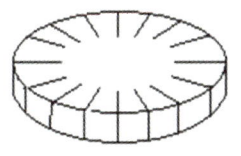

油炸型剖酥——荷花酥　　　　　　　烘烤型剖酥——菊花酥

图 3-34 剖酥成品

油炸型剖酥的制作难度较大,制作中需注意以下几个问题:❶起酥要均匀,酥皮不宜擀得过薄或过厚。过薄酥层易碎,过厚酥层少,影响形态;❷要待半成品翻硬后才可剖刀,否则刀口处的酥层相互粘连,影响制品翻酥。

烘烤型剖酥的具体制法是:以暗酥面剂为皮坯,放入馅心包捏成一定形状后,用刀切出数条刀口,再整型而成,如菊花酥饼、京八件等。

3. 半暗酥

半暗酥,指成品酥层一部分露在外面,一部分藏在里面,如图 3-35 所示。其坯料为擀卷起层的面团横切后酥层向上四十五度斜放平按包馅而成。适宜制作果类的花色酥点。

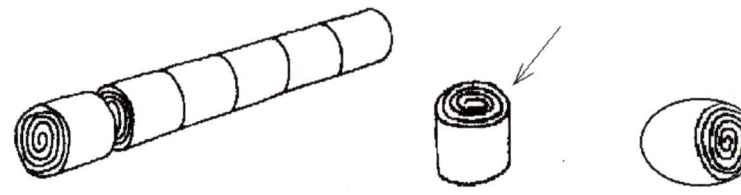

图 3-35 半暗酥

(四) 质量检查

开酥后的水油酥面团表面光滑,颜色略暗,明酥下剂后刀口处可见清晰均匀的酥纹,暗酥表面无酥纹显现。

三、技术要领

水油酥皮面团的调制环节很多,每个环节都能对成品效果产生很大的影响,我们必须认真了解每个环节的技术要领。

(一) 水油酥面团调制的技术要领

1. 水、油充分搅匀

水、油混合得越充分,乳化效果越好,油脂在面团中分布得越均匀,水油充分混合的面团才会细腻、光滑、柔韧,具有较好的筋性、延伸性和可塑性。若水和油是分别加入的,其结合效果就不甚理想,面团筋性不一致,酥性不匀。

2. 掌握粉、水、油三者的比例

粉、水、油三者的比例合适,可使面团既有较好的延伸性,又有一定的酥性。如果水多油少,成品就会过于硬实,酥性不够;相反,如果油多水少,过强的酥性会影响进一步操作。

3. 水温、油温要适当

水、油温度应根据成品要求而定,一般来说,对于成品酥性大的面团,水温可高些,如苏式月饼的水油酥面团可用开水调制,而对于成品起层效果好的面团,水温可低些,控制在 30℃~40℃。水温过高,淀粉糊化,面筋质降低,使面团黏性增加,操作困难;相反,水温过低会影响面筋的胀润度,使面团筋性过强,降低延伸性,造成起层困难。

4. 面团要调匀,盖上湿布

水油酥面团成团时要调匀、调透,充分饧置,保证面团有较好的延伸性,便于包酥、起层。

(二)干油酥面团调制的技术要领

1. 选用合适的油脂

不同的油脂调制成的油酥面团性质不同。动物油脂的熔点高,常温下为固态,凝结性好,润滑面积较大,起酥效果好。植物油脂在面团中多呈球状,润滑面积较小,结合空气量较少,故起酥效果稍差。

2. 控制粉、油的比例

干油酥面团的用油量较高,一般占面粉的50%左右。油量直接影响制品的质量,油量过多,成品酥层易碎,用量过少,成品不酥松。

3. 面团要擦匀

干油酥面团没有筋性,加之油脂的黏性较差,故为增加面团的润滑性和黏结性,使其能够充分成团,我们只能采用"擦"的调制方法。

4. 干油酥面团的软硬度应与水油酥面团一致

面团一硬一软,会使面团层次厚薄不匀,容易破碎。

(三)包酥的技术要领

1. 水油酥面团和干油酥面团的比例要适当

酥皮和酥心的比例直接影响成品的外形和口感。若干油酥面团过多,擀制就困难,成品易破酥、露馅,成熟时易碎;水油酥面团过多,易使成品酥层不清,口感不酥松,达不到理想的质量要求。

2. 水油酥面团和干油酥面团要软硬一致

干油酥面团过硬,起层时易破;干油酥面团过软,擀制时会向边缘堆积,导致酥层不匀,影响制品起层效果。

3. 包酥位置

经包酥后,酥心面团应居中,酥皮面团的四周应厚薄一致。

(四)开酥的技术要领

1. 擀制时用力均匀,使酥皮厚薄一致

用力轻而稳,操作者不可用力太重,擀制不宜太薄,避免发生破酥、乱酥、并酥的现象。

2. 擀制时要尽量少用干粉

过多的干粉会加速面团变硬,同时,沾在面团表面的干粉会影响成品层次的清晰度,使酥层变得粗糙,还会令制品在熟制(油炸)过程中散架、破碎。

3. 所擀制的薄坯厚薄要适当、均匀

卷、叠要紧,否则酥层之间黏结不牢,酥皮易分离、脱壳。

子任务二　调制酵面酥皮面团

酵面酥皮面团以发酵面团包裹干油酥面团制成,常用于制作蟹壳黄、黄桥烧饼等面点,制品具有油酥面酥香松化的特点,兼具酵面松软柔嫩的特点,酥层以暗酥为主,制法相对简单,成熟方法以烘烤为主。

一、工艺流程

酵面酥皮面团制作的工艺流程为:

```
面粉、水、酵种──→和面、揉面──→饧发──→加碱──→发酵面团 ┐
                                                      ├──→包酥→开酥→酵面酥皮。
面粉、油──→和面──→干油酥面团                         ┘
```

二、操作步骤

(一) 调制准备

1. 设备、器具准备

(1) 设备：操作台、案板。

(2) 器具：电子秤、量杯、面筛、刮板、擀面杖、切刀等。

2. 原料准备

主要原料有面粉、清水、化猪油、酵种、食碱。酵面酥皮面团参考配方如表3-27所示。

表3-27　　　　　　　　酵面酥皮面团参考配方

面团	面粉/克	清水/毫升	化猪油/克	酵种/克	食碱/克
发酵面团	100	50～60	—	10	适量
干油酥面团	100	—	50～60	—	—

(二) 调制面团

1. 和面

(1) 干油酥面团，将面粉放在案板上，加入油脂，采用调和法和面，不饧面，再采用擦的调面方法将面团反复调匀。

(2) 发酵面团，将面粉放在案板上，为了提高制品的酥松性，先采用热水调制成团，使面团中的蛋白质部分变性，降低其韧性，使淀粉部分糊化；稍饧面，将温度降至30℃左右，放入酵种，采用揉的调面方法将面团调至光滑、均匀，最后盖上湿布饧发；达到发酵程度后，加碱中和去酸，调匀。使用此种方法时，往往很难准确控制面团淀粉的糊化程度，发好的面团只能专用。在实际工作中，应按比例烫熟面团，再按比例加入正常发好的酵面，准确控制面团淀粉糊化程度。

2. 包酥、开酥

包酥、开酥所需的酵面一般是干油酥的两倍。根据制品的具体要求，可制备大包酥与小包酥。开酥一般以擀卷起层为主，故制品大多为暗酥。

(三) 质量检查

开酥后的酵面酥皮面团应保持光滑，略有膨胀感，刀口处酥纹清晰，酥纹稍厚，层次稍少。

三、技术要领

(1) 干油酥面团的调制方法与水油酥皮面团相同。

(2) 使用的酵面具有一定的膨胀度，故在开酥时，一定要注意酥层的厚度，酥层过薄会使制品失去松软柔嫩的口感，酥层过厚又会使制品失去酥香松化的口感。

子任务三 调制水面酥皮面团

水面层酥面团的调制方法与水油酥皮面团有很多不同,这是因为水面层酥面团是从西式面点中的清酥面团演变而来的。这种面团中所含的油脂量较多,在调制时必须借助冷藏设备。冷藏设备的介入能使得成品酥层均匀。

一、工艺流程

水面酥皮面团制作的工艺流程为:

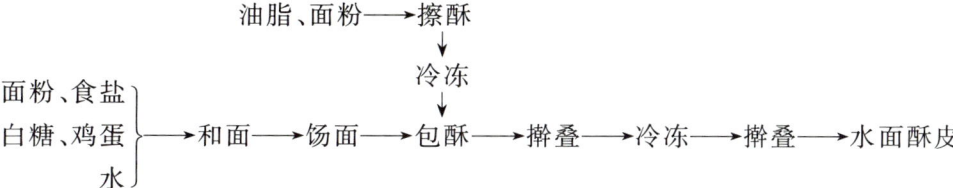

二、操作步骤

(一)调制准备

1. 设备、器具准备

(1)设备:操作台、案板。

(2)器具:电子秤、量杯、面筛、刮板、擀面杖、切刀等。

2. 原料准备

主要原料有面粉、清水、黄油、鸡蛋、白糖、食盐等。典型的水面酥皮面团配方如表3-28所示。

表3-28 典型的水面酥皮面团配方

面团	面粉/克	清水/毫升	黄油/克	鸡蛋/克	白糖/克	食盐/克
水调面团	100	36	—	20	10	2
油酥	40	—	100	—	—	—

(二)调制面团

1. 和面

(1)干油酥面团,将面粉放在案板上,加入油脂,采用调和法和面,不饧面,再采用擦的调面方法将面团反复调匀。

(2)水调面团,将面粉放在案板上后,先将鸡蛋、糖和水进行适当的搅拌,使其乳化后拌入粉中,采用调和法和面,稍饧面后,采用揉、摔等调面方法将面团调至光滑、细腻、均匀,盖上湿布静置。

2. 包酥

包酥有两种方式:一种是将静置后的水调面团作酥皮,擀成长方形,再取出已冷藏变硬的干油酥面团作酥心,擀成酥皮一半的大小,并放在酥皮一半的上面;另一种是将已冷藏变硬的干油酥面团作酥皮,擀压成长方形,再将冷藏的水调面团作酥心,也擀成大小一样的长方形,最后将酥心叠在酥皮上。

3. 开酥

开酥一般以擀叠起层为主,制品大多为叠酥,有两种方法:

(1) 水调面团包住干油酥面团的坯料擀开后再折三层。进冰箱冷藏一段时间,待变硬后取出,再擀开折三层,再进冰箱冷藏。取出后再擀开折三层,再进冰箱冷藏。最后待发硬后取出擀开擀薄即成。

(2) 将冷藏后擀成大小一样的水调面团叠在干油酥面团上,用通心槌擀成长方形,把两端向中间折入,轻轻压平,再对折成四层,称为"蝴蝶折"。随即放入冰箱中冷藏,待发硬时取出,再擀成薄形的长方形,折叠成四层。如此折叠三次后,最后放入方盘中,盖上毛巾,放入冰箱冷藏半小时左右,使用时,取出擀薄即可。

(三) 质量检查

开酥后的水面酥皮面团应光滑平整、表面无裂纹,刀口处酥纹均匀、清晰,酥层薄而密。

三、技术要领

(一) 原料的合理选择

水面酥皮的油脂用量很大,在烘烤成熟过程中胀发性大,水面应有足够的筋力保证酥层完整、不散碎。因此,用于调制水面的面粉筋力要好,我们一般用中筋粉或次高筋粉,而调制油酥的面粉宜为低筋粉。

宜选用凝固性好,熔点较高,可塑性、起酥性好的油脂。传统中点较多使用凝固猪板油。此外,天然黄油是制作水面酥皮的良好油脂,但成本很高。随着加工油脂的出现和发展,人造黄油、酥片黄油等逐渐运用到水面酥皮的调制中,取得了良好的效果。油脂的性质与水面酥皮质量有很大关系。性能好的油脂不仅能使水面酥皮的制作更方便、更容易,其制品也具有更好的起发性,口感更酥松。油脂的熔点直接关系到其操作性能。猪油的熔点最低,其次是白脱油。因此,在使用猪油制作油酥时,所需加粉量较其他几种更高。500 g 猪板油需加粉 200~250 g;白脱油需加粉 100~150 g;人造奶油需加粉 0~100 g。通过加粉调节油酥硬度,使之适应开酥操作。酥片黄油是起酥类专用油,具有较高的熔点和硬度,不需加粉,直接包入面团中即可进行开酥,制品具有更大的起发性,成品质量更佳。

(二) 水面团要反复揉透,充分饧面

面团筋力是制品酥层完整的保证。通过充分揉搓,甚至摔打,可以使面筋充分扩展,使面团具有良好的弹性和延伸性。静置饧面后,应让面团充分松弛,便于包油后擀叠操作。

(三) 油酥与水面团软硬要一致

油酥的软硬度要与水面团的软硬度保持一致。包酥前,油酥应冷冻。皮面硬油脂软,油脂则可能在擀制过程中被挤出。反之,油脂分布不均匀,最终会影响制品的分层性态。

(四) 开酥面团每次擀叠后应冷冻

开酥时,每次擀叠后,半成品须进冰箱冷冻,使油脂凝结,令油酥的硬度与水面保持一致。油脂过软,擀酥时会向边缘堆积,影响起酥效果。因此,酥面一定要冻得软硬适度。冷冻时间随气温而定,夏季的冷冻时间应当长些。

思维导图

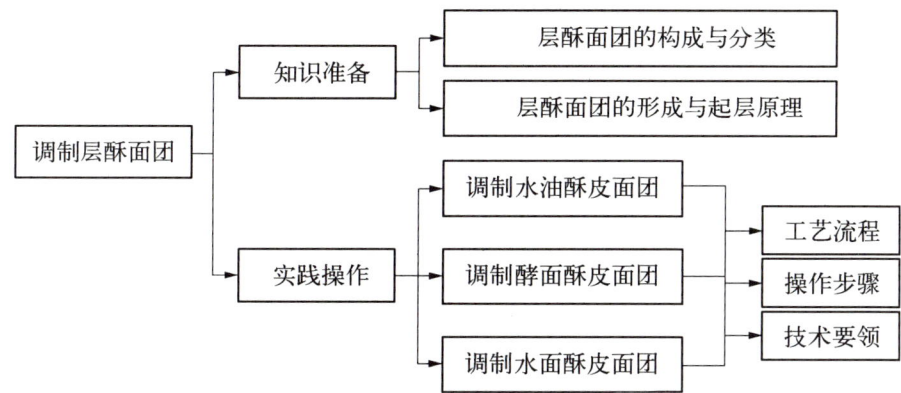

任务测试

一、名词解释
1. 水油酥皮
2. 擘酥皮（水油酥皮）

二、单项选择题
1. 干油酥面团的常用揉面方法为（　　）。
 A. 捣　　　　　B. 摔　　　　　C. 擦　　　　　D. 揣
2. 起酥时若水油面过多，容易造成的问题是（　　）。
 A. 酥层不清　　B. 破酥　　　　C. 露馅　　　　D. 成品易散碎
3. 剖酥是在（　　）的基础上划刀，经过成熟使制品酥层外翻的制作工艺。
 A. 明酥　　　　B. 暗酥　　　　C. 半暗酥　　　D. 叠酥

三、多项选择题
1. 水油面团调制要领有（　　）。
 A. 水、油充分搅匀　　　　　B. 掌握好粉、水、油三者的比例
 C. 水温、油温要适当　　　　D. 面团要充分揉匀
 E. 面粉宜选用低筋粉
2. 层酥制品一般是采用（　　）方法成熟的。
 A. 煮　　　B. 蒸　　　C. 炸　　　D. 烤　　　E. 炒

四、判断题
1. 暗酥指的是酥点成品表面的层次暗淡不太清晰的油酥制品。　　（　　）
2. 半暗酥制品一般指呈 90 度角向下推压皮坯而形成的。　　　　（　　）
3. 大包酥制作速度缓慢，效率低，但是酥层清晰均匀，适合各种花色酥点制作，小包酥批量化生产。　　（　　）
4. 酥点制作时水油酥面团应明显比干油酥面团硬，才能更好开酥。　　（　　）

五、简答题
1. 干油酥面团的调制工艺要点是什么？
2. 层酥面团的种类有哪些？

任务五　调制混酥面团与浆皮面团

问题思考

混酥面团

1. 如何才能确保桃酥"一碰就散，入口即化"？
2. 为何买回来的广式月饼基本上都不是当天新鲜制作的？
3. 曲奇饼和桃酥在口感上有哪些不同？

知识准备

一、混酥面团

混酥面团，是在面粉中加入适量的油、糖、蛋、乳、疏松剂、水后调制而成的面团。面团中添加的油脂和糖相对较多，且同时添加了一定的疏松剂，故面团相对松散，具有良好的可塑性，缺乏弹性和韧性，制品口感酥松。

在面粉中混入油脂后，面粉颗粒被油脂包围，阻碍面粉吸水。加油量越多，面粉的吸水率和面筋生成量就越低。糖具有很强的吸水性，在调制面团时，糖会迅速夺取面团中的水分，从而限制蛋白吸水，阻碍面筋形成。蛋、乳中含有的磷脂是良好的乳化剂，可以促进油、水乳化，有助于面粉与油、水的结合。因此，在调制混酥面团时，应先将油、糖、水及蛋、乳充分搅拌乳化，油脂小微粒便分散在水中，形成乳浊液。油、水乳化程度直接影响面团质量，乳化越充分，油微粒或水微粒越细小，拌入面粉后就越能够更均匀地分散在面团中，限制面筋生成，制成品也就越酥松。

混酥面团中的油、糖含量较高，一方面限制面筋生成，另一方面与空气结合，使制品具备松、酥的口感。限制面筋生成是混酥面团起酥的基本条件。面团生筋就会影响制品的起酥效果，使制品僵硬、不酥松。而混酥面团的起酥与油脂性质又有着密切关系。面粉与油脂混合后，油脂以球状或条状、薄膜状存在于面团中，这些球状或条状的油脂含有大量空气。空气结合量与油脂的搅拌程度和糖的颗粒状态有关。油脂在加入面粉前搅拌得越充分，糖的颗粒越小，油脂中空气含量越高。油脂结合空气的能力还与油脂中脂肪的饱和程度有关。饱和脂肪酸含量越高，油脂结合空气的能力越大，起酥性越好。不同的油脂在面团中的分布状态不同，含饱和脂肪酸多的氢化油和动物油脂大多以条状或薄膜状存在于面团中，而植物油大多以球状存在于面团中。条状或薄膜状的油脂比球状油脂的起酥性更好。当成形的生坯被用于烘烤、油炸时，油脂遇热流散，气体膨胀并聚结，使制品体积膨大。

实务工作中，人们常在混酥面团中添加一定量的化学疏松剂，如小苏打、臭粉或发酵粉，借疏松剂分解产生的二氧化碳、氨气等来补充面团中的气体，提升制品的酥松性。

二、浆皮面团

浆皮面团，也称提浆面团、糖皮面团或糖浆面团，是先将蔗糖加水熬制成糖浆，再加入油脂和其他配料，搅拌乳化成乳浊液后加入面粉调制成的面团。浆皮面团凭借高浓度的糖浆延缓面筋蛋白质的吸水，限制面筋生成，使面团既有一定的韧性，又有良好的可塑性，面团质地细腻，制品外表光洁，花纹清晰，饼皮松软。

(一)浆皮面团的形成原理

调制浆皮面团时,在面粉中加入适量的糖浆和油脂混合后,糖浆会限制水分向面粉颗粒内部扩散,限制蛋白质吸水形成面筋,同时,加入面团中的油脂均匀分散在面团中,也限制了面筋形成,如此调制可以降低面团弹性、韧性,增加可塑性。此外,糖浆中的部分转化糖使面团能够保潮防干、吸湿回润,成品饼皮口感湿润绵软,水分不易散失。

(二)转化糖浆的形成原理

转化糖浆是浆皮面团的主要原料。转化糖浆是由砂糖加水溶解,加热,在酸的作用下转化为葡萄糖和果糖而得到的糖溶液。

制取转化糖浆的过程俗称熬糖或熬浆。熬糖所用的糖是白砂糖或绵白糖,其主要成分为蔗糖。随着温度升高,在水分子的作用下,蔗糖水解生成葡萄糖或果糖。葡萄糖和果糖统称为转化糖,其水溶液称为转化糖浆。蔗糖转化程度与酸的种类及加入量有关。酸度越高,转化糖的生成量越大。常用的酸为柠檬酸。转化糖的生成量还与熬糖时糖液的沸腾强度有关,沸腾越剧烈,转化糖的生成速度越慢。

淀粉糖浆、饴糖浆、明矾等也可作为蔗糖转化糖的转化剂。早前,人们使用最多的是饴糖。饴糖是麦芽糖、低聚糖和糊精的混合物,呈黏稠状,不具有结晶性,对结晶效应有较大的抑制作用。熬糖时加入饴糖,可以防止蔗糖析出或返砂,增强蔗糖的溶解度,促进蔗糖转化。

熬好的糖浆要自然冷却,放置一段时间后方可使用。这样做的目的是促进蔗糖继续转化,提高糖浆中转化糖的含量,防止蔗糖重结晶返砂,使调制的面团质地更柔软,延伸性更好,制品外表光洁,不收缩,花纹清晰,也使饼皮能在较长时间内保持湿润绵软。

实践操作

子任务一 调制混酥面团

一、工艺流程

混酥面团调制的工艺流程为:

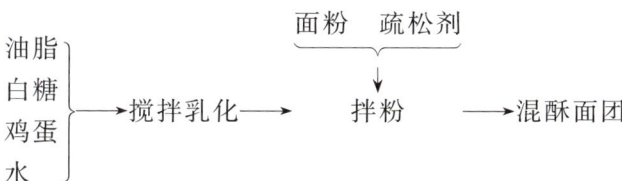

二、操作步骤

(一)调制准备

1. 设备、器具准备

(1)设备:操作台、案板。

(2)器具:电子秤、量杯、面筛、刮板等。

2. 原料准备

主要原料有低筋面粉、化猪油、鸡蛋、白糖、泡打粉、小苏打、臭粉等。混酥面团参考配方如表3-29所示。

表 3-29　　　　　　　　　　混酥面团参考配方　　　　　　　　　　单位：克

面团	低筋面粉	化猪油	鸡蛋	白糖	泡打粉	小苏打	臭粉
桃酥面团	100	45	40	45	0	1.50	1.50
甘露酥面团	100	50	20	55	2	0	3.00

（二）调制面团

将过筛的面粉置于面案上，中间刨成坑状，小苏打放在面粉旁，加入糖、油、蛋、臭粉，用手搅拌成均匀的乳浊液后拌入面粉，抄拌成雪花状。然后，堆叠上松散的物料，使各原料相互渗透，令面团逐渐黏结成团。

（三）质量检查

调制好的混酥面团应当：性质松散柔软，可塑性好，黏性较强。

三、技术要领

（一）正确投料

不同的混酥面团品种，其原料的配方也有区别，在调制时，一定要严格按照制品的配方要求，正确称量，按顺序投料。

（二）油、糖、水等原料要充分混合乳化后再拌粉

这种方法可以有效阻止面粉吸水，使面筋有限度地胀润，减少面筋的生成，使制品口感酥松。

（三）面团温度宜低

面团温度以 22℃～30℃为宜。用油量越大，面团温度要求越低。高温易导致面团"走油"，减弱面粉粒间的黏结力，使面团变松散，妨碍成形。同时，高温也会使膨松剂自动分解而失效。

（四）调制时间不宜过长

调匀即可，以叠的方法进行，否则面团大量生筋，严重破坏酥松口感。此外，调制好的面团不宜久放，应随调随用。

子任务二　调制浆皮面团

一、工艺流程

浆皮面团调制的工艺流程为：

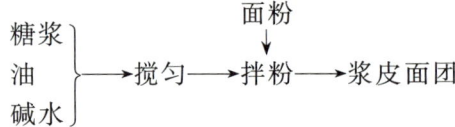

二、操作步骤

（一）调制准备

1. 设备、器具准备

（1）设备：操作台、案板。

（2）器具：电子秤、量杯、面筛、刮板、打蛋器、盆等。

2. 原料准备

主要原料有低筋面粉、广月糖浆、花生油、碱水等。浆皮面团参考配方如表 3-30 所示。

表 3-30　　　　　　　　　　　浆皮面团参考配方

低筋面粉/克	广月糖浆/毫升	花生油/毫升	碱水/毫升
100	70	25	2

(二) 调制面团

将糖浆、花生油和碱水放入盆中,用打蛋器搅拌均匀,使之乳化为质地均匀的乳浊液。将面粉置案板上,中间刨个坑,放入糖、油乳浊液抄拌均匀,翻叠成团。

(三) 质量检查

调制好的浆皮面团应柔软松散细腻,可塑性好。

三、调制技术要领

(一) 应先将糖浆、油脂、碱水等充分搅拌乳化

搅拌时间太短,乳化不完全,调制出的面团弹性和韧性不佳,外观粗糙,结构松散,甚至走油生筋。

(二) 面团的软硬应与馅料一致

豆沙、莲蓉馅心较软,面团也应稍软一些;百果、什锦馅较硬,面团也应稍硬一些。我们可借助糖浆来调节面团硬度,以分次拌粉的方式调节之,切记不可另加水调节。

(三) 拌粉程度要适当

不要反复搅拌,以免面团生筋。

(四) 面团调好后放置时间不宜太长

可先拌入 2/3 面粉,调成软面糊状,使用时再加入剩余面粉调节面团硬度,节约用料,不可铺张,保证面团质量。

思维导图

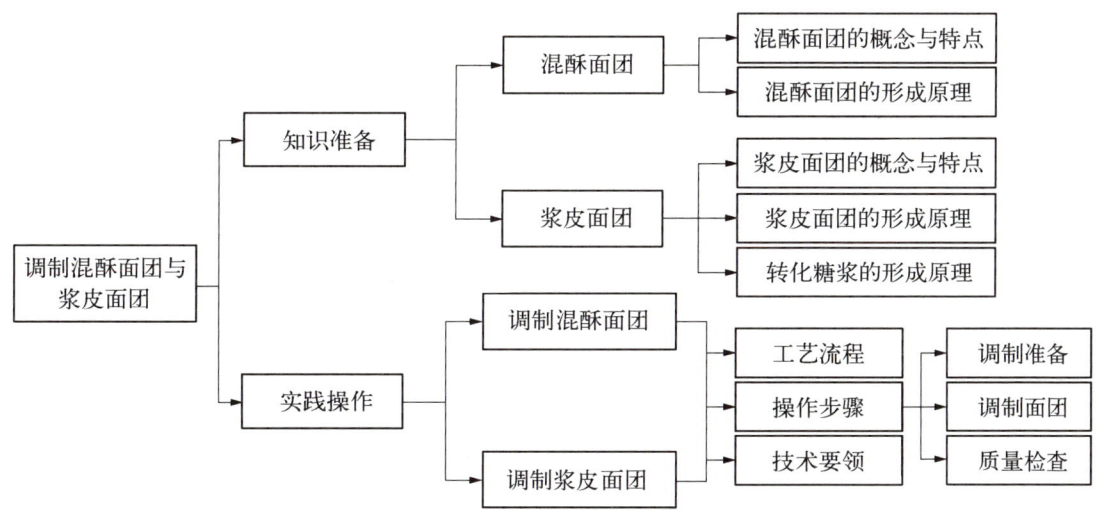

任务测试

一、名词解释
1. 混酥面团
2. 浆皮面团
3. 转化糖浆

二、单项选择题
1. 核桃酥属于（　　）类酥点品种。
   A. 明酥　　　　　B. 暗酥　　　　　C. 混酥　　　　　D. 剖酥
2. 浆皮面团对调制所用的糖浆有着极高的要求，在熬制糖浆过程中，一般应加入（　　）防止糖液翻砂。
   A. 小苏打　　　　B. 酒石酸　　　　C. 柠檬酸　　　　D. 碳酸
3. 浆皮面团的调制方法通常为（　　）。
   A. 叠　　　　　　B. 摔　　　　　　C. 擦　　　　　　D. 揉

三、判断题
1. 在浆皮面团的调制过程中，我们常常利用糖浆使面粉中的面筋蛋白吸水以形成更多面筋，降低面团的可塑性，增强弹性、韧性。（　　）
2. 在混酥面团调制过程中，应用劲擦搓，保证原料混合均匀。（　　）
3. 混酥和浆皮面团的坯团不宜长期存放，应当及时成形成熟。（　　）

四、简答题
1. 混酥面团的起酥原理是什么？
2. 浆皮面团制品口感明显偏硬，为什么？

任务六　调制米团与米粉面团

问题思考

米及米粉团

1. 干蒸饭和盆蒸饭的区别有哪些？
2. 糯米粉能用于制作米发糕吗？
3. 哪种调制方法可以最大限度地激发糯米的黏性？

知识准备

米团与米粉面团是用米和米粉调制而成的，而米粉是由米磨制加工得来的，其成分和米一样，主要为淀粉和蛋白质，但两者的性态不同，其调制技术、成团效果、成品口感都有所差别。

一、米团与米粉面团的分类

米团与米粉面团制品主要包括米团制品、糕团制品及其他米粉制品等。其中，糕团是糕与团的总称，糕可分为松质糕和黏质糕，团又可以分为生粉团和熟粉团。米团及米粉面团分类如表 3-31 所示。

表 3-31　　　　　　　　　　米团与米粉面团分类

面团			品种举例
米团	干蒸米团		八宝饭
	盆蒸米团		糍粑
	煮米团		珍珠圆子
米粉面团	糕类粉团	松质糕团	白松糕
		黏质糕团	年糕
	团类粉团	生粉团	汤圆
		熟粉团	三鲜米饺
	发酵粉团		米发糕

二、米与米粉面团的特点及形成原理

根据米质的不同,大米有糯米、粳米和籼米之分,米粉有糯米粉、粳米粉和籼米粉之分,其物理性质存在很大差异。糯米、糯米粉黏性大,硬度低,制品吃口黏糯,不宜翻硬,适宜制作黏韧柔软的面点,如各种糕、团、粽等;籼米、籼米粉黏性小,硬度大,制品放置易翻硬,适宜制作米粉、米线、米饼、米饭等。籼米中直链淀粉含量较高,也常用于发酵,制作各种发酵米糕。粳米及粳米粉性质介于糯米和籼米之间,粳米粉常和其他米粉掺和制成镶米,适宜制作各种糕、团、粥、饭。因此,用米和米粉可制作出丰富多彩的糕、团、粉、饼、粽、饭、粥等米制品和米粉制品。品种丰富,形式多样,有甜有咸,有干有湿,有冷有热,既有大众化点心小吃,也有形象逼真、制作精巧的席点。

米粉与面粉的主要成分都是淀粉和蛋白质,但半成品面团性质却不相同,用冷水调制米粉,则粉团松散、无黏性。面粉面团可用于发酵,制作出膨胀松软的发酵食品,而米粉团一般不发酵。之所以有这样的差异,是因为米粉和面粉所含淀粉、蛋白质性质不同。面粉中的蛋白质主要由麦谷蛋白和麦胶蛋白组成,吸水胀润形成致密的面筋网络,使面团具有良好的弹性、韧性和延伸性。米粉中的蛋白质由不能形成面筋质的谷蛋白和谷胶蛋白组成,且米粉中淀粉含量较高,常温下吸水性差,粉粒间不易黏结,故米粉团缺乏筋力,无弹性、韧性,松散,不易成团。调制米粉面团时,一般都作热处理,依靠淀粉受热糊化产生的黏性使粉粒彼此黏结。常用方法有温、热水调粉,或用沸水冲泡粉心,打熟芡等。

米粉面团和面粉面团在发酵机制上的差异也是由米粉和面粉所含淀粉、蛋白质性质不同所致的。面团发酵需要具备两个条件:一是产生 CO_2 的能力,二是有保持气体的能力。面粉中含直链淀粉较多,容易被淀粉酶作用水解成可供酵母利用的糖分,经酵母的繁殖和发酵作用产生大量 CO_2 气体;面粉中的蛋白质能形成面筋,在面团发酵过程中包裹住不断产生的气体,使面团体积膨大,组织松软。米粉直链淀粉含量较少,可供淀粉酶利用转化成可溶性糖的淀粉较少,酵母发酵所需糖分不足,产气性差。糯米粉的直链淀粉含量几乎为零,一般不能作发酵面团用。另一方面,米粉面团中不含有类似面筋的物质,缺乏保持气体的能力,所以无法使制品膨松。籼米粉因直链淀粉含量高于糯米、粳米而具有接近面粉性质,具有生成气体的条件,可用于调制发酵米团,但由于缺乏保持气体的能力,籼米粉团的发酵方法与面粉团有着明显区别。在进行面粉团发酵时,首先将面粉调制成富有弹性、筋力的面团,发酵时产生的气体使面团膨胀,加热成熟时面坯进一步膨胀、定型,形成松泡、柔软的制品。而在进行籼米粉团发酵时,一般将籼米粉调制成米浆,力图使二氧化碳气体保留在米浆中,并加入辅助糖,成熟时米浆受热,气体膨胀,淀粉糊化,蛋白质凝固,米浆逐渐定型,形成膨松的结构。

糕粉具有粉质重、坚实、通气性差的特点,在制作松质糕点时,糕粉应拌成松散的粉粒状,成形前过筛,粉粒之间保持适当的空隙,这样有利于松糕的成熟和疏松的组织结构形成。

三、掺粉

掺粉又被称为镶粉,是将不同品种、等级的米粉掺在一起或将米粉与其他粮食粉料(如面粉、杂粮粉)掺和一起,使制品软糯适中,互补各自不足的调制方法。不同品种和不同等级的米粉,其软、硬、粳、糯程度差异很大,为使制品软糯适度,改善粉团的操作工艺性能,增进风味,提高营养价值,在实务工作中常使用多种掺粉。

(一) 掺粉的作用

1. 改善粉料性能,提高成品质量

通过粉料掺和使粉质软硬适中,改善粉团工艺性能,便于成形包捏,熟制后保证成品形态美观,不走样,不软塌,口感滑爽,软糯适度。

2. 扩大粉料用途,增进制品风味特色,丰富花色品种

掺粉可扩大各种粉料的使用范围,米粉与米粉掺和或米粉与其他粮食粉料掺和,还可改善制品的口感,强化制品的风味特色,丰富花色品种。

3. 提高制品营养价值

多种粮食混合使用可使不同品质的蛋白质有机结合,豆类蛋白质含量很高,氨基组成和动物蛋白质相似,赖氨酸含量丰富,因此,将豆类与谷类混合食用,可大大提高谷类制品的营养价值。

(二) 掺粉的形式

1. 米粉与米粉的掺和

主要是糯米粉和粳米粉掺和,这种混合粉料用途最广,适宜制作各种松质糕、黏质糕、汤团等,成品软糯,韧滑爽口。掺和比例随米的质量及制作品种而定,一般为糯米粉60%~90%,粳米粉40%~10%。

2. 米粉和面粉的掺和

在米粉中加入面粉能使粉团中含有更多面筋质。在糯米粉中掺入适当的面粉,制品性质糯滑而有劲,成品挺括不易走样。在糯、粳镶粉中加入面粉得到的三合粉料,其制成品软糯,不走样,能用以制作各种形态的成品。

3. 米粉和杂粮的掺和

将米粉和玉米粉、小米粉、高粱粉、豆类粉、薯泥、南瓜泥相掺和,可制成各种特色面点。

(三) 掺粉的方法

1. 用米的掺和法

在磨粉前,将几种米按成品要求以适当比例掺和,即成掺和粉料。湿磨粉和水磨粉一般都用这种方法制成。

2. 用粉的掺和法

在调制粉团前,将所需粉料按比例混合在一起。干磨粉、米粉与面粉、米粉与杂粮粉用这种方法制成。

实践操作

子任务一　调 制 米 团

　　米制品主要包括各种饭、粥、糕、粽等,而米制坯团的调制主要通过蒸米和煮米这两种方式,使米受热成熟产生黏性,彼此连接在一起成为坯团,便于进一步加工成形。蒸米又分干蒸和盆蒸。

　　干蒸亦称汗蒸,是将米淘洗后浸泡一段时间,让米粒充分吸水,再沥干水分上笼蒸熟。其特点是米粒松爽,软糯适度,容易保持形态,适宜制作各种糯米糕、八宝饭等。盆蒸是将米淘洗后装入盆内,加水蒸熟。其特点是米粒软糯性大,适宜制作米饭、糍粑等。通过煮米制作的品种主要有各种粥和一些糕团。

一、工艺流程

　　1. 干蒸米团调制工艺流程
　　干蒸米团调制工艺流程为：❶ 淘米；❷ 浸米；❸ 沥水；❹ 蒸熟；❺ 制坯。
　　2. 盆蒸米团调制工艺流程
　　盆蒸米团调制工艺流程为：❶ 淘米；❷ 装盆加水；❸ 蒸熟；❹ 制坯。
　　3. 煮米调制工艺流程
　　煮米调制工艺流程为：❶ 淘米；❷ 煮米；❸ 捞出沥水；❹ 制坯。

二、操作步骤

（一）调制准备

　　1. 设备、器具准备
　　(1) 设备：操作台、案板、炉灶。
　　(2) 器具：蒸锅、蒸笼、煮锅、大漏勺、不锈钢盆、屉布。
　　2. 原料准备
　　主要原料为糯米。
　　干蒸米团用米需提前浸泡,浸米时间通常根据品种要求而定,一般为1～2小时。盆蒸米团和煮米团用米只需淘干洗净即可。

（二）调制米团

　　1. 干蒸米团
　　将浸泡好的米沥干,放入垫有屉布的笼内蒸熟,适当淋水。糯米蒸熟后,趁热加入配料拌匀。
　　2. 盆蒸米团
　　将淘洗干净的米装入盆内,加入适量清水,上笼蒸熟。
　　3. 煮米团
　　将淘洗干净的米下入沸水,煮至全熟或八、九成熟,起锅沥水,趁热加入细淀粉、鸡蛋液,利用米粒产生的黏性和淀粉、蛋液受热产生的黏性使米粒黏结在一起。

(三)质量标准

调制好的干蒸米团应当松爽,颗粒完整,软糯适度;盆蒸米团应当软糯,具有较强黏性。煮米团米粒应当完整,软糯适中,黏性适度,米粒彼此牢固粘连。

三、技术要领

(一)干蒸米团调制的技术要领

1. 浸米时间要适当

浸米的目的是使米粒吸水,确保干蒸时容易成熟。米粒若不经浸泡,含水量少,干蒸时则难以成熟,容易夹生。浸米时间过长,米粒吸水充足,米粒往往过于软糯;浸米时间过短,米粒吸水不足,蒸后米粒过硬、夹生、缺少糯性。

2. 蒸米过程中注意适当淋水

淋水可以增加米粒含水量,有助于米粒成熟。水量和淋水次数应根据制品要求以及浸米时间而定。

3. 糕坯中的配料应趁热加入蒸熟的糯米中

刚蒸熟的糯米,米粒松散、黏性较大,配料加入后容易与米粒混合,结成一体。

(二)盆蒸米团调制的技术要领

1. 注意加水量

加水过多,蒸出的米饭过于软糯,口感较差,成品糕团不易保持良好形态;加水过少,饭粒过硬,不爽口。加水量应根据制品对米粒软糯度的要求和米质种类而定;饭粒要求松爽则少加,饭粒要求软糯则多加。蒸制糯米要少加水,蒸制粳米、籼米要适当多加水。

2. 米要蒸熟蒸透

蒸至米粒中无硬心。

(三)煮米团调制的技术要领

1. 注意加水量

加水过少,煮出来的饭会较稀黏,米汤不易滤干。

2. 米不要煮制过熟

煮至饭有针尖大小的白心即可,煮至过熟,饭易软烂。

子任务二 调制团类米粉团

团类米粉团,是指米粉加水调制而成的粉团。我们需要进行预熟处理,增强淀粉黏性。团类制品按成形成熟次序,可分为先成形后成熟的生粉团和先成熟后成形的熟粉团两种。

雨花石汤圆

一、工艺流程

1. 生粉团调制工艺流程

生粉团调制工艺流程为:❶ 米粉;❷ 加水调制;❸ 成团。

2. 熟粉团调制工艺流程

熟粉团调制工艺流程为:❶ 米粉;❷ 加水调制;❸ 蒸煮成熟;❹ 擦揉;❺ 成团。

二、操作步骤

（一）调制准备

1. 设备、器具准备

（1）设备有：操作台、案板、炉灶。

（2）器具有：煮锅、漏勺、不锈钢盆等。

2. 原料准备

主要原料有糯米粉、粳米粉等。团类米粉团参考配方如表 3-32 所示。

表 3-32　　　　　　　团类米粉团参考配方

面　团	糯米粉/克	粳米粉/克	清水/毫升
生粉团	100	—	35
熟粉团	20	80	30

（二）调制面团

1. 生粉团

（1）冷水调制法。米粉加适量清水揉和成干稀软硬适度的粉团。

（2）冲泡粉心法。本法亦称泡心法，适用于干磨粉和湿磨粉的调制，将糯、粳掺和的米粉倒入盆内，中间掏个坑，冲入适量沸水（约 100 克干粉加沸水 20 毫升），使中间部分米粉成为熟粉心子，再加适量冷水将四周干粉与熟粉心子一起揉和均匀，揉至粉团软滑不粘手。

（3）熟芡法。本法适用于水磨粉的调制，取 1/3 的水磨粉掺入适量冷水揉和成团，压成饼形，放入锅中煮熟或上笼蒸熟，再揉进剩余 2/3 的水磨粉中，同时加入少量冷水，揉至粉团光滑、细洁、不粘手。

打熟芡的方法较多，但大多为水煮。煮芡时，芡团须等水沸后才可投入，否则容易沉底散烂。芡团投入锅中后，操作者要用勺子轻轻从锅边插入搅拌，防止粘底，第二次水沸后，加入适量冷水，抑制水的沸腾，使芡团在水面漂浮 3～5 分钟。

泡心法和熟芡法适用于造型较复杂，对粉团黏韧性要求较高的米团制品（如麻球、船点等）的制备。

2. 熟粉团

米粉加适量的清水揉匀成团，用手将粉团压成薄片，放入沸水中煮熟，捞出后用干纱布擦干水分，放在案板上反复揉搓制成光滑的坯团即可。

（三）质量检查

调好的生粉团应当颜色洁白，软硬适中。调好的熟粉团应当颜色较暗，糯性较强。

三、技术要领

（一）生粉团调制的技术要领

（1）冷水调制时，一定要控制好加水量。因用冷水调制，粉团性质较松散，调制时注意加水量的掌握。加水少，粉团松散，包馅成形时易开裂；加水多，粉团较稀软，成形后的生坯易变形，成熟时易软塌。冷水调制法多用于煮制的甜馅汤圆类品种，大多使用水磨粉。

（2）采用沸水泡心法时，需注意沸水、冷水用量的比例，以沸水冲泡粉心，使部分米粉中的淀粉糊化产生黏性，增加粉团的黏韧性，便于包捏成形和保持形态。沸水多了，粉团黏性大，不便成形；沸水少了，制品易开裂。冷水主要用于控制粉团的硬度，冷水用量少，粉团硬，易干裂、粗糙。

（3）采用熟芡法时，应注意熟芡的比例是否适当。熟芡在生粉团中主要起黏结作用，用芡量多，粉团粘手，不易制皮包捏；用芡量少，制品容易开裂。熟芡的比例应根据气候而定，热天易脱芡，熟芡比例要稍大。冷水的加入量要视水磨粉的湿度而定。

（二）熟粉团调制的技术要领

（1）控制好加水量，避免坯团过硬或过软。

（2）熟制时间要充足，制品一定要熟透。

（3）蒸熟的米粉团要趁热搅拌或揉搓均匀，保证细腻、光滑。

子任务三　调制糕类米粉团

糕类粉团，是指以糯米粉、粳米粉、籼米粉加水或糖（糖浆、糖汁）拌和而成的粉团。糕类粉团可分为松质糕粉团和黏质糕粉团。松质糕粉团是由糯、粳粉按适当的比例掺合的粉料，加水或糖（糖浆、糖汁）拌和成松散的湿粉粒状，采用先成形后成熟的工艺顺序调制而成。制成的松质糕松软、多孔，大多为甜味或甜馅品种。根据口味，松质糕粉团可分为白糕粉团（用清水拌和，不加任何调味料调制而成的粉团）和糖糕粉团（用水、糖或糖浆拌和而成的粉团）。

黏质糕粉团是以糯米粉、粳米粉为原料，加适量水或糖浆、糖汁拌成粉粒，上笼蒸熟，再揉透（或倒入搅拌机打透打匀）形成的团块。黏质糕粉团搅透后，取出后分块、搓条、下剂，用模具制成各种形状。成品黏质糕具有韧性大、黏性足、入口软糯等特点，如蜜糕、糖年糕等。

一、工艺流程

1. 松质糕粉团调制工艺流程

```
            清水或糖浆
               ↓
镶粉──→拌粉──→静置──→夹粉──→松质糕粉团
```

2. 黏质糕粉团调制工艺流程

黏质糕粉团调制工艺流程为：❶ 镶粉；❷ 拌粉；❸ 静置；❹ 夹粉；❺ 蒸制；❻ 揉制（搅拌）；❼ 黏质糕粉团。

二、操作步骤

（一）调制准备

1. 设备、器具准备

（1）设备：操作台、案板、炉灶、搅拌机。

（2）器具：蒸锅、蒸笼、不锈钢盆、漏筛、屉布等。

2. 原料准备

主要原料有糯米粉、粳米粉、清水、糖浆等。

（二）调制粉团

1. 松质糕粉团

（1）白糕粉团。将冷水与米粉按一定的比例拌和成不黏结成块的松散粉粒状，静置一段时间，倒入或筛入模型中蒸制而成松质糕。

（2）糖糕粉团。糖糕粉团的调制方法与白糕粉团相同，若使用砂糖、红糖，则需先将砂糖、红糖加水溶化，过滤制成糖浆或糖汁；若使用糖粉，则将糖粉米粉混合后再加水拌和。

2. 黏质糕粉团

黏质粉团粉料的拌粉、静置、夹粉过程与松质粉团大体相同，但制品采用先成熟、后成形的方法制作而成，即把粉粒拌和成糕粉后，先蒸制成熟，再揉透（或倒入搅拌机打透打匀）成为团块，制成黏质粉团，取出后切成各式各样的块，或分块、搓条、下剂，用模具做成各种形状。黏质粉团制成的黏质糕一般具有韧性大、黏性足、入口软糯等特点，如蜜糕、糖年糕等。

（三）质量检查

调制好的松质糕粉团应呈松散粉粒状，吸水（糖浆）充分，颗粒均匀，无大块粘连；调制好的黏质糕粉团应黏糯，糕质细腻，柔韧性好。

三、技术要领

（一）拌粉时应掌握好掺水量，并分次加入

拌粉就是米粉与水的拌和，使米粉颗粒均匀吸收水分的过程。拌粉是制作松质糕的关键，粉拌得太干，则无黏性，蒸制时易被蒸汽所冲散，影响米糕的成形且不易成熟；粉拌得太软，则黏糯无空隙，蒸制时蒸汽不易上冒，出现中间夹生的现象，成品不松散，不柔软。因此，在拌粉时，应掌握好掺水量。

掺水量要根据米粉中含水量来确定，干粉掺水量不能超过40%，湿磨粉掺水量则应为25%～30%，水磨粉一般不需掺水或只需少许掺水。同时，掺水量还要根据粉料品种调整，若粉料中糯米粉多，掺水量要少一些；若粉料中粳米粉多，掺水量要多一些。还要根据各种因素，灵活掌握，如加糖拌和水要少一些，粉质粗掺水量多，粉质细掺水量少等。总之，以拌成粉粒松散而不黏结成块为佳。常用的鉴定方法是用手轻轻抓起一团粉松开不散，轻轻抖动能够散开，说明加水量适中，如果抖不开说明加水量过多，抓起的粉团松开手散开说明水量太少。

拌粉时水或糖浆要分多次掺入，随掺随拌，使米粉均匀吸水。

（二）拌和后还要静置一段时间

面团在拌和后还要静置一段时间，目的是让米粉充分吸水。静置时间的长短，随粉质、季节和制品的不同而不同，一般湿磨粉、水磨粉静置时间短，干磨粉静置时间长；夏天静置时间短，冬天静置时间长。

（三）不能忽略夹粉操作，粉筛筛孔大小要适中

静置后的粉团会有部分组织粘连在一起，若不经揉搓松散，蒸制时不易成熟且疏松度不一致，所以在米糕制作时，粉团静置后要进行揉搓、过筛。这个过程称为夹粉。这种经拌粉、静置、夹粉等工序制作而成的米粉叫"糕粉"。过筛所用的粉筛筛孔要适中，筛孔过细，粉粒很难通过，筛孔过粗，制成的松质糕质地较糙，因此粉筛目数一般小于30目为好。

（四）黏质糕粉团要充分揉匀或搅透

黏质糕粉团的制作过程与松质糕粉团的不同之处在于：前者是先成形后成熟的，且不经

揉制；后者是先成熟，经揉搓成结实的粉团后，再加工成形，黏质粉团掺水量比松质粉团稍多。黏质糕团在糕粉蒸熟后要揉匀揉透，量大时可用搅拌机搅拌至匀透。

子任务四　调制发酵米粉团

发酵米粉团即发酵米浆，根据米粉发酵的特点，米粉需调制成米浆进行发酵，方能保持发酵中产生的气体。而在米粉中，仅籼米粉适宜调制发酵米浆，糯米粉与粳米粉一般不用来调制发酵米浆。

一、工艺流程

$\left.\begin{array}{l}20\%籼米粉\\水\end{array}\right\}$ →煮成熟芡→晾凉→ 搅匀 →发酵→发酵米浆

其中搅匀步骤加入：剩余80％籼米粉、干酵母（或糕肥）、水

二、操作步骤

（一）调制准备

1. 设备、器具准备
(1) 设备：操作台、案板、炉灶。
(2) 器具：炒锅、不锈钢盆、盆盖等。

2. 原料准备
主要原料有籼米粉、干酵母（或糕肥）、白糖、清水、小苏打等。

（二）调制米浆

(1) 煮熟芡，取 20％籼米粉加水煮成稀米糊成熟芡，晾凉备用。
(2) 调制米浆，剩余 80％籼米粉加干酵母（或糕肥）、熟芡米糊、白糖、清水调成稠厚的米浆。
(3) 发酵，米浆加盖进行发酵，时间为 6～12 小时，夏季稍短，冬季稍长。
(4) 加碱，使用糕肥发酵时，米浆发酵结束后，加入小苏打中和发酵过程中产生的有机酸，改善米糕风味。

（三）质量检查

调制好的发酵米浆表面应出现大量小气泡，有一定的酒香味。

三、技术要领

（一）米浆中一定要加入熟芡

由于常温下淀粉吸水少，在水中容易沉淀，因此调浆时通常以五分之一的米浆熬成熟芡再加入料浆中。还有种做法：将砂糖熬成糖水，趁热徐徐冲入料浆中，或在磨制米粉时加入一定量的籼米饭。这些做法都是利用熟芡中淀粉的黏性阻止米浆中生淀粉粒因不溶于冷水而沉淀，促进米浆发酵良好进行。

（二）熟芡比例适当

米浆中熟芡的比例以 10％～20％为宜。熟芡比例过低，因黏性不足，米浆中的淀粉易沉淀，影响米浆发酵；熟芡比例过高对发酵也会产生不利影响，还易使制品发黏，影响口感。

(三)发酵温度适宜,发酵时间充分

米浆发酵宜在温度30℃左右的环境中进行,发酵时还应加盖。米浆发酵较为缓慢,较麦面团发酵需要更长时间。如果发酵温度低,发酵时间不足,米浆中气体含量不足,制成品不松泡;发酵温度过高,发酵时间过长,易造成大量杂菌生长,影响制品口味。

(四)米浆稠度适中

米浆过稀、过稠对制品品质都会产生影响。米浆过稠,包含气体的能力减弱,制成品膨胀性不足,组织粗糙;米浆过稀,制成品膨胀性较强,但米浆蒸制时凝固时间延长,制成品软黏,形态不佳,口感差。

(五)使用糕肥发酵的米浆需加碱去酸

糕肥的性质与面粉相似,糕肥不仅含有酵母菌,也含有产酸菌,因此米浆发酵结束后需加碱中和去酸,改善米浆性质和风味。

思维导图

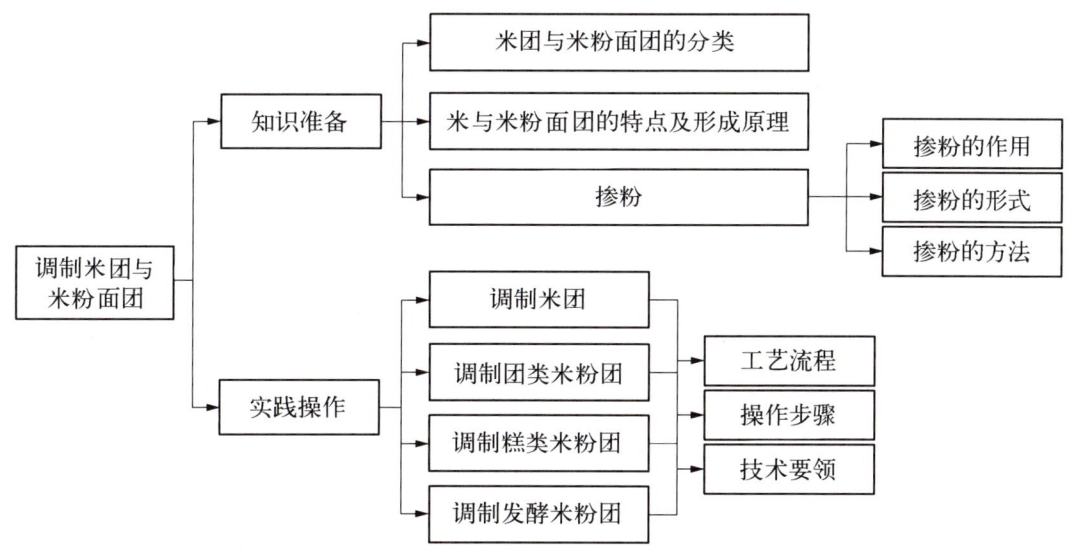

任务测试

一、名词解释

1. 干蒸米团
2. 团类粉团

二、单项选择题

1. 调制米粉面团时,粉团黏糯性较差的调制方法是( )。

   A. 沸水调制法 B. 冷水调制法 C. 冲泡粉心法 D. 熟芡法

2. 干蒸米团是( )制成的。

   A. 干米直接蒸 B. 泡好的米滤干蒸
   C. 泡好的米加水蒸 D. 干米加水蒸

3. 盆蒸米团是( )制成的。

   A. 干米直接蒸 B. 泡好的米滤干蒸

C. 泡好的米加水蒸 　　　　　　　　　D. 干米加水蒸

三、判断题

1. 籼米粉含有较多的直链淀粉，不宜用于制作发酵粉团。（　　）
2. 与糕类粉团相比，团类粉团的成团效果更差一些。（　　）
3. 团类粉团一般可以分为先成形后成熟的生粉团和先成熟后成形的熟粉团。（　　）

四、简答题

1. 粳米粉和糯米粉为什么不能用于制作发酵制品？
2. 调制发酵粉团的工艺流程是什么？

任务七　调制杂粮面团及其他面团

问题思考

杂粮面团

1. 如何克服杂粮不理想的口感？
2. 果蔬水分太重，应当如何处理？
3. 羹汤为什么属于面团？

知识准备

一、杂粮面团

杂粮，是指稻谷、小麦以外的粮食，如玉米、高粱、赤豆、绿豆、甘薯和马铃薯等。杂粮面团，是指将杂粮磨成粉或蒸煮成熟加工成泥蓉再调制而成的面团。杂粮面团的制作工艺较为复杂，在使用前一般要进行初步加工。可以在调制时掺入适量的面粉来增加面团的黏性、延伸性和可塑性；有时也需要去除皮筋，蒸煮熟后压成泥蓉，再掺入其他辅料调制成面团；还可以单独使用杂粮来直接成团。

杂粮富含淀粉和蛋白质，还含有丰富的维生素、矿物质及微量元素，因此其营养含量比面粉、米粉面团更为丰富，根据营养互补的原则，这类面团的营养价值也有较大的提升潜力。这类面团制品的季节性较强，春夏秋冬，品种四季更新，各具风味特色。一些品种配料很讲究，制作上也比较精细，如绿豆糕、山药桃、像生雪梨等，这些品种具有黏韧、松软、爽滑、味香、可口等特点。

杂粮面团的种类比较多，根据杂粮类型可分为三类：谷类杂粮面团、薯类杂粮面团和豆类杂粮面团。调制杂粮面团时，必须注意：第一，原料必须经过精选，并加工整理；第二，调制时，根据杂粮的性质，灵活掺和面粉、淀粉等辅助原料，控制面团的黏度、软硬度，便于后续操作；第三，必须突出杂粮本身的特殊风味；第四，突出原料的时令性。

二、其他面团

（一）淀粉类面团

淀粉类面团是指用各种纯淀粉（如澄粉、生粉、玉米淀粉等）加沸水调制而成的面团。此类面团色泽洁白，具有良好的可塑性，适合制作精细点心，其制品成熟后呈半透明状，细腻柔软，口感嫩滑。

（二）果蔬类面团

果蔬类面团,是指运用水果、蔬菜等原料,配以各种粉料(如梨、南瓜、马蹄等)制成的面团品种。在制作果蔬类面团时,通常先将这些原料进行初步加工,制成颗粒、泥、蓉等,再和粉制成坯皮。这类面点软糯适宜,滋味甜美,滑爽可口,营养丰富,具有浓厚的清香味。

（三）鱼虾蓉面团

鱼虾蓉面团,是指用净鱼肉、净虾肉与其他调配料一起掺合而调制的面团。由于加入了蛋白质含量比较丰富的鱼肉、虾肉,这类面团具有较强的劲性,营养丰富。

常见的用鱼虾蓉面团制作的制品是各类鱼虾蓉皮的饺子和烧卖,此类制品打破了面粉制皮的传统口感,在给食客带来难忘的口味体验的同时,还大大提升了制品的档次。

（四）羹汤

在餐饮市场中,常见的羹汤包括各种羹、汤、糊、露等,此类制品能起到解腻清口的效果,深受食客欢迎。对原料比例的控制和汤汁的熬制技术都非常关键,原料比例得当,熬制火候准确能使制品入口清爽细腻。在制作时应充分考虑原材料的特性,以期达到增进食欲、解腻解渴、调剂口味的功效。羹汤的制作技术较简单,便于操作。

（五）胶冻

胶冻,是指利用琼脂、明胶、淀粉等凝胶剂,辅以各种果料、豆泥、豆汁、乳品加工而成的凝冻食品。这类制品有着很强的季节性,是夏令时节消暑解热的佳品,具有清凉滑爽、开胃健脾的特点,常见的胶冻包括杏仁豆腐、什锦水果冻、豌豆冻、三色奶冻糕等。

实践操作

子任务一　调制谷类杂粮面团

谷类杂粮面团的常用原料有小米、玉米、高粱、荞麦、莜麦、燕麦等。谷类杂粮不含面筋质,其粉团的调制方法类似米粉团。我们可以直接用水(一般用温水或热水)调制,也可以在调制时掺入面粉等原料。由谷类杂粮面团制成的面点风味独特,乡土气息浓郁。

以小窝头面团为例说明谷类杂粮面团的调制工艺。

一、工艺流程

小窝头面团调制工艺流程如下：

```
玉米粉 ⎫              热水
黄豆粉 ⎬ → 混合 →  ↓  →成团
白糖   ⎭            拌粉
```

二、操作步骤

（一）调制准备

1. 设备、器具准备

（1）设备：操作台、案板。

（2）器具：不锈钢盆、擀面棍等。

2. 原料准备

主要原料有玉米粉、黄豆粉、白糖、热水等。

(二) 调制面团

将玉米面、黄豆面、白糖一起放入盆中混合均匀,逐次加入热水,慢慢揉和,使面团柔韧有劲。

(三) 质量检查

调制好的小窝头面团应具有较好的成团性,不稀黏,不散烂。

三、技术要领

制作谷类杂粮面团的技术要领包括:用料比例必须准确;调制面团的温度要得当;使用新鲜的杂粮粉制作,突出制品的杂粮风味。

子任务二 调制薯类杂粮面团

薯类面团通常是将山药、土豆、芋头、红薯等根茎类杂粮原料去皮制熟加工成泥蓉,再加入面粉或澄粉、米粉等调制而成的面团。此类面团松散、软黏、爽滑细腻,可塑性较好,其制品软糯适宜,甘美可口,有特殊香味,往往较为精致。

本任务以红薯饼为例说明薯类杂粮面团的调制工艺。

一、工艺流程

薯类杂粮面团制作的工艺流程为:❶ 制薯泥;❷ 加粉调制;❸ 成团。

二、操作步骤

(一) 调制准备

1. 设备、器具准备

(1) 设备:操作台、案板、炉灶。

(2) 器具:蒸锅、蒸笼、菜刀等。

2. 原料准备

主要原料有红薯、熟面粉等。

(二) 调制面团

红薯洗净后去皮切片上蒸笼蒸熟,用刀背捱制成泥蓉,然后根据红薯泥的干稀程度加入适量熟面粉翻叠均匀。

(三) 质量检查

调制好的红薯面团应软硬适中,不稀黏。

三、技术要领

薯类杂粮面团的主要制作技术要领有:薯类原料必须蒸熟、熟透;压泥要细腻;根据品种要求掌握比例进行掺粉。

子任务三　调制豆类杂粮面团

豆类杂粮面团一般是用各种豆类（如绿豆、豌豆、芸豆、蚕豆、赤豆等）加工成粉、泥调制，或单独调制，或与其他原料一同调制。这类面团的制品色彩自然、细腻爽口、豆香浓郁。

本任务以豌豆黄坯团为例说明豆类杂粮面团的调制。

一、工艺流程

豌豆黄坯团调制工艺流程为：❶ 制豆泥；❷ 熬豆泥；❸ 成团。

二、操作步骤

（一）调制准备

1. 设备、器具准备

（1）设备：操作台、案板、炉灶。

（2）器具：煮锅、漏筛、木铲、盆等。

2. 原料准备

主要原料有白豌豆、白糖、食碱等。

（二）调制面团

（1）制豆泥，将豌豆磨碎、去皮、洗净，装入铜锅内，加水烧开，下入食碱烧沸后改用微火煮2小时。当豌豆呈稀粥状时，加入白糖搅匀，将锅端下。取盆一只，上扣一个漏筛，逐次将煮烂的豌豆和汤舀在漏筛上，用勺挤压，过滤到盆中。制豆泥操作如图3-36所示。

（2）熬豆泥，把豆泥倒入煮锅里，在旺火上用木铲不断地搅炒，切忌糊锅。随时用木铲捞起试验，若豆泥下流很慢，流下的豆泥形成一堆，并逐渐与锅中的豆泥融合，坯团即调好。

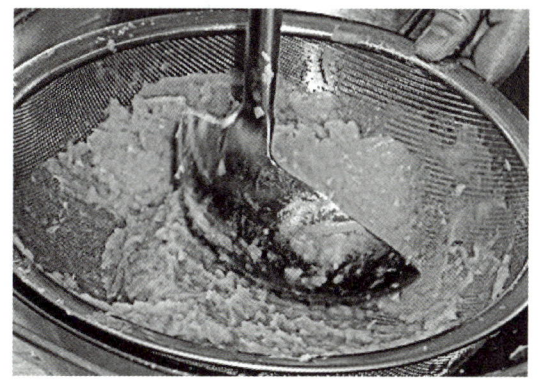

图3-36　制豆泥操作示意图

（三）质量检查

调制好的豌豆黄坯团应呈稠厚膏状，细腻黏糯但不稀软。

三、技术要领

调制豆类杂粮面团的技术要领包括：

（1）对豆子进行挑拣。豆子在储藏期间很容易被蛀虫侵蚀，吸水霉变，在调制时必须去除这些豆子，否则会影响成品质量，也不符合卫生要求。

（2）皮要去净。不去净会直接影响成品的口感，降低质量。

（3）泥蓉擦至细腻。除特殊品种外，一般豆类制品均要求豆类呈泥蓉状，不夹豆粒。

子任务四　调制澄粉面团

最具代表性的淀粉类面团是澄粉面团。澄粉,即纯淀粉,因此,此类坯团主要靠淀粉糊化过程成团,沸水烫制是这一过程的重要手段。

一、工艺流程

澄粉面团的工艺流程为:❶ 加沸水烫制;❷ 揉搓;❸ 成团。

二、操作步骤

(一) 调制准备

1. 设备、器具准备

(1) 设备:操作台、案板。

(2) 器具:不锈钢盆、擀面棍、盆等。

2. 原料准备

主要原料有澄粉、生粉、白糖、化猪油和沸水。

(二) 调制面团

将澄粉、生粉装入盆中,放入白糖、化猪油,将沸水一次性注入粉中,用木棒搅拌,澄粉面团调制示意图如图 3-37 所示。然后,将其倒在案台上,待稍闷后揉搓成匀滑的粉团。

莲蓉
水晶饼

图 3-37　澄粉面团调制示意图

(三) 质量检查

调制好的澄粉面团应软硬适中,质感细腻,可塑性良好。

三、技术要领

制作澄粉面团的技术要领包括:沸水要一次加足,避免坯团成熟度不够;用力揉搓,避免夹生小块生成;加入适量的猪油,既便于操作,又可以改善口感。

子任务五　调制果蔬类面团

南瓜等淀粉含量高的果蔬,其调团方法和薯类杂粮面团一样,具体操作方法见前述薯类杂粮面团。对于淀粉含量较少或不含淀粉的果蔬如梨、马蹄等,可以先将其加工成颗粒、丝等形态,再加粉料黏合成团。

本任务以马蹄饼坯团的调制为例说明果蔬类面团的调制工艺。

一、果蔬类面团调制工艺流程

马蹄饼坯团调制工艺流程为:❶ 熟处理;❷ 刀工处理;❸ 调制成团。

二、果蔬类面团调制操作步骤

(一)调制准备

1. 设备、器具准备

(1)设备:操作台、案板、炉灶。

(2)器具:煮锅、漏勺、不锈钢盆、菜刀、砧板等。

2. 原料准备

主要原料有鲜马蹄、熟面粉和白糖等。

(二)调制面团

将鲜马蹄洗净去皮,放入开水锅中煮熟,捞出后趁热剁成小颗粒,放入盆中,加入熟面粉、白糖拌匀成团。

(三)质量检查

马蹄饼坯团应具有较好的成团性,软硬适中,不干硬,不散烂。

三、技术要领

调制果蔬类面团的技术要领包括:果蔬要初加工好后切粒,保证大小合适;控制果蔬和粉料的比例。

子任务六　调制鱼虾蓉面团

鱼虾蓉面团可分为鱼蓉面团和虾蓉面团。制作鱼虾蓉面团时,应先将鱼肉或虾肉制成泥蓉,然后加盐调味,逐次加水搅打上劲,最后拌入澄粉调节软硬。在使用鱼虾蓉面团制作成品时,可以蘸些淀粉,将其压薄成片,然后包馅、熟制。鱼虾蓉面团的特点是爽滑、味鲜,有透明感,风味独特。

一、工艺流程

鱼蓉面团调制工艺流程为:❶ 制鱼蓉;❷ 搅打上劲;❸ 成团。

二、操作步骤

(一)调制准备

1. 设备、器具准备

(1)设备:操作台、案板、粉碎机。

(2)器具:不锈钢盆等。

2. 原料准备

主要原料鲜鱼净肉、澄粉、清水、调味料等。

(二) 调制面团

将鱼肉切碎剁蓉或放入搅拌机搅制成蓉,装入盆内,加入盐和水(分次逐渐加入),用力打透搅拌,打至起胶(发黏)、结实,加入芝麻油、味精、胡椒粉等拌匀,最后加入澄粉,搅拌至纯滑。鱼蓉面团调制如图3-38所示。

(三) 质量检查

调制好的鱼蓉面团应当软硬适中,具有较好的胶黏性。

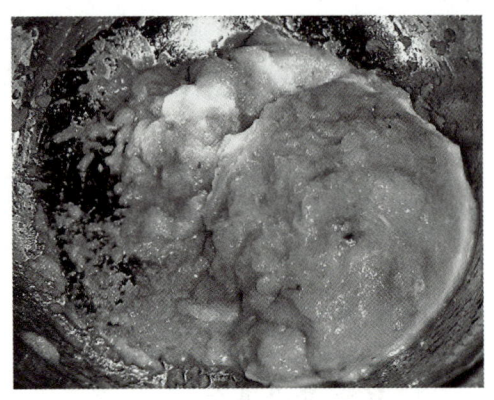

图 3-38 鱼蓉面团调制示意图

三、技术要领

制作鱼虾蓉面团的技术要领包括:鱼肉应去净鱼骨;先将鱼虾蓉搅打上劲,再加入淀粉;加入葱姜汁和料酒有助于去除异味。

子任务七 调制羹汤

本任务以西米羹的调制为例说明羹汤的调制方法。

一、工艺流程

西米羹的调制工艺流程为:❶ 初加工;❷ 煮制;❸ 成品。

二、操作步骤

(一) 调制准备

1. 设备、器具准备

(1) 设备:操作台、案板、炉灶。

(2) 器具:煮锅、不锈钢盆、炒勺等。

2. 原料准备

主要原料有西米、椰子粉、鲜牛奶、白糖等。

(二) 调制羹汤

(1) 煮西米,烧开水,水开后改小火,把淘好的西米放进锅中,不断搅拌,待到西米中心还有一个小白点的时候关火,过凉水。

(2) 熬汁,在锅里加入鲜牛奶,烧开,改小火,倒入椰粉,加入白糖,最后倒入煮好的西米,起锅装碗。

(三) 质量检查

煮好的西米羹应香甜可口。

三、调制技术要领

调制羹汤的技术要领包括：西米开水下锅；西米煮透后过冷水浸漂，避免粘连成团；汁水调味应准确。

思维导图

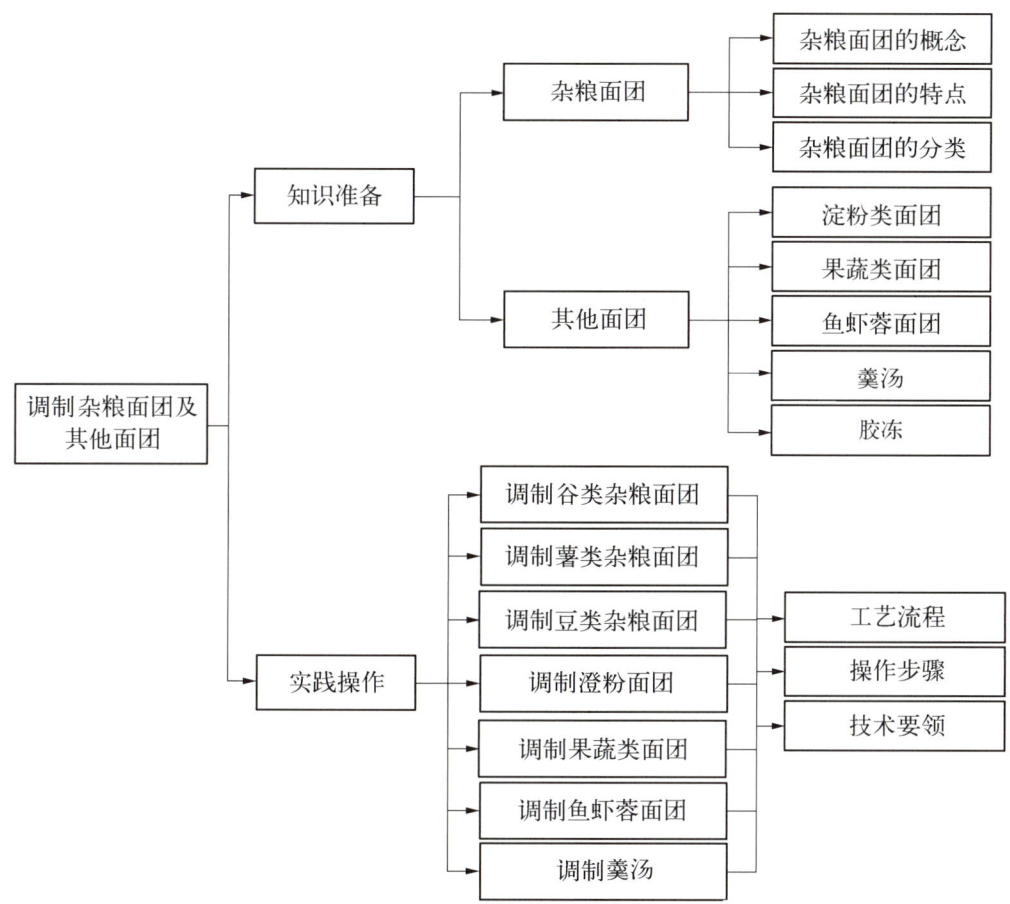

任务测试

一、名词解释
1. 谷类杂粮面团
2. 澄粉面团
3. 鱼虾蓉面团

二、单项选择题
1. 按杂粮属性，杂粮面团可分为（　　）种。
   A. 2　　　　　　　　B. 3　　　　　　　　C. 4　　　　　　　　D. 5
2. 淀粉类面团的成团原理是（　　）。
   A. 蛋白质溶胀作用　　　　　　　　B. 淀粉糊化作用
   C. 黏结作用　　　　　　　　　　　D. 吸附作用
3. 澄粉面团的制皮方法为（　　）。

A. 擀皮 　　　　B. 按皮 　　　　C. 压皮 　　　　D. 捏皮

三、多项选择题

1. 调制薯类面团时，若薯泥过于稀软，可添加（　　）以调节软硬。

A. 熟面粉 　　B. 糯米粉 　　C. 澄粉 　　D. 吉士粉 　　E. 泡打粉

2. （　　）可在调制鱼虾蓉面团过程中形成良好的胶黏性。

A. 先加盐调味　B. 后加盐调味　C. 加入足量水　D. 不能加水　E. 充分搅打

四、判断题

1. 澄粉是荞麦通过精加工去掉蛋白质和各种灰分后所得的纯淀粉。　　　　（　　）
2. 在制作羹汤西米露时，西米必须冷水下锅。　　　　　　　　　　　　（　　）
3. 调制鱼虾蓉面团时，我们应先将鱼虾蓉加入淀粉后再搅打上劲。　　　（　　）

五、简答题

1. 薯类杂粮面团的调制要领有哪些？
2. 为何要用沸水调制澄粉面团？

项目十　认识面点的运用与创新

◇ **职业素养目标**
- 坚定中国饮食文化自信,培训学生的创新思维和创新能力。

◇ **职业能力目标**
- 了解筵席面点的配备原则。
- 了解面点创新的原则。
- 了解面点开发的思路。

◇ **典型工作任务**
- 配备筵席面点。
- 认识面点的创新与开发。

任务一　配备筵席面点

问题思考

1. 当客人吃到偏辣的筵席菜肴时,什么面点会比较合宜?
2. 甜味羹汤应该在佐餐水果之后还是之前上筵席?
3. 简述几种常见的节庆面点。

知识准备

"无点不成席"。面点是筵席不可或缺的组成部分,在筵席中的地位是极高的。因此,我们应重视并掌握筵席面点的配备原则和配备方式,充分发挥其在筵席中的作用,为筵席锦上添花。

一、筵席面点的配备原则

筵席面点的配备原则包括以下几项。

(一) 根据宾客的饮食习惯配备面点

在配备筵席面点时,应首先了解并掌握赴宴宾客的国籍、民族、宗教、职业、年龄、性别、体质、饮食特点、风俗习惯及嗜好忌讳,并据此确定品种,也就是说,筵席面点的配备工作应从了解宾客的饮食习惯入手。

1. 不同地区的饮食习惯

在我国,有"南米北面""南甜、北咸、东辣、西酸"之说。南方人一般以大米为主食,喜食米类制品,面点制品讲究精致、小巧玲珑、口味清淡。北方人一般以面食为主食,喜食油重、色浓、味咸和酥烂的面食,口味浓醇。

2. 不同国家的饮食习惯

随着国际交流增多,中国旅游业发展迅猛,来华的国际友人逐年增多,因此,掌握海外友人的饮食习惯也显得尤为重要。美国人喜食水果蛋糕、冻甜面点,法国人喜吃酥点、奶酪,瑞典人喜食各种奶油制品,英国人喜食奶油蛋糕,意大利人喜食通心粉,日本人喜食米制品,韩国人爱吃冷面、打糕等面食,泰国人喜食咖喱饭、米线,印度人喜食黄油烙饼。

(二) 根据筵席的主题配备面点

不同的筵席有着不同的主题,配备筵席面点时,应尽量了解主题与宾客的诉求,精选面点品种,使筵席面点贴切、自然。婚宴喜庆热烈,可配备"鸳鸯酥盒""鸳鸯包"等面点,增加喜庆气氛;寿宴如意吉祥,可配备"寿桃蒸饺""豆沙寿桃包""寿桃酥""伊府寿面"等面点。

(三) 根据筵席的规格配备面点

筵席的规格有高档、中档、普通三种,因此,筵席面点的配备也有档次之别。筵席面点的质量和数量取决于筵席的规格档次。只有适应筵席档次的面点才能使席面菜肴与面点质量相匹配,达到整体协调的效果。一般而言,高档筵席一般配点 6~8 道,选料精良、制作精细、造型精巧、风味精美;中档筵席一般配点 4~6 道,选料讲究、口味纯正、造型别致、制作恰当;普通筵席配点 2 道,用料普通、制作一般、造型简单。无论档次如何,我们均应保证食品安全,排除卫生隐患。

(四) 根据地方特色配备面点

我国面点的品种繁多,每个地方都有风味独特的面点品种,在筵席中配备地方名点既可烘托筵席的气氛,又可体现东道主的诚意和对客人的尊重。

(五) 根据时令季节配备面点

一年有春夏秋冬四季之分,筵席有春席、夏筵、秋宴、冬饮之别。在不同季节,人们对饮食的要求不尽相同,所谓"冬厚夏薄""春酸、夏苦、秋辣、冬咸"。应依据季节气候变化选择季节性的原料,制作时令面点,配备筵席面点,春季可做"春饼""春卷"等面点,夏季可做"杏仁豆腐""豌豆黄"等面点,秋季可做"蟹黄灌汤包""菊花酥饼"等面点,冬季可做"腊味萝卜糕""梅花蒸饺"等面点。制品的成熟方法也因季节而异,夏、秋多用蒸、煮或冻,冬、春多用煎、炸、烤、烙等方法。

(六) 根据菜肴的烹调方法配备面点

一桌筵席所涉及的烹调方法多样,菜肴会彰显不同特色。应根据具体菜肴的烹调方法,选择合适的面点品种,使口感和谐统一。烤鸭常配鸭饼,白汁鱼肚常配菠饺,虫草老鸭汤常配发面白结子。

(七) 根据面点的特色配备面点

筵席菜点质感多样,既可体现筵席的精心制作程度,又能带给人以美的享受。在选料、加工制作时,除注重单份面点的品种营养成分外,还应考虑整桌筵席的营养结构。

（八）根据年节食风配备面点

中国面点讲究寓情于食，应时应典。如果筵席日期与某个民间节日接近，也应该进行相应的安排。清明节配"青团"，端午节吃"粽子"，中秋节食"月饼"，元宵节吃"汤圆"，春节食"年糕""饺子"等。

二、筵席面点配备的基本要求

（一）筵席面点的配备应与菜肴及筵席的规格档次保持一致

筵席面点在数量上应和筵席的要求一致，面点的数量过多，会喧宾夺主，过少则显得单薄；质量应与筵席保持一致。

（二）筵席面点的配备应多样化

口味、造型方法和成熟方法应力求多样化，不同的色、香、味、型、质更好地和筵席菜肴相互映衬。

1. 口味多样

面点的口味由面皮和馅心的口味决定。面点口味不仅应甜咸搭配，还要酥脆搭配，软糯搭配，甘鲜搭配。我们要根据不同的原料，制作不同的馅心，搭配不同口感的面皮，使它们相互配合，丰富多彩。

2. 造型方法多样

面点的造型方法是多种多样的，在一组配备面点中，应避免造型的重复，保证多样化。

3. 成熟方法多样化

面点的成熟方法有蒸、炸、煎、煮、烤、烙和复合成熟法等。成熟方法对面点的口感有直接的影响，在配备面点时，应力求使用多样化的成熟方法。

4. 灵活性

面点的配备要根据客人的特点和时令的变化灵活安排，面点师既要考虑客人的饮食习惯、职业、年龄、性别，也要考虑主宾设宴的目的。灵活配备面点，可以为整个宴席增色。

（三）以菜肴为主，面点为辅

在配备筵席面点时，根据筵席的规格档次配备面点，面点主要起衬托菜肴、调剂口味的作用，不可喧宾夺主。

（四）筵席面点在配备时要与菜肴穿插上桌

筵席上的面点主要起衬托作用，和菜肴穿插上桌方能更好地体现并突出菜肴的美味和筵席的韵律。提前上桌，让宾客已经吃饱，不能好好品尝正菜；餐后才上面点，也会破坏筵席的主题韵律。

（五）把握上桌时机

要注意菜肴的上桌时机，不可提前或延迟。樟茶鸭应配荷叶饼，我们一定要让荷叶饼和樟茶鸭一起上桌。对于高档的筵席，可以在三个热菜上桌之后上一个面点，烘托和延续筵席的氛围。

（六）配备羹汤等甜品

筵席面点可以配备羹汤，但一定要和菜肴相互配合，如果面点需要配备羹汤，我们可以让汤提前上桌，以面点羹汤起压桌、收菜之效，此甜品应在果盘前上桌，不可在果盘之后。

【筵席菜单实例】

四川满汉全席菜单

婚　宴

凉菜(吉祥六围碟)

美眷好合——酸辣鲜蘑　　　　红袍添喜——脆香牛肉
良伴永结——口水鸡配冷面卷　　琴瑟和鸣——金针菇拌红薯粉
临门报喜——酸辣凤爪　　　　　金石之盟——魔方萝卜

热菜

头　　菜：麒麟送子——干烧鲍鱼仔
酥 香 菜：凤凰展彩——龙须大虾配酱汁
　　　汤：金球辉影——澳门豆捞
荤素大菜：百花如意——糯香珍珠排骨　　永结同心——香菇烧菜薹
　　　　　花好月圆——生蚝煎蛋　　　　吉庆有余——椒叶蒸鲈鱼

面点

良辰美景——紫薯发糕　　　　喜结连理——滋味面条
白头偕老——珍珠丸子　　　　纤云弄巧——兰花酥

水果

甜蜜永驻——水果拼盘

思维导图

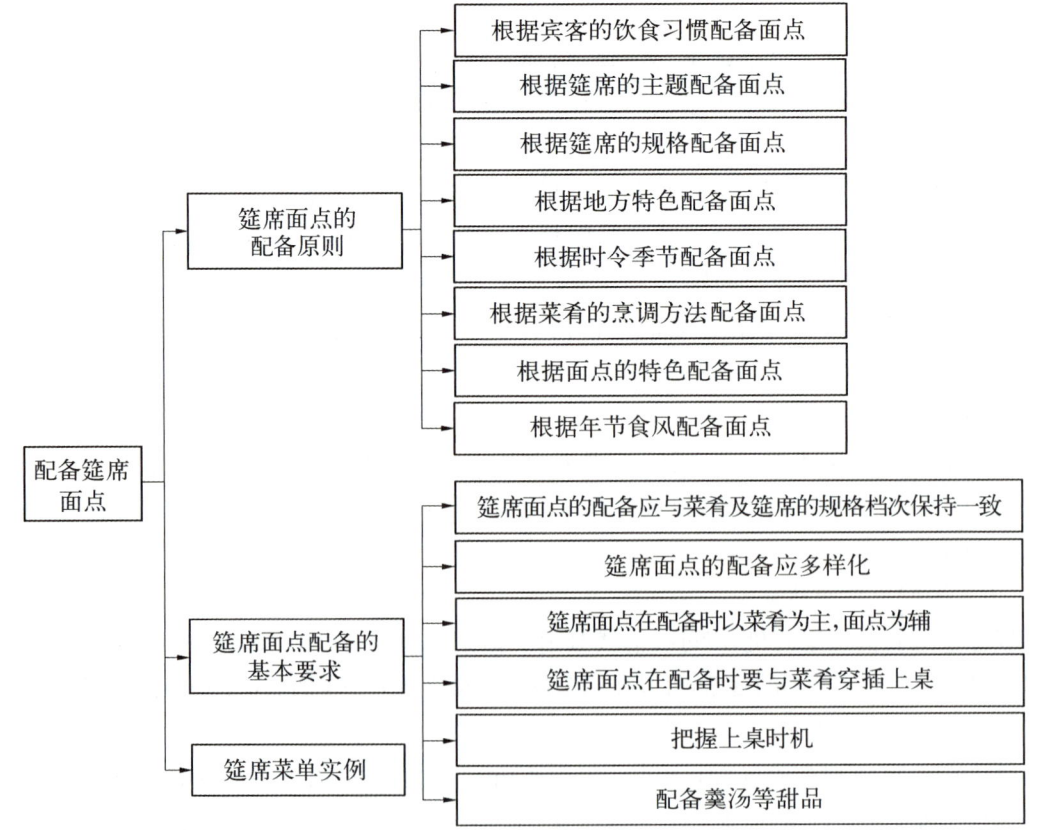

任务测试

一、单项选择题

1. 筵席面点的上桌方式是（　　）。
   A. 菜肴上桌之前上　　　　　　　B. 菜肴上桌之后上
   C. 菜肴上一半之后上　　　　　　D. 与菜肴穿插上
2. 适合春季佐餐的面点是（　　）。
   A. 荠菜包子　　B. 豌豆黄　　C. 蟹黄包　　D. 八宝饭
3. 在筵席中适合配樟茶鸭片上桌的面点品种是（　　）。
   A. 包子　　B. 荷叶饼　　C. 蒸饺　　D. 汤圆

二、判断题

1. 高档筵席配点应当造型别致、制作恰当。（　　）
2. 筵席档次越高，配备的面点品种越少，菜肴的特色越突出。（　　）

三、简答题

1. 筵席面点的配备原则有哪些？
2. 筵席面点配备的基本要求是什么？

任务二　认识面点的创新与开发

问题思考

1. 面点创新的思路与方法有哪些？
2. 传统面点可以从哪些方面进行二次开发？

知识准备

面点制作工艺是中国烹饪工艺的重要组成部分。近年来，随着烹饪技术的发展，面点制作技术也取得了很大的进步。这就需要广大面点师及烹饪工作者不断地研究和探索，勇于推陈出新，适应社会发展的需要，加快面点发展的步伐，满足人们对于美好生活的向往。

面点的创新和开发，是指在原有的基础上推陈出新，是源于传统而又高于传统的变革，是对传统所作的"否定之否定"。面点开发与创新的思路很多，创新的着力点往往在皮料、馅料、成形方法、成熟方法等方面。

一、面点的创新

（一）面点创新的潜力

中国面点是中华民族传统饮食文化的优秀成果，我们在传承的同时还要不断推陈出新。面点创新的潜力主要体现在以下几个方面。

1. 餐饮业多样化发展为面点创新提供了广阔空间

我国餐饮业随改革开放、经济发展和人民物质、文化生活水平的提高而不断发展，形式

像生
胡萝卜

更加多样。经营面点制品的流动摊点、早点店、快餐店、小吃铺、面点专营店以及各类型酒楼、饭店、宾馆、食堂具有较强的社会性和灵活性。从投资层面看,所有制形式多样化,竞争多元化。

在竞争激烈的餐饮市场中,特色是竞争力的来源。特色化经营已成为餐饮企业追求的目标。餐饮业的经营已打破了传统以菜系经营的格局,餐饮企业不断引进其他菜系菜点来满足消费者的需求。随着社会生活的变迁,人们在快节奏的生活中想要忙里偷闲,劳逸结合,这为餐饮业提供了新的商机,休闲餐饮应运而生。这些变革都为面点的发展创新提供了广阔的空间。

2. 面点制作技术的发展为面点创新提供了技术支撑

随着餐饮业的发展,面点制作技术也得到长足发展,面点制作技法不再局限于当地,各地区、各流派面点以及西式面点制作的技法、产品特色相互交融借鉴,促进了面点品种的创新。新原料、新设备、新工艺为面点创新起到了重要的推动作用。

3. 人员素质的提高为面点创新提供了人才保障

随着职业教育的普及,面点从业者的受教育程度有了很大提高。如今面点从业者的职业素质、专业素质普遍提高,为面点创新提供了人才保障。伴随着"职教二十条"以及"提质培优"计划的推行,高职学生必将在面点业发展中发挥更为重要的作用。

(二) 面点创新的基本遵循

面点创新不是随意想象,我们应从不同角度加以思考,使创新品种能经受住市场与时间的考验。面点创新的基本遵循主要有以下几方面。

1. 制作简便

中国面点的制作工艺经历了一个由简单到复杂的过程,从古代社会到现代社会,能工巧匠制作技艺不断精细。面点技艺也不例外,产生了许多精工细雕的美味细点。但随着现代社会的发展以及需求量的增大,除餐厅高档宴会需要精细点心外,开发面点时应考虑到制作时间,点心大多是经过包捏成形,长时间的手工处理,不仅会影响经营的速度、批量的生产,而且也对食品的营养与卫生不利。

现代社会节奏的加快,食品需求量增大,从生产经营的切身需要来看,营养好、口味佳、速度快、卖相绝的产品,将是现代餐饮市场最受欢迎的品种。

2. 携带方便

面点制品具有较好的灵活性,绝大多数品种都方便携带,无论是半成品还是成品,所以在开发时就要发挥自身的优势,并可将开发的品种进行恰到好处的包装。在包装中能用盒的就用盒,以便手提、袋装,如小包装烘烤点心,半成品水饺、元宵,甚至可以将饺皮、肉馅、菜馅等调和好,以满足顾客自己包制的好奇心。突出携带的优势,还可扩大经营范围,使制品不受众多条件的限制,机关、团体、工地等需要简单用餐时,还可以及时大量地供应面点制品,以扩大销售。

3. 体现地域风味特色

中式面点除了在色、香、味、形、质、养等方面各有千秋外,在食品制作上,还保持着传统的地域特色。在面点开发过程中,在原料的选用、技艺的运用中,应尽量考虑各自的地域风味特色,以突出个性化、地方性的优势。

如今,全国各地的特色食品,不仅为中国面点家族锦上添花,也深受各地消费者普遍欢迎,诸如煎包、汤包、泡馍、刀削面等已经成为我国著名的风味小吃,也是各地独特的饮食文化的重要内容之一。利用本地的独特原料和当地人善于制作食品的方法加工、烹制,将为地方特色面点的创新开辟道路。

4. 大力推出应时、应节品种

中国各种不同的民俗节日,是面点开发的极好时机。我国面点自古以来与中华民族的时令风俗有着密切的联系,在一年四季的日常生活中,不同时令均有独特的面点品种。明代刘若愚《酌中志》载,那时人们正月吃年糕、元宵、双羊肠、枣泥卷;二月吃黍面枣糕、煎饼;三月吃江米面凉饼;五月吃粽子;十月吃奶皮、酥糖;十一月吃羊肉包、扁食、馄饨……当今我国各地都有许多适时应节的面点品种,这些品种,使人们的饮食生活洋溢着健康的情趣。

5. 创制易于贮藏的品种

许多面点具有短时贮藏的特点,但在特殊的情况下,许多干点制品、果冻制品等,可用点心盒、电冰箱、贮藏室存放起来,如经烘烤、干烙的制品,由于水分蒸发,贮藏时间较长,此外还包括各式糕类如松子枣泥拉糕、蜂糖糕、蛋糕、伦教糕等;面条;酥类;米类制品如八宝饭、糯米烧卖、糍粑等;果冻类如西瓜冻、什锦果冻、番茄菠萝果冻等;馒头、花卷类等。这些制品如果保管得当,可以贮存数日,保持其特色。假如在创制之初就能从这个方面加以考虑,我们的产品就会有更长的生命力。客人不需要马上食用,即使吃不完,也可以短时贮藏一下,这样可增加产品的销售量。

6. 雅俗共赏

中式面点以米、麦、豆、禽、黍、蛋、肉、果、菜等为原料,其品种干稀皆有,荤素皆备,既填饥饱腹,又精巧多姿、美味可口,深受各阶层人民的喜爱。在面点开发中,应根据餐饮市场的需求,开发精巧高档的宴席点心,另一方面,迎合大众的消费习惯和趋势,满足广大群众一日三餐之需,开发普通的大众面点,既要考虑到面点制作的平民化,又要提高面点食品的文化品位,把传统面点的历史典故和民间流传的文化特色挖掘出来。此外,创新面点要符合时尚,满足消费需求,使人们的饮食生活洋溢着健康的情趣。

(三) 面点创新的方法

千百年来,面点师们无时不在进行着面点创新的探讨与摸索,本着"人无我有,人有我新,人新我变"的经营之道,各商家艺人都在不断改善面点的制作,适应顾客之需要,力求更快更好的营销效果。有的创新思路初见端倪,只是亟待推广与完善;有的方法还未开垦,需要疏导。

1. 面点流派间的相互借鉴

不同面点流派的产品有其不同的风格特色,从对原料的选择、原料的运用、产品的风味、面团馅料的调制工艺、制品的成形、成熟方法、成品的装饰装盘等方面凸显出来。通过取长补短,学习借鉴其他面点流派的产品特色、技法优势,融入本土面点品种的制作中,不仅使一些传统品种显现出更强的生命力,也创制出许多让顾客耳目一新的品种。

2. 西式面点技法的借鉴

西式面点与中式面点有着迥然不同的特色,从用料上看,西点多以乳品、蛋品、糖类、油脂、面粉、干鲜果品等为主要原料,其中蛋、糖、油脂的比例较大,配料中干鲜水果、果仁、巧克力等用量大。西点用料十分考究,不同品种其面坯、馅心、装饰、点缀等用料都有各自的选料标准,各种原料之间都有着恰当的比例;从风味来看,西点区别于中点的最突出特征是它使用的油脂主要是奶油,乳品和巧克力使用得也很多。西点带有浓郁的奶香味以及巧克力特殊的风味。水果(包括鲜果和干果)与果仁在制品中的大量应用是西点的另一重要特色。水果在装饰上的拼摆和点缀，给人以清新而鲜美的感觉；由于水果与奶油配合，清淡与浓重相得益彰，吃起来油而不腻，甜中带酸，别有风味。果仁烤制后香脆可口，在外观与风味上也为西点增色不少。从制作工艺看，西点制作多依赖于设备与器具，工艺严格，成品规则、标准，容易实现生产的标准化、机械化和批量化。西点的成熟以烘焙为主要方式，讲究造型、装饰，给人以美的享受。

随着中西文化交流的深入，人们越来越多地学习借鉴、融入西点元素，如黄油、奶制品、巧克力等原料在中点的运用越来越广泛；对西式面点膨松制品、油酥制品的制作技法的借鉴与运用使创新品种大量涌现；西式面点常用的设备、器具、模具的运用促进了中式面点在面团调制、成形、熟制、装饰等方面的创新。

3. 菜肴烹饪工艺的借鉴

面点借鉴菜肴的烹饪工艺主要体现在借鉴菜肴的烹调方法、调味手段，改进传统面点制作工艺，使面点具有菜肴的某些特征与功能，风味特色更加鲜明。

面点的熟制方法一般较单一，常用的蒸、炸、煮三种熟制方法约占面点整个熟制方法的60%以上。这在一定程度上束缚了面点品种的发展与创新。将中式菜肴烹调方法引入面点制作工艺中来，既改变了原来的风味特征，使其食用功能也相应起了变化，成品如"金银馒头""挂霜仔粽""珍珠汤"等。

中餐菜肴口味丰富，味型多样，常用复合味型就有数十种之多。相比之下，中式面点的调味手段比较简单，味型也较单一，以咸鲜、咸甜、香甜为主，缺少变化。近年来，我国面点师们在这一方面大胆创新，通过借鉴菜肴调味方法、手段，使面点品种的味型得到丰富，风味更加突出。

4. 从原料入手进行面点创新

一个品种的变化最直接的就是原料的改变，合理掌握好原料的改变对制品的影响，对创新有很大的帮助，如杂粮及豆薯类原料的充分利用，具有特色风味的原料的掺和，果料、乳制品的利用等等。

自古以来，我国人民除了广泛食用米、面等主食外，还大量食用一些特色的杂粮，如高粱、玉米、小米、荞麦、莜麦、甘薯、紫薯、马铃薯、山芋、大豆、绿豆、红豆、豌豆等，这些原料经合理利用可产生许多风格独特的面点品种。特别是在现代生活水平不断提高的情况下，人们更加崇尚自然、返璞归真的饮食方式，利用这些特色杂粮制作的面食品种，不仅可以丰富面点的品种，而且具有均衡营养、提升面点营养价值的作用。

果料包括水果、干果、果仁、果脯、蜜饯、果酱、果汁等，这类原料品种繁多，不仅富含膳食纤维、维生素、矿物质等营养成分，往往还具有特殊的风味、色泽与质感，不仅可以在馅心中加以广泛运用，而且在面点装饰中的运用效果非常突出。

特色风味原料可以赋予面点制品特殊的风味、色泽，包含的原料范围较为广泛，如巧克力、可可粉、牛奶、奶酪、酸奶、黄油、淡奶油、茶叶汁、醪糟汁、鲜笋汁以及上述杂粮、果料等等。将这些原料灵活运用于面点的皮坯、馅料、装饰中，有助于使面点呈现崭新面貌。

5. 从工艺入手进行面点创新

(1) 面团。面团是构成面点特色的重要组成部分，面点坯皮的特色可以通过面团主辅用料的变化、东西南北制坯技法的融合，使面点皮坯制作技术有所突破，使面点呈现质的变化。

对面团主辅原料种类性质的了解是面团配方调整、技法调整变化的基础。对原料的了解越深入，对原料的运用就越灵活，对面团性能的把握也越准确。面点皮坯中麦面团的种类是最多的，性质变化最大，调制技法多样，技术难度较高。在常规的麦面团中添加或改变用料都势必影响面团的性质。如在麦面团中添加杂粮，利用其改善面点皮坯的质感、风味、色泽与营养组成，但是杂粮粉类均不含面筋质，添加到麦面团中必将影响面团的物理性质，因此在原料选择与配比上就需多加考虑。对于筋性面团，杂粮粉料的添加量不能过高，可以选择筋度更高一些的面粉并减少弱筋作用的辅料用量，如油脂、糖，增加一些可以起到强筋作用的辅料用量，如食盐、鸡蛋等。

除常规面团调制技法外，融合各地区、各流派、西式面点的面团调制技法，也是面点皮坯创新的常用方法，如粤点擘酥、西式面点清酥的面团调制方法在传统中式酥点中的运用，酵母发酵方法在传统发酵制品中的运用，使用黄油调制混酥面团等。

（2）馅心。馅心的创新是面点变化的又一重要途径，可通过原料变化、调制技法变化、味型变化等来达到目的。目前面点咸馅、面臊在口味上一般是以咸鲜味为主，其他味型所占比例较小。相对于烹调菜肴而言，面点馅料的制作无论从原料选择、综合利用，还是各种调味味型的变化，都远落后于菜肴烹饪，因此面点馅心的制作有很大的创新空间。另外，馅心、面臊的烹制方法也可更多借鉴菜肴烹制方法，使馅心的特色更加多变。

（3）成形。面点的形态是带给顾客最大视觉冲击的一个方面，也是面点创新的重要途径。面点的形态一是面点师塑造的，如手工包捏、切割等；二是熟制工艺过程中形成的，如油条、菊花酥、玻丝油糕等；三是对制品进行装饰、装盘获得的。传统面点手工成形占主导，制品精巧但费时，现代大量面点、西点、烘焙成形模具的涌现促进了面点成形多样化、快捷化的变化。西式面点的普及，也带来了对中式面点在制作后期装饰、装盘的重视，使中式面点呈现更加美观的视觉效果。

（4）成熟。传统的面点成熟常用蒸、煮、煎、炸、烤、烙等方法，而中西式菜肴的成熟方法较面点更丰富和多样，我们可以多加借鉴，如火焰面点，利用酒精或高浓度酒燃烧的火焰来渲染气氛，突出面点，烘托面点。

二、面点的开发

（一）营养面点的开发

养生芝麻包

顾名思义，营养面点是指比传统面点营养价值更高的面点。开发营养面点的途径，一是在面点中添加富含某些营养成分的一种或多种食材，达到提升其面点制品营养价值的目的。中式面点中以米、面为主料制作的面点品种占有很大比例，由于精米、精面在加工过程中富含营养的糠皮、麸皮部分被碾去，剩下的主要是淀粉与不完全蛋白质，维生素、矿物质、膳食纤维较为缺乏。为弥补米、面制品的营养缺陷，我们可以添加杂粮（谷类杂粮、薯类杂粮、豆类杂粮）、蔬果、干果、坚果、蛋、奶、畜禽水产等原料，调整面点制品的营养组成，提升其营养价值，成品如玉米馒头、荞麦馒头、大豆馒头、豆渣馒头、紫薯馒头、全麦馒头、米麸馒头、芝麻馒头等营养馒头，鸡蛋面条、胡萝卜面条、菠菜面条、青稞面条、莜麦面条等营养面条。

第二个途径是以强化的方式添加面点中较缺乏的营养素，这也是许多发达国家多年来的做法。将人们膳食中比较普遍缺少的营养素，适当地加入相应的食品（包括面粉）中可以弥补膳食之不足。其营养强化原则就是"食物中缺什么营养素,则补什么营养素",例如在米、面、面包、馒头中加适量的铁、钙、维生素、锌、赖氨酸等。

(二)保健面点的开发

保健面点,又称功能性面点,是指在面点制作时加入一些具有保健功效的食物原料(包括既是食品又是药品的食材)制成的既具有一般面点所具备的安全功能、营养功能和感官功能,还具有调节人体机能的特定保健功能的主食、小吃、点心等膳食。保健面点要求以食物原料为食材,不添加任何药物,对人体不会产生副作用,同时能良好地调节人体器官机能,增强免疫能力,促进人体健康。

人类对食品的要求,首先是吃饱,其次是吃好。当这两个要求都得到满足之后,就希望所摄入的食品对自身健康有促进作用,从保健面点的定义中可以看出,它与大众面点是有区别的。它至少应具有调节人体机能作用的某一种功能,如免疫调节功能、延缓衰老功能、改善记忆功能、促进生长发育功能、抗疲劳功能、减肥功能、抑制肿瘤功能、调节血脂功能、调节血糖功能等等。

保健面点具有调节人体的某项机能的作用,因而主要适于特定人群食用。按照食用人群的特征,可将保健面点分为三大类:

(1) 以亚健康人群为对象的滋补强身保健面点。在人体健康和疾病之间存在着一种第三态,或称诱发态,当第三态积累到一定程度时,肌体就会产生疾病,因而可以认为,一般食品为健康人所使用,人体从中摄取各类营养素,并满足色、香、味、形等感官要求,更重要的是,它将作用于第三态,促使机体向健康状态复归,达到增进健康的目的。因此,这类保健面点所含营养素应该比较全面和均衡,除了能提供人体调节功能的功效成分外,还能提供人们正常生理活动和生长发育所需的各种营养素。

(2) 以特殊生理需要的人群为对象的专用特殊保健面点。此类保健面点就是根据不同生长发育阶段和性别人群的生理特点,满足其不同的生理需要,以便能够促进生长发育和维持机体活力,如中老年抗衰老面点、儿童健脑益智面点、孕妇保健面点等。

(3) 以健康异常的人群为对象的防病治病保健面点。这类保健面点主要着眼于特殊消费群体,如糖尿病患者、心脑血管病患者、肿瘤患者、胃肠功能不适者及肥胖者等。在治疗的同时,辅以相关保健面点,通过自身功能的调节作用,能够达到预防疾病、促进康复的目的,成品如降压面点、降糖面点、减肥面点等。

开发保健面点首先要了解在保健面点中起生理活性作用的成分,即生理活性物质有哪些。就目前而言,业已确定的生理活性物质主要包括八大类,具体则有上百种。

(1) 活性多糖,包括膳食纤维、抗肿瘤多糖等。

(2) 功能性甜味料,包括功能性单糖、功能性低聚糖等。

(3) 功能性油脂,包括多不饱和脂肪酸、磷脂和胆碱等。

(4) 自由基清除剂,包括非酶类清除剂和酶类清除剂等。

(5) 维生素,包括维生素 A、维生素 E 和维生素 C 等。

(6) 微量活性元素,包括硒、锗、铬、铁、铜和锌等。

(7) 肽与蛋白质,包括谷胱甘肽、降血压肽、促进钙吸收肽、易消化吸收肽和免疫球蛋白等。

(8) 乳酸菌,特别是双歧杆菌等。

必须指出的是,保健面点中无论是哪种有益于健康的营养或生理活性成分,在摄入时都应有一个量的概念。无论是对健康人还是对特殊生理状况下的人,任何元素摄入过多,均会带来不良后果,甚至走向反面。"平衡即健康"是传统医学的主导思想,只有遵循科学、平衡的原则,才能真正发挥保健面点中生理活性成分的积极促进作用。

(三) 食疗面点与药膳面点的开发

医食同源,药食相通是中国饮食文化的显著特征之一。现存的《食疗本草》《食医心鉴》辑本中就有许多关于食疗面点的记述,可以治疗内科、妇科、儿科的许多疾病。《中国面点史》一书写道,食疗面点中的食药,本身就具有各种疗效,再与面粉配合制成各种面点后,便于人们食用,于不知不觉中治病。食疗面点确实是中国人的一个发明创造。

对于食疗面点这个通俗称谓,从未有人给出明确和严格的定义。汪福宝等认为:食疗内容可分为两大类,一为历代行之有效的方剂,一为提供辅助治疗的食饮。《中国烹饪百科全书》食疗词目中写道:应用食物保健和治病时,主要有两种情况:❶ 单独用食物制成;❷ 食物加药物后烹制成的食品,习惯称为药膳。

食疗亦称食物疗法,又称饮食疗法,指通过烹制食物以膳食方式来防治疾病和养生保健的方法。单独用食物原料制成的食疗面点与保健面点的本质是相通的,前者是一个富有历史文化底蕴的通俗称谓,提出以膳食方式防病治病、养生保健;后者突出的是对人体机能的调节保健作用,在这一点上两者没有明显区别。

药膳面点原则上不属于保健面点范畴,按照《中国烹饪百科全书》对食疗词目的解释,药膳面点是包含于食疗面点中的。药膳面点由于添加了药物,成品兼具食用和药用双重功能,通过药借食力、食助药威,相辅相成,充分发挥出食物的营养作用和药物的治疗作用,达到营养滋补、保健强身和防病治病的目的。但是药物或多或少带有一些毒副作用,正如俗话所说"是药三分毒",故应在医生的指导下辨证施膳,因人施膳。

常见的既是食品也是药品的原料有:

八角、茴香、刀豆、姜(生姜、干姜)、枣(大枣、酸枣、黑枣)、山药、山楂、小茴香、木瓜、龙眼肉(桂圆)、白扁豆、百合、花椒、芡实、赤小豆、佛手、杏仁(甜、苦)、昆布、桃仁、莲子、桑葚、菊苣、淡豆豉、黑芝麻、黑胡椒、蜂蜜、榧子、薏苡仁、枸杞子、酸枣仁、牡蛎、栀子、甘草、代代花、罗汉果、肉桂、决明子、莱菔子、陈皮、砂仁、乌梅、肉豆蔻、白芷、菊花、藿香、沙棘、郁李仁、青果、薤白、薄荷、丁香、高良姜、银杏、香橼、火麻仁、橘红、茯苓、香薷、红花、紫苏、麦芽、黄芥子、鲜白茅根、荷叶、桑叶、鸡内金、马齿苋、鲜芦根、蒲公英、益智仁、淡竹叶、胖大海、金银花、余甘子、葛根、鱼腥草。

此外,还可以使用如下物质,共分为九类:

(1) 中草药和其他植物。人参、党参、西洋参、黄芪、首乌、大黄、芦荟、枸杞子、巴戟天、荷叶、菊花、五味子、桑葚、薏苡仁、茯苓、广木香、银杏、白芷、百合、山苍子油、山药、鱼腥草、绞股蓝、红景天、莼菜、松花粉、草珊瑚、山茱萸汁、甜味藤、芦根、生地、麦芽、麦胚、桦树汁、韭菜籽、黑豆、黑芝麻、白芍、竹笋、益智仁。

(2) 果品类。大枣、山楂、猕猴桃、罗汉果、沙棘、火棘果、野苹果。

(3) 茶类。金银花茶、草木咖啡、红豆茶、黄芪茶、五味参茶、金花茶、胖大海、凉茶、罗汉果、苦丁茶、南参茶、牛蒡茶。

(4) 菌藻类。乳酸菌、螺旋藻、酵母、冬虫夏草、紫红曲、灵芝、香菇。

(5) 畜禽类。羊肉、乌骨鸡。

(6) 海产品类。海参、牡蛎、海马。

(7) 昆虫爬虫类。蚂蚁、蜂花粉、蜂花乳。

(8) 矿物质与微量元素类。珍珠、钟乳石、玛瑙、龙骨、龙齿、金箔、硒、碘。

(9) 其他类。牛磺酸、变性脂肪、磷酸果糖。

食疗面点、药膳面点是中国面点的宝贵遗产,我们应努力对之加以发掘、整理,努力开发适应现代人需求的食疗面点、药膳面点。

(四) 现代快餐面点的开发

快餐是指为消费者提供日常基本生活需求服务的大众化餐饮。其具有以下特点:制售快捷,食用便利,质量标准,营养均衡,服务简便,价格低廉。快餐面点即是适合做快餐的面点,意指适合快餐的各种特点,且是在快餐中占主导地位的面食制品。

快餐面点只是面点中适合做快餐的一类品种,不是脱离了大众面食而凭空想象的制品。快餐面点要想在竞争中具有强大的生命力,除了具备快餐品种的一般特点外,还应有以下几点特征:

1. 具备风味特色

面点的风味特色是指制品本身所具有的、适合人们的口味,区别于其他制品的特殊性。有风味特色的面点所组成的快餐在竞争中具有较大的优势。此类面点可在流行的大众化面点中去选择,也可发挥创造性思维创新而得。总之,此类面点在销售中应受到顾客的青睐。

2. 适合标准化、机械化的生产

一种面点是否能形成快餐面点,就看它能否适应标准化、工业化生产。标准化的生产是产品统一口味、统一分量、统一质量的保证,它将传统面点制作的随意性改变成现代面点制作的规范性,从而能使面点品种的质量保持稳定,顾客随时来买,随时都可以得到质量上乘、口感一致的品种。面点机械化的生产是指在面点生产中大量采用一些机械设备批量生产。有些面点可以部分或全部用机械来生产。此加工手段,降低了劳动强度,提高了生产效率,降低了生产成本,因此,该类面点适合了快餐所需求的"制售快捷、价格低廉"的特点。

3. 适合连锁经营特性

快餐店的连锁经营就是以作业程序简单化、分工专业化、管理标准化原则从而获得较大的规模效益。快餐业的竞争,其价格战是一大焦点,真正的连锁经营店,快餐中的主要产品都是在快餐厨房、中央厨房或快餐工厂统一采购、统一制作、统一发售,从而能够满足降低成本以降低价格这一要求,在竞争中处于有利地位。快餐面点要适合连锁经营特性,必须便于运输。同时,产品分到各店后,加热要简单,食用方便。例如,发酵面制品,成熟后能整齐地摆放在蒸柜中,到分店后只需稍稍加热即可食用。食用时,可在店内,也可边走边吃,较为方便。

(五) 速冻面点的开发

随着社会经济和科学技术的发展,一些面点的生产方式已经从手工作坊式转向了机械化式,产量猛增,由于人们对面点的日需求量是有限的,因此,一种保藏方法就是非常必要的了。速冻面点的产生打破了传统面点只能"现做现卖"的格局,使人们的生活能跟上时代的快节奏。

速冻面点,是指经过快速冷冻的面点生坯或面点熟制品。速冻面点具有便于贮藏,便于运输的特点,伴随着速冻技术的进步,一些地方特色面点可以打破时空限制,进入千家万户。南方人可以吃到正宗的北方馍,北方人可品尝到广东的粉果;东边城市能见到地道的叶儿粑,西部地区能看到船点的风采。中式面点具有独特的东方风味和浓郁的中国特色,在国外享有很高的声誉,速冻技术的发展,使中国面点打入国际市场,走遍天下变为现实。

适合速冻的面点,主要有水调面团、发酵面团和米及米粉面团,有的适合生冻,有的适合熟冻。水调面团品种适合生冻,主要有水饺、面条、蒸饺、春卷、烧卖等;发酵面团品种适合熟冻,主要有各种包、卷、发面糕、馒头等;米及米粉面团品种适合生冻或熟冻,适宜生冻的主要有各种汤圆、元宵,适宜熟冻的主要有八宝饭等米制品。

思维导图

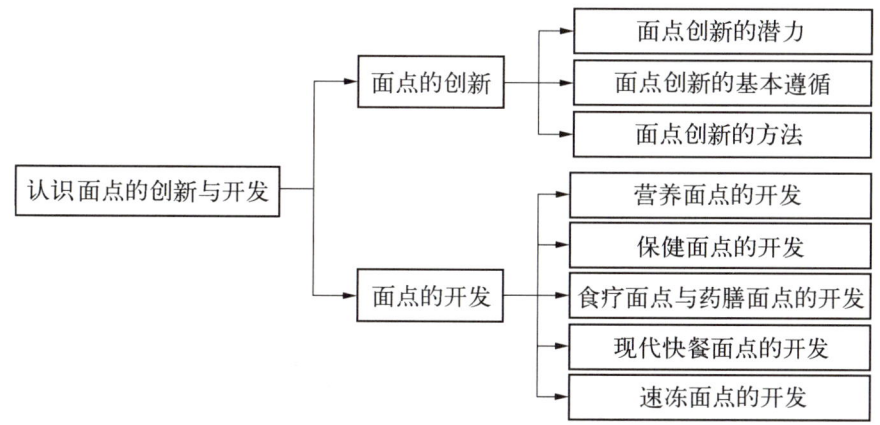

任务测试

一、名词解释

1. 保健面点
2. 速冻面点

二、多项选择题

1. 我们可以从(　　)原料入手进行面点创新。
A. 杂粮　　B. 中药材　　C. 乳制品　　D. 蔬果　　E. 特殊风味原料

2. 我们可以通过(　　)工艺手段进行面点创新。
A. 面团　　B. 馅心　　C. 装饰　　D. 成形　　E. 成熟

3. 保健面点针对的人群有(　　)等。
A. 健康人群　　B. 亚健康人群
C. 特殊生理需要的人群　　D. 健康异常的人群
E. 疾病患者

4. 快餐面点具有(　　)等特征。
A. 制作简便　　B. 风味独特
C. 标准化生产　　D. 机械化生产
E. 适合连锁化经营

三、判断题

1. 制作保健面点时加入一些具有保健功效的食物、药物原料,能够使制成的面点具有调节人体机能的作用。（　　）
2. 快餐面点不同于普通大众面点。（　　）

四、简答题

1. 面点创新的原则是什么？
2. 面点创新的方法有哪些？
3. 人们可以从哪些方面入手进行面点开发？

模块四 面点实训

模块导航

本模块主要介绍水调面团制品制作，膨松面团制品制作，层酥面团制品制作，混酥面团和浆皮面团制品制作，米及米粉面团制品制作，杂粮及其他面团制品制作。

实践操作是面点工艺课程教学的重要组成部分。通过实际操作训练学生的基本功，强化学生的动手能力和面点制作能力，使学生进入工作岗位后能更好地适应岗位工作要求。本模块以面团为主线，通过对各类面团的典型性品种的演示及学生实训，让学生学会制作不同面团的品种。本模块内容共设计了 8 个任务，分别从水调面团、膨松面团、层酥面团、混酥面团与浆皮面团、米及米粉面团、杂粮及其他面团品种的制作，列举了 33 个具有代表性的典型品种作为子任务，详尽列出了每个实践项目的工艺原理与技能运用、实训准备、操作程序、成品特点、质量问题分析、品种变化、实训考核等方面内容，再通过授课教师的详解、示范和学生实训，使学生能够熟练掌握实训面点品种的制作。

实训一　水调面团制品实训

◇ **职业素养目标**
- 树立一丝不苟的工匠精神,培养学生的实践操作能力和勇于探索的创新精神。

◇ **职业能力目标**
- 熟知水调面团制品的风味特色、原料构成及作用,能正确选择所需主辅原料。
- 熟悉水调面团制品的制作工艺,能够按需要正确调制面团、馅心,能够按要求进行生坯成形和熟制。
- 能对水调面团制品的质量进行分析判断。
- 能对水调面团制品进行合理调整和创新。

◇ **典型工作任务**
- 制作冷水面团制品。
- 制作温水和热水面团制品。
- 制作沸水面团制品。

思维导图

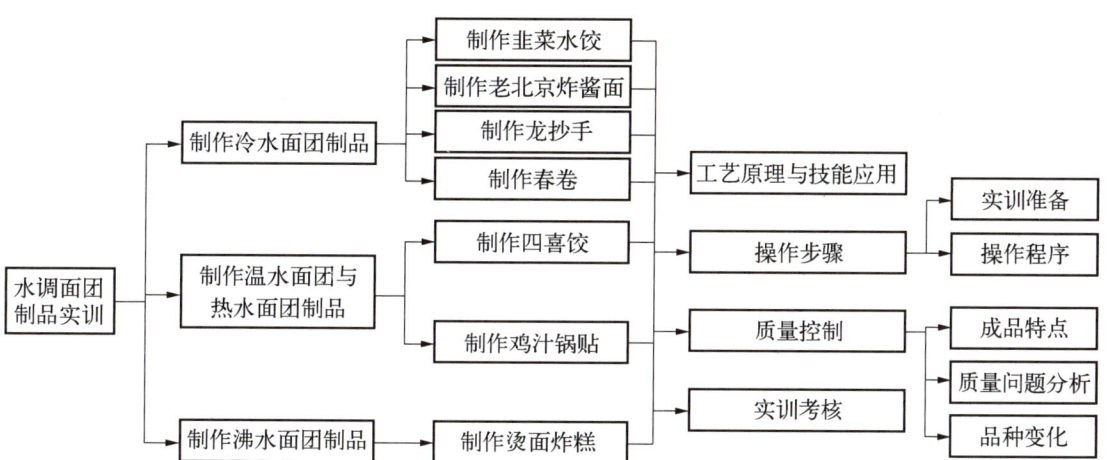

任务一 制作冷水面团制品

问题思考

1. 水饺、面条、春卷对面团的软硬程度有要求吗？
2. 煮制面条、水饺的注意事项是什么？
3. 有馅冷水面团制品的皮馅应如何搭配？

实践操作

韭菜水饺

子任务一 制作韭菜水饺

韭菜水饺是常见的北方水饺，也是水饺的代表品种。学生应掌握以冷水面团制作水饺面坯的方法，掌握面团的软硬度与饧置程度，准确把握韭菜馅心的调制技术，能够熟练进行搓条、下剂、擀皮和包捏成形操作，正确把握水饺煮制质量。

一、工艺原理与技能应用

（1）面团性质：水调面团——冷水面团。
（2）馅心类型：咸馅——生荤素馅。
（3）成形方法：擀皮，上馅，包捏成形。
（4）成熟方法：煮制。

二、操作步骤

（一）实训准备

韭菜水饺参考配方与实训要求如表 4-1 所示。

表 4-1　　　　　　　韭菜水饺参考配方与实训要求

参考配方			实训要求	
半成品	原料	重量	事项	要求
面团	中筋面粉/克	500	产品规格/克	30
	清水/毫升	220	出品量/个	55
馅心	猪绞肉/克	400	设备	煮灶、案板
	韭菜末/克	450	器具	煮锅、笊篱、刮板、擀面棍、不锈钢盆、馅挑、盘子
	姜末/克	10		
	葱花/克	50		
	清水/毫升	50		
	食盐/克	10		
	味精/克	5		

续 表

参　考　配　方			实　训　要　求	
半成品	原料	重量	事项	要求
馅心	胡椒粉/克	3	—	
	酱油/毫升	15		
	料酒/毫升	10		
	芝麻油/毫升	15		

（二）操作程序

（1）面团调制。按照配方称量好足量的皮坯，将面粉置于案板上，用手刨成"凹"字形，在面塘内加入清水，然后调团、揉面，将面团揉匀揉透，达到弹韧性适中，有较好延展性的效果，盖上湿毛巾饧置。

（2）馅心制作。把猪绞肉放入盆中，加食盐、味精、胡椒粉、料酒、酱油，用手搅拌均匀后，分次加入少许清水，搅至肉蓉黏稠后加入芝麻油、葱花拌匀，抹平，将韭菜末放在肉馅上，现包现拌。

（3）成形。在案板撒上少许干面粉，将饧好的面团轻轻搓条，摘成重量为13 g的剂子，补粉，用擀面棍擀成中间厚边缘薄，直径5 cm的圆皮，在面剂中放入约17 g馅心，对折，双手拇指、食指配合，一次性将封口捏紧、压薄，成水饺生坯。

（4）熟制。煮锅加水烧开，将水饺生坯投入开水，煮约6分钟，检验成熟后，捞出装盘。

三、质量控制

（一）成品特点

皮薄馅足，饺肚饱满，封口紧密整齐，表皮色白，光洁度好，面皮口感滑韧，馅心口感鲜嫩，整体口味咸鲜，韭菜香气突出。

（二）质量问题分析

（1）如果生坯露馅、流汁，从配方上来说，应考虑和面用水是否欠缺；从操作过程来说，应考虑饧置时间是否足够。

（2）如果生坯外形下塌，一般来说是面团过软所致。

（3）如果生坯形状完整，但煮制时露馅，可能是面团偏软所致；或者是由于韭菜与肉馅搅拌过早，韭菜出水过多所致；最后，也可能是搅动过于频繁所致。

（4）如果馅心口感粗糙，从原材料的角度，首先考虑绞肉的肥瘦比例是否得当，其次考虑粗细度是否太粗；从操作过程来说，考虑是否充分搅打。

（5）如果口味出现偏差，首先控制好调料的用量及比例，应注意皮馅比例的变化也会影响口味。

（三）品种变化

以水饺为筵席点心时，操作者应首先提升食材的品质，用虾仁、海参、鱼肉等更高档的食材作为馅心；提升外形的美观度，用捏的方式成形，改良外形使之更加美观。同时，韭菜可调整为其他蔬菜，猪肉可调整为其他肉类。

四、实训考核

韭菜水饺实训操作评分标准如表4-2所示。

表4-2　　　　　　　　　　韭菜水饺实训操作评分标准

项　　目			评　分　标　准	分值分配	实际得分
操作过程	原料准备		原料准备到位,原料质量、用量符合要求	5	
	设备器具准备		设备器具准备到位,卫生符合要求,设备运行正常	5	
	操作时间		90分钟	5	
	操作规程	面团调制	❶ 面团软硬适中 ❷ 面团饧置适度	8	
		制馅	❶ 调味料用量准确 ❷ 馅心咸淡鲜香适宜	7	
		成形	❶ 皮馅比例适中 ❷ 形态符合要求	8	
		成熟	❶ 蒸笼刷油后放入生坯 ❷ 蒸锅内水量充足 ❸ 蒸制时间适度	7	
	卫生习惯		❶ 个人卫生整洁 ❷ 工作完成后,工位干净整洁 ❸ 操作过程符合卫生规范	15	
成品质量	成品形状		木鱼形	10	
	成品色泽		洁白	10	
	成品质感		皮滑韧,馅鲜嫩	10	
	成品口味		馅心鲜嫩多汁,韭菜香气突出	10	
合　　计				100	

子任务二　制作老北京炸酱面

老北京炸酱面是北京地区家喻户晓的面食品种,用肉丁炸酱和菜码拌面,既是家常便餐,也可登大雅之堂。通过实训练习,学生应掌握以冷水面团制作面条面坯的方法,能够恰当掌握面团的软硬度与饧置程度,准确把握炸酱面臊的制作技术,能够熟练进行擀片、压片、切面操作,熟悉把握面条煮制质量要求。

一、工艺原理与技能应用

(1) 面团性质：水调面团——冷水面团。
(2) 面臊类型：干焖面臊和蔬菜码。
(3) 成形方法：擀皮，切制成形。
(4) 成熟方法：煮制。

二、操作步骤

(一) 实训准备

老北京炸酱面参考配方与实训要求如表 4-3 所示。

表 4-3　　　　老北京炸酱面参考配方与实训要求

参考配方			实训要求	
半成品	原料	重量	事项	要求
面团	中筋面粉/克	500	产品规格/克	250
	食盐/克	5	出品量/碗	5
	清水/毫升	180	设备	炒灶、煮灶、案板
	玉米淀粉/克	适量	器具	炒锅、煮锅、笊篱、刮板、切刀、擀面棍、不锈钢盆、碗、盘子
面臊	去皮猪五花肉丁/克	150		
	姜末/克	5		
	黄酱/克	100		
	甜面酱/克	50		
	黄酒/毫升	30		
	清水/毫升	50		
	蒜苗末/克	25		
	水煮黄豆/克	50		
	焯水绿豆芽/克	50		
	黄瓜丝/克	50		
	胡萝卜丝/克	50		
	苤蓝丝/克	50		

(二) 操作程序

(1) 面团调制。按照配方称量好皮坯原料，将面粉置于案板上，用手刨成"凹"字形，面塘内加入清水、食盐，然后调团、揉面，将面团揉匀揉光滑，达到弹韧性强的效果，盖上湿毛巾饧置。

(2) 成形。用擀面棍将饧好的面团擀压变薄，撒上少许玉米淀粉，对折压薄，打开补淀粉,向前推擀至光滑,抽出擀面棍,用擀面棍擀压面卷,重复打开、补粉、推擀、擀压,至面皮厚约 3 mm,打开面卷,切成 3 片叠放,再折叠,用切刀以 3 mm 为间距切面,打开抖粉,摆入盘中,即成长约 40 cm 的面条生坯。

(3) 面臊制作。炒锅加底油,加热至 120 ℃,下入去皮五花猪肉丁,炒至断生、出油,出锅盛装;炒锅补底油,加热至 3 成热,倒入用甜面酱、黄酒、清水搅匀的黄酱,小火熬至香味逸出,加入肉丁继续小火熬制 20 分钟至酱汁浓稠、香味浓郁,出锅装碗,将菜码整齐装盘。

(4) 熟制。煮锅加水烧开,将面条生坯投入开水中,煮约 3 分钟,检验成熟后,捞出过凉开水,沥水装碗,盛入炸酱肉丁,食用前,加入菜码拌匀。

三、质量控制

(一) 成品特点

面条粗细均匀,颜色洁白,炸酱棕红,面条口感筋道,肉丁干香,菜码爽脆,整体口味酱香浓郁,口感层次丰富。

(二) 质量问题分析

(1) 如果面条易断节,从原料及配方角度考虑面粉筋度是否偏低,水量不足;从操作角度首先考虑和面后是否充分揉面,饧置时间是否充足;从熟制角度考虑煮制时间是否过长。

(2) 如果生坯外形粗细不匀,一般来说系擀压面片薄厚不匀、刀工间距不匀。

(3) 如果肉丁口感过硬,可能系最初炒制肉丁火候过大、时间过长。

(4) 如果炸酱偏稀,从配方角度考虑黄酒、清水是否偏多,从熟制角度考虑炒酱时间不够;如果炸酱太干,从配方角度考虑黄酒、清水是否偏少,从熟制角度考虑炒酱是否火候太大,时间是否太长。

(5) 如果口味偏咸,首先考虑制面臊时黄酱、甜面酱的用量及比例是否合理,其次考虑面臊是否过多。

(三) 品种变化

若改为筵席点心,则一般要减少盛装数量,刀工精益求精,盛装、码放要美观;菜码可根据季节和口味调整为其他蔬菜;猪五花肉丁可调整为其他部位肉或其他肉类。

四、实训考核

老北京炸酱面实训操作评分标准如表 4-4 所示。

表 4-4 老北京炸酱面实训操作评分标准

项 目		评 分 标 准	分值分配	实际得分
操作过程	原料准备	原料准备到位,原料质量、用量符合要求	5	
	设备器具准备	设备器具准备到位,卫生符合要求,设备运行正常	5	
	操作时间	90 分钟	5	

续 表

项目			评 分 标 准	分值分配	实际得分
操作过程	操作规程	面团调制	❶ 面团硬度适宜 ❷ 面团饧置适度	8	
		制面臊	❶ 调味料用量准确 ❷ 火候适度	7	
		成形	❶ 长短粗细均匀 ❷ 码放整齐无粘连	8	
		成熟	❶ 煮锅内水量充足 ❷ 煮制时间适度 ❸ 过凉程度恰当	7	
	卫生习惯		❶ 个人卫生整洁 ❷ 工作完成后,工位干净整洁 ❸ 操作过程符合卫生规范	15	
成品质量	成品形状		条状	10	
	成品色泽		面条洁白,炸酱棕红	10	
	成品质感		面条筋道,肉丁干香	10	
	成品口味		酱香浓郁,咸鲜适中,蔬菜清香	10	
合　　计				100	

子任务三　制作龙抄手

龙抄手是成都小吃的代表品种,自创制以来一直深受喜爱,是常见的小吃。通过实训练习,学生应掌握以冷水面团制作抄手面坯的方法,能够恰当掌握面团的软硬度与饧置程度,准确把握水打馅的制作技术,能够熟练进行擀片、压片、切皮、上馅、成形操作,能正确把握抄手煮制和汤汁兑制质量要求。

一、工艺原理与技能应用

（1）面团性质：水调面团——冷水面团。
（2）馅心类型：生荤馅。
（3）成形方法：包馅折叠。
（4）成熟方法：煮制。

二、操作步骤

（一）实训准备

龙抄手参考配方与实训要求如表 4-5 所示。

表 4-5　　　　　　　　　　　龙抄手参考配方与实训要求

参考配方			实训要求	
半成品	原料	重量	事项	要求
皮坯	抄手皮/张	60	产品规格/个	6
馅心	猪瘦肉蓉/克	300	出品量/碗	10
	食盐/克	8	设备	煮灶、案板
	白胡椒粉/克	2	器具	煮锅、筮篱、刮板、切刀、擀面棍、不锈钢盆、碗、馅挑、勺子、盘子
	味精/克	4		
	料酒/毫升	5		
	芝麻油/毫升	10		
	鸡蛋液/克	60		
	生姜水/毫升	30		
	鲜汤/毫升	200		
汤汁	原汤/毫升	1 000		
	食盐/克	10		
	味精/克	5		
	胡椒粉/克	3		
	葱花/克	10		

（二）操作程序

（1）馅心调制。猪肉蓉加食盐、味精、胡椒粉、料酒、鸡蛋液搅拌均匀，加入生姜水（生姜拍破浸泡清水中的浸泡液）搅拌至肉蓉变稠，分次加入鲜汤，用力顺一个方向搅打至汤汁被肉蓉全部吸收，肉蓉呈黏稠糊状，最后加入芝麻油搅匀。

（2）包馅成形。左手取 1 张抄手皮，右手用馅挑挑取 10 g 馅心置于抄手皮中，向内对折抄手皮，用馅挑轻抹左角，左手食指轻匀，将左右角粘捏在一起，即成菱角形抄手生坯。

（3）定碗味。将食盐、胡椒粉、味精、原汤均匀分于 10 个小碗内。

（4）成熟。煮锅加水烧开，将抄手生坯投入开水中，立即用勺轻轻推转，以防粘连，待水复沸后，加少量冷水，煮至生坯皮起皱，最后用漏瓢捞出沥干水分，置于已定味碗中，撒上葱花。

三、质量控制

（一）成品特点

抄手形似菱角，颜色洁白，汤鲜味醇，抄手皮薄滑爽，馅心饱满细嫩，整体口味咸鲜醇香。

（二）质量问题分析

（1）如果抄手皮缺乏韧性且易碎，可能是面粉筋力不足、面团揉制不充分、饧面时间短、抄手煮制时间过长等原因。

（2）如果抄手皮薄厚不匀，一般来说是面片擀压不匀。

(3) 如果煮制时抄手易散开,从成形角度考虑接口未粘捏牢固,从熟制角度考虑火力过大、过猛。

(4) 如果馅心口感不细嫩,一般来说有三种可能：一是肉蓉不够细,二是加水不足,三是搅打未上劲。

(5) 如果口味偏咸,首先应考虑制馅、兑汤的调料用量及比例,其次注意馅心包入是否过多。

(三) 品种变化

若作为筵席点心,一般要减少盛装数量;在面团中加入蛋液,使抄手皮口感更加爽滑;猪瘦肉可调整为其他肉类,如鸡肉、虾肉、鱼肉等;汤汁口味可采用酸辣、红油、骨汤等味型。

四、实训考核

龙抄手实训操作评分标准如表 4-6 所示。

表 4-6　　　　　　　　　龙抄手实训操作评分标准

项目			评　分　标　准	分值分配	实际得分
操作过程	原料准备		原料准备到位,原料质量、用量符合要求	5	
	设备器具准备		设备器具准备到位,卫生符合要求,设备运行正常	5	
	操作时间		90 分钟	5	
	操作规程	面团调制	❶ 面团硬度适宜 ❷ 面团饧置适度	8	
		制馅、汤汁	❶ 调味料用量准确 ❷ 馅心搅打上劲	7	
		成形	❶ 抄手皮薄厚、大小一致 ❷ 上馅均匀无漏馅 ❸ 粘捏牢固形状美观	8	
		成熟	❶ 煮锅内水量充足 ❷ 煮制时间适度 ❸ 煮制火候恰当	7	
	卫生习惯		❶ 个人卫生整洁 ❷ 工作完成后,工位干净整洁 ❸ 操作过程符合卫生规范	15	
成品质量	成品形状		菱角状	10	
	成品色泽		抄手洁白,鸡汤清澈	10	
	成品质感		皮滑馅嫩	10	
	成品口味		咸鲜醇香	10	
合　计				100	

子任务四 制作春卷

春卷食用方便,馅料变化多样,是典型的春季食品。通过实训练习,学生应掌握以冷水稀软面团制作春卷皮的方法,能够恰当掌握面团的软硬度与饧置程度,准确把握春卷馅心的制作技术,能够熟练进行甩面、炙锅、摊皮操作,能正确把握春卷皮烙制质量要求。

一、工艺原理与技能应用

(1) 面团性质:水调面团——冷水面团。
(2) 馅心类型:熟馅——红油三丝。
(3) 成形方法:摊。
(4) 成熟方法:烙制。

二、操作步骤

(一) 实训准备

春卷参考配方与实训要求如表4-7所示。

表4-7　　　　　春卷参考配方与实训要求

参考配方			实训要求	
半成品	原料	重量	事项	要求
面团	中筋面粉/克	500	产品规格/克	13
	食盐/克	8	出品量/张	60
	清水/毫升	350	设备	砂锅灶
	色拉油/毫升	30	器具	鏊子、油刷、不锈钢盆、盘子
馅心	熟鸡肉丝/克	300		
	焯水绿豆芽/克	200		
	焯水胡萝卜丝/克	100		
	红油/毫升	50		
	复制酱油/毫升	20		
	味精/克	5		
	熟芝麻/克	30		

(二) 操作程序

(1) 面团调制。将皮坯原料按照配方称量好,面粉、食盐置于盆中,陆续加入清水,用手搅拌、和匀成团,同向搅打至面团筋力增强、不粘盆,盖上湿毛巾饧置1小时。

(2) 成形、熟制。点火加热鏊子至120℃,调成微火,刷抹少量油炙锅,右手取约三分之一面团,不断甩动,轻轻在鏊子上揉一下,使鏊子表面粘上一层薄面皮,提起面团继续甩动,待面皮全部变白,左手取下面皮置于盘中。在鏊子上抹油,重复以上动作,直至面团用尽,春卷皮即制作完成。

(3）馅心制作。将熟鸡肉丝、绿豆芽、胡萝卜丝放入盆内,加调味品拌匀,装盘撒上熟芝麻即成馅心。食用时取一张春卷皮,放入适量馅心卷成筒状,折好下端即可。

三、质量控制

（一）成品特点

春卷皮色白,薄而均匀,口感细韧绵软,馅心红亮,脆嫩相间,整体口味咸鲜、微辣、香浓,口感层次丰富。

（二）质量问题分析

（1）如果面团甩不动,考虑和面的水量是否欠缺;如果面团在手上流动性过强,难以控制,从配方上考虑和面的水量是否偏多,从操作过程考虑饧置时间是否足够。

（2）如果鏊子粘不上面皮,考虑鏊子温度是否过低,同时检查抹油量是否过多。

（3）如果春卷皮过厚或太薄,从配方角度考虑面团水量偏少,导致春卷皮偏厚,水量偏多则相反;从鏊子温度考虑温度过高导致皮厚,温度偏低导致皮薄。

（4）如果春卷皮有小孔洞,发脆,从配方角度考虑食盐量偏多;从鏊子温度考虑温度过高。

（5）如果口味偏咸,首先考虑酱油、食盐的用量及比例,其次考虑春卷皮面团加盐量,最后可考虑馅心是否过多。

（三）品种变化

若改为筵席点心,一般要减少装馅数量,可刀工处理成品,盛装、码放要美观;馅心品种可随意调整。

四、实训考核

春卷实训操作评分标准如表 4-8 所示。

表 4-8　　　　　　　　春卷实训操作评分标准

项 目			评 分 标 准	分值分配	实际得分
	原料准备		原料准备到位,原料质量、用量符合要求	5	
	设备器具准备		设备器具准备到位,卫生符合要求,设备运行正常	5	
	操作时间		90 分钟	5	
操作过程	操作规程	面团调制	❶ 面团软度适宜 ❷ 面团饧置适度	8	
		制馅	❶ 调味料用量准确 ❷ 拌制时机恰当	7	
		成形	❶ 大小薄厚均匀 ❷ 码放整齐	8	
		成熟	❶ 鏊子温度适当 ❷ 炙锅油量适度 ❸ 烙制时间恰当	7	

续表

项　目		评　分　标　准	分值分配	实际得分
操作过程	卫生习惯	❶ 个人卫生整洁 ❷ 工作完成后，工位干净整洁 ❸ 操作过程符合卫生规范	15	
成品质量	成品形状	薄饼状	10	
	成品色泽	春卷皮洁白，馅心红亮	10	
	成品质感	春卷皮细韧绵软，馅心脆嫩	10	
	成品口味	咸鲜适中，微辣香浓	10	
合　计			100	

任务二　制作温水与热水面团制品

问题思考

1. 四喜饺、炸三角面团的调制水温相差多少？
2. 在调制温水与热水面团时，为何要在刚成团后将面团摊开或切成小块？
3. 温水与热水面团制品为何不宜煮制？

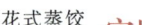
花式蒸饺

实践操作

子任务一　制作四喜饺

四喜饺是典型的花色饺，色彩美观艳丽，口味多样。通过实训练习，学生应掌握以温水面团制作四喜饺面坯的方法，恰当掌握面团的软硬度与饧置程度，准确把握熟荤馅心的制作技术，能够熟练进行搓条、下剂、擀皮、包捏成形操作，能正确把握四喜饺蒸制质量要求。

一、工艺原理与技能应用

（1）面团性质：水调面团——温水面团。
（2）馅心类型：咸馅——熟荤素馅。
（3）成形方法：擀皮，上馅，包、捏成形。
（4）成熟方法：蒸制。

二、操作步骤

（一）实训准备

四喜饺参考配方与实训要求如表4-9所示。

表 4-9　　　　　　　　　　　　　四喜饺参考配方与实训要求

参考配方			实训要求	
半成品	原料	重量	事项	要求
面团	中筋面粉/克	350	产品规格/克	25
	60℃温水/毫升	175	出品量/个	50
馅心	猪绞肉/克	400	设备	炒灶、蒸灶、案板
	水发虾米末/克	50	器具	炒锅、蒸锅、笼屉、刮板、擀面棍、不锈钢盆、不锈钢碗、馅挑、油刷
	葱花/克	30		
	色拉油/毫升	50		
	酱油/毫升	10		
	食盐/克	5		
	花椒粉/克	1		
	胡椒粉/克	1		
	味精/克	3		
	料酒/毫升	10		
装饰	熟蛋白末/克	100		
	熟木耳末/克	100		
	熟火腿末/克	100		
	熟菠菜末/克	100		
	味精/克	2		
	芝麻油/毫升	5		
	食盐/克	5		

(二) 操作程序

(1) 面团调制。按照配方称量好皮坯原料,将面粉置于案板上,用手刨成"凹"字形,在面塘内加入60℃温水,调团、揉面,将面团揉匀,切成小块,凉透,再揉制均匀,达到光滑、弹韧性适中的效果,盖上湿毛巾饧置。

(2) 馅心制作。炒锅加底油,加热至120℃,放入猪绞肉炒至松散、断生,加入水发虾米末、料酒、酱油、食盐、味精炒匀,出锅装入盆中,加胡椒粉、花椒粉、葱花、芝麻油拌匀,即成主体馅心;将熟的蛋白末、菠菜末、火腿末、木耳末加味精、食盐、芝麻油拌匀,成辅助馅料。

(3) 成形。在案板撒上少许干面粉,将饧好的面团轻轻搓条,摘成约10 g大小的剂子,用擀面棍擀成厚薄一致、直径6 cm的圆皮,用馅挑放入约10 g主体馅心,用拇指、食指捏合成中间粘合、边缘呈空洞状,每个空洞分别填满不同的辅助馅料,捏紧四角。

(4) 熟制。将生坯摆入刷过油的笼屉,放入蒸锅,加盖,沸水蒸约6分钟,检验成熟后下屉。

三、质量控制

(一) 成品特点

形状饱满,皮薄馅足,表皮光洁色白,辅助馅料色彩明快艳丽,孔洞大小均匀,面皮口感软滑,馅心口感松散,整体口味咸鲜、层次丰富。

(二) 质量问题分析

(1) 如果生坯外形下塌,考虑面团过软,从配方角度考虑水量是否偏多;从操作流程考虑水汽是否散净。

(2) 如果生坯形状完整,但蒸制后偏塌,从面团角度考虑面团偏软;从操作过程考虑成形时主体馅心是否上偏。

(3) 如果成品出现捏口开裂,从面团角度考虑面团偏硬;从操作过程考虑上馅时主体馅心偏多或面皮边缘沾上馅心油脂。

(4) 如果馅心口感粗糙,从原材料的角度考虑绞肉的肥瘦比例是否得当,粗细度是否足够;从操作过程考虑炒制时间是否过长。

(5) 如果口味出现偏差,首先考虑调料的用量及比例是否适当,同时注意皮馅比例。

(三) 品种变化

主体馅心可为虾仁、鸡肉、鱼肉等食材;辅助馅料可以调整为其他色彩明快的食材,如海参、火腿、香菇、咸蛋黄、青豆、紫甘蓝、油菜叶等。

四、实训考核

四喜饺实训操作评分标准如表 4-10 所示。

表 4-10 四喜饺实训操作评分标准

项目			评分标准	分值分配	实际得分
操作过程	原料准备		原料准备到位,原料质量、用量符合要求	5	
	设备器具准备		设备器具准备到位,卫生符合要求,设备运行正常	5	
	操作时间		90 分钟	5	
	操作规程	面团调制	① 面团软硬适中 ② 面团光滑细腻	8	
		制馅	① 调味料用量准确 ② 馅心咸淡鲜香适宜	7	
		成形	① 皮馅比例适中 ② 形态符合要求	8	
		成熟	① 蒸笼刷油后放入生坯 ② 蒸锅内水量充足 ③ 蒸制时间适度	7	

续 表

项　　目		评　分　标　准	分值分配	实际得分
操作过程	卫生习惯	❶ 个人卫生整洁 ❷ 工作完成后,工位干净整洁 ❸ 操作过程符合卫生规范	15	
成品质量	成品形状	四瓣花	10	
	成品色泽	面皮洁白,辅助馅料鲜艳	10	
	成品质感	皮滑软,馅香鲜	10	
	成品口味	馅心口味咸鲜、层次丰富	10	
合　　计			100	

子任务二　制作鸡汁锅贴

鸡汁锅贴是重庆著名小吃,广受欢迎,也是典型的热水面团品种。通过实训练习,学生应掌握以热水面团制作锅贴面坯的方法,能够恰当掌握面团调制方法和软硬程度,准确把握调制水打馅心的技术,能够熟练进行搓条、下剂、擀皮、包捏成形操作,能正确把握锅贴煎制质量要求。

一、工艺原理与技能应用

(1) 面团性质:水调面团——热水面团。
(2) 馅心类型:咸馅——生荤馅。
(3) 成形方法:擀皮,上馅,包、捏成形。
(4) 成熟方法:煎制。

二、操作步骤

(一) 实训准备

鸡汁锅贴参考配方与实训要求如表 4-11 所示。

(二) 操作程序

(1) 面团调制。按照配方称量好皮坯原料,将面粉置于案板上,用手刨成"凹"字形,在面塘内加入 90 ℃热水,用擀面棍搅匀,洒少许清水,揉制成团,切成小块,凉透,再揉制均匀,达到光滑、可塑性适中的效果,盖上湿毛巾饧置。

(2) 馅心制作。将猪肉蓉放入盆内,加食盐、料酒拌匀,分次加入鸡汤和姜葱水,始终同向搅打上劲至肉蓉稳定吸收汁水呈黏稠糊状,加入味精、白胡椒粉、白糖、芝麻油拌匀。

(3) 成形。在案板撒上少许干面粉,将饧好的面团轻轻搓条,摘成约 10 g 的剂子,用擀面棍擀成厚薄一致、直径 6 cm 的圆皮,用馅挑放入约 15 g 馅心,对折面皮,用拇指、食指捏合成有褶皱的月牙饺形。

表 4-11　　　　　　　　　　鸡汁锅贴参考配方与实训要求

参考配方			实训要求	
半成品	原料	重量	事项	要求
面团	中筋面粉/克	400	产品规格/克	25
	90℃热水/毫升	240	出品量/个	60
馅心	猪肉蓉/克	600	设备	炉灶、案板
	食盐/克	15	器具	平底锅、刮板、擀面棍、不锈钢盆、馅挑、碗、盘子
	味精/克	5		
	胡椒粉/克	2		
	料酒/毫升	10		
	芝麻油/毫升	15		
	白糖/克	10		
	鸡汤/毫升	150		
	姜葱水/毫升	150		
辅料	化猪油/克	100		
	色拉油/毫升	10		
	清水/毫升	400		

（4）熟制。将平底锅置于小火上，加入猪油加热至融化，将生坯整齐摆入锅中，小火煎制 10 秒钟，洒入水油混合物，达到生坯高度的五分之一处，盖严锅盖，确保受热均匀，待锅内发出轻微爆裂声，揭开锅盖，再洒少量水油混合物，盖严锅盖，确保平底锅均匀受热，待爆裂声消失，检查制品底部焦黄，起锅装盘即成。

三、质量控制

（一）成品特点

形状饱满、皮薄、馅足、汁多，表皮亮白，底部棕黄，面皮口感软滑，底部酥脆，馅心口感细嫩，汤汁鲜美，整体口味咸鲜。

（二）质量问题分析

（1）如果生坯外形下塌，考虑面团过软，从配方角度考虑水量偏多，从操作流程考虑水汽是否散净。

（2）如果成品捏口开裂，从面团角度考虑面团偏硬；从操作过程考虑主体馅心偏多或面皮边缘粘上馅心，同时，考虑煎制时洒水量是否到位。

（3）如果成品底部颜色深浅不一，考虑生胚煎制时受热不匀。

（4）如果馅心口感粗糙，从原材料的角度考虑肉蓉粗细度是否合适；从操作过程考虑搅打是否上劲。

（5）如果口味出现偏差，首先考虑馅心调料的用量及比例，同时注意皮馅比例的变化也会影响口味。

(三) 品种变化

主体馅心可为虾仁、鸡肉、鱼肉等食材；可采用鸡汤皮冻碎拌入肉蓉；煎制时，水油混合物中可加入适量细玉米粉、面粉等，煎制后，成品周边可出现蜂窝状薄脆，利于美观。

四、实训考核

鸡汁锅贴实训操作评分标准如表 4-12 所示。

表 4-12　　　　　鸡汁锅贴实训操作评分标准

项　目			评　分　标　准	分值分配	实际得分
操作过程	原料准备		原料准备到位，原料质量、用量符合要求	5	
	设备器具准备		设备器具准备到位，卫生符合要求，设备运行正常	5	
	操作时间		90 分钟	5	
	操作规程	面团调制	❶ 面团软硬适中 ❷ 面团光滑细腻	8	
		制馅	❶ 调味料用量准确 ❷ 馅心咸淡鲜香适宜	7	
		成形	❶ 皮馅比例适中 ❷ 形态符合要求	8	
		成熟	❶ 平底锅加油后放入生坯 ❷ 洒水量恰当 ❸ 煎制时间适度	7	
	卫生习惯		❶ 个人卫生整洁 ❷ 工作完成后，工位干净整洁 ❸ 操作过程符合卫生规范	15	
成品质量	成品形状		月牙饺	10	
	成品色泽		面皮亮白，底部棕黄	10	
	成品质感		皮滑软，底酥脆，馅滑鲜	10	
	成品口味		馅心、汤汁口味咸鲜	10	
合　计				100	

任务三　制作沸水面团制品

问题思考

1. 调制沸水面团的面粉为什么必须提前过筛？
2. 沸水面团与热水面团调制技术的不同点有哪些？
3. 常见的沸水面团制品有哪些？

实践操作

子任务　制作烫面炸糕

烫面炸糕是典型的沸水面团制品，遍布全国，虽馅心、形状有所区别，但采用沸水面团作为皮坯却是一致的。通过实训练习，学生应掌握以沸水面团制作炸糕面坯的方法，能够恰当掌握面团的软硬度，准确把握调制糖馅的技术，能够熟练进行搓条、下剂、按皮、包捏成形操作，能正确把握烫面炸糕炸制质量要求。

一、工艺原理与技能应用

(1) 面团性质：水调面团——沸水面团。
(2) 馅心类型：甜馅——红糖馅。
(3) 成形方法：按皮，上馅，包、按成形。
(4) 成熟方法：炸制。

二、操作步骤

(一) 实训准备

烫面炸糕参考配方与实训要求如表 4-13 所示。

表 4-13　　烫面炸糕参考配方与实训要求

参考配方			实训要求	
半成品	原料	重量	事项	要求
面团	中筋面粉/克	500	产品规格/克	50
	小苏打/克	6	出品量/个	30
	沸水/毫升	500	设备	炒灶、炸灶、案板
馅心	化猪油/克	100	器具	炒锅、炸锅、面筛、刮板、擀面棍、不锈钢盆、漏勺
	红糖粉/克	400		
	熟面粉/克	150		
辅料	色拉油/毫升	2 000		

(二) 操作程序

(1) 面团调制。皮坯原料按照配方称量好，面粉过筛置于盆中；炒锅置于中火上，加入清水烧沸，用擀面棍搅动沸水，使其形成漩涡，陆续投入面粉，并用擀面棍不停搅动，待面粉全部烫透、水汽收干，倾倒在案板上，切成小块，凉透，加入小苏打揉制均匀，达到光滑、可塑性强的效果，盖上湿毛巾饧置。

(2) 馅心制作。将红糖粉、熟面粉拌匀，加入化猪油擦匀、擦透，即成红糖馅，均匀分成 30 份，团成球状。

（3）成形。将饧好的面团轻轻搓条,摘成约30 g大小的剂子;取一个剂子,用手掌按成中间厚边缘薄、直径5 cm的圆皮,包入红糖馅,封口,置于案板上,用拇指根部将其按成厚约8 mm的饼状,即成炸糕生坯。

（4）熟制。将炸锅里的油加热至180℃,放入生坯,炸至表面颜色金黄、表皮酥脆,检验后,捞出沥油即成。

三、质量控制

（一）成品特点

色泽金黄,表皮均匀分布细腻小泡,馅心为棕褐色,表皮酥、里皮软,馅心呈半流体,整体口味香甜不腻。

（二）质量问题分析

（1）如果生坯外形易变,一般来说是面团过软,从配方角度考虑水量是否偏多;从操作流程考虑水汽是否散净。

（2）如果成品封口露馅,原因是封口不严或炸制时间过长。

（3）如果成品出现表皮开裂,从面团配方角度考虑面团偏硬。

（4）如果成品面皮口感发硬,从面团配方角度考虑面团偏硬;从熟制角度考虑油温偏低。

（5）如果成品表皮发焦,而馅心未融化,从熟制角度考虑油温偏高所致;从操作过程考虑馅心是否擦透。

（三）品种变化

调制沸水面团时,可加入猪油、奶油、鸡蛋、香草粉等原料,以调节口感、口味;馅心可选用豆沙馅、桂花白糖馅、山楂馅、枣泥馅等甜馅心;生坯形状也可以变为牛舌形、三角形等。

四、实训考核

烫面炸糕实训操作评分标准如表4-14所示。

表4-14　　　　　烫面炸糕实训操作评分标准

项目			评分标准	分值分配	实际得分
操作过程	原料准备		原料准备到位,原料质量、用量符合要求	5	
	设备器具准备		设备器具准备到位,卫生符合要求,设备运行正常	5	
	操作时间		90分钟	5	
	操作规程	面团调制	❶ 面团软硬适中 ❷ 面团光滑细腻	8	
		制馅	❶ 原料用量准确 ❷ 馅心细腻均匀	7	
		成形	❶ 皮馅比例适中 ❷ 形态符合要求	8	

续 表

项　　目		评　分　标　准	分值分配	实际得分
操作过程	操作规程	成熟　❶ 炸制油温准确　❷ 炸锅内油量充足　❸ 炸制时间适度	7	
	卫生习惯	❶ 个人卫生整洁　❷ 工作完成后，工位干净整洁　❸ 操作过程符合卫生规范	15	
成品质量	成品形状	饼状	10	
	成品色泽	表皮金黄，馅心棕褐	10	
	成品质感	表皮酥、里皮软，馅心呈半流体	10	
	成品口味	整体口味香甜不腻	10	
合　　计			100	

实训测试

一、填空

1. 韭菜水饺的成熟方式是_____。
2. 四喜饺皮坯属于水调面团中的_____面团。
3. 在熟制鸡汁锅贴的过程中，一般要洒_____次水油混合物。
4. 按照软硬度，春卷皮面团属于_____面团。

二、单项选择题

1. 下列面点中，皮坯面团为沸水面团的是（　　）。
   A. 龙抄手　　　　B. 烫面炸糕　　　　C. 鸡汁锅贴　　　　D. 四喜饺
2. 四喜饺馅心种类是（　　）。
   A. 甜馅　　　　　B. 生馅　　　　　　C. 素馅　　　　　　D. 熟馅
3. 鸡汁锅贴的熟制方式是（　　）。
   A. 烙制　　　　　B. 炸制　　　　　　C. 蒸制　　　　　　D. 煎制
4. 下列面点中，需要在熟制过程中进行成形的是（　　）。
   A. 四喜饺　　　　B. 韭菜水饺　　　　C. 春卷　　　　　　D. 鸡汁锅贴
5. 下列面点中，需要食者自己搭配皮馅比例的是（　　）。
   A. 四喜饺　　　　B. 韭菜水饺　　　　C. 春卷　　　　　　D. 鸡汁锅贴

三、多项选择题

1. 下列面团中，不适合煮制的有（　　）。
   A. 冷水面团　　B. 温水面团　　C. 热水面团　　D. 沸水面团　　E. 三生面
2. 下列面点中，操作过程涉及擀制的品种有（　　）。
   A. 龙抄手　　　B. 老北京炸酱面　C. 四喜饺　　　D. 烫面炸糕　　E. 春卷皮
3. 下列面点中，对面团筋力有很高要求的有（　　）。
   A. 老北京炸酱面　B. 四喜饺　　　C. 韭菜水饺　　D. 龙抄手　　　E. 烫面炸糕

四、判断题

1. 在将韭菜水饺包制成形时,需要提前将全部韭菜末与肉馅搅拌均匀。（   ）
2. 煮制老北京炸酱面的面条不需要过水。（   ）
3. 龙抄手的味汁味型仅有咸鲜味。（   ）
4. 春卷皮坯面团必须饧透后再烙制。（   ）
5. 可使用冷水面团作为四喜饺皮的坯面团,延长蒸制时间以满足成品质量要求。（   ）
6. 熟制鸡汁锅贴过程中,可以一次性将水油混合物加足。（   ）
7. 最好选用高筋面粉作为烫面炸糕面粉。（   ）

五、问答题

1. 煮制韭菜水饺时,为什么要保持煮锅内的水量充足?
2. 炒制老北京炸酱面面臊的黄酱,为什么要提前调稀?
3. 龙抄手馅心的质量要求有哪些?
4. 烙制春卷皮时,火候偏大或偏小会造成什么后果?
5. 简述四喜饺辅助馅料的色彩搭配原则。
6. 在煎制鸡汁锅贴时,洒两次水油混合物的作用是什么?

实训二　膨松面团制品实训

◇ **职业素养目标**
- 树立一丝不苟的工匠精神,培养学生的实践操作能力和勇于探索的创新精神。

◇ **职业能力目标**
- 熟知膨松面团制品的风味特色、原料构成及作用,能正确选择所需主辅原料。
- 熟悉膨松面团制品的制作工艺,能够按需要正确调制面团、馅心,能够按要求进行生坯成形和熟制。
- 能对膨松面团制品的质量进行分析判断。
- 能对膨松面团制品的配方、工艺进行合理调整与创新。

◇ **典型工作任务**
- 制作发酵面团制品。
- 制作物理膨松面团制品。
- 制作化学膨松面团制品。

思维导图

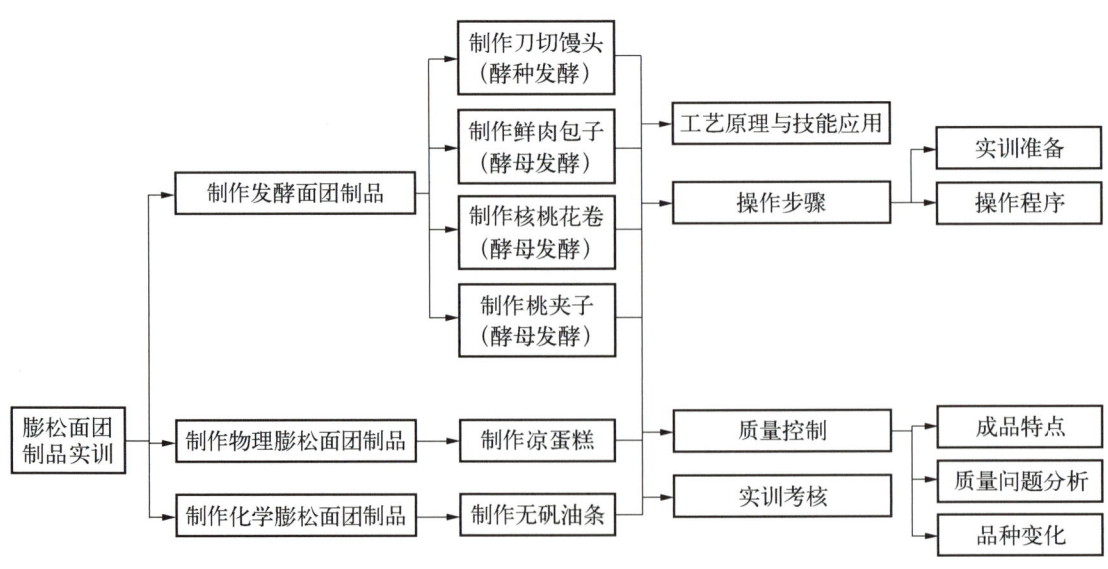

任务一　制作发酵面团制品

问题思考

1. 馒头、花卷、包子面团的软硬是否有差别？
2. 怎么才能既保持发酵制品的外形又能达到很好的膨松程度？
3. 有馅发面制品的皮馅如何搭配效果才会更好？

实践操作

子任务一　制作刀切馒头（酵种发酵）

馒头是最常见的面点，有圆馒头、刀切馒头之分，规格上有小馒头（约 40 g）、大馒头（约 100 g）之别。我们既要使面坯充分发酵，又要在发酵后正确使用兑碱、验碱技术，保证制品正碱。通过实训练习，学生应掌握以酵种发酵面团制作馒头面坯的方法，能够恰当掌握面团的软硬度与发酵程度，能够熟练进行馒头成型操作，能正确把握馒头蒸制质量要求。

一、工艺原理与技能应用

(1) 面团性质：膨松面团——发酵面团。
(2) 成形方法：擀、卷、搓、切成形。
(3) 成熟方法：蒸制。

二、操作步骤

（一）实训准备

刀切馒头参考配方与实训要求如表 4-15 所示。

表 4-15　　刀切馒头参考配方与实训要求

参考配方			实训要求	
半成品	原料	重量	事项	要求
面团	中筋面粉/克	1 000	产品规格/克	40
	酵种/克	100	出品量/个	40
	白糖/克	100	设备	蒸灶、案板
	小苏打/克	10	器具	蒸锅、蒸笼、刮板、切刀、油刷
	清水/毫升	500		
	化猪油/克	50		

（二）操作程序

(1) 面团调制。原料按照配方称量好，面粉置于案板上，用手刨成"凹"字形，加入酵种、清水、白糖揉匀揉透，达到弹韧性适中、有较好延展性的效果，盖上湿毛巾静置，使之发酵。发好后加入适量小苏打、化猪油并兑正碱揉匀。

(2) 成形。在案板撒上少许干面粉,将兑好碱的面团揉搓光滑,并搓成粗细均匀的面条,然后用切刀切成40 g的馒头生坯,放入刷油蒸笼内,蒸笼加盖,稍饧几分钟。

(3) 熟制。蒸锅提前加好水烧开,将饧好的生坯上笼蒸约12分钟,检验成熟后,出笼即成。

三、质量控制

(一) 成品特点

外形饱满,呈枕形,表皮色白,光洁度好,口感松软有嚼劲,面香浓郁,回味微甜。

(二) 质量问题分析

(1) 如果松软程度不够,从原材料的角度首先考虑酵种的活性及用量是否得当,其次水量是否得当;从操作过程的角度首先考虑饧发程度是否足够,以及是否缺碱。

(2) 如果外表皮光洁度不够,一是成形过程中表皮紧绷程度不够,二是表面扑粉偏多。

(3) 制品颜色偏黄就是典型的碱重现象,如有黄色斑点就表明花碱没揉匀。

(三) 品种变化

如改为筵席点心,首先提升食材的品质,可以添加牛奶、黄油、炼乳等明显改善制品口感口味的食材;其次改良加工方法,如蒸熟后再油炸,可明显改善制品口感。

四、实训考核

刀切馒头实训操作评分标准如表4-16所示。

表4-16 刀切馒头实训操作评分标准

项目			评分标准	分值分配	实际得分
操作过程	原料准备		原料准备到位,原料质量、用量符合要求	5	
	设备器具准备		设备器具准备到位,卫生符合要求,设备运行正常	5	
	操作时间		120分钟	5	
	操作规程	面团调制	❶ 面团软硬适中 ❷ 面团发酵适度 ❸ 面团兑碱、验碱准确	15	
		成形	❶ 面条粗细适中 ❷ 形态符合要求	8	
		成熟	❶ 蒸笼刷油后放入生坯 ❷ 蒸锅内水量充足 ❸ 蒸制时间适度	7	
	卫生习惯		❶ 个人卫生整洁 ❷ 工作完成后,工位干净整洁 ❸ 操作过程符合卫生规范	15	
成品质量	成品形状		枕形	10	
	成品色泽		色泽洁白	10	
	成品质感		松泡有嚼劲	10	
	成品口味		面香浓郁,回味微甜	10	
合计				100	

子任务二　制作鲜肉包子（酵母发酵）

鲜肉包子按规格可分为小包、中包、大包。制作中,既要使面皮充分发酵,又要在长时间的加工过程中控制好面团的发酵程度,成形操作速度要快,皮馅搭配比例适度。通过实训练习,学生应掌握以酵母发酵面团制作包子面坯的方法,能够恰当掌握面团的软硬度与发酵程度,能够熟练进行包子包捏成形操作,能正确把握包子蒸制质量要求。

一、工艺原理与技能应用

(1) 面团性质：膨松面团——发酵面团。
(2) 馅心类型：咸馅——生荤馅。
(3) 成形方法：擀皮,包、捏成形。
(4) 成熟方法：蒸制。

二、操作步骤

(一) 实训准备

鲜肉包子参考配方与实训要求如表 4-17 所示。

表 4-17　　　　　鲜肉包子参考配方与实训要求

参考配方			实训要求	
半成品	原料	重量	事项	要求
面团	中筋面粉/克	1 000	产品规格/克	30
	干酵母/克	10	出品量/个	100
	白糖/克	50	设备	蒸灶、案板
	泡打粉/克	5	器具	蒸锅、蒸笼、刮板、擀面棍、不锈钢盆、馅挑、油刷
	清水/毫升	600		
	化猪油/克	50		
馅心	猪绞肉/克	1 000		
	葱花/克	250		
	清水/毫升	250		
	食盐/克	20		
	味精/克	5		
	胡椒粉/克	5		
	酱油/毫升	25		
	料酒/毫升	25		
	芝麻油/毫升	25		

(二) 操作程序

(1) 面团调制。皮坯原料按照配方称量好,干酵母先用清水稀释,面粉置于案板上,用手刨成"凹"字形,周围撒上白糖、泡打粉,面塘内加入酵母水、清水、猪油,然后调团、揉面,将面团揉匀揉透,达到弹韧性适中、有较好延展性的效果,盖上湿毛巾静置,进行第一次饧发。

(2) 馅心制作。把猪绞肉放入盆中,加食盐、味精、胡椒粉、料酒、酱油,用手搅拌均匀后,分次加入少许清水,搅至肉蓉黏稠加入香油、葱花,即成膏状馅心。

(3) 成形。在案板撒上少许干面粉,将饧好的面团轻轻搓条,摘成约 15 g 大小的剂子,用擀面棍擀成中间厚边缘薄直径 8 cm 的圆皮,用馅挑放入约 15 g 馅心,用手提捏成收口的细褶纹小包子,放入蒸笼内,蒸笼加盖,进行第二次饧发。

(4) 熟制。蒸锅提前加好水烧开,将第二次饧发好的生坯上笼蒸约 10 分钟,检验成熟后,出笼即成。

三、质量控制

(一) 成品特点

外形饱满,呈半球状,皱褶清晰均匀,收口整齐,表皮色白,光洁度好,面皮口感松软,馅心口感细嫩,整体口味咸鲜。

(二) 质量问题分析

(1) 如果面皮松软程度不够,从原材料的角度首先考虑干酵母的活性及用量是否得当,其次水量是否得当;从操作过程来说首先考虑饧发程度是否足够。

(2) 如果外形下塌,皱褶模糊,一般来说是饧发过度的典型表现。

(3) 如果馅心口感粗糙,从原材料的角度首先考虑绞肉的肥瘦比例是否得当,粗细度是否足够;从操作过程来说考虑搅打和清水的添加是否足够。

(4) 如果口味出现偏差,首先控制好调料的用量及比例,还得注意皮馅比例的变化也会影响口味。

(三) 品种变化

如改为筵席点心,首先提升食材的品质,馅心可以使用虾仁等更高档的食材;其次提升外形的美观度,包捏得更加精细,改良外形使之更加漂亮。

四、实训考核

鲜肉包子实训操作评分标准如表 4-18 所示。

表 4-18　　　　　　鲜肉包子实训操作评分标准

项目		评分标准		分值分配	实际得分
操作过程	原料准备	原料准备到位,原料质量、用量符合要求		5	
	设备器具准备	设备器具准备到位,卫生符合要求,设备运行正常		5	
	操作时间	90 分钟		5	
	操作规程	面团调制	❶ 面团软硬适中 ❷ 面团发酵适度	8	
		制馅	❶ 调味料用量准确 ❷ 馅心咸淡鲜香适宜	7	
		成形	❶ 皮馅比例适中 ❷ 形态符合要求	8	

续 表

项　　目		评　分　标　准	分值分配	实际得分
操作过程	操作规程	❶ 蒸笼刷油后放入生坯 ❷ 蒸锅内水量充足 ❸ 蒸制时间适度	7	
	卫生习惯	❶ 个人卫生整洁 ❷ 工作完成后,工位干净整洁 ❸ 操作过程符合卫生规范	15	
成品质量	成品形状	提摺包	10	
	成品色泽	色泽洁白	10	
	成品质感	皮松泡,馅鲜嫩	10	
	成品口味	皮膨松泡嫩,馅鲜嫩多汁	10	
合　　计			100	

子任务三　制作核桃花卷(酵母发酵)

核桃花卷是最常见的筵席小吃,规格一般偏小。制作中,我们既要使面皮充分发酵,又要保证制品外形精美。通过实训练习,学生应掌握以酵母发酵面团制作花卷的方法,能够恰当掌握面团的软硬度与发酵程度,能够熟练进行花卷成形操作,能正确把握花卷蒸制质量要求。

造型花卷

一、工艺原理与技能应用

(1)面团性质：膨松面团——发酵面团。
(2)成形方法：擀皮,卷、切、折压成形。
(3)成熟方法：蒸制。

二、操作步骤

(一)实训准备

核桃花卷参考配方与实训要求如表 4-19 所示。

表 4-19　　　　　核桃花卷参考配方与实训要求

参　考　配　方			实　训　要　求	
半成品	原料	重量	事项	要求
面团	中筋面粉/克	1 500	产品规格/克	30
	干酵母/克	10	出品量/个	50
	白糖/克	50	设备	蒸灶、案板
	泡打粉/克	5	器具	蒸锅、蒸笼、刮板、擀面棍、切刀、竹筷、油刷
	清水/毫升	500		
	化猪油/克	50		
辅助	精炼油/毫升	30		

(二) 操作程序

(1) 面团调制。皮坯原料按照配方称量好，干酵母先用清水稀释，面粉置于案板上，用手刨成"凹"字形，周围撒上白糖、泡打粉，面塘内加入酵母水、清水、猪油，然后调团、揉面，将面团揉匀揉透，达到弹韧性适中、有较好延展性的效果，盖上湿毛巾静置，进行第一次饧发。

(2) 成形。在案板撒上少许干面粉，将饧好的面团擀成厚约 0.5 cm、宽约 30 cm 的长方形面皮，刷上一层精炼油，然后单卷成一根面条，均切成 30 g 左右的剂子，刀口向两侧。用一根筷子压住面剂的 1/3 处，用左手将面剂略拉长，然后折叠成为"Z"字形，取出筷子在中间压一下即成核桃花卷生坯，放入蒸笼内，蒸笼加盖，进行第二次饧发。

(3) 熟制。蒸锅提前加好水烧开，将第二次饧发好的生坯上笼蒸约 10 分钟，检验成熟后，出笼即成。

三、质量控制

(一) 成品特点

外形饱满，呈核桃状，纹路清晰均匀，表皮色白，光洁度好，面皮口感松软有嚼劲，面香浓郁，回味微甜。

(二) 质量问题分析

(1) 如果面皮松软程度不够，从原材料的角度首先考虑干酵母的活性及用量是否得当，其次水量是否得当；从操作过程来说首先考虑饧发程度是否足够。

(2) 如果纹路模糊，一般来说是面皮擀制偏薄，切坯时刀口粘连，隔离剂油脂偏少所致。

(3) 如果形态过于松散，一般是发酵过度或卷制偏松所致。

(三) 品种变化

若改为大众早点，首先规格可调整，其次面皮的隔离剂可改为各种夹馅，如甜味的果酱，咸味的椒盐、葱花，提升制品的可食性。

四、实训考核

核桃花卷实训操作评分标准如表 4-20 所示。

表 4-20　　核桃花卷实训操作评分标准

项目		评分标准	分值分配	实际得分
操作过程	原料准备	原料准备到位，原料质量、用量符合要求	5	
	设备器具准备	设备器具准备到位，卫生符合要求，设备运行正常	5	
	操作时间	90 分钟	5	
	操作规程	❶ 面团软硬适中　❷ 面团发酵适度	8	

续 表

项　　目		评　分　标　准	分值分配	实际得分
操作过程	操作规程 — 成形	❶ 面皮厚薄、宽窄适中 ❷ 抹油适量 ❸ 面条粗细均匀 ❹ 生坯形态符合要求	15	
	操作规程 — 成熟	❶ 蒸笼刷油后放入生坯 ❷ 蒸锅内水量充足 ❸ 蒸制时间适度	7	
	卫生习惯	❶ 个人卫生整洁 ❷ 工作完成后，工位干净整洁 ❸ 操作过程符合卫生规范	15	
成品质量	成品形状	核桃形	10	
	成品色泽	色泽洁白	10	
	成品质感	皮松泡有嚼劲	10	
	成品口味	面香浓郁，回味微甜	10	
合　　计			100	

子任务四　制作桃夹子(酵母发酵)

桃夹子是较为常见的筵席小吃，规格一般偏小。制作中，我们既要使面皮适度发酵，又要保证制品外形精美。通过实训练习，学生应掌握以酵母发酵面团制作包子面坯的方法，恰当掌握面团的软硬度与发酵程度，能够熟练进行包子包捏成形操作，能正确把握包子蒸制质量要求。

一、工艺原理与技能应用

（1）面团性质：膨松面团——发酵面团。
（2）成形方法：搓、揪、擀、切成形。
（3）成熟方法：蒸制。

二、操作步骤

（一）实训准备

桃夹子参考配方与实训要求如表 4-21 所示。

表 4-21　　　　　　　　　桃夹子参考配方与实训要求

参考配方			实训要求	
半成品	原料	重量	事项	要求
面团	中筋面粉/克	500	产品规格/克	30
	干酵母/克	10	出品量/个	25
	白糖/克	50	设备	蒸灶、案板
	泡打粉/克	5	器具	蒸锅、蒸笼、刮板、擀面棍、切刀、油刷
	清水/毫升	240		
	化猪油/克	20		
	食用黄色素/克	0.1		
辅助	精炼油/毫升	20		

（二）操作程序

（1）面团调制。皮坯原料按照配方称量好，干酵母先用清水稀释，面粉置于案板上，用手刨成"凹"字形，周围撒上白糖、泡打粉，面塘内加入酵母水、清水、猪油，然后加黄色素调团、揉面，将面团揉匀揉透，达到弹韧性适中、有较好延展性的效果，盖上湿毛巾静置，进行第一次饧发。

（2）成形。在案板撒上少许干面粉，将饧好的面团轻轻搓条，摘成约 30 g 的剂子，将每只面剂按扁，用擀面杖擀成 7 cm 直径的中厚边薄的圆皮，把皮子的半边涂上精炼油，对叠成半圆形，再用快刀在半圆的弧部斜切 2 刀，成 2 片叶子，用手将底部两只角捏拢捏紧即成生坯，放入蒸笼内，蒸笼加盖，进行第二次饧发。

（3）熟制。蒸锅提前加好水烧开，将第二次饧发好的生坯上笼蒸约 10 分钟，检验成熟后，出笼即成。

三、质量控制

（一）成品特点

外形饱满，呈桃形，表皮色黄，光洁度好，面皮口感松软，面香浓郁，回味微甜。

（二）质量问题分析

（1）如果面皮松软程度不够，从原材料的角度首先考虑干酵母的活性及用量是否得当，其次水量是否得当；从操作过程来说首先考虑饧发程度是否足够。

（2）如果面皮粘连，一般来说是面皮擀制偏薄，切坯时刀口粘连，隔离剂油脂偏少。

（3）如果桃形偏瘦，说明两刀的夹角偏小。

（4）如果像心形，说明两刀的交叉点居中了。

（三）品种变化

可改变制品颜色，也可抹油时增加夹馅，这样可增强美感和可食性。

四、实训考核

桃夹子实训操作评分标准如表 4-22 所示。

表 4-22　　　　　　　　　桃夹子实训操作评分标准

项目		评分标准	分值分配	实际得分
操作过程	原料准备	原料准备到位,原料质量、用量符合要求	5	
	设备器具准备	设备器具准备到位,卫生符合要求,设备运行正常	5	
	操作时间	90 分钟	5	
	操作规程 面团调制	❶ 面团软硬适中 ❷ 面团发酵适度	8	
	操作规程 成形	❶ 面剂大小适度 ❷ 面皮圆润 ❸ 面皮厚薄适度 ❹ 桃形符合要求	15	
	操作规程 成熟	❶ 蒸笼刷油后放入生坯 ❷ 蒸锅内水量充足 ❸ 蒸制时间适度	7	
	卫生习惯	❶ 个人卫生整洁 ❷ 工作完成后,工位干净整洁 ❸ 操作过程符合卫生规范	15	
成品质量	成品形状	桃形	10	
	成品色泽	色泽乳黄	10	
	成品质感	皮松泡	10	
	成品口味	面香浓郁,回味微甜	10	
合计			100	

任务二　制作物理膨松面团制品

问题思考

1. 蛋糕、馒头的口感有何区别?
2. 为何蛋糕选择低筋粉才能达到很好的膨松程度?
3. 西式蛋糕和中式蛋糕各自的优缺点是什么?

实践操作

子任务　制作凉蛋糕

凉蛋糕是较为常见的中式糕点,有圆块、方块等各种形状。通过实训练习,学生应掌握以物理膨松面团制作凉蛋糕面坯的方法,能够恰当掌握面团的膨胀程度,能够熟练进行凉蛋糕成形操作,能正确把握凉蛋糕蒸制质量要求。

一、工艺原理与技能应用

(1) 面团性质：膨松面团——物理膨松面团。
(2) 成形方法：挤注、胎膜成形。
(3) 成熟方法：蒸制。

二、操作步骤

（一）实训准备

凉蛋糕参考配方与实训要求如表 4-23 所示。

表 4-23 凉蛋糕参考配方与实训要求

参考配方			实训要求	
半成品	原料	重量	事项	要求
面团	低筋面粉/克	400	产品规格/克	30
	鸡蛋/克	500	出品量/个	40
	白糖/克	400	设备	蒸灶、电动打蛋器
	香兰素/克	2	器具	蒸锅、蒸笼、刮板、面筛、裱花袋、蛋糕纸杯

（二）操作程序

(1) 打蛋泡。将鸡蛋磕入搅拌缸内，加入白糖，先慢速后快速搅打，使蛋液逐渐由深黄变成棕黄、淡黄、乳黄，体积胀发成干厚浓稠的泡沫状。
(2) 调糊。面粉、香兰素一起过筛，加入蛋泡中，慢速搅拌混合均匀，或者用手拌粉，具体操作方法是将手指分开，从下往上慢慢抖动，使粉和蛋泡混合均匀。
(3) 装模。将面糊装入裱花袋，分别挤入蛋糕纸杯中，约 2/3 满即可。
(4) 熟制。蒸锅提前加好水烧开，将生坯上笼蒸约 20 分钟，检验成熟后，出笼晾凉即成。

三、质量控制

（一）成品特点

外形饱满，表皮乳黄，口感松软，口味香甜。

（二）质量问题分析

(1) 如果蛋糕松软程度不够，从原材料的角度考虑鸡蛋是否新鲜，用量是否得当，面粉的筋度是否适宜；从操作过程的角度首先考虑搅打程度是否足够，以及加面粉时是否搅拌过度。
(2) 如果糕体内部孔洞大小不均匀，上部明显偏大，下部明显偏小，这是面糊放置时间过长。
(3) 如果蛋糕体内出现生粉粒，这是面粉结块所致，拌粉前面粉需过筛。
(4) 蛋糕如果出现表皮黏湿，缺少弹性，口感黏牙，则要考虑蛋糕蒸制时间是否不足。

（三）品种变化

如改为筵席点心，可添加各种果仁蜜饯，增加制品的可食性，也可向西式蛋糕学习，提升制品的外形效果。

四、实训考核

凉蛋糕实训操作评分标准如表4-24所示。

表4-24　　　　　　　　　凉蛋糕实训操作评分标准

项目			评分标准	分值分配	实际得分
操作过程	原料准备		原料准备到位，原料质量、用量符合要求	5	
	设备器具准备		设备器具准备到位，卫生符合要求，设备运行正常	5	
	操作时间		60分钟	5	
	操作规程	面团调制	❶ 面团浓稠适中 ❷ 面团颜色乳白 ❸ 面团体积明显膨大	20	
		成形	纸杯面糊量适中	5	
		成熟	❶ 蒸笼刷油后放入生坯 ❷ 蒸锅内水量充足 ❸ 蒸制时间适度	5	
	卫生习惯		❶ 个人卫生整洁 ❷ 工作完成后，工位干净整洁 ❸ 操作过程符合卫生规范	15	
成品质量	成品形状		和纸杯形状大小吻合	10	
	成品色泽		色泽乳黄	10	
	成品质感		松泡	10	
	成品口味		香甜可口	10	
合计				100	

任务三　制作化学膨松面团制品

问题思考

1. 哪些化学膨松剂在食品中经常使用？
2. 怎么才能使化学膨松剂发挥最大效用？
3. 化学膨松剂使用不当会造成哪些问题？

实践操作

子任务　制作无矾油条

作为大众早点,油条在形态上都为条状。通过实训练习,学生应掌握以化学膨松面团制作无矾油条面坯的方法,能够恰当掌握面团的软硬度,能够熟练进行无矾油条成形操作,能正确把握无矾油条炸制质量要求。

无矾油条

一、工艺原理与技能应用

(1)面团性质:膨松面团——化学膨松面团。
(2)成形方法:拉、切、叠、压成形。
(3)成熟方法:炸制。

二、操作步骤

(一)实训准备

无矾油条参考配方与实训要求如表 4-25 所示。

表 4-25　　　　　　无矾油条参考配方与实训要求

参考配方			实训要求	
半成品	原料	重量	事项	要求
面团	中筋面粉/克	500	产品规格/克	50
	无矾泡打粉/克	4	出品量/个	15
	食盐/克	8	设备	炉灶、案板
	小苏打/克	4	器具	电子秤、不锈钢盆、炸锅、竹筷、切刀
	清水/毫升	280		
	精炼油/毫升	50		
	鸡蛋/克	50		
辅料	精炼油/毫升	2 000		

(二)操作程序

(1)面团调制。将称量好的食盐、小苏打、无矾泡打粉放入盆内,加水用力搅匀,加入面粉、鸡蛋拌和均匀,然后采用叠揉方法,将面团叠揉光滑,再分次加入精炼油,继续叠揉,至不粘盆、不粘手为止。案板上抹上少许油,将盆内的面团倒在案板上,快速揉成条形,盖上湿毛巾饧置 30 分钟以上。

(2)成形。在案板撒上少许干面粉,将饧好的面团拉成长条,再用双手将之溜成厚约 0.6 cm、宽约 12 cm 的长条,用刀横条切成 2.5 cm 宽的条,将两个条坯叠为一条,再用竹筷顺条压一下。

(3)熟制。炸锅提前加好油烧至 6~7 成热,将压好的生坯用双手拉长约 27 cm 放入油锅,用竹筷不断翻炸,炸至油条膨胀,色泽金黄。

三、质量控制

（一）成品特点

外形饱满，呈条形，表皮色金黄，光洁度好，口感酥脆、松泡，面香浓郁，口味咸香。

（二）质量问题分析

（1）如果松泡程度不够，从原材料的角度首先考虑化学膨松剂的性质及用量是否得当；从操作过程来说首先考虑饧发程度是否足够，以及成形动作是否得当。

（2）如果外表皮颜色偏淡或偏深，应该考虑油温是否得当。

（3）如果制品形状出现偏差，一是考虑面团是否偏软造成黏性偏强，二是考虑成形过程中扑粉的用量是否偏少。

（三）品种变化

通过成形技术的变化，此面团也可用于制作油饼、排叉、焦圈等品种。

四、实训考核

无矾油条实训操作评分标准如表 4-26 所示。

表 4-26　　　　　无矾油条实训操作评分标准

项目			评分标准	分值分配	实际得分
操作过程	原料准备		原料准备到位，原料质量、用量符合要求	5	
	设备器具准备		设备器具准备到位，卫生符合要求，设备运行正常	5	
	操作时间		120 分钟	5	
	操作规程	面团调制	❶ 面团软硬适中 ❷ 食材融合均匀	10	
		成形	❶ 面条粗细适中 ❷ 形态符合要求	10	
		成熟	❶ 油温适宜后放入生坯 ❷ 炸制过程不停翻转 ❸ 炸制时间适度	10	
	卫生习惯		❶ 个人卫生整洁 ❷ 工作完成后，工位干净整洁 ❸ 操作过程符合卫生规范	15	
成品质量	成品形状		条状	10	
	成品色泽		色泽金黄	10	
	成品质感		酥脆松泡	10	
	成品口味		面香浓郁，口味咸香	10	
合　计				100	

实训测试

一、填空

1. 凉蛋糕的成熟方式是_____。

2. 桃夹子生坯属于膨松面团中的_____面团。
3. 核桃花卷面皮的厚度应保持在_____厘米左右。

二、单项选择题

1.（   ）皮坯面团是化学膨松面团。
   A. 桃夹子　　　　B. 无矾油条　　　　C. 凉蛋糕　　　　D. 核桃花卷
2. 鲜肉包子馅心种类是（   ）。
   A. 甜馅　　　　　B. 生馅　　　　　　C. 素馅　　　　　D. 熟馅
3. 无矾油条的熟制方式是（   ）。
   A. 烙制　　　　　B. 炸制　　　　　　C. 蒸制　　　　　D. 煎制
4. 凉蛋糕是依靠（   ）原理来膨松的。
   A. 生物膨松　　　B. 物理膨松　　　　C. 化学膨松　　　D. 发酵
5. 鲜肉包子成形时,其花纹是通过（   ）的方法形成的。
   A. 提摺捏　　　　B. 推捏　　　　　　C. 挤捏　　　　　D. 扭捏

三、多项选择题

1. 油条成形涉及（   ）等手法。
   A. 拉　　　B. 切　　　C. 叠　　　D. 压　　　E. 擀
2. 凉蛋糕组织僵硬不膨松,原因可能是（   ）。
   A. 面粉筋度过高　　　　　　B. 糖蛋搅拌时间过晚
   C. 拌粉时间过长,搅拌过度　　D. 鸡蛋不新鲜
   E. 配方中面粉比例过高
3. 以酵母发酵法制作花卷时,成品不够松软的原因可能是（   ）。
   A. 面团温度过高　　　　　　B. 发酵时间不足
   C. 面团过硬　　　　　　　　D. 成形后饧面时间不足
   E. 花卷成形时擀片过薄

四、判断题

1. 刀切馒头成形时应用面刮切制,使生坯外形美观。　　　　　　　　　　（　　）
2. 包子表皮缩皱是典型的发酵不成熟的表现。　　　　　　　　　　　　　（　　）
3. 核桃花卷纹路模糊说明面皮擀得过厚。　　　　　　　　　　　　　　　（　　）
4. 桃夹子面皮粘连说明隔离剂油脂过少。　　　　　　　　　　　　　　　（　　）
5. 凉蛋糕体内出现大小不均的孔洞,是蛋泡搅打过度的典型表现。　　　　（　　）
6. 无矾油条在炸制过程中分离,说明面条表面扑粉偏少。　　　　　　　　（　　）

五、问答题

1. 油条表面焦糊而内部还是生的,这一现象的原因是什么？如何改善？
2. 馒头表皮缩皱不光滑,请解释原因并提出改善措施。
3. 鲜肉包子成熟后,表皮松泡,但底部脱落,下方有暗斑,请解释原因并提出改善措施。
4. 核桃花卷成熟层次过紧不松泡,请解释原因并提出改善措施。
5. 桃夹子成品两层面皮发生粘连,请解释原因并提出改善措施。
6. 凉蛋糕生坯面糊体积膨胀程度低,请解释原因并提出改善措施。

实训三　层酥面团制品实训

◇ **职业素养目标**
● 树立一丝不苟的工匠精神,培养学生的实践操作能力和勇于探索的创新精神。

◇ **职业能力目标**
● 熟知层酥面团制品的风味特色、原料构成及作用,能正确选择所需主辅原料。
● 熟悉层酥面团制品的制作工艺,能够按需要正确调制面团、馅心,能够按要求进行生坯成形和熟制。
● 掌握层酥面团制品的质量判断方法。
● 能对膨松面团制品的配方、工艺进行合理调整与创新。

◇ **典型工作任务**
● 制作水油酥皮面团制品。
● 制作酵面酥皮面团制品。
● 制作擘酥皮面团(水面酥皮)制品。

思维导图

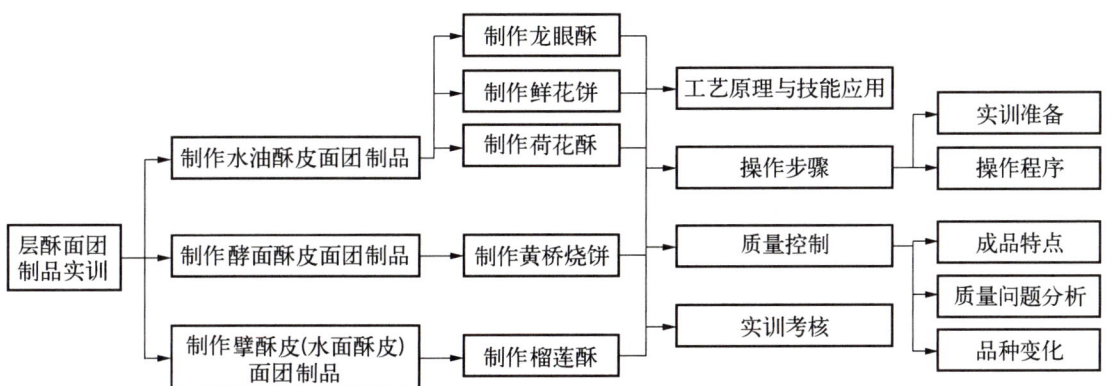

任务一 制作水油酥皮面团制品

问题思考

1. 水油面团的软硬度会给制品带来什么差别?
2. 怎么才能既保持油酥制品的外形又能达到很好的酥松程度?
3. 怎样判断油酥制品是否能加以熟制?

实践操作

子任务一 制作龙眼酥

龙眼酥是典型的层酥类圆酥制品,造型美观精致,酥皮层次均匀,螺纹卷曲清晰,表面千层重叠,形似龙眼,入口即化,甜淡适中,油而不腻。通过实训练习,学生应掌握大包酥的制作方法,能够判断面团的软硬度与开酥的稳定度,能够熟练进行开酥制品成形操作,能正确控制龙眼酥炸制温度。

龙眼酥

一、工艺原理与技能应用

(1) 面团性质:油酥面团——层酥面团。
(2) 馅心类型:甜馅——豆沙馅。
(3) 成形方法:擀皮、开酥,包、捏成形。
(4) 熟制方法:炸制。

二、操作步骤

(一) 实训准备

龙眼酥参考配方与实训要求如表4-27所示。

表 4-27   龙眼酥参考配方与实训要求

参考配方			实训要求	
半成品	原料	重量	事项	要求
酥皮	中筋面粉/克	500	产品规格/克	50
	化猪油/克	100	出品量/个	30
	清水/毫升	240	设备	炉灶、案板
酥心	化猪油/克	150	器具	炸锅、大漏勺、刮板、擀面棍、切刀
	低筋面粉/克	300		
馅心	豆沙馅/克	300		
辅料	炸油/克	1 000		

（二）操作程序

（1）面团调制。称量配方后，油酥面在案板上擦成团备用。水、油、面和制成团，用力揉搓待面筋形成，面团光洁后饧置备用。

（2）制皮。水油面包油酥面，按成圆饼状，用擀面杖擀成牛舌形，对叠擀薄，由外向内卷成圆筒状，再用刀切成圆酥剂子，将剂子竖立按成圆皮。

（3）包馅成形。豆沙馅搓成圆球，取面皮一个，用擀面棍微微擀压成圆饼状，包入馅心，收口，捏成半圆球形，顶部用食指轻轻按一个凹形即成生坯。

（4）熟制。将锅置于小火上，放入炸油烧至110℃，放入饼坯炸制，炸时微微加热，待饼坯炸至色白、起层、不软塌时起锅，沥去多余油脂，在饼坯凹处嵌一颗蜜樱桃。

三、质量控制

（一）成品特点

层次分明，色泽洁白，形如龙眼，香甜可口。

（二）质量问题分析

（1）如果面皮酥松程度不够，从原材料的角度首先考虑化猪油在配方中的比例是否得当，油少酥性不足，油多韧性不足。其次从操作过程考虑油酥面是否充分搓透，油酥面拌和后应反复揉搓，揉匀搓透，使之既有韧性又有酥性；还要考虑炸制时油温是否过低。

（2）如果酥层不够明显，首先考虑在和制面团时水油面和油酥面的软硬程度是否一致，其次开酥过程中手法运用是否得当，炸制过程中入锅时油温是否过高，以致影响油酥面中的油没有充分溶解。

（3）如果炸制过程中酥层飞起来，则考虑包制的手法是否得当。

（4）如果出现馅心小、表皮厚的问题，则考虑皮馅的比例是否得当，一般皮馅比例为4∶6或5∶5比较恰当。

（三）品种变化

若改为筵席点心，首先提升馅心的口感，可以使用五仁等多种坚果增加营养价值；其次提升外形的美观度，包捏得更加精细，改良外形使之更加漂亮。

四、实训考核

龙眼酥实训操作评分标准如表4-28所示。

表4-28　　　　　　龙眼酥实训操作评分标准

项目		评分标准	分值分配	实际得分
操作过程	原料准备	原料准备到位，原料质量、用量符合要求	5	
	设备器具准备	设备器具准备到位，卫生符合要求，设备运行正常	5	
	操作时间	90分钟	5	
	操作规程	面团调制　❶ 水油面与油酥面软硬一致　❷ 油酥面完全擦透	8	

续表

项目			评分标准	分值分配	实际得分
操作过程	操作规程	开酥	❶ 开酥时力度均匀 ❷ 面皮长宽适度	7	
		成形	❶ 皮馅比例适中 ❷ 形态符合要求	8	
		熟制	❶ 油温控制合理 ❷ 油量比例适度 ❸ 炸制时间控制合理	7	
	卫生习惯		❶ 个人卫生整洁 ❷ 工作完成后,工位干净整洁 ❸ 操作过程符合卫生规范	15	
成品质量	成品形状		圆形,起螺纹酥层,眼孔居中	10	
	成品色泽		白色或微黄色	10	
	成品质感		酥皮层次分明,皮心均匀、无杂质	10	
	成品口味		油润酥脆,具有豆沙香味,细腻,酥滑	10	
合计				100	

子任务二 制作鲜花饼

鲜花饼,是一款以食用玫瑰花入料的酥饼,具有花香沁心、甜而不腻、养颜美容的特点。通过实训练习,学生应掌握小包酥的制作方法,掌握面团的软硬度与开酥的稳定度,能够熟练进行开酥制品成形操作,能正确把握鲜花饼烤制温度。

一、工艺原理与技能应用

(1) 面团性质:油酥面团——层酥面团。
(2) 馅心类型:甜馅——玫瑰馅。
(3) 成形方法:擀皮,开酥,包、捏成形。
(4) 熟制方法:烤制。

二、操作步骤

(一) 实训准备

鲜花饼参考配方与实训要求如表 4-29 所示。

表 4-29　　鲜花饼参考配方与实训要求

参考配方			实训要求	
半成品	原料	重量	事项	要求
酥皮	高筋面粉/克	300	产品规格/克	30
	低筋面粉/克	700	出品量/个	100
	糖粉/克	100	设备	案板、烤箱
	化猪油/克	300	器具	刮板、擀面棍、烤盘、切刀
	食盐/克	5		
	水/毫升	700		
酥心	化猪油/克	450		
	低筋面粉/克	850		
馅心	豆沙馅/克	300		
	玫瑰糖/克	1 200		
	化猪油/克	150		
	熟面粉/克	150		

（二）操作程序

（1）制馅。先将熟面粉与白糖、玫瑰酱、芝麻一并放在案上和匀，再放入化猪油用手搓匀成馅。

（2）面团调制。称量配方后，油酥面在案板上擦成团备用。水油面和制成团，用力揉搓待面筋形成，面团光洁后饧置备用。

（3）制皮。将两种面团上案揪成相同数量的剂子，把水油面剂子用手压扁，包上油酥面剂子，压扁擀成牛舌片，卷起再用手压扁擀开，反复两次，最后卷成小卷，折压擀成暗酥面皮。

（4）包馅成形。玫瑰馅捏成 15 g 左右的圆馅心，取一块面皮，按扁，将馅包入收口，再按成圆饼形，在饼中心盖上玫瑰章，放入烤盘。

（5）熟制。饼坯放入烤箱里，用 180℃烘烤约 10 分钟，待面皮表面微黄即成。

三、质量控制

（一）成品特点

花香浓郁，酥甜适口。

（二）质量问题分析

（1）如果面皮酥松程度不够，从原材料的角度首先考虑化猪油在配方中的比例是否得当，油少酥性不足，油多韧性不足，其次考虑油酥面是否充分搓透，油酥面拌和后应反复揉搓，揉匀搓透，使之既有韧性又有酥性。

（2）如果酥层不够明显，首先考虑在和制面团时水油面和油酥面的软硬程度是否一致，其次考虑开酥过程中手法运用是否得当，烤制的时候烤箱的温度是否合适，影响油酥面中的油是否充分溶解。

(3) 如果成品大小不均匀,可以选择模具进行制作,使产品尽量标准化。

(4) 如果出现馅心口感不好的问题,考虑馅心中原材料是否得当,各原料的比例是否得当。

(三) 品种变化

如改为筵席点心,首先改变外形的大小,包捏得更加精细,使外形更加精致。

四、实训考核

鲜花饼实训操作评分标准如表 4-30 所示。

表 4-30　　　　　　　　鲜花饼实训操作评分标准

项目			评 分 标 准	分值分配	实际得分
操作过程	原料准备		原料准备到位,原料质量、用量符合要求	5	
	设备器具准备		设备器具准备到位,卫生符合要求,设备运行正常	5	
	操作时间		90 分钟	5	
	操作规程	面团调制	❶ 水油面油酥面软硬一致 ❷ 油酥面完全擦透	8	
		开酥	❶ 开酥时力度均匀 ❷ 水油面油酥面比例 5:5	7	
		成形	❶ 皮馅比例适中 ❷ 形态符合要求	8	
		熟制	❶ 烤箱温度控制合理 ❷ 烤制时间控制正确	7	
	卫生习惯		❶ 个人卫生整洁 ❷ 工作完成后,工位干净整洁 ❸ 操作过程符合卫生规范	15	
成品质量	成品形状		圆饼形,起酥层,馅心居中	10	
	成品色泽		微黄色或浅金黄色	10	
	成品质感		酥皮层次分明,皮心均匀,无杂质	10	
	成品口味		酥层掉渣,具有玫瑰香味,无异味	10	
合　计				100	

子任务三　制作荷花酥

用水油酥面团制成的荷花酥,形似荷花,酥层清晰,观之形美动人,食之酥松香甜,别有风味,是一种常见的花式中点,给人以美的享受。通过实训练习,学生应掌握层酥面团叠酥的开酥方法,能够判断面团的软硬度与开酥的稳定度,能够熟练进行荷花酥成形操作,能正确把握划刀深度以及荷花酥炸制温度。

一、工艺原理与技能应用

(1) 面团性质：油酥面团——层酥面团。
(2) 馅心类型：甜馅——豆沙馅。
(3) 成形方法：擀皮，开酥，包、捏成形。
(4) 熟制方法：炸制。

二、操作步骤

(一) 实训准备

荷花酥参考配方与实训要求如表 4-31 所示。

表 4-31　荷花酥参考配方与实训要求

参考配方			实训要求	
半成品	原料	重量	事项	要求
酥皮	中筋面粉/克	500	产品规格/克	30
	化猪油/克	100	出品量/个	30
	清水/毫升	240	设备	炉灶、案板
酥心	化猪油/克	150	器具	炸锅、大漏勺、刮板、擀面棍、切刀、刀片、圆形卡模
	低筋面粉/克	300		
馅心	豆沙馅/克	200		
辅料	炸油/毫升	1 000		

(二) 操作程序

(1) 面团调制。称量配方后，油酥面在案板上擦成团，用擀面杖擀成厚约 1 cm 的长方体备用。水油面和制成团，用力揉搓待面筋形成，面团光洁后饧置备用。

(2) 制皮。将油酥面团包入水油面团内，收口擀扁，擀成长方形薄片，叠折成 3 层，再擀成薄片，折叠成 3 层，再擀开、折拢，然后擀成厚薄均匀的薄片，用直径 10 cm 左右的圆卡模卡出圆形坯皮。

(3) 包馅成形。豆沙馅搓成圆球馅心，取面皮一个，用擀面棍微微擀压四周，包入馅心，收口捏紧。收口部位朝下放置，用刀片在顶端向四周均匀剖切成相等的六瓣，成荷花酥初坯。

(4) 熟制。将锅置于小火上，放入炸油，把生坯分批分开排放在漏勺中，下入 90℃ 的油锅中，慢慢升温，炸至花瓣开放，酥层清晰后取出装盘。

三、质量控制

(一) 成品特点

花瓣开放，酥层清晰，形如荷花，亭亭玉立。

(二) 质量问题分析

(1) 如果酥层不够明显，花瓣层次少，首先考虑在和制面团时水油面和油酥面的软硬程度是否一致，其次考虑开酥过程中手法运用是否得当，开酥过程中面皮折叠的次数是否足够，多折一次酥皮可能会混酥，少折一次花瓣的层酥太少，成品效果不能达到要求。

(2) 如果荷花酥酥层开放不够完美，从操作过程首先考虑炸制时油温是否过高，生坯定型过快，导致酥层没有完全开放，其次考虑生坯一次放入太多，排放不宜太紧，以防炸制时粘连破碎。

(3) 如果荷花酥花瓣不够匀称、豆沙馅裸露过多，考虑刀片是否锋利，划制时进刀太深或太浅，过浅，酥层不易发起，过深，炸后馅心易外露，影响成品的美观度。

(三) 品种变化

如为筵席点心，首先提升馅心的口感，可以使用五仁等多种坚果，增加营养价值；其次提升外形的美观度，可以考虑双色荷花酥，另外，也可以将荷花酥变化为莲花酥、菊花酥等品种。

四、实训考核

荷花酥实训操作评分标准如表4-32所示。

表4-32 荷花酥实训操作评分标准

项目			评分标准	分值分配	实际得分
操作过程	原料准备		原料准备到位，原料质量、用量符合要求	5	
	设备器具准备		设备器具准备到位，卫生符合要求，设备运行正常	5	
	操作时间		90分钟	5	
	操作规程	面团调制	❶ 水油面油酥面软硬一致 ❷ 油酥面完全擦透	8	
		开酥	❶ 开酥时力度均匀 ❷ 层酥厚薄均匀	7	
		成形	❶ 皮馅比例适中 ❷ 划刀深浅适度	8	
		熟制	❶ 炸制温度控制合理 ❷ 油温先低后高	7	
	卫生习惯		❶ 个人卫生整洁 ❷ 工作完成后，工位干净整洁 ❸ 操作过程符合卫生规范	15	
成品质量	成品形状		花瓣开放、形如荷花	10	
	成品色泽		白色或浅黄色	10	
	成品质感		酥层清晰，形态美观，层次分明	10	
	成品口味		外皮香酥，内馅甜美	10	
合计				100	

任务二 制作酵面酥皮面团制品

问题思考

1. 酵面酥皮面团和水油酥皮面团的区别是什么？
2. 在实际操作中应该怎样判断酵面的发酵程度？

3. 通过水油面酥皮面团知识的学习,你认为酵面酥皮采用大包酥方式还是小包酥方式比较合适?

实践操作

子任务　制作黄桥烧饼

黄桥烧饼是江苏名镇黄桥镇的著名小吃,是具有代表性的酥皮面团制品。通过实训练习,学生应掌握酵面酥皮面团开酥的方法,能够恰当掌握面团的软硬度与开酥的稳定度,能够熟练进行黄桥烧饼成形操作,能正确控制黄桥烧饼的烤制温度。

一、工艺原理与技能应用

(1) 面团性质:酵面酥皮面团——层酥面团。
(2) 馅心类型:咸馅——葱油馅。
(3) 成形方法:擀皮,开酥,包、捏成形。
(4) 熟制方法:烤制。

二、操作步骤

(一) 实训准备

黄桥烧饼参考配方与实训要求如表 4-33 所示。

表 4-33　　　　黄桥烧饼参考配方与实训要求

参考配方			实训要求	
半成品	原料	重量	事项	要求
发面皮	中筋面粉/克	425	产品规格/克	50
发面皮	温水/毫升	220	出品量/个	40
发面皮	酵母/克	50	设备	案板、烤箱
发面皮	碳酸钠(白碱)/克	9	器具	刮板、擀面棍、不锈钢盆、烤盘、切刀、羊毛刷
酥心	低筋面粉/克	550	器具	刮板、擀面棍、不锈钢盆、烤盘、切刀、羊毛刷
酥心	化猪油/克	275	器具	刮板、擀面棍、不锈钢盆、烤盘、切刀、羊毛刷
馅心	猪板油/克	250		
馅心	香葱/克	200		
馅心	精盐/克	30		
辅料	芝麻/克	70		
辅料	饴糖/克	100		
辅料	温水/毫升	适量		

(二) 操作程序

(1) 制发酵面团。将面粉 200 g 用温水 100 g 和成团,摊开晾至微温(20℃),加入酵母揉匀,放置发酵 12 小时,另取面粉 225 g 加温水 120 g 和成团,稍晾后与已发好的面团揉和,放置饧发 1 小时,然后加碱揉成正碱酵面。

(2) 制油酥面。将面粉与猪油擦制成干油酥面团。

(3) 制馅。芝麻淘洗干净,用小火炒至芝麻鼓起呈金黄色,备用,将猪板油去筋皮,切成小丁,将香葱切成葱花,取 80 g 葱花与猪板油丁和 12 g 精盐拌匀制成葱油丁馅,将剩余 120 g 葱花与 300 g 油酥面、18 g 精盐拌匀成葱油酥。

(4) 包酥成形。将发酵面团搓成长条,揪成面剂 40 个(每个重 17 g),剩余的干油酥面团也分成 40 个面剂(每个重 13 g)。逐个将发酵面剂包干油酥面剂,捏拢收口,用手按扁,用擀面棍擀成椭圆形,自左向右卷拢按扁后,擀成长条,再自上向下卷拢,按成圆皮,先放葱油丁馅(每个重 8 g),再放葱油酥(每个重 10 g),包捏收口后压成圆饼形,收口朝下。

(5) 熟制。饴糖用适量温水稀释,刷在饼坯表面,将饼坯放入白芝麻中,使其表面均匀粘上一层白芝麻,将饼坯放入烤盘中,入上火 200 ℃ 下火 200 ℃ 烤箱中烘烤 20 分钟左右,表面呈金黄色出炉。

三、质量控制

(一) 成品特点

色泽金黄,饼形饱满,香酥肥润,层次分明。

(二) 质量问题分析

(1) 如果面皮松酥程度不够,从原材料角度首先考虑酵面的用量是否得当,其次考虑油酥面和酵面的比例是否得当;从操作过程考虑面团饧发时间是否足够。

(2) 如果馅心不够咸香,从原材料角度首先考虑猪板油的新鲜度,然后考虑板油馅和干油酥的比例是否恰当。

(三) 品种变化

我们可以通过改变成品的形状来实现品种变化,如圆形、长方形、方形、椭圆形、斜角形等形状,也可以通过调整馅心进行变化。黄桥烧饼依口味分,有甜味、咸味两大类;依馅料分,有荤馅、素馅、荤素合馅三大类;依风味分,有五仁、椒盐、肉松、火腿、枣泥、豆沙、葱油、花生等类别;依工艺分,有无麻、单麻(饼一面有芝麻)、双麻(饼两面都有芝麻)等三类。

四、实训考核

黄桥烧饼实训操作评分标准如表 4-34 所示。

表 4-34　　　　黄桥烧饼实训操作评分标准

项目		评分标准	分值分配	实际得分
操作过程	原料准备	原料准备到位,原料质量、用量符合要求	5	
	设备器具准备	设备器具准备到位,卫生符合要求,设备运行正常	5	
	操作时间	90 分钟	5	

续表

项　　目		评　分　标　准	分值分配	实际得分
操作过程	操作规程	面团调制：❶ 面团烫制熟制　❷ 油酥面完全擦透	8	
		开酥：❶ 开酥时力度均匀　❷ 酵面油酥面比例2∶1	7	
		成形：❶ 皮馅比例适中　❷ 形态符合要求	8	
		熟制：❶ 烤箱温度控制合理　❷ 烤制时间控制正确	7	
	卫生习惯	❶ 个人卫生整洁　❷ 工作完成后,工位干净整洁　❸ 操作过程符合卫生规范	15	
成品质量	成品形状	圆饼状	10	
	成品色泽	色泽金黄,如蟹壳	10	
	成品质感	入口酥松、掉渣	10	
	成品口味	口感酥脆,咸鲜适口	10	
合　　计			100	

任务三　制作擘酥皮(水面酥皮)面团制品

千层榴莲酥

问题思考

1. 广式点心中的代表性油酥品种有哪些？
2. 你认为广式点心中的油酥品种和水油酥皮品种有没有区别？区别有哪些？
3. 擘酥制品能不能油炸成熟？

实践操作

子任务　制作榴莲酥

擘酥面团是广式面点中最常用的油酥面团。通过实训练习,学生应掌握擘酥面团开酥的方法,能够恰当掌握面团的软硬度与开酥的稳定度,能够熟练进行擘酥制品成形操作。

一、工艺原理与技能应用

(1) 面团性质：擘酥面团——层酥面团。
(2) 馅心类型：甜馅——榴莲馅。
(3) 成形方法：擀皮,开酥,包、捏成形。
(4) 熟制方法：烤制。

二、操作步骤

(一) 实训准备

榴莲酥参考配方与实训要求如表 4－35 所示。

表 4－35　　　　　　　榴莲酥参考配方与实训要求

参考配方			实训要求	
半成品	原料	重量	事项	要求
酥皮	中筋面粉/克	500	产品规格/克	30
	鸡蛋/克	100	出品量/个	40
	清水/毫升	225	设备	案板、烤箱、冰箱
	白糖/克	35	器具	刮板、擀面棍、不锈钢盆、烤盘、切刀、羊毛刷、小勺
酥心	化猪油/克	500		
	低筋面粉/克	200		
馅心	榴莲肉/克	200		
	奶粉/克	40		
	糖粉/克	40		
辅料	鸡蛋/克	50		
	白芝麻/克	20		

(二) 操作程序

(1) 制馅。将榴莲肉放入盆中捣烂,加入奶粉、糖粉拌和成馅心,冷藏备用。

(2) 面团调制。称量配方后,先将化猪油熬炼,用力搅拌,冷却至凝结;掺入少量面粉(每 500 克凝结化猪油掺面粉 200 克左右),搓揉均匀,压成块,放入特制铁箱内加盖密封;然后置于冰箱内冷冻 1～3 小时至油脂发硬即成。水面调制法与冷水面团基本相同,将所有原料拌和后用力揉搓,至面团光滑上劲为止,然后放入铁箱密封,置于冰箱冷冻。

(3) 制皮。先将冻硬的干油酥取出,平放在案板上,用走槌擀压成适当厚薄的矩形块;取出水面,擀压成与干油酥同样大小的块;将干油酥重合在水面上,用走槌擀压、折叠 3 次(每次折成 4 折);擀制成矩形块,放入铁箱,置于冰箱内冷冻半小时。

(4) 包馅成形。用直径 10 cm 左右的圆卡模卡出圆形坯皮,将榴莲馅放在圆皮中间,边缘刷水后捏紧,成榴莲酥生坯。

(5) 熟制。在榴莲酥表面刷上蛋液,撒上白芝麻,放入 220℃的烤箱中烘烤至表面金黄。

三、质量控制

(一) 成品特点

榴莲香味浓郁,入口酥香。

(二) 质量问题分析

(1) 如果酥层不够明显,首先考虑在和制面团时水面和油酥面的软硬程度是否一致,其次考虑开酥过程中手法运用是否得当,开酥过程中面皮折叠的次数够不够,多折一次酥皮可能会混酥、并酥,少折一次,成品效果不能达到要求。

(2) 如果酥层浸油,从操作过程来说首先考虑开酥时水面和油酥面比例是否恰当,烤制时间是否太短,烤制过程中油酥面中的油没有完全跑出。

(3) 如果榴莲酥出现裂口,馅心暴露,考虑在成形的过程中是否未将边皮捏紧,边皮内是否刷水。烘烤之前在榴莲酥坯上用牙签扎几个小孔,以免馅料受热爆开。

(三) 品种变化

很多广式点心都是采用擘酥皮制作的,如果改变馅心,我们可以制作叉烧酥、奶黄酥、萝卜酥等,熟制方法也可以采用烤制或炸制,改变成品的口感。

四、实训考核

榴莲酥实训操作评分标准如表 4-36 所示。

表 4-36　　　　　　　　榴莲酥实训操作评分标准

项目			评分标准	分值分配	实际得分
操作过程	原料准备		原料准备到位,原料质量、用量符合要求	5	
	设备器具准备		设备器具准备到位,卫生符合要求,设备运行正常	5	
	操作时间		90 分钟	5	
	操作规程	面团调制	❶ 水面、油酥面软硬一致 ❷ 油酥面调制均匀	8	
		开酥	❶ 开酥时力度均匀 ❷ 层酥厚薄均匀	7	
		成形	❶ 皮馅比例适中 ❷ 边皮捏紧	8	
		熟制	❶ 烤箱温度控制合理 ❷ 烤制时间控制合理	7	
	卫生习惯		❶ 个人卫生整洁 ❷ 工作完成后,工位干净整洁 ❸ 操作过程符合卫生规范	15	
成品质量	成品形状		呈半圆形,酥层清晰	10	
	成品色泽		金黄色	10	
	成品质感		酥层均匀清晰	10	
	成品口味		榴莲味浓,口味酥香	10	
合计				100	

实训测试

一、填空题
1. 荷花酥的特点是_____，_____，形如荷花，亭亭玉立。
2. 水油面和油酥面的软硬程度应当_____。

二、单项选择题
1. 下列品种中，不属于水油面酥皮面团的是（　　）。
   A. 荷花酥　　　　B. 鲜花饼　　　　C. 黄桥烧饼　　　　D. 龙眼酥
2. 下列各项中，不属于荷花酥操作程序的是（　　）。
   A. 大包酥　　　　B. 划花刀　　　　C. 油锅炸制　　　　D. 压成圆饼状
3. 下列各项中，不属于黄桥烧饼操作程序的是（　　）。
   A. 面团发酵　　　B. 划花刀　　　　C. 烤箱烤制　　　　D. 压成圆饼状
4. 下列各项中，不属于榴莲酥操作程序的是（　　）。
   A. 大包酥　　　　B. 冰箱冷冻　　　C. 油锅炸制　　　　D. 模压成形
5. 下列各项中，不属于蝴蝶酥制作器具的是（　　）。
   A. 大漏勺　　　　B. 切刀　　　　　C. 擀面棍　　　　　D. 面刀

三、多项选择题
1. 下列各项中，采用炸制成熟的制品有（　　）。
   A. 荷花酥　　B. 鲜花饼　　C. 黄桥烧饼　　D. 龙眼酥　　E. 榴莲酥
2. 龙眼酥的皮馅比一般为（　　）。
   A. 6∶4　　　B. 5∶5　　　C. 3∶7　　　　D. 7∶3　　　E. 4∶6
3. 黄桥烧饼的成品特点有（　　）。
   A. 色泽金黄　B. 饼形饱满　C. 香酥肥润　　D. 层次分明　E. 花纹清晰
4. 擘酥皮开酥的要求包括（　　）。
   A. 开酥力度均匀　　　　　　B. 油酥面调匀
   C. 层酥厚薄均匀　　　　　　D. 面团软硬一致
   E. 面团冷冻

四、判断题
1. 叠是制作油酥面的基本手法。（　　）
2. 若水油面团的油脂量不够，成品表皮会发硬，影响口感。（　　）
3. 炸制荷花酥时，应将生坯分批分开排放在漏勺中，下入140℃的油锅，炸至花瓣开放，酥层清晰。（　　）
4. 黄桥烧饼包酥时，酵面的比例一般为油酥面的两倍。（　　）
5. 榴莲酥刷蛋液可以使成品颜色更好、更美观。（　　）
6. 如果烘烤后的蝴蝶酥颜色不均匀，操作者应首先考虑酥体厚薄是否均匀。（　　）

五、问答题
1. 包酥的比例对制品有何影响？
2. 黄桥烧饼的常见质量问题有哪些？应该怎么解决？
3. 炉温对榴莲酥起酥效果的影响有哪些？
4. 蝴蝶酥调制工艺的关键点有哪些？

实训四　混酥与浆皮面团制品实训

◇ **职业素养目标**
- 树立一丝不苟的工匠精神,培养学生的实践操作能力和勇于探索的创新精神。

◇ **职业能力目标**
- 熟知混酥与浆皮面团制品的风味特色、原料构成及作用,能正确选择所需主辅原料。
- 熟悉混酥与浆皮面团制品的制作工艺,能够按需要正确调制面团、馅心,能够按要求进行生坯成形和熟制。
- 掌握混酥与浆皮面团制品的质量判断方法。
- 熟悉混酥与浆皮面团制品变化,能对混酥与浆皮面团品种的配方、工艺进行合理调整与创新。

◇ **典型工作任务**
- 制作混酥面团制品。
- 制作浆皮面团制品。

思维导图

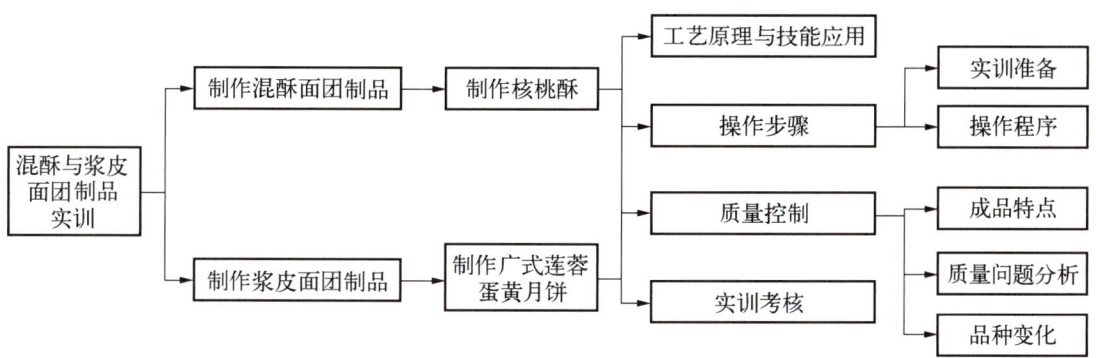

任务一　制作混酥面团制品

问题思考

1. 我们在生活中吃到的混酥制品有哪些？有什么特点？
2. 结合混酥面团的特点，思考其制作时有哪些注意事项？
3. 混酥面团和层酥面团在原材料选择上有哪些不同？

实践操作

子任务　制作核桃酥

混酥面团，是在面粉中加入适量的油、糖、蛋、乳、疏松剂、水等调制而成的面团。面团具有良好的可塑性，缺乏弹性和韧性，熟制后不起层。通过实训练习，学生应掌握以混酥面团调制的方法，能够熟练进行核桃酥成形操作，能正确控制烤箱温度。

桃酥

一、工艺原理与技能应用

（1）面团性质：混酥面团。
（2）成形方法：包、捏成形。
（3）熟制方法：烘烤。

二、操作步骤

（一）实训准备

核桃酥参考配方与实训要求如表 4-37 所示。

表 4-37　　　　核桃酥参考配方与实训要求

参考配方		实训要求	
原料	重量	事项	要求
低筋面粉/克	500	产品规格/克	25
核桃仁/克	50	出品量/个	100
化猪油/克	225	设备	烤箱、案板
小苏打/克	7.5	器具	电子秤、刮板、擀面棍、不锈钢盆、油刷、烤盘、桃酥印模
白糖/克	225		
鸡蛋/克	200		

（二）操作程序

（1）面团调制。将过筛的面粉置于案板上，小苏打放在面粉里，化猪油融化后与白糖、鸡蛋、臭粉、碎核桃仁搅拌成均匀的液体后拌入面粉中，抄拌成雪花状后采用翻叠法，将各原料通过翻叠相互渗透,拌和制成光滑的面团备用。

(2) 成形。将面团搓成长条,分成剂子,将面剂放入桃酥印模中压成生坯,放入刷油的烤盘中。

(3) 熟制。将核桃酥生坯放入烤箱中用 160℃ 的炉温烤制成金黄色、饼面呈裂纹状即可。

三、质量控制

(一) 成品特点

色泽金黄,口感酥松,入口即化。

(二) 质量问题分析

(1) 如果成品酥松程度不够,从原材料的角度首先考虑面粉的筋力是否过高,其次考虑配方中糖和油的比例是否恰当;从操作过程考虑在面团调制时操作是否规范,要采用叠制的揉面方法,防止面筋的产生。

(2) 如果成品没有裂纹,从原材料的角度首先考虑配方中疏松剂小苏打和臭粉是否过期,从操作过程考虑在面团调制时油、糖、水、蛋等有没有充分乳化。

(3) 如果成品内部结构粗糙,孔眼大小无规则,则考虑小苏打和臭粉的比例是否过大,影响成品口感。

(三) 品种变化

若制筵席点心,首先提升食材的品质,增加配方中核桃的比例,可以在核桃酥表面放上一块完整的核桃进行装饰,也可以通过采用不同的食材,制作花生酥、杏仁酥、瓜子酥等。

四、实训考核

核桃酥实训操作评分标准如表 4-38 所示。

表 4-38　　　　　　　核桃酥实训操作评分标准

项目			评分标准	分值分配	实际得分
	原料准备		原料准备到位,原料质量、用量符合要求	5	
	设备器具准备		设备器具准备到位,卫生符合要求,设备运行正常	5	
	操作时间		90 分钟	5	
操作过程	操作规程	面团调制	❶ 配方称量准确 ❷ 操作手法正确	8	
		成形	❶ 面坯大小均匀 ❷ 形态符合要求	8	
		熟制	❶ 烤箱温度控制正确 ❷ 烤制时间恰当	14	

续 表

项　　目		评　分　标　准	分值分配	实际得分
操作过程	卫生习惯	❶ 个人卫生整洁 ❷ 工作完成后,工位干净整洁 ❸ 操作过程符合卫生规范	15	
成品质量	成品形状	圆饼状	10	
	成品色泽	色泽金黄或浅棕色	10	
	成品质感	口感酥松,入口化渣	10	
	成品口味	核桃香味突出	10	
合　　计			100	

任务二　制作浆皮面团制品

问题思考

1. 浆皮面团和混酥面团的区别在哪里?
2. 浆皮面团的特点是什么?
3. 哪些点心是用浆皮面团制作而成的?

实践操作

子任务　制作广式莲蓉蛋黄月饼

广式月饼是我国南方,特别是广东、江西等地的民间传统应节食品——中秋月饼的变种,起源于广东及周边地区,目前已流行于全国各地。其特点是皮薄、馅大,皮馅比通常为2∶8,皮馅的油含量高于其他类面点,口感松软、细滑,表面光泽突出。通过实训练习,学生应准确掌握浆皮月饼的调制技术,了解面团形成的机制,能够熟练进行广式月饼成形操作。

一、工艺原理与技能应用

（1）面团性质：浆皮面团。
（2）馅心类型：甜馅——莲蓉蛋黄馅。
（3）成形方法：调制面皮,搓馅,包、捏,入模成形。
（4）熟制方法：烘烤。

二、操作步骤

（一）实训准备

广式莲蓉蛋黄月饼参考配方与实训要求如表4-39所示。

表 4-39　　　　　广式莲蓉蛋黄月饼参考配方与实训要求

参考配方			实训要求	
半成品	原料	重量	事项	要求
糖浆	白糖/克	300	产品规格/克	100
	水/毫升	135	出品量/个	20
	柠檬酸/克	0.9	设备	烤箱、案板
面团	低筋面粉/克	500	器具	电子秤、刮板、擀面棍、不锈钢盆、油刷、烤盘、月饼印模
	花生油/毫升	125		
	糖浆/毫升	350		
	碱水/毫升	10		
馅心	白莲蓉馅/克	1 500		
	咸蛋黄/克	20		
辅料	鸡蛋/个	6		

(二) 操作程序

(1) 熬制糖浆。将水和白糖倒入锅中,大火烧开后约 10 分钟加入柠檬酸,用中小火熬制 40 分钟,糖浆温度 115℃左右,糖度 78%。熬好的糖浆放置 15 天以上可使用。

(2) 调制面团。取配方内的糖浆、花生油、碱水和匀,使之乳化成均匀的乳浊液,然后加入过筛的面粉翻叠成团即可,搁置松弛 90~120 分钟。

(3) 制馅。咸鸭蛋黄放入烤箱中烤制蛋黄吐油熟制,取出冷却,将莲蓉馅分成每个重 75 克的剂子,包入咸鸭蛋黄,搓成圆球状备用。

(4) 包馅成形。月饼皮分割成面剂,手掌放一份月饼皮,两手压平,上面放一份月饼馅。一只手轻推月饼馅,另一只手的手掌轻推月饼皮,使月饼皮慢慢展开,直到把月饼馅全部包住为止。

(5) 入模。月饼印模中撒入少许干面粉,摇匀,把多余的面粉倒出,在包好的月饼表皮微微扑点面粉,把月饼放入模具中,轻轻压平,轻压脱模按序放置在刷过油的烤盘中。

(6) 熟制。烤箱预热至 200℃,在月饼表面轻轻喷一层水,放入烤箱烤至微微上色,取出刷蛋黄液,再烤 5 分钟,至金黄色。

三、质量控制

(一) 成品特点

皮薄松软,色泽金黄,花纹清晰,馅心香甜。

(二) 质量问题分析

(1) 如果成品表皮松软程度不够,从原材料的角度首先考虑面粉的筋力是否过高,其次考虑配方中糖和油的比例是否恰当;从操作过程考虑在面团调制时操作是否规范,要采用叠制的揉面方法,防止面筋的产生。

(2) 如果调制出的月饼面团走油;成品外观粗糙,则考虑糖浆、花生油和碱水等有没有充分乳化。

(3) 如果成品有塌陷收腰现象,则考虑面团和馅料的软硬程度是否恰当。
(4) 如果成品有着色过深现象,则考虑刷蛋液时稠度是否适当,刷蛋手法是否正确。
(5) 如果成品花纹不清晰,则考虑饼皮面团和制是否过软,造成成品表面花纹塌陷。

(三) 品种变化

广式月饼的变化可以通过不同食材的选择来体现,有饼皮的变化,成品如巧克力皮、冰皮、绿茶皮、墨鱼汁皮等等;有馅心的变化,成品如豆沙、白果(又称银杏)、鸡丝、火腿、枣泥、芝麻、桂圆、冰糖、蛋黄、香肠、鲜肉、腊肉、五仁、苔条、甜肉等等。另外,由于广式月饼通过模压成形,我们还可以选择不同的模具来改变广式月饼的大小和形状。

四、实训考核

广式莲蓉蛋黄月饼实训操作评分标准如表 4-40 所示。

表 4-40　　广式莲蓉蛋黄月饼实训操作评分标准

项目			评分标准	分值分配	实际得分
操作过程		原料准备	原料准备到位,原料质量、用量符合要求	5	
		设备器具准备	设备器具准备到位,卫生符合要求,设备运行正常	5	
		操作时间	90 分钟	5	
	操作规程	面团调制	❶ 配方称量准确 ❷ 操作手法正确	8	
		制馅	❶ 蛋黄烘烤适度 ❷ 馅心大小均匀	7	
		成形	❶ 包制手法正确 ❷ 形态符合要求	8	
		熟制	❶ 烤箱温度控制正确 ❷ 刷蛋液动作利落	7	
	卫生习惯		❶ 个人卫生整洁 ❷ 工作完成后,工位干净整洁 ❸ 操作过程符合卫生规范	15	
成品质量		成品形状	模具压制,大小均匀,花纹清晰	10	
		成品色泽	色泽金黄	10	
		成品质感	皮薄松软,有光泽	10	
		成品口味	皮薄松软,馅心香甜	10	
合计				100	

实训测试

一、填空题
1. 混酥面团面团的调制时间不宜_____，一般以_____为调面方法。
2. 广式月饼皮薄、馅大，皮馅比通常为_____。

二、单项选择题
1. 下列各项中，不属于核桃酥特点的是（   ）。
   A. 口感酥松　　　　B. 层次分明　　　　C. 无须冷藏　　　　D. 入口即化
2. 核桃酥面团操作不当会引发"走油"现象，走油的主要原因是（   ）。
   A. 面团温度过高　　B. 面团温度过低　　C. 面团过硬　　　　D. 面团过软
3. 下列各项中，不属于广式月饼制作器具的是（   ）。
   A. 烤盘　　　　　　B. 月饼模具　　　　C. 羊毛刷　　　　　D. 切刀
4. 广式月饼糖浆需要在（   ）左右的环境中熬制，保证面团吸湿回润。
   A. 110℃　　　　　B. 115℃　　　　　C. 120℃　　　　　D. 125℃

三、多项选择题
1. 下列各项中，属于核桃酥制作器具的有（   ）。
   A. 面刀　　　　B. 擀面棍　　　　C. 电子秤　　　　D. 烤盘　　　　E. 油刷
2. 若想为核桃酥营造酥松的口感，需要加入的化学膨松剂有（   ）。
   A. 小苏打　　　B. 酵母　　　　　C. 食碱　　　　　D. 臭粉　　　　E. 香兰素
3. 下列馅料中，可用于制作广式月饼馅心的有（   ）。
   A. 豆沙馅　　　B. 莲蓉馅　　　　C. 五仁馅　　　　D. 枣泥馅　　　E. 火腿馅
4. 下列各项中，属于广式月饼制备程序的有（   ）。
   A. 熬糖浆　　　B. 调制面团　　　C. 油锅炸制　　　D. 模压成形　　E. 烘烤成熟

四、判断题
1. 核桃酥成品内部结构粗糙，孔眼大小无规则，系糖油未充分乳化所致。（   ）
2. 核桃酥面团具有良好的可塑性，缺乏弹性和韧性，熟制后不起层。（   ）
3. 将核桃酥生坯放入烤箱中，用160℃的炉温烤制成金黄色、饼面呈裂纹状即可取出。（   ）
4. 广式月饼皮馅的含油量高于其他类面点，口感松软、细滑。（   ）
5. 广式月饼制作完成后必须回油，使饼皮更加绵软细润。（   ）
6. 广式月饼饼皮不宜太软，否则成品花纹不够清晰。（   ）

五、问答题
1. 核桃酥的品种有哪些？
2. 核桃酥调制工艺的关键点有哪些？
3. 广式月饼调制工艺的关键点有哪些？

实训五　米团与米粉面团制品实训

◇ **职业素养目标**
- 树立一丝不苟的工匠精神,培养学生的实践操作能力和勇于探索的创新精神。

◇ **职业能力目标**
- 熟知米与米粉面团制品的风味特色、原料构成及作用,能正确选择所需主辅原料。
- 熟悉米与米粉面团制品的制作工艺,能够按需要正确调制面团、馅心,能够按要求进行生坯成形和熟制。
- 掌握米与米粉面团制品的质量判断方法。
- 能对米与米粉面团制品的配方、工艺进行合理调整与创新。

◇ **典型工作任务**
- 制作米团类制品。
- 制作团类粉团制品。
- 制作糕类粉团制品。
- 制作发酵米粉团制品。

思维导图

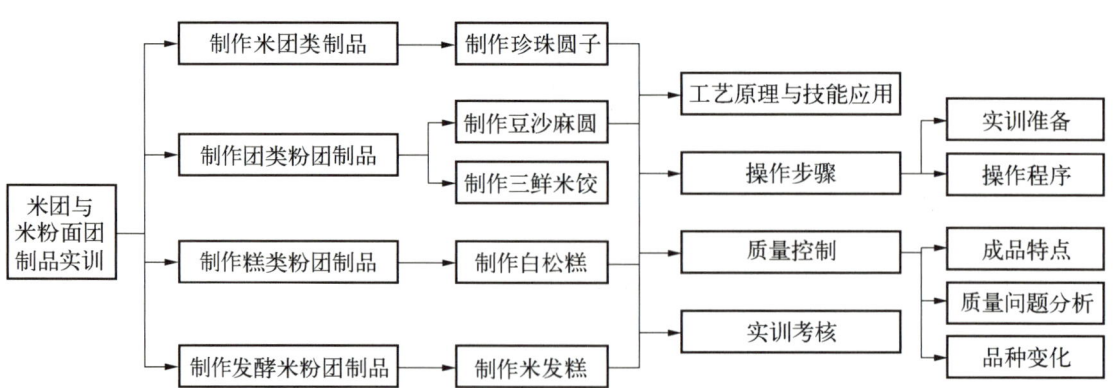

任务一　制作米团类制品

问题思考

1. 米团类制品与米粉制品在制作时有何差别？
2. 米团类制品所涉及的馅心有何要求？
3. 米团类制品怎样成团才便于包捏成制品？

实践操作

子任务　制作珍珠圆子

珍珠圆子，是以糯米饭皮包馅后表面沾裹糯米蒸制而成的米制小吃。通过实训，学生应掌握米团的调制方法及包制技巧，掌握珍珠圆子的制作工艺、操作技法和技术要领。

一、工艺原理与技能应用

（1）面团性质：米类面团。
（2）馅心类型：甜馅——玫瑰馅。
（3）成形方法：包、捏成形。
（4）成熟方法：蒸制。

二、操作步骤

（一）实训准备

珍珠圆子参考配方与实训要求如表 4-41 所示。

表 4-41　　　　　珍珠圆子参考配方与实训要求

半成品	参考配方		实训要求	
	原料	重量	事项	要求
面团	糯米/克	400	产品规格/克	45
	鸡蛋/克	40	出品量/个	20
	细淀粉/克	60	设备	蒸灶、案板
馅心	白糖/克	150	器具	蒸锅、蒸笼、滤筛、不锈钢盆
	化猪油/克	60		
	蜜玫瑰、蜜樱桃/克	30		
	细淀粉/克	60		

（二）操作程序

（1）面团的调制。取 1/3 的糯米提前浸泡 10 小时左右，沥干水分，留作"珍珠"裹米。余下的 2/3 糯米用沸水煮至九成熟起锅，沥干米汤置于盆内，趁热加入鸡蛋液、淀粉拌和均匀至米团有一定黏韧性,冷后分成 20 个剂子。

(2) 馅心的制作。蜜玫瑰用少许猪油调散,白糖与细淀粉拌匀后加入蜜玫瑰、猪油搓擦均匀分成小坨即成馅心。

(3) 生坯的成形。手先沾上少许清水,取米坯剂子一个,包上馅心,封口后搓圆,然后均匀地粘上一层裹米,放入垫有湿纱布或刷过油的笼内,并在每个生坯的顶部嵌上半颗蜜樱桃即成。

(4) 成熟。旺火蒸约 10 分钟,蒸至圆子表面的裹米过心发亮即可。

三、质量控制

(一) 成品特点

圆球形,白里透黄,表面裹米晶莹透亮,似粒粒珍珠,香甜适口,软糯滋润。

(二) 质量问题分析

(1) 裹米一定要泡透、泡胀,若裹米浸泡时间不够,蒸制时裹米难以熟透。裹米也可用西米代替。

(2) 煮米时注意掌握米粒的生熟程度,煮至九成熟即可,起锅后利用余热使米粒全熟。若煮至米粒全熟才起锅,易使米粒变软,制品蒸制时易塌陷。若煮米时间太短,制品蒸制时不易成熟,久蒸制品易塌。

(3) 皮料中加豆粉量要适当。豆粉少了,皮坯黏结性差,不易成形;豆粉多了,成熟后的珍珠圆子易翻硬,不爽口。

(4) 制馅时用豆粉,制得的馅心蒸熟后爽口、亮油。

(5) 成形时手上抹水是为了防止皮坯粘手,也可抹油。

(6) 蒸制时间要控制好,表层裹米要过心发亮才行。

(三) 品种变化

珍珠圆子也可用吊浆米粉包馅心沾裹米制成。裹米可用西米代替。馅心可用咸馅。

四、实训考核

珍珠圆子实训操作评分标准如表 4-42 所示。

表 4-42　　　　　珍珠圆子实训操作评分标准

项目			评分标准	分值分配	实际得分
操作过程	原料准备		原料准备到位,原料质量、用量符合要求	5	
	设备器具准备		设备器具准备到位,卫生符合要求,设备运行正常	5	
	操作时间		40 分钟	5	
	操作规程	面团调制	❶ 煮米的时间 ❷ 调坯的软硬	8	
		制馅	❶ 掌握好蜜玫瑰的用量 ❷ 馅心甜度适宜	7	

续表

项　　目			评　分　标　准	分值分配	实际得分
操作过程	操作规程	成形	❶ 皮馅比例适中 ❷ 形态符合要求	8	
		成熟	❶ 蒸笼刷油后放入生坯 ❷ 蒸锅内水量充足 ❸ 蒸制时间适度	7	
	卫生习惯		❶ 个人卫生整洁 ❷ 操作过程中的卫生 ❸ 工作完成后,工位干净整洁 ❹ 操作过程符合卫生规范	15	
成品质量	成品形状		大小均匀度及成形标准	10	
	成品色泽		色泽浅黄	10	
	成品质感		软糯香甜	10	
	成品口味		香甜可口	10	
合　　计				100	

任务二　制作团类粉团制品

问题思考

1. 怎样根据品种掌握好团类粉团调制的软硬度?
2. 如何控制油温?
3. 三鲜米饺面团在调制时应注意哪些问题?

实践操作

子任务一　制作豆沙麻圆

豆沙麻圆,系用米粉团包馅裹芝麻炸制而成的制品。通过实训,学生应掌握米粉生粉团的调制方法,掌握豆沙麻圆的制作工艺、操作技法和技术要领。

一、工艺原理与技能应用

(1) 面团性质:生米粉面团。
(2) 馅心类型:甜馅——豆沙馅。
(3) 成形方法:包、捏成形。
(4) 成熟方法:炸制。

二、操作步骤

（一）实训准备

豆沙麻圆参考配方与实训要求如表 4-43 所示。

表 4-43　　　　　豆沙麻圆参考配方与实训要求

参考配方			实训要求	
半成品	原料	重量	事项	要求
面团	糯米粉/克	180	产品规格/克	30
	澄粉/克	20	出品量/个	20
	化猪油/克	20	设备	炉灶、案板
	白糖/克	40	器具	炸锅、不锈钢盆、漏勺
	泡打粉/克	5		
	清水/毫升	120		
馅心	豆沙馅/克	200		
辅料	去壳白芝麻/克	100		

（二）操作程序

（1）面团的调制。先将白糖加入适量的开水溶化成糖液待用；再将澄粉加入适量的沸水烫成较软的熟面团，然后与糯米粉、泡打粉和猪油一起，加入糖液、清水调制成软硬适中的面团。

（2）生坯的成形。将面团分成剂子，取一个用手按成"凹"形，包入豆沙馅封口捏成球状体，并将其搓圆立即放入去壳白芝麻中，使其表面均匀地沾裹上一层芝麻并搓紧，即成生坯。

（3）成熟。将炸锅置于火上，加入较多的色拉油烧至二成热时，放入麻圆生坯慢慢浸炸，炸至麻圆浮面，再升高油温炸至麻圆色浅黄，皮酥脆即可起锅。

三、质量控制

（一）质量问题分析

（1）调制面团时控制好面团的软硬要适度。

（2）包馅时要将豆沙包于正中央，芝麻要裹紧。

（3）炸制时把握好火候油温，宜用中小火，油温应由低慢慢升高。

（二）成品特点

色泽浅黄，形似圆球，外壳酥脆，馅心香甜。

（三）品种变化

豆沙麻圆可变化馅心制成不同口味的麻圆。

四、实训考核

豆沙麻圆实训操作评分标准如表 4-44 所示。

表 4-44　　　　　　　　　　豆沙麻圆实训操作评分标准

项　　目			评　分　标　准	分值分配	实际得分
操作过程	原料准备		原料准备到位,原料质量、用量符合要求	5	
	设备器具准备		设备器具准备到位,卫生符合要求,设备运行正常	5	
	操作时间		40 分钟	5	
	操作规程	面团调制	❶ 面团软硬适中 ❷ 掌握好加白糖和泡打粉的量	8	
		制馅	❶ 了解馅心的运用 ❷ 馅心甜香适宜	7	
		成形	❶ 皮馅比例适中 ❷ 形态符合要求	8	
		成熟	❶ 低油温放入生坯 ❷ 浸炸的时间要充足 ❸ 最后用高油温炸上色、炸酥脆	7	
	卫生习惯		❶ 个人卫生整洁 ❷ 工作完成后,工位干净整洁 ❸ 操作过程符合卫生规范	15	
成品质量	成品形状		圆球形	10	
	成品色泽		色泽浅黄	10	
	成品质感		皮酥脆,馅沙黏	10	
	成品口味		香甜可口	10	
合　　计				100	

子任务二　制作三鲜米饺

三鲜米饺,是一款熟米粉面团制品,采用蒸法熟制而成。通过实训,学生应掌握米粉面团的调制方法,了解熟粉团的运用方式,掌握米饺的制作工艺、操作技法以及技术要领。

一、工艺原理与技能应用

(1) 面团性质:熟米粉面团。
(2) 馅心类型:咸馅——全熟馅。
(3) 成形方法:擀、包、捏成形。
(4) 成熟方法:蒸制。

二、操作步骤

(一) 实训准备

三鲜米饺参考配方与实训要求如表 4-45 所示。

表 4-45　　　　　　　　　　三鲜米饺参考配方与实训要求

参考配方			实训要求	
半成品	原料	重量	事项	要求
面团	米粉(糯米与籼米1:5)/克	300	产品规格/克	30
	清水/毫升	90	出品量/个	20
馅心	猪后腿肉/克	120	设备	蒸灶、案板
	火腿/克	50	器具	蒸锅、蒸笼、刮板、擀面棍、不锈钢盆、馅挑、油刷
	冬笋/克	50		
	食盐/克	2		
	酱油/毫升	5		
	味精/克	3		
	胡椒粉/克	1		
	化猪油/克	50		
	料酒/毫升	20		
	芝麻油/毫升	10		

(二) 操作程序

(1) 面团的调制。将米粉加清水揉匀成为光滑粉团;用手将粉团按扁、压薄,放入沸水中煮熟,再捞出,用干布揩干水分,放在案板上反复揉搓均匀成有良好黏韧性的粉团,盖上湿布待用。

(2) 馅心制作。将猪肉、火腿、冬笋分别切成小颗粒;将化猪油放锅中,烧至五成熟时,下猪肉炒散籽,再加入料酒、食盐、酱油炒出香味后,加入冬笋、火腿炒匀起锅入盆;待冷却后,加入味精、胡椒粉、芝麻油拌和均匀即成馅心。

(3) 生坯的成形。皮料分摘成剂子(15 g/个),擀成约 7 cm 直径的圆皮,包上馅心(重15 g/个),用手捏成月牙形的饺坯,放入刷了油的蒸笼。

(4) 成熟。盖好蒸笼,将蒸笼置蒸锅上,用旺火沸水蒸制约 8 分钟即成。

三、质量控制

(一) 成品特点

形如月牙,油润光滑,咸鲜滋润,三鲜味浓,软糯适口。

(二) 质量问题分析

(1) 调制米团时控制好加水量,米团的软硬要适度。

(2) 包馅成形时注意掌握好坯皮的大小与花纹的密度。

(3) 掌握好蒸制的时间,不宜过长,否则成品会回软塌陷,影响形状。

(三) 品种变化

通过馅心变化,制成不同口味米饺。

四、实训考核

三鲜米饺实训操作评分标准如表 4-46 所示。

表 4-46　　　　三鲜米饺实训操作评分标准

项目			评　分　标　准	分值分配	实际得分
操作过程	原料准备		原料准备到位,原料质量、用量符合要求	5	
	设备器具准备		设备器具准备到位,卫生符合要求,设备运行正常	5	
	操作时间		90 分钟	5	
	操作规程	面团调制	❶ 面团软硬适中 ❷ 面团烫制适度	8	
		制馅	❶ 调味料用量准确 ❷ 馅心咸淡鲜香适宜	7	
		成形	❶ 皮馅比例适中 ❷ 形态符合要求	8	
		成熟	❶ 蒸笼刷油后放入生坯 ❷ 蒸锅内水量充足 ❸ 蒸制时间适度	7	
	卫生习惯		❶ 个人卫生整洁 ❷ 工作完成后,工位干净整洁 ❸ 操作过程符合卫生规范	15	
成品质量	成品形状		捏摺成月牙形	10	
	成品色泽		色泽光润油滑	10	
	成品质感		软糯适口	10	
	成品口味		咸鲜滋润	10	
合　计				100	

任务三　制作糕类粉团制品

问题思考

1. 糕类粉团所涉及的原料及成团的种类有哪些?
2. 糕类粉团的调制方法是什么?

实践操作

子任务　制作白松糕

通过实训,学生应掌握松糕粉团的调制方法以及松糕成形、熟制要求。

一、工艺原理与技能应用

(1) 面团性质:糕类米粉面团。
(2) 成形方法:印模成形。
(3) 成熟方法:蒸制。

二、操作步骤

(一) 实训准备

白松糕参考配方与实训要求如表 4-47 所示。

表 4-47　白松糕参考配方与实训要求

参考配方			实训要求	
半成品	原料	重量	事项	要求
面团	糯米粉/克	100	产品规格/克	50
	籼米粉/克	200	出品量/个	10
	白糖/克	100	设备	蒸灶、案板、炉灶
	清水/毫升	100	器具	蒸锅、蒸笼、不锈钢盆、蒸布、松糕模具

(二) 操作程序

(1) 调团。将冷水与米粉、白糖拌和成不黏结成块的松散粉粒状,静置一段时间。
(2) 成形。将饧制好的粉团过筛,然后用模具做成松糕生坯。
(3) 成熟。生坯放入笼中,蒸制 8~10 分钟,成熟即可。

三、质量控制

(一) 成品特点

形状完整,糕体雪白,松软多孔,甜香可口。

(二) 质量问题分析

(1) 在拌粉时应掌握好掺水量。
(2) 拌和后还要静置一段时间,目的是让米粉充分吸水。

(三) 品种变化

在调团时加入黄糖可制成黄松糕。

四、实训考核

白松糕实训操作评分标准如表 4-48 所示。

表 4-48　　　　　　　白松糕实训操作评分标准

项　目			评　分　标　准	分值分配	实际得分
操作过程	原料准备		原料准备到位,原料质量、用量符合要求	5	
	设备器具准备		设备器具准备到位,卫生符合要求,设备运行正常	5	
	操作时间		40 分钟	5	
	操作规程	面团调制	❶ 面团干稀适中	10	
		成形	❶ 形态符合要求	8	
		成熟	❶ 蒸笼刷油后放入生坯 ❷ 蒸锅内水量充足 ❸ 蒸制时间适度	7	
	卫生习惯		❶ 个人卫生整洁 ❷ 工作完成后,工位干净整洁 ❸ 操作过程符合卫生规范	20	
成品质量	成品形状		教学要求为方形	10	
	成品色泽		色泽洁白	10	
	成品质感		成品松软、多孔	10	
	成品口味		口味香甜	10	
合　计				100	

任务四　制作发酵米粉团制品

问题思考

1. 哪种米最适合制作发酵制品?
2. 发酵米粉团的调制方法及要点是什么?
3. 米粉面团与面粉面团在发酵过程上有何差异?

实践操作

子任务　制作米发糕

米发糕,是一款米浆类的发酵面团制品,采用蒸法熟制而成。通过实训,学生应了解发酵米浆的性质特点,掌握发酵米浆的制作方法和要求以及米发糕的制作工艺。

一、工艺原理与技能应用

(1) 面团性质：发酵米粉类面团。
(2) 成形方法：胎膜成形。
(3) 成熟方法：蒸制。

二、操作步骤

(一) 实训准备

米发糕参考配方与实训要求如表4-49所示。

表4-49　　　　　　　　米发糕参考配方与实训要求

参考配方			实训要求	
半成品	原料	重量	事项	要求
面团	籼米粉/克	500	产品规格/克	50
	籼米饭/克	50	出品量/个	15
	白糖/克	100	设备	蒸灶、案板
	酵母/克	10	器具	蒸锅、蒸笼、不锈钢盆、菊花模
	小苏打/克	1		
	清水/毫升	300		

(二) 操作程序

(1) 调米浆。籼米粉加水调成米浆，取1/10米浆用小火熬成糊状，冷却后加入剩余米浆中搅拌均匀，再加入酵母搅匀，进行发酵，夏季以10小时为宜，冬季以20小时为宜。

(2) 成形、成熟。将发好的米浆加入白糖、小苏打和匀，用勺舀入菊花模，放入笼中，用旺火沸水蒸约15分钟蒸熟，出笼后晾凉，从菊花模中取出即成。

三、质量控制

(一) 成品特点

形似棉桃，色白暄软，质感细腻，香甜可口。

(二) 质量问题分析

(1) 注意打熟芡的比例，一般取10%米浆用于打熟芡。打熟芡的作用是增加米浆的稠度，防止米浆发酵时淀粉沉淀，影响发酵。
(2) 掌握好米浆的稠度，宁干勿稀。
(3) 米浆发酵时应加盖，发酵时间要充足。
(4) 控制好蒸制成熟时间。

(三) 品种变化

我们还可添加馅心料变化品种。

四、实训考核

米发糕实训操作评分标准如表4-50所示。

表4-50　　　　米发糕实训操作评分标准

项　目			评　分　标　准	分值分配	实际得分
操作过程	原料准备		原料准备到位,原料质量、用量符合要求	5	
	设备器具准备		设备器具准备到位,卫生符合要求,设备运行正常	5	
	操作时间		90分钟	5	
	操作规程	面团调制	❶ 面团干稀适中 ❷ 面团发酵适度	15	
		成形	注入量符合模具要求	8	
		成熟	❶ 模具入蒸笼摆放整齐 ❷ 蒸锅内水量充足 ❸ 蒸制时间适度	7	
	卫生习惯		❶ 个人卫生整洁 ❷ 工作完成后,工位干净整洁 ❸ 操作过程符合卫生规范	15	
成品质量	成品形状		按教学要求成品形状为菱形	10	
	成品色泽		呈白色	10	
	成品质感		口感松软、细腻	10	
	成品口味		口味香甜	10	
合　计				100	

实训测试

一、填空

1. 珍珠圆子皮坯的主要原料是_____。
2. 白松糕面团属于米粉面团中的_____面团。
3. 用于制作米发糕的米粉是_____。
4. 三鲜米饺皮坯中糯米与籼米的比例应为_____。

二、单项选择题

1. 三鲜米饺所用的馅心是(　　)。
   A. 水打馅　　　　B. 生馅　　　　C. 熟馅　　　　D. 生熟混合馅
2. 三鲜米饺皮坯属于(　　)。
   A. 生米粉团　　　B. 熟米粉团　　　C. 发酵粉团　　　D. 熟粉糕团
3. 使用冷水调制的米粉面团,其性质与麦粉类冷水面团(　　)。

A. 相同 B. 不同,粉团性质松散
C. 不同,粉团黏性强 D. 不同,粉团韧性强

4. 糯米粉与(　　)掺和调制的面团,其成品不易变形,有筋力、韧性、黏润感和软糯感。

A. 粳米粉 B. 籼米粉 C. 面粉 D. 杂粮粉

5. 米粉面团与面粉面团的性质差异主要源于(　　)。

A. 面筋蛋白质含量 B. 直链淀粉含量
C. 支链淀粉含量 D. 调制水温

三、多项选择题

1. 下列各项中,采用蒸制法熟制的品种有(　　)。

A. 珍珠圆子　　B. 豆沙麻圆　　C. 白松糕　　D. 三鲜米饺　　E. 米发糕

2. 下列品种坯团中,涉及糯米或糯米粉的有(　　)。

A. 米发糕　　B. 三鲜米饺　　C. 白松糕　　D. 豆沙麻圆　　E. 珍珠圆子

3. 下列品种中,运用模具成形的有(　　)。

A. 米发糕　　B. 三鲜米饺　　C. 白松糕　　D. 豆沙麻圆　　E. 珍珠圆子

四、判断题

1. 珍珠圆子皮坯主要依靠鸡蛋的黏性成团。　　(　　)
2. 白松糕的制作用粉是糯米粉。　　(　　)
3. 炸麻圆下锅时,锅内油温应保持在极高的水平上。　　(　　)
4. 利用发酵米浆打熟芡的目的是防止米浆中的米粉沉淀。　　(　　)

五、问答题

1. 麻圆在成熟过程中爆裂的原因有哪些?应该如何避免?
2. 白松糕生坯不易成形的原因是什么?
3. 米发糕松泡度较差的原因是什么?

实训六　杂粮面团及其他面团制品实训

◇ **职业素养目标**
● 树立一丝不苟的工匠精神,培养学生的实践操作能力和勇于探索的创新精神。

◇ **职业能力目标**
● 了解杂粮、果蔬、淀粉、鱼虾蓉面团制品以及羹汤胶冻的风味特色。
● 熟知杂粮、果蔬、淀粉、鱼虾蓉面团制品以及羹汤胶冻的原料构成及作用,能正确选择所需主辅原料。
● 熟悉杂粮、果蔬、淀粉、鱼虾蓉面团制品以及羹汤胶冻的制作工艺,能够按需要正确调制面团、馅心,能够按要求进行生坯成形和熟制。
● 掌握杂粮、果蔬、淀粉、鱼虾蓉面团制品以及羹汤胶冻的质量判断方法。
● 能对杂粮、果蔬、淀粉、鱼虾蓉面团制品以及羹汤胶冻的配方、工艺进行合理调整与创新。

◇ **典型工作任务**
● 制作谷类杂粮面团制品。
● 制作薯类杂粮面团制品。
● 制作豆类杂粮面团制品。
● 制作淀粉类面团制品。
● 制作果蔬类面团制品。
● 制作鱼虾蓉面团制品。
● 制作羹汤制品。
● 制作胶冻制品。

思维导图

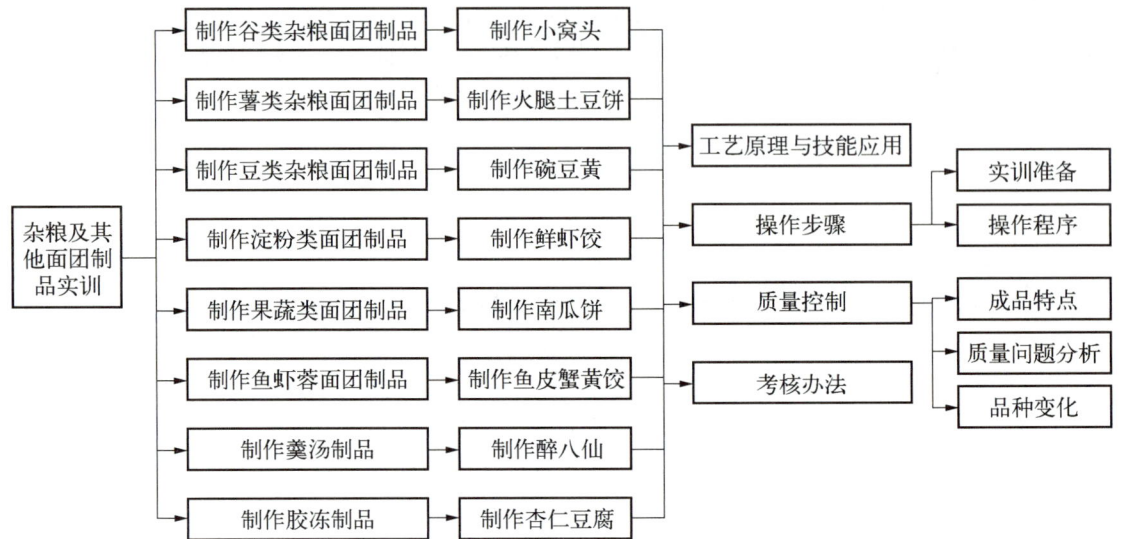

任务一 制作谷类杂粮面团制品

问题思考

1. 可用来制作面点的谷类杂粮有哪些?
2. 如何才能将各种谷类杂粮调制成便于包捏的面团?
3. 在调制谷类杂粮面团时应注意哪些问题?

实践操作

子任务 制作小窝头

小窝头,系用玉米面掺黄豆面加白糖等辅料揉和成的面团制品,底部向内凹陷,经蒸制而成。通过实训,学生应掌握玉米粉团的调制方法以及小窝头的成形、成熟方法。

一、工艺原理与技能应用

(1) 面团性质:谷类杂粮面团。
(2) 成形方法:捏成形。
(3) 成熟方法:蒸制。

二、操作步骤

(一) 实训准备

小窝头参考配方与实训要求如表 4-51 所示。

表 4-51　　　　　　　　　　小窝头参考配方与实训要求

半成品	参考配方		实训要求	
	原料	重量	事项	要求
面团	玉米粉/克	500	产品规格/克	30
	黄豆粉/克	200	出品量/个	45
	白糖/克	150	设备	蒸灶、案板
	糖桂花/克	20	器具	蒸锅、蒸笼、刮板、不锈钢盆、油刷
	热水/毫升	500		

(二) 操作程序

(1) 面团调制。将玉米粉、黄豆粉、白糖、糖桂花一起放入盆中,逐次加入热水,慢慢揉至面团柔韧有劲。

(2) 成形。将揉匀后的面团搓成直径约 2 cm 粗的条,再揪成小面剂。在捏窝头前右手先蘸一点凉水,擦在手心上,然后取一个面剂放在左手心里用右手指捏揉几下后,再用双手搓成圆球形状,继续放在左手心里。右手食指蘸点凉水,在圆球中间钻一个小洞,边钻边转动手指,左手指及中指同时协同捏拢至厚度 0.4 cm 左右且表面均匀光滑即可。

(3) 成熟。将制好的小窝头生坯放入笼中用旺火蒸 10 分钟即成。

三、质量控制

(一) 成品特点

色泽金黄,圆锥造形,锥底向内凹,香甜可口,口感柔软。

(二) 质量问题分析

(1) 面团用料比例出现偏差会影响成品口感,调制面团的水温要适当才能使坯团容易成团。

(2) 成形时手上蘸少量的凉水,以便于操作,在成形时左右手的配合要协调。

(3) 成熟蒸制时一定要旺火气足,这样成品的口感才会达到要求。

(三) 品种变化

黄豆粉可改为其他粉料,最好是能改善玉米粉口感的,还可添加油脂、乳类改善制品的口感、口味。

四、实训考核

小窝头实训操作评分标准如表 4-52 所示。

表 4-52　　　　　　　　　　小窝头实训操作评分标准

项目		评分标准	分值分配	实际得分
操作过程	原料准备	原料准备到位,原料质量、用量符合要求	5	
	设备器具准备	设备器具准备到位,卫生符合要求,设备运行正常	5	
	操作时间	40 分钟	6	

续表

项　目			评　分　标　准	分值分配	实际得分
操作过程	操作规程	面团调制	① 面团用料比例 ② 调制面团时的温度	9	
		成形	① 左右手配合要协调 ② 形态符合要求	8	
		成熟	① 蒸锅内水量充足 ② 蒸制时间适度	7	
	卫生习惯		① 个人卫生整洁 ② 工作完成后，工位干净整洁 ③ 操作过程符合卫生规范	20	
成品质量	成品形状		形似尖圆锥	10	
	成品色泽		色泽金黄	10	
	成品质感		口感柔软	10	
	成品口味		香甜可口	10	
合　计				100	

任务二　制作薯类杂粮面团制品

问题思考

1. 薯类杂粮面团所用的原料主要有哪些？
2. 在调制薯类杂粮面团时应注意哪些问题？

实践操作

子任务　制作火腿土豆饼

火腿土豆饼为四川风味面点，系用蒸熟后的土豆泥制成皮坯，包咸馅裹面包糠，炸制而成的。通过本实训练习，学生应掌握马铃薯制坯的方法，掌握熟荤馅的制作方法，掌握火腿土豆饼成形的方法和炸制要求。

一、工艺原理与技能应用

(1) 面团性质：薯类杂粮类面团。
(2) 馅心类型：咸馅——全熟馅。
(3) 成形方法：包、捏、沾裹成形。
(4) 成熟方法：炸制。

二、操作步骤

（一）实训准备

火腿土豆饼参考配方与实训要求如表4-53所示。

表4-53　　　　　　　　火腿土豆饼参考配方与实训要求

参考配方			实训要求	
半成品	原料	重量	事项	要求
面团	土豆/克	500	产品规格/克	30
	熟面粉/克	50	出品量/个	30
粘裹料	鸡蛋/克	100	设备	蒸灶、案板、炒灶
	面包糠/克	100	器具	切刀、菜墩、蒸锅、蒸笼、炒锅、炒勺、大漏勺、油缸
馅心	猪绞肉/克	200		
	葱花/克	20		
	火腿/克	50		
	食盐/克	3		
	味精/克	2		
	胡椒粉/克	1		
	酱油/毫升	10		
	花椒粉/克	2		
	芝麻油/毫升	5		

（二）操作程序

（1）皮坯的调制。土豆洗净，切厚片放入蒸笼中蒸熟。取出，微冷后撕去皮，用刀面压成土豆泥，如泥较稀可添加少许熟面粉。

（2）馅心的制作。猪肉和火腿分别切成小颗粒。锅置火上，放油烧热，下猪肉炒散，再加料酒、食盐、酱油、火腿炒香起锅，冷后加入其他调料拌匀即成。

（3）生坯的成形。鸡蛋磕碗中加少许清水搅散，面包糠擀细备用。手上抹少许油脂，取一小块皮料，按扁后包入馅心，收口后按成圆饼，放入蛋液中沾上蛋液后再放入面包糠中均匀裹上一层面包糠即成饼坯。

（4）成熟。锅置火上，放油烧至6成热，下饼坯炸至金黄起锅。

三、质量控制

（一）成品特点

圆饼形，色泽金黄，外酥内软，咸、鲜香可口。

（二）质量问题分析

（1）传统川式面点中的马铃薯团以黏质土豆为原料，蒸熟后压成泥蓉即成皮坯。若土豆质地非黏质型而是粉质型，则制成的皮坯性质松散，缺乏黏韧性，制成品质量欠佳。借鉴广式面点制坯的特点，在粉质马铃薯蓉中添加适量熟澄粉面团，增加皮坯的黏性，可以大大改善皮坯性质。

(2) 炒制馅心时要用猪油,馅心制好后应放入冰箱稍冻,使馅心凝结,便于包捏成形。

(3) 面包糠擀细,拖蛋液后裹均匀。

(4) 成熟时要控制好炸制油温和火力。

(三) 品种变化

面团可用红薯制成,馅心用甜馅。

四、实训考核

火腿土豆饼实训操作评分标准如表4-54所示。

表4-54　　　　　　火腿土豆饼实训操作评分标准

项目			评分标准	分值分配	实际得分
操作过程	原料准备		原料准备到位,原料质量、用量符合要求	5	
	设备器具准备		设备器具准备到位,卫生符合要求,设备运行正常	5	
	操作时间		40分钟	5	
	操作规程	面团调制	❶ 面团软硬适中 ❷ 掌握好加熟面粉的量	8	
		制馅	❶ 调味料用量准确 ❷ 馅心咸淡鲜香适宜	7	
		成形	❶ 皮馅比例适中 ❷ 形态符合要求	8	
		成熟	❶ 6成油温放入生坯 ❷ 炸制时间适度	7	
	卫生习惯		❶ 个人卫生整洁 ❷ 工作完成后,工位干净整洁 ❸ 操作过程符合卫生规范	15	
成品质量	成品形状		圆饼形	10	
	成品色泽		色泽金黄	10	
	成品质感		外酥内软	10	
	成品口味		咸、鲜香适口	10	
合计				100	

任务三　制作豆类杂粮面团制品

问题思考

1. 豆类杂粮面团通常使用哪些豆类?
2. 豆类杂粮面团与谷类杂粮面团的调制过程有何差别?
3. 在调制豆类杂粮面团时应注意哪些问题?

实践操作

子任务　制作豌豆黄

豌豆黄是用豌豆煮后炒制而成的。为北京风味面点。按照北京民俗,阴历"三月初三为上巳,居民多食豌豆黄"。因此,每年新春伊始,豌豆黄便陆续上市。1925年开业的仿膳饭庄,做出的豌豆黄色香味形质俱佳,非同凡响。通过本实训,学生应了解以豌豆制作糕坯的特点,掌握豌豆黄的制作方法和要领,掌握煮豆和熬豆泥的方法,掌握豌豆黄的制作工艺、操作技法以及技术要领。

一、工艺原理与技能应用

(1) 面团性质:豆类杂粮类面团。
(2) 成形方法:刀切成形。
(3) 成熟方法:熬制。

二、操作步骤

（一）实训准备

豌豆黄参考配方与实训要求如表 4-55 所示。

表 4-55　　　　　　　　豌豆黄参考配方与实训要求

参考配方			实训要求	
半成品	原料	重量	事项	要求
面团	白豌豆/克	500	产品规格/克	25
	琼脂/克	10	出品量/个	20
	白糖/克	200	设备	炉灶、案板、冰箱
	清水/毫升	200	器具	不锈钢锅、切刀、不锈钢盘、木铲等

（二）操作程序

(1) 制豆泥。将白豌豆磨碎、去皮、洗净。不锈钢汤锅内倒入清水用旺火烧开,放入碎豌豆瓣和白碱,水再开时,撇尽浮沫,改用小火煮2小时。当豌豆煮成稀粥状时,下白糖搅匀,将锅离火。然后将煮烂的豌豆带原汤一起过筛,筛入盆中的即是豆泥。

(2) 炒豆泥。将豆泥倒入不锈钢锅等内,在旺火上用木铲不断搅炒,勿使糊锅。炒至用木铲舀起豆泥再倒下,豆泥往下流得很慢,流下的豆泥形成一堆,并逐渐地与锅中的豆泥融合(俗称"堆丝"),即可起锅。

(3) 成形。将炒好的豆泥倒入不锈钢方盘内摊平,厚约1.5 cm,用保鲜膜盖上,以免凝固后表面结皮裂口,并可保持清洁。冷后放入冰箱内冷藏,凝结后即成豌豆黄。吃时揭去保鲜膜,将豌豆黄切成菱形、小方块或其他形状,摆入盘中即成。

三、质量控制

（一）成品特点

形状规则,色泽黄亮、口感细腻,入口即化,清凉爽口,香甜宜人。

（二）质量问题分析

（1）制作豌豆黄讲究用白豌豆，如用褐色花豌豆则须加黄栀子水染成黄色。

（2）煮豆和炒豆泥要用不锈钢锅等，不宜用铁锅，因为豌豆遇铁器易变黑。

（3）过筛豆泥时，用竹板刮擦，使豆泥容易通过筛网。

（4）炒豆泥时要不停搅动，避免糊锅。

（5）注意掌握炒豆泥的火候。若豆泥炒得太嫩，即水分过多，则凝固后切不成块；炒得过老，即水分过少，凝固后又会裂纹。

（三）品种变化

可用绿豆、黄豆等豆类代替。

四、实训考核

豌豆黄实训操作评分标准如表 4-56 所示。

表 4-56　　　　豌豆黄实训操作评分标准

项目			评分标准	分值分配	实际得分
操作过程	原料准备		原料准备到位，原料质量、用量符合要求	5	
	设备器具准备		设备器具准备到位，卫生符合要求，设备运行正常	5	
	操作时间		90分钟	5	
	操作规程	面团调制	❶ 熬浆加琼脂的量　❷ 控制熬浆的时间	17	
		成形	❶ 晾凉后再切　❷ 形态符合要求	8	
	卫生习惯		❶ 个人卫生整洁　❷ 工作完成后，工位干净整洁　❸ 操作过程符合卫生规范	20	
成品质量	成品形状		切成菱形块	10	
	成品色泽		色泽黄亮	10	
	成品质感		细腻香甜，入口化渣，清凉爽口	10	
	成品口味		香甜可口	10	
合计				100	

任务四　制作淀粉类面团制品

问题思考

1. 淀粉类面团应如何成团？
2. 常见的淀粉类面团有哪些？
3. 淀粉类面团调制的注意事项有哪些？

实践操作

子任务　制作鲜虾饺

鲜虾饺，是广州风味面点，以澄粉面团为皮，包笋尖鲜虾馅，捏成弯梳形蒸制而成。通过本实训，学生应掌握澄粉面团的调制方法，掌握虾饺的制作工艺、操作技法以及技术要领。

一、工艺原理与技能应用

（1）面团性质：淀粉类面团。

（2）馅心类型：咸馅——虾蓉馅。

（3）成形方法：包、捏成形。

（4）成熟方法：蒸制。

二、操作步骤

（一）实训准备

鲜虾饺参考配方与实训要求如表4-57所示。

表4-57　　　　　　　　鲜虾饺参考配方与实训要求

参考配方			实训要求	
半成品	原料	重量	事项	要求
面团	澄粉/克	200	产品规格/克	30
	生粉/克	50	出品量/个	40
	食盐/克	2.5	设备	蒸灶、案板
	化猪油/克	12.5	器具	不锈钢盆、切刀、不锈钢刮刀、蒸锅、蒸笼
	清水/毫升	350		
馅心	鲜虾肉/克	250		
	猪瘦肉/克	75		
	水发冬菇/克	25		
	熟笋尖/克	75		
	胡椒粉/克	1		
	食粉/克	1.5		
	食盐/克	10		
	味精/克	5		
	芝麻油/毫升	5		
	白糖/克	8		
	生粉/克	4		
	化猪油/克	40		

薄皮鲜虾饺

(二) 操作程序

(1) 皮坯调制。澄粉过筛后放入盆内,加入精盐,将沸水一次性倒入粉料中,用小面棒搅拌成团,烫成熟澄面。然后倒在案板上,加生粉揉和成匀滑的面团,再加猪油揉透至面团有光泽。然后将面团搓成长条,刀切下剂,用刮刀将面剂压成薄圆皮。

(2) 馅心制作。将 5 g 精盐、食碱与鲜虾肉拌匀腌制 15~20 分钟,然后用清水冲洗虾肉,直至虾肉没有粘手感即可捞起。将捞起的虾肉用洁净毛巾吸干水分,肉身较大的切成两段,小的可以整只不动;猪瘦肉、水发冬菇切成小颗粒;笋尖切成颗粒或细丝,用清水漂洗后沥干水分。鲜虾肉与猪瘦肉粒放入盆内,加入食盐、少量的清水,搅打均匀且起胶,然后加入白糖、味精、芝麻油、胡椒粉和猪油拌匀,最后加入笋丝、冬菇粒、生粉拌匀。

(3) 成形。左手托起圆形面皮,在面皮中央放入适量的馅然后捏出些皱褶,捏成弯梳形,成形后虾饺肚较高,肚子上半截呈现出均匀的花纹小褶。

(4) 成熟。把虾饺放入蒸笼,放入沸水锅中,用大火蒸 5 分钟即可。

三、质量控制

(一) 成品特点

形似弯梳,色白透明,馅心透红、爽滑鲜嫩。

(二) 质量问题分析

(1) 烫粉时水量应准确。
(2) 虾肉一定要新鲜,虾的沙线应去尽,码碱后要冲干净,虾肉表面水分要用毛巾吸干。
(3) 包馅时,馅心不能沾湿皮边,否则皮不易黏合,成熟时易开裂。
(4) 蒸制时要火旺水沸气足,蒸制时间适宜。

(三) 品种变化

变化馅心、造型可制成其他风味的澄粉制品。

四、实训考核

鲜虾饺实训操作评分标准如表 4-58 所示。

表 4-58 鲜虾饺实训操作评分标准

项目		评分标准	分值分配	实际得分
操作过程	原料准备	原料准备到位,原料质量、用量符合要求	5	
	设备器具准备	设备器具准备到位,卫生符合要求,设备运行正常	5	
	操作时间	90 分钟	5	
	操作规程	面团调制 ❶ 面团调制时的比例、水温 ❷ 面团软硬适中	8	
		制馅 ❶ 调味料用量准确 ❷ 馅心咸淡鲜香适宜	7	

续表

项　　目		评　分　标　准	分值分配	实际得分
操作过程	操作规程	成形　❶ 皮馅比例适中　❷ 形态符合要求	8	
		成熟　❶ 蒸笼刷油后放入生坯　❷ 蒸锅内水量充足　❸ 蒸制时间适度	7	
	卫生习惯	❶ 个人卫生整洁　❷ 工作完成后,工位干净整洁　❸ 操作过程符合卫生规范	15	
成品质量	成品形状	月牙形	10	
	成品色泽	色白透明	10	
	成品质感	鲜嫩适口	10	
	成品口味	口味咸鲜	10	
合　　计			100	

任务五　制作果蔬类面团制品

问题思考

1. 哪些果蔬适合用于调制面团?
2. 在调制果蔬面团时应注意哪些问题?

实践操作

子任务　制作南瓜饼

南瓜饼系用南瓜泥加糯米粉调制的皮坯包莲蓉馅裹芝麻油炸制而成的。通过本实训,学生应能够掌握南瓜饼皮坯的调制方法,掌握南瓜饼的制作工艺、操作技法以及技术要领。

一、工艺原理与技能应用

(1) 面团性质:果蔬类面团。
(2) 馅心类型:甜馅——莲蓉馅。
(3) 成形方法:包、滚沾成形。
(4) 成熟方法:炸制。

南瓜饼

二、操作步骤

（一）实训准备

南瓜饼参考配方与实训要求如表 4-59 所示。

表 4-59　　　　南瓜饼参考配方与实训要求

参考配方			实训要求	
半成品	原料	重量	事项	要求
面团	老南瓜/克	500	产品规格/克	30
	糯米粉/克	250	出品量/个	30
	澄粉/克	50	设备	蒸灶、案板、炉灶
馅心	莲蓉馅/克	200	器具	蒸锅、蒸笼、刮板、炸锅、漏勺、油缸
粘裹料	去壳白芝麻/克	100		
炸油	植物油/毫升	2 000		

（二）操作程序

（1）面团调制。老南瓜去皮去瓤，切成条，上笼蒸熟，用刀抿成泥蓉，加糯米粉、澄粉揉匀即成。

（2）成形。将面团搓条、下剂，面剂按扁后包入莲蓉馅心，放入白芝麻中均匀滚上一层芝麻仁后使劲搓圆，按成圆饼形。

（3）成熟。锅置火上，加油烧至四成热，生坯放入大漏勺中入油锅，待饼坯炸至金黄色捞出，装盘即成。

三、质量控制

（一）成品特点

色泽金黄，质感黏糯，清香甘甜，南瓜味浓郁。

（二）质量问题分析

（1）南瓜宜选用颜色发红的老南瓜，使南瓜饼的风味浓郁。

（2）南瓜泥水分较重，加糯米粉、澄粉的目的是增加南瓜面团的稠度，使之便于成形。需注意糯米粉的量要根据面团的软硬度进行调节。

（3）滚芝麻仁后要用劲搓圆，避免芝麻在炸制过程中脱落。

（4）炸制时掌握好油温，一开始炸制时用低油温慢炸，油温控制在四成热，炸制过程中要不断翻动。

（三）品种变化

可用木瓜、胡萝卜等调制面团，馅心可用豆沙馅等甜味馅。

四、实训考核

南瓜饼实训操作评分标准如表 4-60 所示。

表 4-60　　　　　　　　　　南瓜饼实训操作评分标准

项　目			评　分　标　准	分值分配	实际得分
操作过程	原料准备		原料准备到位,原料质量、用量符合要求	5	
	设备器具准备		设备器具准备到位,卫生符合要求,设备运行正常	5	
	操作时间		90 分钟	5	
	操作规程	面团调制	面团软硬适中	15	
		成形	❶ 皮馅比例适中 ❷ 形态符合要求	8	
		成熟	❶ 油温控制得当 ❷ 制品颜色适中 ❸ 炸制时间适度	7	
	卫生习惯		❶ 个人卫生整洁 ❷ 工作完成后,工位干净整洁 ❸ 操作过程符合卫生规范	15	
成品质量	成品形状		圆饼状	10	
	成品色泽		色泽金黄	10	
	成品质感		质感黏糯	10	
	成品口味		清香甘甜,南瓜味浓郁	10	
合　计				100	

任务六　制作鱼虾蓉面团制品

问题思考

1. 鱼虾蓉面团的调制方法有哪些?
2. 我们在调制鱼虾蓉面团时应注意哪些问题?

实践操作

子任务　制作鱼皮蟹黄饺

鱼皮蟹黄饺,是用净鱼肉蓉加淀粉制成的鱼肉皮坯,包蟹黄馅捏成饺形煮制而成的。通过本实训,学生应掌握鱼虾蓉皮坯的调制方法,掌握鱼皮蟹黄饺的制作工艺、操作技法以及技术要领。

一、工艺原理与技能应用

(1)面团性质:鱼虾蓉类面团。

(2) 馅心类型：生荤素馅。
(3) 成形方法：包、捏成形。
(4) 成熟方法：煮制。

二、操作步骤

(一) 实训准备

鱼皮蟹黄饺参考配方与实训要求如表 4-61 所示。

表 4-61　　　　　　　鱼皮蟹黄饺参考配方与实训要求

参考配方			实训要求	
半成品	原料	重量	事项	要求
面团	净鱼肉/克	500	产品规格/克	30
	淀粉/克	300	出品量/个	45
馅心	猪绞肉/克	300	设备	煮灶、案板
	蟹肉/克	100	器具	煮锅、刮板、擀面棍、不锈钢盆、馅挑
	笋末/克	100		
	冬菇末/克	100		
	食盐/克	10		
	味精/克	5		
	胡椒粉/克	5		
	姜末/克	10		
	醋/毫升	20		
	芝麻油/毫升	30		

(二) 操作程序

(1) 面团调制。净鱼肉剁成蓉，放入盆内，加入食盐，分次加水搅打起胶，然后拌入淀粉和匀成面团。

(2) 馅心制作。将猪绞肉放入盆内，加入蟹肉、冬菇末、笋末、精盐和芝麻油拌匀成馅料。

(3) 成形。将面团下剂擀成饺皮，包入馅料捏成饺子生坯。

(4) 成熟。锅置火上，加水烧开，下入饺子生坯，煮约 10 分钟盛出装盘即可。

三、质量控制

(一) 成品特点

色泽浅白，饺形饱满，饺皮柔韧，饺馅脆香、滑润爽口、咸鲜味美。

(二) 质量问题分析

(1) 鱼肉应剁蓉，鱼刺应去除干净，掌握好加淀粉的量。

(2) 馅料要朝一个方面搅拌起筋。

(3) 包馅一定要饱满,皮要够薄。
(4) 煮饺子中间要加点水 1~2 次,保持微沸,以免煮破饺皮。

(三) 品种变化

鱼肉可用虾肉替代制成虾肉饺。变化馅心可制成不同口味的鱼皮饺、虾肉饺。

四、实训考核

鱼皮蟹黄饺实训操作评分标准如表 4-62 所示。

表 4-62　　　　　鱼皮蟹黄饺实训操作评分标准

项目			评 分 标 准	分值分配	实际得分
操作过程	原料准备		原料准备到位,原料质量、用量符合要求	5	
	设备器具准备		设备器具准备到位,卫生符合要求,设备运行正常	5	
	操作时间		90 分钟	5	
	操作规程	面团调制	❶ 鱼肉的处理 ❷ 面团调制时的比例与软硬	8	
		制馅	❶ 调味料用量准确 ❷ 馅心咸淡鲜香适宜	7	
		成形	❶ 皮馅比例适中 ❷ 形态符合要求	8	
		成熟	❶ 煮时的水量不宜太少 ❷ 待水沸腾后才能放入饺子 ❸ 煮制的时间应掌握好	7	
	卫生习惯		❶ 个人卫生整洁 ❷ 工作完成后,工位干净整洁 ❸ 操作过程符合卫生规范	15	
成品质量	成品形状		饺形饱满	10	
	成品色泽		色泽浅白	10	
	成品质感		饺皮柔韧,饺馅脆香、滑润爽口	10	
	成品口味		咸鲜味美	10	
合　计				100	

任务七　制作羹汤制品

问题思考

1. 适合制作羹汤的原料有哪些?
2. 在制作羹汤时应注意哪些问题?

实践操作

子任务　制作醉八仙

醉八仙,是用醪糟汁和数样水果煮制的甜羹汤。通过本实训,学生应了解羹汤的制作方法,掌握醉八仙的原料构成、制作工艺、操作技法以及技术要领。

一、工艺原理与技能应用

(1) 面团性质:羹汤类。
(2) 成形方法:切剁成形。
(3) 成熟方法:煮制。

二、操作步骤

(一) 实训准备

醉八仙参考配方与实训要求如表 4-63 所示。

表 4-63　　　　醉八仙参考配方与实训要求

参考配方		实训要求	
原料	重量	事项	要求
白糖/克	200	产品规格/克	30
醪糟汁/毫升	100	出品量/份	30
苹果/克	100	设备	炉灶、案板
梨子/克	100	器具	切刀、煮锅、小碗等
菠萝/克	100		
草莓/克	100		
猕猴桃/克	100		
淀粉/克	50		

(二) 操作程序

(1) 配料切制。苹果、梨子、菠萝、草莓、猕猴桃分别切成指甲片大小。
(2) 成熟。锅内加入清水烧沸,加白糖煮至溶化后,再把水果、醪糟汁一起放入,烧沸微煮,最后用水淀粉勾薄芡即成。

三、质量控制

(一) 成品特点

色彩丰富,果粒爽脆,汁甜味美,略带酒香。

(二)质量问题分析

(1) 注意各种水果切制的规格,大小要整齐。
(2) 水果入锅后不宜久煮,以防变味,把握好勾芡的浓稠度,以薄芡为佳。

(三)品种变化

可在汤料上作一定的变化,口味上也可用其他调味品代替醪糟汁。

四、实训考核

醉八仙实训操作评分标准如表 4-64 所示。

表 4-64　　　　　　醉八仙实训操作评分标准

项	目	评　分　标　准	分值分配	实际得分
操作过程	原料准备	原料准备到位,原料质量、用量符合要求	5	
	设备器具准备	设备器具准备到位,卫生符合要求,设备运行正常	5	
	操作时间	90 分钟	5	
	操作规程	汤羹配料：❶ 配料用量准确　❷ 掌握好调味品的量	10	
		成形：刀工成形要符合要求	8	
		成熟：❶ 煮制时放原料的先后顺序　❷ 掌握好加水的量　❸ 掌握好放醪糟汁的时间	12	
	卫生习惯	❶ 个人卫生整洁　❷ 工作完成后,工位干净整洁　❸ 操作过程符合卫生规范	15	
成品质量	成品形状	大小均匀的颗粒	10	
	成品色泽	色彩丰富	10	
	成品质感	爽脆	10	
	成品口味	汁甜味美,略带酒香	10	
合	计		100	

任务八　制作胶冻制品

问题思考

1. 常用的凝胶剂有哪些?
2. 杏仁豆腐使用的凝胶剂是什么?
3. 在制作杏仁豆腐时,需注意哪些问题?

实践操作

子任务　制作杏仁豆腐

杏仁豆腐,是以杏仁为原料,榨取浆汁,加入琼脂糖水凝冻而成的。其色泽白嫩似豆腐,故名"杏仁豆腐",为夏季消暑佳品。通过本实训,学生应掌握杏仁浆的制取方法,掌握杏仁冻的制作方法和要领。

一、工艺原理与技能应用

(1) 面团性质:胶冻类。
(2) 成形方法:冷冻。

二、操作步骤

(一) 实训准备

杏仁豆腐参考配方与实训要求如表 4 – 65 所示。

表 4 – 65　　　　杏仁豆腐参考配方与实训要求

参考配方		实训要求	
原料	重量	事项	要求
甜杏仁/克	50	产品规格/克	100
白糖/克	400	出品量/碗	10
琼脂/克	4	设备	炉灶、操作台、冰箱
牛奶/毫升	100	器具	汤锅、碗、盆、小刀、纱布、冰箱
清水/毫升	1 000		
鸡蛋/个	1		

(二) 操作程序

(1) 制杏仁浆。甜杏仁用沸水略烫,去掉皮衣,用纱布包好,捶成蓉,再放入少许清水中洗出浆汁。

(2) 制杏仁冻。琼脂先用少量清水浸泡 2 小时。锅内加清水 500 g 烧沸,下琼脂熬化,再放入白糖 150 g 熬至糖浆能滴珠时离火。用纱布将糖水过滤,然后加入杏仁浆、牛奶,烧沸后分别盛于碗内,待冷后入冰箱冷却凝结即成杏仁冻。

(3) 熬糖汁。锅内加清水 500 g 烧沸,放入白糖 250 g 熬化,鸡蛋清调散后倒入锅内,用勺搅转,然后撇去浮沫,离火,把糖汁放冰箱冷却。

(4) 灌糖汁。待杏仁冻凝固后,从冰箱中取出,将冻好的糖汁从碗边慢慢灌入,杏仁冻浮起即成。

三、质量控制

（一）成品特点

洁白细嫩，甜润清香。

（二）质量问题分析

（1）洗杏仁浆汁时水不宜过多。

（2）琼脂必须先用清水泡胀。熬琼脂糖浆时，要待琼脂溶化后再加入白糖。

（3）琼脂的用量要适当。琼脂少了，杏仁冻不易凝结；琼脂多了，杏仁冻过老，灌入糖汁后不能浮面。

（4）杏仁浆入锅后不宜久熬，以免影响色泽。

（三）品种变化

形状上，杏仁冻可切成菱形块或小方块；风味上可搭配一些时鲜水果。

四、实训考核

杏仁豆腐实训操作评分标准如表 4-66 所示。

表 4-66　　　　　　　　　　杏仁豆腐实训操作评分标准

项目			评分标准	分值分配	实际得分
操作过程	原料准备		原料准备到位，原料质量、用量符合要求	5	
	设备器具准备		设备器具准备到位，卫生符合要求，设备运行正常	5	
	操作时间		90 分钟	5	
	操作规程	制杏仁浆	❶ 杏仁去衣皮 ❷ 浆汁浓稠	10	
		制杏仁冻	❶ 琼脂用清水浸泡 ❷ 与冷藏柜中冷却	10	
		灌糖汁	❶ 熬制的糖汁清澈 ❷ 杏仁冻于糖汁中浮起	10	
	卫生习惯		❶ 个人卫生整洁 ❷ 工作完成后，工位干净整洁 ❸ 操作过程符合卫生规范	15	
成品质量	成品形状		冻状	10	
	成品色泽		洁白	10	
	成品质感		细嫩	10	
	成品口味		甜润清香	10	
合　计				100	

实训测试

一、填空
1. 南瓜饼制作所涉及的成形方法有_____。
2. 豌豆黄的类型品种属于_____。
3. 小窝头的主要原料是_____。
4. 在使用_____土豆制作皮坯时,需要添加熟面粉以调节坯团硬度和韧性。

二、单项选择题
1. 澄粉面团宜用(　　)调制。
   A. 冷水　　　　　B. 温水　　　　　C. 热水　　　　　D. 沸水
2. 澄粉面团的常用制皮方法是(　　)。
   A. 擀皮　　　　　B. 按皮　　　　　C. 压皮　　　　　D. 捏皮
3. 南瓜饼在炸制时起泡、爆裂的原因是(　　)过多。
   A. 澄粉　　　　　B. 糯米粉　　　　C. 熟面粉　　　　D. 吉士粉
4. 澄粉面团制品粘牙的原因是(　　)。
   A. 澄粉没有烫熟　　　　　　　　　B. 水的比例太大
   C. 蒸制时间太长　　　　　　　　　D. 水的比例太少
5. 豌豆黄依靠(　　)凝结成块。
   A. 淀粉　　　　　B. 明胶　　　　　C. 琼脂　　　　　D. 果胶

三、多项选择题
1. 下列各项中,适宜油炸成熟的品种有(　　)。
   A. 小窝头　　B. 火腿土豆饼　C. 南瓜饼　　　D. 鱼皮蟹黄饺　E. 鲜虾饺
2. 下列各项中,火腿土豆饼的制作工序有(　　)。
   A. 蒸土豆　　B. 压土豆泥　　C. 包馅成形　　D. 炒制馅心　　E. 煎制成熟
3. 南瓜饼的特点有(　　)。
   A. 色泽金黄　B. 圆饼状　　　C. 外酥内嫩　　D. 清香甘甜　　E. 质感黏糯

四、判断题
1. 火腿土豆饼需较低温度、较长时间油炸成熟。　　　　　　　　　　　(　　)
2. 用热水调制小窝头皮坯的目的是加速成团。　　　　　　　　　　　　(　　)
3. 调制鱼、虾蓉面团时,一定要加盐、水搅打起胶。　　　　　　　　　(　　)
4. 在煮制醉八仙时,水果丁需提早加入,保证汤汁有浓郁水果味。　　　(　　)

五、问答题
1. 成熟的火腿土豆饼外焦内生,原因是什么?我们应如何改进?
2. 为什么要在南瓜饼皮坯中加入糯米粉?
3. 不同的鱼虾蓉和粉料配比对鱼虾蓉面团制品的口感有何影响?
4. 调制水温对小窝头面团的品质有何影响?
5. 鲜虾饺馅心中的鲜虾仁为什么需用碱来腌制?

主要参考文献

[1] 邱庞同.中国面点史[M].青岛:青岛出版社,2010.
[2] 熊四智,唐文.中国烹饪概论[M].北京:中国商业出版社,1998.
[3] 阎红.烹饪原料学[M].北京:旅游教育出版社,2008.
[4] 阎喜霜.烹饪原理[M].北京:中国轻工业出版社,2004.
[5] 谢定源,周三保.中国名点[M].北京:中国轻工业出版社,2000.
[6] 江献珠.中国点心制作图解[M].北京:世界图书出版公司,2005.

郑重声明

高等教育出版社依法对本书享有专有出版权。任何未经许可的复制、销售行为均违反《中华人民共和国著作权法》，其行为人将承担相应的民事责任和行政责任；构成犯罪的，将被依法追究刑事责任。为了维护市场秩序，保护读者的合法权益，避免读者误用盗版书造成不良后果，我社将配合行政执法部门和司法机关对违法犯罪的单位和个人进行严厉打击。社会各界人士如发现上述侵权行为，希望及时举报，本社将奖励举报有功人员。

反盗版举报电话　（010）58581999　58582371
反盗版举报邮箱　dd@hep.com.cn
通信地址　北京市西城区德外大街 4 号　高等教育出版社知识产权与法律事务部
邮政编码　100120

教学资源服务指南

感谢您使用本书。为方便教学,我社为教师提供资源下载、样书申请等服务,如贵校已选用本书,您只要关注微信公众号"高职财经教学研究",或加入下列教师交流QQ群即可免费获得相关服务。

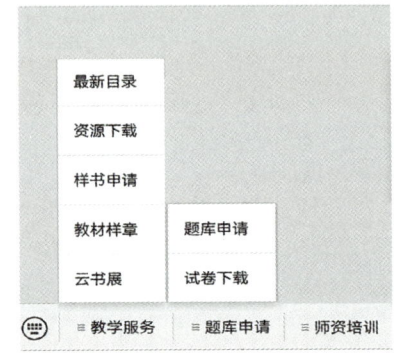

资源下载:点击"**教学服务**"—"**资源下载**",注册登录后可搜索相应的资源并下载。(建议用电脑浏览器操作)
样书申请:点击"**教学服务**"—"**样书申请**",填写相关信息即可申请样书。
样章下载:点击"**教学服务**"—"**教材样章**",即可下载在供教材的前言、目录和样章。
题库申请:点击"**题库申请**",填写相关信息即可申请题库或下载试卷。
师资培训:点击"**师资培训**",获取最新会议信息、直播回放和往期师资培训视频。

 联系方式

旅游大类QQ群:142032733
联系电话:(021)56961310   电子邮箱:3076198581@qq.com